MICHAEL GERSHON
Der kluge Bauch

Buch

Auf »seelische Unausgeglichenheit« werden oft mangels klarer Befunde Magengeschwüre, Sodbrennen, Verstopfung und andere Fehlfunktionen des Verdauungstrakts zurückgeführt. Der eigentliche Grund für diese Beschwerden aber scheint darin zu liegen, dass die Kommunikation zwischen dem ersten und dem zweiten Gehirn gestört ist. Ein leicht eintretender Fall, denn nur ein paar tausend Nervenfasern verbinden das Gehirn und unseren Darmtrakt, das »zweite Gehirn«, dessen 100 Millionen von Nervenzellen wiederum Reflexe auch völlig ohne Einflüsse aus Gehirn und Rückenmark weiter vermitteln können. Diese und andere Erkenntnisse, die Michael Gershon unterhaltsam vor dem Leser ausbreitet, vertiefen unsere Einsicht in die hochkomplexen Funktionsweisen der dunklen Regionen unseres Körpers, wo das Immunsystem ebenso zu Hause ist wie eine gewaltige Armee kampfbereiter Mikroorganismen. Das Wissen um den klugen Bauch bedeutet Hoffnung für Millionen chronisch Kranker.

Autor

Der amerikanische Neurobiologe Michael Gershon ist Leiter des Department of Anatomy and Cell Biology am Columbia-Presbyterian Medical Center in New York. Seine revolutionäre Entdeckung: ein eigenständiges Nervensystem im Darm. Gershon gilt als Initiator einer neuen Forschungsrichtung, der so genannten Neurogastroenterologie, die Entwicklung und genaue Funktionsweise des »zweiten Gehirns« enträtselt.

Michael Gershon

Der kluge Bauch

Die Entdeckung des zweiten Gehirns

Aus dem amerikanischen Englisch
von Sebastian Vogel

GOLDMANN

Die Originalausgabe erschien 1998
unter dem Titel »The Second Brain«
bei HarperCollins, New York.

Deutsche Erstausgabe April 2001
© 2001 der deutschsprachigen Ausgabe
Wilhelm Goldmann Verlag, München,
in der Verlagsgruppe Bertelsmann GmbH
© 1998 der Originalausgabe by Michael Gershon
Umschlaggestaltung: Design Team München
(Foto: Photonica/Navel)
Redaktion: Brigitte Gerlinghoff
Satz: Uhl + Massopust, Aalen
Druck: GGP Media, Pößneck
Verlagsnummer: 15114
AM · Herstellung: Sebastian Strohmaier
Made in Germany
ISBN 3-442-15114-7
www.goldmann-verlag.de

1 3 5 7 9 10 8 6 4 2

Inhalt

Danksagung

Unter einem Buchautor stellte ich mir als junger Mensch einen beherzten Mann vor, dessen Texte in langen, einsamen Arbeitsstunden reibungslos aus der Feder aufs Papier fließen. Die Schriftsteller, die ich mir so in meiner Phantasie ausmalte, bewunderte ich zwar, aber ich bildete mir nie ein, ich könne einem von ihnen ähnlich werden. Ich kannte meine Grenzen. Allein an etwas Wichtigem zu arbeiten, war nicht meine starke Seite. Wenn Schriftstellerei bedeutete, dass man auf eigene Faust ein fertiges Buch produzierte, dann, so meine Erkenntnis, war ich nicht dazu bestimmt, Bücher zu schreiben. Ich brauche den Austausch. Rückmeldung und Hilfe von Gleichgesinnten sind für mich eine Voraussetzung für den Erfolg. Glücklicherweise erwiesen sich meine unreifen Grübeleien über den schöpferischen Prozess als falsch. Bücher müssen nicht in völliger Einsamkeit geschrieben werden. Man kann sich durchaus helfen lassen, und wenn man – wie ich – Glück hat, findet man großzügige, begabte Menschen, die bereit sind, einen zu unterstützen. Kurz gesagt, habe ich dieses Buch geschrieben, aber nicht ohne Hilfe an den Stellen, wo sie unentbehrlich war. Deshalb möchte ich hier die Gelegenheit nutzen, meine Dankbarkeit auszudrücken und das Buch den Menschen zu widmen, die mir mit ihren Bemühungen zur Seite standen und seine Entstehung so überhaupt erst ermöglichten.

Als allererstes möchte ich meiner Frau, Anne Gershon, für ihre unverblümte und manchmal schmerzhafte Kritik danken. Sie wurde nie des Zuhörens müde, wenn ich über meine Ideen schwadronierte, und war immer bereit, alles zu lesen und zu überarbeiten, was ich zu Papier gebracht hatte. Vor allem aber kann ich nicht

7

einmal annähernd aufzählen, wie viele Ideen sie in den Text einbrachte – sie sind so zahlreich, dass ich mich nicht an alle erinnere. Diese wertvollen, manchmal entscheidenden Ergänzungen bezeichnete sie immer diplomatisch als »Vorschläge«, über die ich einmal nachdenken solle. Denn gleichgültig, ob ein Autor nun beherzt ist oder nicht, seine Frau muss diese Eigenschaft haben. Einsamkeit ist, wie gesagt, nicht unbedingt das Schicksal eines Schriftstellers, aber offensichtlich ist es das Schicksal seiner Partnerin. Der kreative Prozess zieht sich über lange Stunden hin, und diese Stunden gehen dem gemeinsamen Genießen des Lebens, das der innere Kern einer erfolgreichen Ehe ist, verloren. Deshalb möchte ich Anne nicht nur für ihre Hilfe danken, sondern ich möchte sie hier auch in aller Öffentlichkeit um Verzeihung bitten, dass sie »überwintern« musste, während ich schrieb; *mea culpa.*

Zweitens werde ich zeit meines Lebens meiner Lektorin, Nellie Sabin, dankbar sein. Sie war meine literarische Schiedsrichterin, Grammatiklehrerin und Psychotherapeutin. Ihr habe ich es zu verdanken, dass ich weitermachte, wenn ich aufgeben wollte, und sie ließ mich wissen, wann ich verständlich und nicht mehr »wissenschaftlich« schrieb. Nellies schnelle, professionelle Arbeitsweise setzte mich immer wieder in Erstaunen. Ebenso verblüfften mich ihr fröhliches Wesen und ihre Bereitschaft, sich meinen Wortschwall anzuhören. Ich habe es ganz eindeutig ihr zu verdanken, dass ich dieses Buch schreiben konnte; ohne sie wäre es nicht möglich gewesen.

Und drittens haben viele weitere Personen mit ihrer Unterstützung dazu beigetragen, dass ich ein Buch schreiben konnte. Meine Agenten, Herb und Nancy Katz, zum Beispiel überzeugten mich überhaupt erst davon, dass ich es in Angriff nehmen sollte. Sie allein schafften es, mich so lange anzustacheln und zu verführen, bis ich meinen anfänglichen Widerwillen gegen die Idee überwunden hatte. Nancy und Herb glaubten an mich, bevor ich selbst den Glauben an mich gefunden hatte. Außerdem waren sie unentbehrliche Kritiker und Zuchtmeister, die dafür sorgten, dass das Werk in vernünftiger Zeit vollendet wurde; zu Dank bin ich ihnen auch verpflichtet, weil sie mir die unverzichtbare geschäftliche Seite des

Schriftstellerdaseins abnahmen, sodass ich mich ganz seinen kreativen Aspekten widmen konnte. Mein Cheflektor, Larry Ashnead, sowie die Lektoren Jason Kaufman und Allison McCabe vom Verlag HarperCollins verdienen ebenfalls Dank für ihren Mut: Sie nahmen einen Autor unter Vertrag, dessen Publikationsliste bis dahin ausschließlich aus Fachveröffentlichungen (und Finanzierungsanträgen) für Spezialisten bestand. Ebenso lobenswert wie ihr Mut ist auch ihre Idee, man solle das Wissen über das zweite Gehirn einem breiten Publikum zugänglich machen, und ihre Bereitschaft, die Möglichkeit dafür zu schaffen. Meinem Kollegen Michael Camillieri von der Mayo Foundation danke ich, dass er mir (auf einer Beiratssitzung der American Gastroenterological Foundation) einen improvisierten Vortrag über die funktionelle Darmkrankheit hielt und mir die Diagnosekriterien von Rome geduldig erläuterte. Und schließlich gilt mein Dank meiner Sekretärin, Helena Leiter, die meine Reisen rund um den Globus unermüdlich überwachte. Kein Ort war zu abgelegen, keine wissenschaftliche Tagung zu exotisch – Helena schaffte es, dass ich überall hin- und auch wieder zurückkam, und ebenso sorgte sie dafür, dass diejenigen, die zu mir kommen mussten, die Möglichkeit dazu hatten.

Meine letzten Worte in diesem Abschnitt gelten einer weiteren Bitte um Verzeihung. Sie richtet sich an meine Kolleginnen und Kollegen sowohl in der Abteilung für Anatomie und Zellbiologie der Columbia University als auch in meinem eigenen Institut. Es tut mir Leid, dass ich so lange aus ihrem Blickfeld verschwunden war. Ich möchte ihnen sagen, was Evita zu Argentinien sagte: »Ich habe euch nie verlassen.« Jetzt ist das Buch fertig, und ich hoffe, es wird vielen, die darauf angewiesen sind, neue Hoffnung und neues Wissen vermitteln. Die Zeit des Schreibens ist vorüber, und ich bin wieder da. Ich gelobe, mich wieder der Forschung, Ausbildung und Verwaltung zu widmen (und zwar in dieser Reihenfolge). Ganz gleich, was ich über das zweite Gehirn mitzuteilen habe: Es gibt noch vieles, was wir nicht wissen, und wir müssen versuchen, es herauszufinden.

Vorwort

Wir Menschen sind eine selbstverliebte Spezies. Die Evolution – oder, wenn man Fundamentalist ist, die Schöpfung – gilt uns als Geschichte mit Happyend. Wir sehen in ihr einen Prozess, der mit der Entstehung der höchsten Spezies, des einzigen Ebenbildes Gottes, seinen Höhepunkt erreicht hat. Da wir uns für etwas Besonderes halten, begegnen wir allem, was die zentrale Bedeutung des Menschen in Frage stellt, mit Misstrauen oder offener Feindseligkeit. Als Kopernikus und Galilei die Vermutung äußerten, Sonne, Sterne und Planeten drehten sich vielleicht nicht um die Erde, ernteten sie von ihren Zeitgenossen alles andere als Applaus. Und zwar deshalb, weil auf der Erde die Menschen leben. Dass Gott die höchste aller Arten auf einem Planeten im Hinterhof einer drittklassigen Galaxie unterbringt, erschien völlig unsinnig. Die zentrale Stellung des Menschen zu leugnen, heißt die Existenz Gottes in Frage zu stellen, und dieses Wagnis birgt immer große Gefahr. Die Naturwissenschaft kommt häufig dem Selbstbild des Menschen in die Quere. Sie nimmt mit ihren Beobachtungen keine Rücksicht darauf, welche Auswirkungen sie auf unsere Gefühle haben könnte. Natur ist Natur. Wissenschaftler produzieren oder erfinden keine Prinzipien, sondern sie decken sie auf. Es ist eigentlich ein langweiliger Beruf: Naturwissenschaft ist, anders als beispielsweise die Kunst, nicht kreativ. Ein Künstler bringt sein Werk hervor, der Wissenschaftler aber beobachtet nur die Tatsachen und teilt sie anderen mit. Das Glück des Wissenschaftlers besteht darin, Recht zu haben, für den Künstler dagegen liegt es in der Schönheit, in Originalität und Fantasie. Das Mühselige ihres Berufes stürzt die Wissenschaftler häufig in Niedergeschlagenheit.

Sie verfolgen die Spuren ihrer Entdeckungen, ganz gleich, wohin sie führen – und manchmal führen sie in Schwierigkeiten.

Nehmen wir zum Beispiel den bescheidenen Darm und sein Nervensystem. Der Darm ist nicht gerade ein Organ, das unser Blut in Wallung versetzt. Kein Dichter würde eine Ode auf die Verdauungsorgane schreiben. Ganz ehrlich: Nach allgemeiner Ansicht ist der Darm ein abstoßendes Teil unserer Anatomie. Seine Form verursacht Übelkeit, sein Inhalt ist ekelhaft, und er stinkt. Der Darm ist ein primitives, schleimiges, schlangenförmiges Etwas. Er liegt gewunden im Bauch und macht glitschige Bewegungen. Kurz gesagt, ist der Darm etwas Verächtliches, Reptilienartiges, und er hat so gar nichts mit dem Gehirn gemein, aus dem kluge Gedanken hervorgehen. Der Darm ist sicher ein Organ, das nur ein Wissenschaftler lieben kann. Ein solcher Wissenschaftler bin ich.

Eigentlich bin in Neurobiologe. Die meisten meiner Kollegen erforschen das Gehirn. Und die wenigen, die das nicht tun, untersuchen stattdessen das Rückenmark oder »Modelle«, die Nervensysteme einfacher Lebewesen, weil sie sich davon Aufschluss über die Funktionsweise des Gehirns erhoffen. Noch geringer ist die Zahl derjenigen, die auf den Spuren ihrer Entdeckung zum Darm gelangt sind. Wir sind fast so etwas wie Einzelgänger. Ich habe mich daran gewöhnt, auf den Tagungen der Gesellschaft für Neurowissenschaften als bunter Hund zu gelten. Bis vor kurzem, als eine wissenschaftliche Revolution das neue Gebiet der Neurogastroenterologie ins Leben rief, nahm man das Nervensystem des Darms nicht ernst. Darunter hatte ich zu leiden.

Dennoch bin ich ein Neurobiologe, der seine gesamte Berufslaufbahn dem Teil des Nervensystems gewidmet hat, der für den Darm zuständig ist. Zu diesem Arbeitsgebiet kam ich auf Umwegen. Alles begann 1958, als ich noch an der Cornell University studierte. Ich hatte einen Kurs über die Neurobiologie des Verhaltens belegt und interessierte mich für die damals gerade entdeckte körpereigene Substanz Serotonin. Das Serotonin war zu jener Zeit Gegenstand großer Aufregung, denn man hatte herausgefunden, dass seine Fähigkeit, die Gebärmutter einer Ratte zur Kontraktion zu veranlassen, durch LSD aufgehoben wird. Bevor man nun darüber lacht und diese Beobachtung als etwas abtut, das nur einen weltfremden Professor hinter dem Ofen hervorlocken kann, sollte man daran denken, dass es die Zeit von Timothy Leary war. Die bewusstseinsverändernden Wirkungen von LSD und die von ihm hervorgerufenen Halluzinationen waren etwas aufregend Neues. Man wusste, dass Serotonin im Gehirn vorkommt. Wenn LSD eine Wirkung in der Gebärmutter der Ratte blockieren konnte, dann, so die Vermutung, konnte man logischerweise annehmen, dass es auch im Gehirn die Wirkung des Serotonins blockieren kann. Und wenn Serotonin im Gehirn eine wichtige Funktion erfüllte – was ebenfalls als wahrscheinlich galt –, war die Hemmung des Serotonins durch LSD vielleicht der Grund, dass die Droge Halluzinationen auslöste. Außerdem sah man in dem von LSD verursachten geistigen Zustand große Ähnlichkeit zur Schizophrenie. Vielleicht, so glaubte man, konnte man auch die Schizophrenie als Serotonin-Mangelkrankheit verstehen.

Ich wollte zwar mehr über das Serotonin erfahren, aber das Gehirn machte mir Angst. Es ist ein äußerst kompliziertes Organ, und es schüchterte mich ein. Ich sehnte mich nach einem einfachen Nervensystem, das ich vielleicht verstehen konnte. Als ich dann erfuhr, dass über 95 Prozent des körpereigenen Serotonins im Darm produziert werden, gelangte ich zu dem Schluss, dieses Organ sei viel versprechend. Heute weiß ich, dass meine ursprüngliche Vorstellung von einem »einfachen« Nervensystem falsch war. Ein einfaches Nervensystem ist wie eine Riesenkrabbe ein Widerspruch in sich selbst; aber immerhin ist das enterale Nervensystem, das Nervensystem des Darms, einfacher als das Gehirn, und seine Erforschung rettete mich vor der Arbeitslosigkeit. Gelegentlich brachte es mich zwar in Schwierigkeiten, aber insgesamt hat das enterale Nervensystem mir zu einem glücklichen Leben voller spannender Überraschungen verholfen und schließlich sogar das Interesse der Medien geweckt. Der Darm mag an Reptilien erinnern, aber Reptilien sind etwas Faszinierendes. Im Zoo stehen vor dem Haus mit diesen Tieren lange Menschenschlangen und noch kein Museum ist daran gescheitert, dass es seine Dinosaurierausstellung ins rechte Licht rückte. Wie die Theologen in der Zeit vor Kopernikus, so blickten auch die Neurobiologen früher nicht über die Grenzen des Universums hinaus, das sie sehen konnten, aber in der Wissenschaft werden auch empörende Entdeckungen schließlich anerkannt, wenn sie richtig sind.

Ein gedankenvoller Darm

Heute wissen wir, dass es im Darm ein Gehirn gibt, so unpassend dieser Begriff auch erscheinen mag. Der hässliche Darm ist klüger als das Herz und dürfte stärker zu »Gefühlen« fähig sein. Als einziges Organ hat er ein eigenes Nervensystem, das Reflexe völlig ohne Eingabe des Gehirns oder Rückenmarks weitervermitteln kann. Die Evolution hat uns einen Streich gespielt. Als unsere Vorfahren sich aus der Ursuppe erhoben hatten und ein Rückgrat entwickelten, entstanden auch das Gehirn im Kopf und ein Darm mit einem eigenen Geist. Auf diese Weise konnte sich das Lebewesen mit reizvolleren Dingen befassen: mit Nahrungssuche, der Flucht vor Verfolgern und dem Sex mit seinen Artgenossen. Das alles war möglich, weil der Darm die Verdauung und Nährstoffaufnahme übernahm, ohne dass es ins Bewusstsein drang.

Dieses urtümliche Nervensystem besitzen wir noch heute. Aber es wurde in dem gleiche Maße komplizierter wie die Tiere. Das ist der Trick der Natur: Das Gehirn im Darm hat sich im Gleichschritt mit dem Gehirn im Kopf entwickelt. Unser enterales Nervensystem ist nicht gerade klein. Allein im Dünndarm des Menschen gibt es über hundert Millionen Nervenzellen, ungefähr ebenso viele wie im Rückenmark. Nimmt man dann noch die Nervenzellen von Speiseröhre, Magen und Dickdarm hinzu, so stellt man fest, dass wir in unseren Eingeweiden mehr Nervenzellen haben als in unserer Wirbelsäule und dem gesamten peripheren Nervensystem. Gleichzeitig ist das enterale Nervensystem auch eine große Chemiefabrik: In ihm sind alle Gruppen von Neurotransmittern vertreten, die auch im Gehirn vorkommen. Neurotransmitter sind die Worte, mit denen sich die Nervenzellen untereinander und mit den von ihnen gesteuerten Zellen verständigen. Die Vielfalt der Neurotransmitter in den Eingeweiden legt die Vermutung nahe, dass die Zellen des enteralen Nervensystems eine reichhaltige Sprache sprechen, die in ihrer Komplexität der des Gehirns vergleichbar ist. Neurowissenschaftler, deren Horizont an den Löchern des Schädels endet, sind immer wieder verblüfft, dass das enterale Nervensystem mit seiner Struktur und seinen Zellen dem Gehirn stärker ähnelt als jedem anderen peripheren Organ.

Das enterale Nervensystem ist eine Kuriosität, ein Überbleibsel aus unserer entwicklungsgeschichtlichen Vergangenheit. Das klingt sicherlich nicht sonderlich spannend, aber dieser Eindruck täuscht. Die Evolution ist ein machtvoller Konstrukteur. Körperteile, die nicht völlig unentbehrlich sind, überstehen die strenge Prüfung der natürlichen Selektion meist nicht. Ein enterales Nervensystem aber besaßen alle unsere Vorfahren in den Jahrmillionen der Evolution, die uns von dem ersten Tier mit einer Wirbelsäule trennen. Demnach muss das enterale Nervensystem mehr als nur ein Relikt sein. In Wirklichkeit ist es eine höchst lebendige, moderne Datenverarbeitungszentrale, mit deren Hilfe wir eine Reihe wichtiger, unangenehmer Aufgaben ohne geistige Anstrengung erfüllen können. Dringt der Darm in die bewusste Wahrnehmung vor – beispielsweise durch Sodbrennen, Krämpfe, Durchfall oder Verstopfung –, sind wir alles andere als begeistert. Wir wollen, dass er wirksam und außerhalb unseres Bewusstseins seine Arbeit tut. Es gibt kaum etwas Unangenehmeres als einen schlecht funktionierenden Darm, den man spürt.

In Umfragen hat sich gezeigt, dass Probleme mit Magen und Darm in über 40 Prozent der Fälle die Ursache sind, wenn Patienten einen Internisten aufsuchen. Die Hälfte von ihnen klagt über »funktionelle Beschwerden«. Der Darm funktioniert nicht richtig, aber niemand weiß warum. Anatomische oder chemische Anomalien sind nicht zu erkennen. Darüber ärgern sich die Ärzte: Wer über unlösbare Probleme klagt, wird als Bedrohung empfunden und häufig kurzerhand als »seelisch unausgeglichen« bezeichnet; hinter vorgehaltener Hand kommt dann manchmal noch der Beiname »nervliches Wrack« hinzu. Solche Menschen gelten als Beispiel für eine schlechte Verfassung, deren neurotische Gedanken sich bis in den Darm fortsetzen. Ihr Darm straft mit seinem Verhalten die größten Errungenschaften der modernen Medizin Lügen; in diesem Fall bietet diese aber nur ein Bild der Ignoranz in Verbindung mit mangelnder Anteilnahme. Zwar stimmt es, dass das Gehirn den Darm und sein Verhalten beeinflussen kann, aber der Darm kommt auch ohne solche Signale vom Gehirn zurecht. Nur ein- bis zweitausend Nervenfasern verbinden das Gehirn mit den 100 Millionen Nervenzellen im Dünndarm. Und diese 100 Millionen Nervenzellen arbeiten ohne weiteres auch allein weiter, selbst wenn keine einzige Verknüpfung mit dem Gehirn mehr besteht; dennoch freunden sich die Ärzte erst in jüngster Zeit mit der Vorstellung an, Darmkrankheiten könnten auch tatsächlich im Darm ihre Ursache haben.

Da das enterale Nervensystem allein funktionsfähig ist, muss man auch die Möglichkeit in Betracht ziehen, dass das Gehirn im Darm seine eigenen Psychoneurosen hat. Diese neue Konzeption mag stark vereinfachen, aber wahrscheinlich wird sie sich als ebenso umwälzend und zukunftsträchtig erweisen wie die Entdeckung von Kopernikus. Krankheiten kann man heilen, wenn man sie erkennt. Fehlfunktionen des enteralen Nervensystems sprechen vielleicht nicht auf eine Therapie an, die sich auf den Kopf richtet, aber wenn der Darm ihr Ziel ist, könnte sie durchaus Wirkung zeigen.

Der Reiz des Unerforschten

Bis vor kurzem war dem Nervensystem des Darms ein grausames Schicksal beschieden. Übersehen, verachtet und voller Probleme, blieb seine (normale und krankhafte) Funktionsweise unbekannt. Seine kleinen Schaltkreise sind immer noch nicht kartiert, die chemische Symphonie seiner Neurotransmitter bleibt ungehört, und selbst das Spektrum der von ihm gesteuerten Verhaltensweisen kennt man nicht. Unser Wissen über das enterale Nervensystem befand sich vor kurzer Zeit noch auf dem Stand des Mittelalters.

Aber die mittelalterliche Unkenntnis machte einst der Renaissance Platz, und die Renaissance führte schließlich zur Aufklärung. Heute ist eine Renaissance des Darms im Gang. Das ist das Schöne an diesem System: Es ist unerforschtes Neuland. Wer könnte da als neugieriger Mensch noch widerstehen – ganz zu schweigen von einem Wissenschaftler oder, besser gesagt, von einem Forscher? Die Fesseln des wissenschaftlichen Widerstands gegen das Naheliegende lösen sich allmählich. Oder, um eine Äußerung des früheren US-Präsidenten Reagan abzuwandeln: Der Morgen des Bauches dämmert.

Hier stellt sich eine vernünftige Frage: Warum sollte es uns interessieren, dass wir ein Gehirn an einer Stelle haben, wo man am wenigsten damit rechnen würde? Die Antwort lautet natürlich: Das zweite Gehirn sollte uns aus den gleichen Gründen interessieren wie das erste. Descartes sagte: »Ich denke, also bin ich«, aber diese Äußerung konnte er nur tun, weil sein Darm es ihm erlaubte. Das Gehirn im Darm muss ordnungsgemäß funktionieren, sonst können wir uns den Luxus des Denkens überhaupt nicht leisten. Wenn das Bewusstsein auf die Toilette konzentriert ist, kann niemand mehr vernünftig denken.

Hier tut sich ein neues Forschungsgebiet auf, ein neuer Horizont, eine neue Wissenschaft. Es ist spannend. Dass sich in unserem Darm ein uraltes zweites Gehirn befindet, ist in meinen Augen nicht nur ein Thema für die Wissenschaft, sondern es ist auch die faszinierende, überraschende Geschichte einer Entdeckung, und ich möchte, dass die Welt sie erfährt. Sie eröffnet vielen Menschen die Aussicht auf Hilfe, und es ist aufregend, wenn man zu denen gehört, die so etwas mit Pauken und Trompeten ankündigen können. Das Serotonin fesselte mich und führte mich auf einen Weg, über den sich viele meiner älteren Kollegen schon bald ärgerten. Ich stürzte mich in den wissenschaftlichen Streit, der um das enterale Nervensystem und das darin enthaltene Serotonin tobte. Dieser Konflikt wurde schließlich – vor allem in Cincinnati – durch eine ungewöhnliche, überraschende Lösung beendet. Aber mit der Beilegung dieses kleinen persönlichen Kampfes war die Geschichte nicht zu Ende. Sie läuft auch heute weiter und wird dabei immer interessanter.

Dieses Buch erzählt den Anfang der Geschichte vom zweiten Gehirn. Ich wünschte, ich könnte auch über das Ende berichten, aber das liegt noch in der Zukunft. Der Anfang des Anfangs, Teil I, schildert den Werdegang dieses Geschichtenerzählers und stellt einige andere Wissenschaftler vor, deren Arbeit das Thema vor dem wissenschaftlichen Untergang retteten. Außerdem liefert Teil I die notwendigen Kenntnisse über Aufbau und Funktionsweise des enteralen Nervensystems.

Teil II stellt eine Reise im Innersten der Eingeweide vom Mund bis zum Anus dar. Die Darstellung folgt im Wesentlichen dem Weg der Nahrung von der Aufnahme bis zur Ausscheidung und behandelt »unterwegs« die lebensnotwendigen Vorgänge der Verdauung und Resorption.

Teil II beschreibt außerdem Gesundheitserfahrungen und das Zusammenwirken von zweitem Gehirn und Immunsystem, die uns gemeinsam gegen die Armee bösartiger Mikroorganismen und ihre dauernden Angriffe verteidigen.

In Teil III werden schließlich die Ergebnisse der neuen Forschung zur Entwicklung und zu den Störungen des zweiten Gehirns behandelt. Manche dieser Störungen brauchen so viel Berichterstattung wie möglich, denn sie werden von Ärzten, die alle Symptome in den Verdauungsorganen sofort auf psychische Vorgänge im Kopf zurückführen, häufig übersehen. Insgesamt bietet das vorliegende Buch eine Geschichte wissenschaftlicher Entdeckungen und ihrer Entstehung. Der Prozess, den es schildert, wurde nicht durch Zauberei oder Gebet zu Wege gebracht, sondern durch die harte, überlegte Arbeit einer Reihe ganz normaler Menschen.

Am Ende des Buches wird dargelegt, welche Hoffnung die neuen Erkenntnisse über das zweite Gehirn für Millionen Menschen bedeuten, insbesondere für die 20 Millionen Amerikaner, die an funktionellen Darmkrankheiten leiden.

TEIL I

Die ersten
Durchbrüche

1

Die Entdeckung
des zweiten Gehirns

Alle, die wir uns mit Wissenschaft beschäftigen, und sogar die Aufgeklärtesten unter uns, haben eine starke, unangenehme Neigung zur Hybris. In der Naturwissenschaft hat diese Vermessenheit ihre Ursache darin, dass wir zu wenig über die Vergangenheit wissen und sie nicht richtig einschätzen können. Deshalb werden angeblich neue Entdeckungen gemacht, die in Wirklichkeit Wiederentdeckungen sind – keine neuen Fortschritte, sondern Lektionen in Geschichte.

Neurogastroenterologie: Eine Wiederentdeckung
eröffnet Hoffnungen für die Zukunft

Vor nicht allzu langer Zeit erschien im Wissenschaftsteil der *New York Times* ein Artikel über das zweite Gehirn. Darin wurde David Wingate, ein wissenschaftlich arbeitender Gastroenterologe aus London, mit der Behauptung zitiert, ich sei der Vater des neuen Forschungsgebietes der Neurogastroenterologie. Ich selbst bekenne mich nur dazu, der Vater von drei Kindern zu sein. Natürlich war es für mich alles andere als eine Beleidigung, dass David mir die Vaterschaft für ein ganzes Wissenschaftsgebiet zuschrieb. Es wäre mir sogar sehr lieb, ich könnte ihm darauf etwas Nettes antworten, ungefähr nach dem Motto: »David, du hast es gemerkt.« Pech für mein Ego: Ich weiß, dass es nicht stimmt.

In meiner Laufbahn als Wissenschaftler habe ich Entdeckungen gemacht, aber die grundlegenden Erkenntnisse, auf denen meine Arbeit aufbaut, werden demnächst ihren hundertsten Jahrestag feiern. Diese kleine Einsicht eignet sich gut dazu, mich selbst mit meiner eigenen Form von Hybris auf den Boden der Tatsachen zurückzuholen. Ich bin darüber eigentlich nicht enttäuscht, denn ich muss das Erstlingsrecht denen zugestehen, die vor mir kamen. Wenn das Wiederentdeckte wichtig ist und vergessen war, ist die Wiederentdeckung in jeder Hinsicht ebenso gut wie die Entdeckung. Und noch besser ist es, wenn die wiedergefundenen Kenntnisse das Leben unserer Mitmenschen verbessern können.

Die Neurogastroenterologie nahm ihren Anfang, als Forscher zum ersten Mal feststellten, dass es im Darm tatsächlich ein zweites Gehirn gibt. Die entscheidende Entdeckung war der Nachweis, dass es im Darm Nervenzellen gibt, die »allein zurechtkommen«, das heißt, sie können das Organ steuern, ohne dass sie dazu Anweisungen vom Gehirn oder Rückenmark brauchen. Wir, die wir nach David Wingates Einschätzung die Väter der Neurogastroenterologie sein sollen, sind in Wirklichkeit ihre Kinder. Keiner von uns hat die Existenz des zweiten Gehirns entdeckt. Aber diese Entdeckung war wie das römische Reich in der Versenkung verschwunden. Ich habe mit viel Hilfe von Kollegen aus der ganzen Welt nur eines getan: Ich habe sie wieder gefunden und der Wissenschaft wieder zu Bewusstsein gebracht. Diese Leistung, welche schon bald vielen Millionen Menschen, die unter dem falschen Verhalten eines schlecht gestimmten Darms zu leiden haben, Linderung bringen wird, reicht mir.

Der Prediger Salomo hatte Recht: Es gibt nichts Neues unter der Sonne

In Wirklichkeit begann die Neurogastroenterologie mit Bayliss und Starling, zwei Wissenschaftlern, die im 19. Jahrhundert in England forschten und in die Ruhmeshalle der Physiologen eingingen. Ich male mir gern aus, was das um die Jahrhundertwende in englischen Labors für ein Leben gewesen sein muss. Zu jener Zeit senkte sich oft der berüchtigte Nebel über London und vermischte sich mit dem Rauch aus vielen tausend Kohleöfen, um die Atemwege zu belasten und die Sicht zu verdunkeln. Es war die Zeit von Jack the Ripper, David Copperfield und Ebenezer Scrooge. In den Jahren 1965/1966, als ich nach meiner Promotion Fellow in Oxford war, erlebte ich die Renovierung eines englischen Labors mit. Wenn man einschätzen will, unter welchen Bedingungen britische Wissenschaftler arbeiteten, braucht man nur Dickens zu lesen.

Im Winter ist es in England meist nicht sehr kalt. In New York sinken die Temperaturen mit Sicherheit tiefer als in Oxford oder London. Unangenehm ist in England nur, dass es in den meisten Teilen des Landes drinnen kaum wärmer ist als draußen. Ich trug bei meiner Arbeit am Labortisch einen Schal und Handschuhe mit abgeschnittenen Fingerspitzen, damit ich spüren konnte, was ich anfasste. Die Labortische waren im Allgemeinen recht hoch, und wir saßen auf hölzernen Schemeln davor. Da diese Labors das Ergebnis der Fortschritte eines halben Jahrhunderts darstellten, müssen Bayliss und Starling unter fast unmenschlichen Bedingungen gearbeitet haben. Aber wie ihre Labors auch aussahen, sie brachten darin verblüffende Leistungen zustande. Bevor Margaret Thatcher Premierministerin wurde und die britische Naturwissenschaft aushungerte, waren die physiologischen Institute in England der Maßstab für alle anderen Länder.

Das Gesetz des Darms

Bayliss und Starling arbeiteten mit Hunden. Sie versetzten die Tiere in Narkose, isolierten eine Darmschlinge und untersuchten, wie sich die Reizung des Darms aus dem inneren Hohlraum auswirkt. Damit ahmten sie den Effekt des normalen Darminhalts auf die Darmwand nach. In den entscheidenden Experimenten steigerten Bayliss und Starling den Druck in der Darmschlinge. Der Darm reagierte darauf immer mit dem gleichen Verhalten, und das weckte die Aufmerksamkeit der Wissenschaftler. Bei ausreichend hohem Innendruck waren Muskelbewegungen zu beobachten, die den Darminhalt überraschenderweise immer in eine Richtung weiterschoben. Immer lief eine Welle der Kontraktion den

23

Darm entlang: Das zum Mund weisende Ende zog sich zusammen, das andere Ende entspannte sich, und auf diese Weise wurde der Darminhalt unerbittlich und unausweichlich in Richtung des Darmausgangs geschoben.

Diese Reaktion auf einen höheren Innendruck bezeichneten Bayliss und Starling als »Gesetz des Darms«. Die beiden hatten viel für »Gesetze« übrig. Zu ihrem physiologischen Vermächtnis gehören neben dem »Gesetz des Darms« auch ein »Gesetz des Herzens« und ein »Gesetz des Kreislaufs«. Mit dem Ausdruck »Gesetz«, der heute seltsam wirkt, wollten sie wahrscheinlich sagen, dass sie ein ehernes Prinzip für das Verhalten eines biologischen Systems entdeckt hatten. Vielleicht war der zu jener Zeit berüchtigte Fall »Jarndyce gegen Jarndyce« in dem großartigen Buch *Bleak House* von Dickens der Grund, dass sie sich einer so juristisch orientierten Terminologie bedienten. Jedenfalls blieb das »Gesetz des Darms« trotz der prägnanten Formulierung nicht bestehen. Das lag nicht daran, dass Bayliss und Starling Unrecht gehabt hätten. Ihre Befunde haben die Zeiten überdauert und lassen sich heute ohne weiteres nachvollziehen. Das »Gesetz des Darms«, das sie formulierten, beschreibt weiterhin das Verhalten des Verdauungsorgans, nur sein Name hat sich verändert. Heute spricht man vom *peristaltischen Reflex* – ein viel prosaischer Ausdruck, der aber besser beschreibt, was der Darm tatsächlich tut; außerdem lässt er sicher viel weniger an eine unbekannte, höhere Macht denken. Wenn es Gesetze gibt, muss es auch jemanden geben, der sie durchsetzt, und eine solche Vorstellung lässt als naturwissenschaftliches Konzept zu wünschen übrig.

Zu Recht brachten Bayliss und Starling die koordinierten Bewegungen des Darms mit Nerven in Zusammenhang. Allerdings beobachteten sie etwas Überraschendes: Auch wenn sie alle Nerven durchtrennten, die das Stück Hundedarm mit seiner Umgebung verbanden, war das »Gesetz des Darms« noch zu erkennen. Bei Gliedmaßen oder anderen Organen, das wussten sie, gehen die Reflexe verloren, wenn man sämtliche Nerven durchschneidet. An Reflexen sind überall sonst – außer im Darm – Gehirn oder Rückenmark beteiligt. Andere Organe treffen keine eigenen Entscheidungen, sondern folgen ausschließlich den Anweisungen, die sie vom Zentralnervensystem erhalten. Durchtrennt man die Nerven, die solche Organe mit Gehirn oder Rückenmark verbinden, schneidet man sie von ihren Befehlen ab, und dann sind sie gelähmt wie ein Verkaufsbüro für Flugtickets, dessen Computer abgestürzt ist.

Bayliss und Starling folgerten, dass die Durchtrennung aller Nerven, die in ein Stück Darm hinein- oder aus ihm herausführten, die gesamte von Nerven übermittelte Kommunikation zwischen Darm und Zentralnervensystem lahm legen würde. Als sie dies ausführten, galt das »Gesetz des Darms« jedoch weiterhin. Auf eine Zunahme des Innendrucks folgte immer noch die gleiche Welle mit Kontraktion am Mundende und Entspannung am Analende, die sie vor dem Durchschneiden der Nerven beobachtet hatten. Das Reflexverhalten konnte man also auch in Darmabschnitten auslösen, die keinerlei Nachrichten von Gehirn oder Rückenmark mehr empfingen; deshalb führten Bayliss und Starling das »Gesetz des Darms« auf einen von ihnen so bezeichneten »lokalen Nervenmechanismus« zurück. Mit anderen Worten: Wenn äußere Nerven nicht erforderlich sind, müssen innere Nerven diese Aufgabe erfüllen.

Es gibt ein inneres Nervensystem

Die Schlussfolgerung, dass innere Nerven für das »Gesetz des Darms« verantwortlich sind, erschien Bayliss und Starling durchaus vernünftig: Sie wussten nämlich schon vor Beginn ihrer Untersuchungen, dass sich in der Darmwand ein kompliziertes Nervensystem befindet. Dieses System hatte man in Deutschland entdeckt, während in Amerika der Bürgerkrieg tobte. Mit einem sehr einfachen Lichtmikroskop hatte der deutsche Wissenschaftler Leopold Auerbach herausgefunden, dass der Darm ein kompliziertes Geflecht (*Plexus*) aus Nervenzellen und Nervenfasern enthält. Dieses Geflecht – es ist zwischen den beiden Muskelschichten eingezwängt, die den Darm umgeben – heißt noch heute

Auerbach-Plexus. Und da manche Wissenschaftler eine Abneigung dagegen haben, in den wissenschaftlichen Bezeichnungen für Körperteile die Namen von Personen zu verwenden, wird er auch *Plexus myentericus* genannt (my = Muskel-, entericus = Darm-).

Nachdem Auerbach seine Entdeckung gemacht hatte, fand man in einer Schicht der Darmwand, die man als *Submucosa* bezeichnet, noch einen zweiten, kleineren Plexus. Der Name »Submucosa« weist auf ihre Lage hin: Sie liegt unmittelbar unterhalb der Schleimhautauskleidung des Darminnenraumes, in dem die Verdauung stattfindet. Die innere Auskleidung nennt man *Mucosa*, und die darunter liegende Schicht ist demnach natürlich die *Submucosa*. Diese tiefere Schicht besteht aus dichtem Bindegewebe; sie ist so kräftig und widerstandsfähig gegen Zugkräfte, dass man Därme sogar als chirurgisches Nahtmaterial und als Saiten für Tennisschläger verwenden kann. Das zweite Geflecht der Darmnervenzellen wird von denen, die Strukturen gern mit ihren Entdeckern in Verbindung bringen, als *Meißner-Plexus* bezeichnet; und wer Eigennamen in der Nomenklatur ablehnt, nenne es *Plexus submucosus*. Da Bayliss und Starling also bereits wussten, dass der Darm ein großes Nervensystem enthält, konnten sie ohne weiteres behaupten, dieses System, der »lokale Nervenmechanismus«, ermögliche dem Darm die Reflextätigkeit, obwohl er von außen keine Impulse erhält.

Es geht alles von selbst

Achtzehn Jahre nachdem Bayliss und Starling ihre Beobachtungen zum ersten Mal veröffentlicht hatten, war Europa von der Schweizer Grenze bis zum Ärmelkanal von Schützengräben durchzogen. Auf der deutschen Seite stülpte Ulrich Trendelenburg ein isoliertes Stück Meerschweinchendarm über ein J-förmiges Rohr. Sein Experiment, das er 1917 veröffentlichte, erwies sich als entscheidend. Trendelenburg brachte das Stück Darm mit dem stützenden Rohr in eine warme Nährlösung, die er auch mit Sauerstoff versorgte. In dieser künstlichen Umgebung überlebte der Darm gut.

Einen solchen Apparat, in dem Organe mehrere Stunden lang am Leben bleiben, nennt man *Organbad*.

Als Trendelenburg Luft in das Rohr pumpte, pumpte der Darm zurück. Das klingt nach einem schrecklich einfachen Experiment, und das ist es auch. Aber das Phänomen, das Trendelenburg beobachtete, lässt weit reichende Folgerungen zu. Damit das Stück Meerschweinchendarm zurückpumpen konnte, obwohl es allein in dem Organbad lag, musste es zu dem gleichen Reflexverhalten fähig sein, das Bayliss und Starling Jahre zuvor an einem intakten Hund beobachtet hatten. Der Darmabschnitt musste in der Lage sein, den durch die eingeleitete Luft erzeugten Druckanstieg in seinem Innenraum wahrzunehmen. Um dann zurückzupumpen, musste der isolierte Darm mit einer durchlaufenden Welle der Kontraktion am Darmmund und der Entspannung am Darmausgang reagieren, wodurch das »Gesetz des Darms« von Bayliss und Starling nachgeahmt wurde. Außerdem brauchte Trendelenburg dafür nicht einmal ein vollständiges Tier. Gehirn, Rückenmark und sensorische Ganglien waren mit den übrigen Teilen des Meerschweinchens im Abfall gelandet. Das Organbad enthielt nichts außer dem Darm.

Trendelenburg führte für die durch Druck ausgelöste Transportfähigkeit des Darmes den modernen Begriff »peristaltischer« Reflex ein. Das führte dazu, dass der gleich bedeutende Ausdruck »Gesetz des Darms« ungebräuchlich wurde. Die Beobachtung, dass man den peristaltischen Reflex sogar in einem Stück Darm auslösen kann, das isoliert in einem Organbad liegt, bestätigte Bayliss und Starling: Sie hatten Recht mit der Behauptung, die durch Druck ausgelöste Welle der Kontraktion und Entspannung sei auf den »lokalen Nervenmechanismus« des Darms zurückzuführen. Wenn der Reflex sich in einem System abspielt, das außer dem Darm kein anderes Organ enthält, muss die Darmwand alle notwendigen Bestandteile enthalten. Das ist verblüffend, denn einen ähnlichen Nervenapparat gibt es in keinem anderen Organ. Durchtrennt man die Verbindung des Zentralnervensystems zu Blase, Herz oder Skelettmuskeln, kommt die Reflextätigkeit zum Erliegen. Trendelenburgs einfaches Experiment führte also zu einer revolutionären Erkenntnis: Er hatte nachgewiesen, dass das innere Nervensystem des Darms ganz ähnliche Eigenschaften hat wie das Gehirn und sein untergeordneter Anhang, das Rückenmark. Für einen Neurobiologen ist das gleichbedeutend mit der Behauptung, der Darm komme dem Göttlichen nahe.

2

Das autonome Nervensystem und die Geschichte der chemischen Nervenübertragung

Der nächste Meilenstein in der Geschichte des enteralen* Nervensystems war 1921 erreicht. Der Schauplatz hatte sich wieder nach England verlagert: Dort, in Cambridge, erschien das großartige Buch *The Autonomic Nervous System* von J. N. Langley. Die meisten praktizierenden Ärzte glauben, sie wüssten über Langleys Einteilung des autonomen Nervensystems Bescheid, selbst solche, die schon einmal vom enteralen Nervensystem gehört haben. Aber die wenigsten heutigen Ärzte haben Langleys Buch tatsächlich gelesen. *The Autonomic Nervous System* erschien vor fast achtzig Jahren. Die meisten Mediziner beziehen ihre Kenntnisse also aus dem, was sie in Lehrbüchern darüber gelesen haben, und das ist sowohl unzulänglich als auch regelrecht falsch.

Aber ganz gleich, ob man Langleys Werk gelesen hat oder nicht: Bis heute hat kein anderer so nachhaltig zu unseren Kenntnissen über das autonome oder vegetative Nervensystem beigetragen wie er. Es ist nach seiner Definition ein ausschließlich motorisches System aus Nerven, die das Verhalten von Darmmuskulatur, Blutgefäßen, Herz und Drüsen steuern. Als *motorisch* bezeichnet man ein System, das Informationen vom Gehirn und/oder Rückenmark weg transportiert. Der freie Wille und die willkürliche Beeinflussung der Effektoren (Ziele) autonomer Nerven kommen in Langleys Definition nicht vor. Außerdem handelte es sich in seiner Vorstellung um eine Einbahnstraße: Die Befehle des Gehirns werden entlang der Nerven dieses Systems weitergegeben, und die Rückmeldung zum Gehirn erfolgt über ein anderes System. Viele Lehr-

---

* enteral: den Darm betreffend, Darm...

bücher behaupten, die vom autonomen Nervensystem kontrollierten Tätigkeiten liefen unwillkürlich ab, und es gäbe autonome Nerven, welche die Abläufe in der Körperperipherie wahrnehmen und das Gehirn darüber in Kenntnis setzen. Das sind die Ansichten der Autoren dieser Bücher, und daran wäre auch nichts auszusetzen – wenn sie nicht falsch wären.

Dass Vorgänge, die vom autonomen Nervensystem gesteuert werden, gewöhnlich nicht der bewussten, willkürlichen Kontrolle unterliegen, stimmt zwar. Dass es sich meist um unbewusste Abläufe handelt, war der Grund, dass das System überhaupt als »autonom« bezeichnet wurde. Die *Skelettmuskeln*, die wir in der Regel willkürlich bewegen, werden von einem anderen System motorischer Nerven gesteuert, das man auch Willkürmotorik nennt. Zwischen willkürlichen und unwillkürlichen Vorgängen besteht aber keine hundertprozentige Trennung. Einerseits kann man Menschen beibringen, willentlich Veränderungen der autonomen Vorgänge herbeizuführen und beispielsweise Puls oder Blutdruck zu beeinflussen. Andererseits können wir bestimmte Skelettmuskeln, beispielsweise die im Mittelohr, nicht zur Kontraktion veranlassen, sosehr wir es vielleicht auch wollen. Die Muskeln im Mittelohr werden nur in Form eines unwillkürlichen Reflexes auf laute Geräusche aktiviert.

Periphere Synapsen: Wer hat, der hat

Zwischen den Nerven, die zu den Skelettmuskeln laufen, und den autonomen Nerven besteht ein wichtiger anatomischer Unterschied. Die Skelettmuskeln werden ausschließlich von Nerven versorgt, die unmittelbar vom Zentralnervensystem ausgehen. Autonome Nerven dagegen verbinden das Zentralnervensystem niemals unmittelbar mit ihren Effektoren (Muskeln, Blutgefäße oder Drüsen).

Die Leitungsbahnen des autonomen Nervensystems sind immer von mindestens einer *Synapse* unterbrochen, einer Verbindung zwischen zwei Nervenzellen. Ein autonomes Signal wird also im-

Motorisches System der Skelettmuskeln

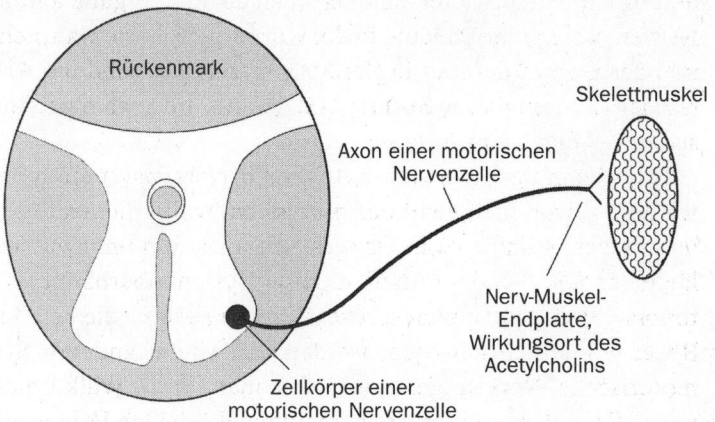

Rückenmark

Skelettmuskel

Axon einer motorischen
Nervenzelle

Nerv-Muskel-
Endplatte,
Wirkungsort des
Acetylcholins

Zellkörper einer
motorischen Nervenzelle

Das autonome (vegetative) Nervensystem

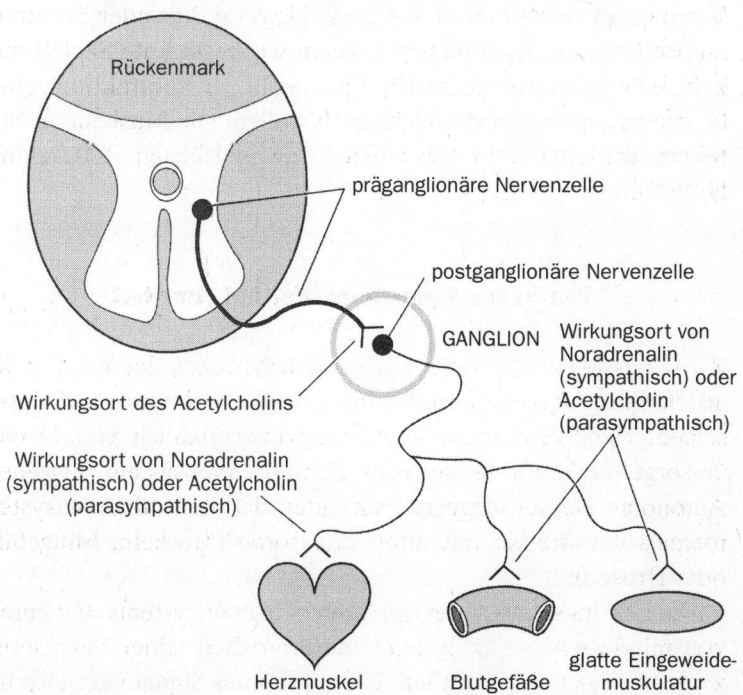

Rückenmark

präganglionäre Nervenzelle

postganglionäre Nervenzelle

GANGLION Wirkungsort von
Noradrenalin
(sympathisch) oder
Acetylcholin
(parasympathisch)

Wirkungsort des Acetylcholins

Wirkungsort von Noradrenalin
(sympathisch) oder Acetylcholin
(parasympathisch)

Herzmuskel

Blutgefäße

glatte Eingeweide-
muskulatur

31

Synapse

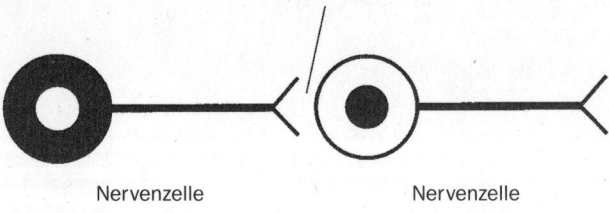

Nervenzelle   Nervenzelle

Informationsfluss

mer über mindestens zwei Nervenzellen vom Gehirn zum Effektor transportiert, für ein Signal vom Gehirn zu einem Skelettmuskel ist dagegen nur eine erforderlich.

Aus diesem anatomischen Unterschied zwischen den Nerven ergeben sich weit reichende Folgen. Ein Signal, das vom Zentralnervensystem zu einem Skelettmuskel auf den Weg geschickt wird, kommt entweder vollständig und unverändert dort an, oder es wird überhaupt nicht empfangen. Die Signalübertragung ist ein einfaches »Alles-oder-Nichts«-Phänomen, vergleichbar mit Schwarz oder Weiß. Eine Grauzone gibt es nicht. Dagegen kann ein entsprechendes Signal, das vom Zentralnervensystem zu einem Blutgefäß, zum Herzen oder zu einer Drüse läuft, durch die Vorgänge an den autonomen Synapsen verstärkt, abgeschwächt oder auf andere Weise abgewandelt werden. Deshalb ist die Aktivierung der autonomen Effektoren unendlich viel schwieriger als die der Skelettmuskeln. Die autonome Nervenübertragung lässt viel Platz für alle möglichen Grautöne. Diese Komplexität der autonomen Signalübertragung erreicht im Darm ihren Höhepunkt. Wenn es um Nerven geht, ist Komplexität wichtig. Das klingt nicht nur hübsch, sondern es ermöglicht auch die sofortige Anpassung an wechselnde Bedingungen.

Langley ging bei seiner Einteilung des autonomen Nervensystems von der Erkenntnis aus, dass an der Aktivierung eines Effektors eine ganze Reihe von Nervenzellen beteiligt sind. Die erste Zelle in dieser Kette, die zu Anfang die Befehle der zentralen Verarbeitungszentren transportiert, liegt im Gehirn oder Rückenmark. Sie gibt die Anweisungen über eine Synapse an die zweite Nervenzelle weiter, die sich in einem Ganglion (einer lokalen Ansammlung von Nervenzellkörpern) befindet. Die erste Nervenzelle überträgt Signale an solche Ganglien und wird deshalb logischerweise als *präganglionär* bezeichnet. Die zweite, im Ganglion liegende Nervenzelle nennt man *postganglionär*: Ihre Fortsätze führen vom Ganglion weg zu den Effektoren, die in den Randbezirken des Körpers warten.

Sympathisch und parasympathisch

Wie Langley erkannte, kann man das autonome Nervensystem auf Grund der Lage der präganglionären Nerven, das heißt der »Ausgänge« des Zentralnervensystems, in zwei große Abschnitte unterteilen. Diese beiden Abschnitte beherrschten nach dem Erscheinen seines Buches fünfzig Jahre lang das gesamte Denken über das autonome Nervensystem. Langley bemerkte, dass man in einigen Gehirnnerven, die vom Gehirn selbst ausgehen, präganglionäre Nervenfasern findet. Die Ganglien, zu denen diese Nervenfasern führen, liegen in der Regel in den von ihnen versorgten Organen oder in ihrer Nähe. Außerdem fiel Langley auf, dass vom Rückenmark im Halsbereich keine präganglionären Nervenfasern ausgehen; weiter unten jedoch, im Brust-, Lenden- und Kreuzbeinbereich, sind solche Nerven vorhanden. Interessanterweise unterscheiden sich aber die präganglionären Nerven im Brust- und Lendenbereich von denen der Gehirnnerven. Ihre Ziele liegen nicht in den von ihnen versorgten Organen oder in deren Nähe, sondern diese Ganglien befinden sich alle in auffälligen Gruppen nahe an der Wirbelsäule und damit in beträchtlicher Entfernung von ihren Effektoren. Auf der Höhe des Kreuzbeins ähneln die präganglionären Fasern dann wieder denen des Gehirns: Die von ihnen versorgten Ganglien liegen nämlich auch wieder weit vom Zentralnervensystem entfernt in der Nähe der Effektoren.

Leider wird das autonome Nervensystem auch heute noch meist in zwei Teile eingeteilt. Langley nahm die Ähnlichkeit der Gehirn- und Kreuzbeinausgänge als Kriterium, um diese Teile als *parasympathisches System*, die von Brust- und Lendenwirbelbereich dagegen als *sympathisches System* zu definieren. Der entscheidende Unterschied zwischen beiden war nach seiner Ansicht ausschließlich anatomischer Natur: Er lag in den unterschiedlichen Ausgangspunkten der präganglionären Nerven. Es gibt auch andere Unterschiede, aber sie gelten nicht ausnahmslos und tragen daher nicht dazu bei, die beiden Systeme voneinander abzugrenzen.

Langley ordnete seinem sympathischen Teil zwei Gruppen von Ganglien zu. Beide werden von präganglionären Nervenfasern versorgt, die im Brust- oder Lendenbereich vom Rückenmark ausgehen (deshalb werden sie als sympathisch bezeichnet), aber die beiden Gruppen weisen gewisse Unterschiede in ihrer Lokalisierung auf. Eine Reihe sympathischer Ganglien konzentriert sich auf zwei lange Ketten, die beiderseits entlang der Wirbelsäule vom Hals bis zum Schwanz verlaufen (auch wenn der Schwanz – wie bei den Menschen – so weit verkümmert ist, dass man seine restlichen Knochen von außen nicht mehr erkennen kann). Da diese Ganglien sich in der Nachbarschaft der Wirbel befinden, bezeichnet man sie als *paravertebral*, und da sie untereinander verknüpft sind, werden sie auch *Ganglien der sympathischen Kette* genannt. Die zweite Gruppe sympathischer Ganglien liegt vor den Wirbeln und heißt deshalb *prävertebral*. Diese Ganglien, die auch den Darm mit sympathischen Nerven versorgen, sind Ansammlungen von Nervenzellen, und sie umgeben im Bauchraum die Verzweigungen der Aorta, jener großen Arterie, die das vom Herzen kommende Blut befördert.

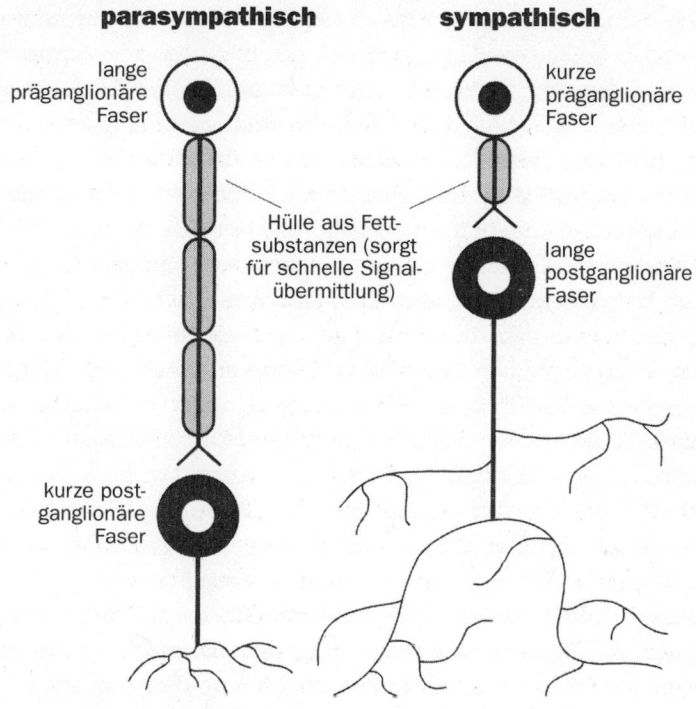

parasympathisch   **sympathisch**

lange präganglionäre Faser

kurze präganglionäre Faser

Hülle aus Fettsubstanzen (sorgt für schnelle Signalübermittlung)

lange postganglionäre Faser

kurze postganglionäre Faser

Diese Nervenfasern haben keine Hülle
und leiten die Signale deshalb sehr langsam.

Aus anatomischen Gründen sind parasympathische Reaktionen meist schneller und gezielter als sympathische.

Schwieriger als die gut abgegrenzten sympathischen Ganglien sind parasympathische Ganglien zu finden: Sie liegen immer innerhalb der von ihnen versorgten Organe oder unmittelbar daneben. Deshalb sind die zu parasympathischen Ganglien führenden präganglionären Nerven lang, und postganglionäre Nerven sind kurz. Die Verhältnisse sind hier also genau umgekehrt wie im sympathischen Teil, wo die präganglionären Nerven kurz und die postganglionären lang sind. Dieser anatomische Unterschied ist auch für die Funktion von großer Bedeutung. Die präganglionären Nerven sind nämlich sowohl im sympathischen wie im parasympathischen System durch eine Fetthülle (dem Myelin) gut isoliert und leiten schnell; postganglionäre Nerven dagegen haben keine solche Umhüllung und leiten deshalb langsamer.

Dieses System kann man nicht nur anatomisch, sondern auch im Hinblick auf seine Funktionen betrachten. Es ist einem Eisenbahnsystem vergleichbar: Die schnell leitenden präganglionären Nervenfasern entsprechen den ICE-Zügen, während die postganglionären Nervenfasern mit ihrer geringen Leitungsgeschwindigkeit Nahverkehrszügen ähneln. Wer schon einmal mit dem Zug von Berlin nach Pulheim (eine Gemeinde im Umland von Köln, die in unserem Vergleich der Effektorzelle entspricht) gefahren ist, musste den ICE in jedem Fall am Kölner Hauptbahnhof verlassen. Irgendwo muss man immer in einen Nahverkehrszug umsteigen (eine synaptische Übertragung vornehmen), denn der ICE hält in Pulheim nicht. Je nachdem, wo man umsteigt, dauert es unterschiedlich lange, bis man sein Ziel erreicht. Vertauscht man den ICE schon in Düsseldorf mit dem Nahverkehrszug nach Pulheim, ist die Reise viel länger, als wenn man bis Köln fährt und nur für das kurze Stück den Nahverkehrszug nimmt.

Im parasympathischen System sind die von einer Myelinhülle umgebenen, schnell leitenden präganglionären Nerven lang, und die nicht isolierten, langsam leitenden postganglionären Nerven sind kurz. In diesem System fährt also der ICE bis nach Köln, und der Nahverkehrszug wird nur für die kurze Strecke nach Pulheim benutzt. Im sympathischen System sind die Verhältnisse genau umgekehrt: Hier sind die schnell leitenden präganglionären Nerven kurz und die langsam leitenden postganglionären Nerven lang. Das sympathische System steigt also schon in Düsseldorf aus dem ICE und nimmt von dort den Nahverkehrszug nach Pulheim. Deshalb sind parasympathische Reaktionen in der Regel anfangs schneller und genauer als sympathische, während diese in der Regel gemächlicher ablaufen und sich weiter verteilen (der Nahverkehrszug fährt nicht nur langsam, sondern er klappert auch alle Vororte ab). Parasympathische Reaktionen beschränken sich demnach häufiger als ihre sympathische Entsprechung auf ein einziges Organ – sie sorgen zum Beispiel dafür, dass sich die Pupillen verengen oder dass sich die Harnblase zusammenzieht. Reaktionen, die den ganzen Organismus einbeziehen, wie beispielsweise die Pulsbeschleunigung und Blutdrucksteigerung bei Stress (Flucht, Furcht oder Kampf) sind die Spezialität des sympathischen Systems.

Solche Funktionsunterschiede gibt es zwar tatsächlich, aber es handelt sich nicht um eine absolute Trennung, sondern nur um Tendenzen. Von sympathischen Reaktionen ist nicht immer der gesamte Organismus oder auch nur sein größter Teil betroffen, ein Punkt, der in einführenden physiologischen Lehrbüchern häufig übersehen wird. Sympathische Reaktionen können in ihrem Umfang ebenso begrenzt sein wie jede parasympathische. So sind sympathische Nerven zum Beispiel dafür verantwortlich, dass sich die Pupillen in einem dunklen Raum erweitern und dass der Mann beim Orgasmus ejakuliert. Glücklicherweise können beide Reaktionen einzeln und unabhängig voneinander einsetzen: Ein Mann muss nicht ejakulieren, damit sich seine Pupillen auf die Dunkelheit einstellen. Da also die Unterscheidung zwischen den Funktionen vom sympathischen und parasympathischen Nervensystem nicht immer gilt, kann man beide nicht allein auf Grund ihrer Tätigkeit gegeneinander abgrenzen. So ist Langleys anatomische Definition bis heute das einzige narrensichere Mittel, um sympathische und parasympathische Nervenzellen zu unterscheiden.

Die enterale Abteilung

Da Langley der Unterscheidung zwischen den Ausgängen der präganglionären Nerven eine so große Bedeutung für die Einteilung des autonomen Nervensystems beimaß, war ihm auch völlig klar, dass man das enterale Nervensystem weder als sympathisch noch als parasympathisch bezeichnen kann. Ganz offensichtlich kannte er die früheren Arbeiten von Bayliss, Starling und Trendelenburg, in denen nachgewiesen worden war, dass der Darm als einziges Organ unabhängig vom Zentralnervensystem eine Reflextätigkeit entfalten kann. Auch eine andere Tatsache entging Langley nicht: Die Zahl der motorischen Nervenfasern, die Gehirn oder Rückenmark mit dem Darm verbinden, ist im Vergleich zur Zahl der Nervenzellen im Darm selbst unglaublich gering. Beim Menschen zum Beispiel enthält der Vagus (der große Gehirnnerv, der das Gehirn mit dem Darm verbindet) an der Stelle, wo er in den Bauchraum eintritt, nur etwa zweitausend präganglionäre Nervenfasern. Andere gibt es nicht. Dagegen enthält der menschliche Dünndarm über *hundert* Millionen Nervenzellen.

Dass Langley die genaue Zahl der Nervenzellen im Darm irgendeiner Tierart kannte, darf man bezweifeln. Die erste relativ genaue derartige Schätzung (für den Darm des Meerschweinchens) erschien erst zehn Jahre nach der Publikation von Langleys Buch über das autonome Nervensystem. Selbst heute ist die Frage noch ein wenig umstritten. Diese Zellen lassen sich nur schwer zählen, und in der Frage, wie man ihre Zahl im Einzelnen ermittelt, gibt es nach wie vor Meinungsverschiedenheiten. Aber Langley brauchte die genaue Zahl gar nicht zu kennen. Er wusste, dass es zwischen der Zahl der Nervenzellen im Darm und der Zahl der Nervenfasern, die für ihre präganglionäre Versorgung zur Verfügung standen, ein gewaltiges Ungleichgewicht gibt. Das war für ihn ein Indiz, dass die meisten Nervenzellen im Darm vermutlich überhaupt keinen Input vom Zentralnervensystem erhalten. Dass die wenigen präganglionären Nervenfasern aus dem Gehirn sich stark verzweigen und mit allen Nervenzellen des Darms in Kontakt treten, hielt er offensichtlich für unwahrscheinlich.

Viele Jahre nach Langleys Tod bestätigten Forschungsarbeiten, dass er mit seinen Annahmen über die Versorgung der enteralen Nervenzellen grundsätzlich Recht hatte. Die meisten Nervenzellen des Darms sind wahrscheinlich nicht unmittelbar mit dem Zentralnervensystem verbunden. Das heißt nicht, dass moderne Umstürzler an Langleys Ansichten nichts auszusetzen hätten. Der kanadische Anatom Terry Powley zeigt auf Tagungen immer wieder wunderschöne Bilder von Enden des Vagusnervs im Darm von Nagetieren und preist ihre große Zahl in den höchsten Tönen. Anscheinend sind es tatsächlich viele tausend. Aber auch eine Zahl von mehreren tausend Nervenenden verblasst im Vergleich zu den vielen Millionen Nervenzellen im Darm und den hunderten von Millionen innerer Nervenfasern, über die diese Zellen untereinander Nachrichten austauschen. Powleys Bilder sind gerade deshalb so schön, weil die Fasern des Vagus im Darm relativ selten sind. Da sie in seinen Aufnahmen einzeln sichtbar gemacht wurden, treten sie in ihrem individuellen Glanz hervor wie Schlangen, die sich zwischen den Nervenverknüpfungen der enteralen Ganglien hindurchwinden. Die Nervenfasern des Vagus sind zu erkennen, weil man die eigenen Nervenfasern des Darms nicht sieht. Würde man diese in denselben Bildern färben, wären die Fasern des Vagus hinter einem gewaltigen, breiten Farbvorhang nicht mehr zu sehen.

Die Stimme des Gehirns ist zwar im Darm mit Sicherheit zu hören, aber sie gelangt nicht auf direktem Weg zu jenem Mitglied in der enteralen Nervenversammlung. Wenn die enteralen Nervenzellen in ihrer Mehrzahl keine unmittelbare Verbindung zu Gehirn oder Rückenmark haben, kann man sie natürlich unmöglich nach Langleys Regeln als sympathisch oder parasympathisch bezeichnen. Deshalb nahm Langley in seine Beschreibung des autonomen Nervensystems eine dritte Kategorie auf: das enterale Nervensystem. Es ist im Gegensatz zum sympathischen und parasympathischen System anatomisch und in seinen Funktionen unabhängig von Gehirn und Rückenmark. Diese Einstufung des enteralen Nervensystems als eigenständige, gleichberechtigte Kategorie ist noch heute für ein Publikum von Ärzten oder sogar Neurowissenschaftlern eine Überraschung.

Wie sich herausgestellt hat, sind Langleys Arbeiten von zeitloser Bedeutung: Sie bilden die Grundlage für die Erkenntnis, dass das enterale Nervensystem unabhängig ist und eigentlich ein zweites Gehirn darstellt. In der Wissenschaft muss alles und jedes in ein großes Schema eingeordnet werden, und Langley fand für das enterale Nervensystem einen Platz im großen Schema der Nervenversorgung.

Das Nervensystem der Wirbeltiere ist zwar ungeheuer komplex, aber es hat einen einfachen Grundbauplan. Seine zwei großen Abteilungen sind das *Zentralnervensystem* (ZNS) und das *periphere Nervensystem* (PNS). Das Zentralnervensystem besteht aus dem Gehirn (womit jetzt dasjenige im Kopf gemeint ist) und dem Rückenmark, zum peripheren Nervensystem gehört alles andere. Beide Systeme sind eng verknüpft und arbeiten zusammen – die Unterscheidung mag also ein wenig willkürlich erscheinen; aber das Zentralnervensystem ist eindeutig dem peripheren Nervensystem übergeordnet, denn es besteht kein Zweifel darüber, welches System die Befehle gibt und welches sie ausführt. Die Anweisungen fließen von Gehirn und Rückenmark über die Nerven des peripheren Systems zu den Muskeln und Drüsen (den Effektoren des Organismus). Informationen, die von den Sinnesrezeptoren des Körpers aufgenommen werden, wandern von dort – wiederum über die Nerven des peripheren Systems – zu Gehirn und Rückenmark. Es besteht also eine Funktionshierarchie mit den dazu nötigen Verknüpfungen. Ganz oben steht das Gehirn, und unten befinden sich die Effektoren und Sinnesrezeptoren. Die Effektoren führen aus, was das Zentralnervensystem ihnen befiehlt, und die von den Sinnesrezeptoren gesammelten Informationen werden eine Etage höher geschickt und im Zentralnervensystem ausgewertet.

Aufstand im Darm: das Gehirn da unten

Nur das enterale Nervensystem kann aus dieser Funktionshierarchie ausbrechen. Theoretisch gehört es zum peripheren Nervensystem, aber das entspricht lediglich seiner Definition. Zum peripheren Nervensystem gehört alles, was Nerven, aber nicht Gehirn oder Rückenmark ist. Im Gegensatz zum übrigen peripheren System jedoch befolgt das enterale Nervensystem nicht unbedingt die Befehle, die es vom Gehirn oder Rückenmark erhält, und es schickt auch Informationen, die es erhält, nicht zwangsläufig dorthin weiter. Wenn es will, kann es die von seinen Sinnesrezeptoren aufgenommenen Daten selbst verarbeiten und auf Grund der Ergebnisse eine Reihe von Effektoren aktivieren, die es selbstständig steuert. Das enterale Nervensystem ist also nicht der Sklave, sondern das Gegenüber des Gehirns, eine unabhängige Kraft in der Nervenorganisation des Körpers. Es ist ein Rebell, der einzige Bestandteil des peripheren Nervensystems, der sich entscheiden kann, den Bitten von Gehirn oder Rückenmark nicht zu entsprechen.

Selbstständigkeit

Das enterale Nervensystem ist also ein unabhängiger Sitz neuraler Integration und Verarbeitung. Damit wird es zu einem zweiten Gehirn. Zwar kann das enterale Nervensystem vermutlich nie vernünftige Schlüsse ziehen, Gedichte schreiben oder sokratische Dialoge führen, aber ein Gehirn ist es dennoch. Es steuert sein Organ, den Darm, und wenn es hart auf hart geht (wie bei den Millionen Menschen, deren Vagusnerv chirurgisch durchtrennt wurde), kann es alle Aufgaben auch allein erfüllen. Solange das enterale Nervensystem den Darm gut verwaltet, herrschen im Organismus Frieden und Eintracht. Versagt es aber, sodass der Darm nicht richtig funktioniert, verblassen Schlussfolgerungen, Gedichte und sokratische Dialoge zu einer Nichtigkeit.

Das alles wusste Langley natürlich noch nicht, aber wahrscheinlich entspricht es dem, was er vermutete. Die Entdeckungen von Bayliss, Starling und Trendelenburg, die ihrer Zeit damals voraus waren, lassen sich nur so erklären. Und heute, viele Jahre nachdem Langleys großartiges Werk erschienen ist, entdeckt eine neue Generation von Wissenschaftlern, zu der auch ich gehöre, alles wieder. Das Publikum, dem wir unsere Erkenntnisse vermitteln, nimmt sie zunächst widerwillig, dann aber mit einem freudigen »Aha!« zur Kenntnis, als würden wir diese Wahrheiten zum ersten Mal enthüllen. Aber glücklicherweise entstammt das Aha wenigstens zum Teil nicht nur der Überraschung, sondern auch der Einsicht, dass die Wiederentdeckung des zweiten Gehirns der kli-

nischen Medizin große Möglichkeiten eröffnet. Oder anders ausgedrückt: Erkenntnis bringt Erleichterung.

Im Sande verlaufen

Langley erlangte zu Lebzeiten durchaus den ihm gebührenden
Ruhm. Er war nicht nur der Herausgeber des angesehenen *Journal
of Physiology*, sondern die Zeitschrift gehörte ihm sogar. Aber leider hatte Langley als Herausgeber ähnlich liebenswerte Eigenschaften wie Saddam Hussein. Wissenschaftler freuen sich nicht
über herrische Redakteure, die ihre Arbeiten ohne jeden Grund
verändern. Langley war nicht gerade für besonnene Kritik bekannt. Redaktionelle Änderungen werden aber leichter hingenommen, wenn die Kritik gut begründet ist und widerlegt oder
zumindest diskutiert werden kann. Außerdem führen unvorhergesehene Veränderungen in einem Manuskript bei seinem Autor häufig zu einer gewissen Abneigung, die unterschwellig fortbesteht.
Aber ganz gleich, ob sie verborgen bleibt oder sich offen Luft
macht: An den Redakteur, der solche Veränderungen anbringt,
wird sich kaum jemand mit freundlichen Gefühlen erinnern.
Langleys übler Ruf und die Gerüchte, die im Zusammenhang
mit seinem Andenken im Umlauf sind, erleichtern das Verständnis
für das, was später mit seiner Konzeption von der Dreiheit des autonomen Nervensystems geschah. Als ich Medizin studierte,
brachte man uns die (allerdings falsche) Lehrmeinung bei, das autonome Nervensystem habe nur zwei Teile: den sympathischen
und den parasympathischen Teil. Ich vermute, die meisten Ärzte
lernen das noch heute. Da man in einer wissenschaftlichen Publikation keine Behauptung aufstellen kann, ohne sie durch ein Zitat
zu belegen, wurde Langleys Buch *The Autonomic Nervous System*
als Quelle für diese Zweiteilung genannt.
Deshalb war es für mich keine geringe Überraschung, als ich das
Werk tatsächlich las. Es spricht nicht von zwei, sondern von drei
Teilen.
Armer alter Langley. Nach seinem Tod ereilte ihn die Ironie des

Schicksals. Zu Lebzeiten war er ein herrischer Redakteur gewesen, aber nachdem er gestorben war, wurde der herrische Redakteur selbst redigiert. In seinem Vermachtnis brachte man eine Veränderung an, der er selbst mit Sicherheit nicht zugestimmt hätte. Und diese Neufassung erfolgte, nachdem Langley sich oder seine Ideen nicht mehr verteidigen konnte. Dass man das enterale Nervensystem als Teil des autonomen Systems tilgte, wäre vielleicht auch unabhängig von Langleys Person geschehen; man könnte sich aber auch vorstellen, dass seine Ideen in seinem wissenschaftlichen Umkreis stärker Fuß gefasst hätten, wenn er freundlicher gewesen wäre.

Was auch der Grund gewesen sein mag: Die Vorstellung, dass das autonome Nervensystem ein dreiteiliges Gebilde ist, ging in den Jahren nach Langley praktisch unter. Die Leistungen von Bayliss, Starling, Trendelenburg und Langley wurden völlig in den Schatten gestellt durch die Aufsehen erregende Entdeckung der Neurotransmitter, mit denen man die Auswirkungen der Stimulation parasympathischer und sympathischer Nerven erklären konnte. Als man zunächst die parasympathischen und dann die sympathischen Neurotransmitter aufspürte, schwand das enterale Nervensystem ganz aus dem Blickfeld. Diese folgenschweren Entdeckungen machten unsere Vorgänger aus jüngerer Zeit offensichtlich blind.

Wenn man überhaupt an ein enterales Nervensystem dachte, hielt man es für parasympathisch. Selbst der Name wurde ungebräuchlich. Die Nervenzellen im Darm tat man als postganglionäre Verbindungen der parasympathischen Leitungsbahnen zur glatten Muskulatur und den Drüsen des Verdauungstraktes ab. Für diese Ansicht gab es eine rationale Begründung, die allerdings falsch war. Der Vagusnerv, der den gesamten Verdauungskanal von der Speiseröhre bis zur Mitte des Dickdarms versorgt, ist ein Gehirnnerv. Und wo sein Revier endet, beginnt das der Kreuzbeinnerven. Die Definition des parasympathischen Systems trifft also zu: Bei den Nerven, die den Darm mit dem Zentralnervensystem verbinden, handelt es sich um Gehirn- und Kreuzbeinnerven. Außerdem liegen die enteralen Ganglien wie andere parasympathische Nervenknoten in dem von Nerven versorgten Organ. Alles passt hervorragend zusammen – solange man eine Tatsache nicht sieht oder nicht sehen möchte: Die meisten Nervenzellen des Darms stehen weder mit dem Vagus noch mit den Kreuzbeinnerven in unmittelbarer Verbindung. Die glatte Muskulatur und die Drüsen des Darms werden nicht durch eine Kette aus zwei Nervenzellen versorgt, sondern von komplizierten inneren Nervenschaltkreisen des Darms, an denen viele Nervenzellen beteiligt sein dürften. Da Reflexe sogar dann noch auftreten, wenn man den Darm völlig vom Zentralnervensystem trennt, sind der Vagusnerv und die Kreuzbeinnerven für sein Verhalten möglicherweise völlig ohne Bedeutung.

Warum es mit dem Wissen über das enterale Nervensystem so bergab ging, ist nicht ohne weiteres zu erklären. Die Geschichte und nachgewiesene biologische Tatsachen absichtlich zu übersehen, ist unter Naturwissenschaftlern eigentlich nicht üblich. Man hatte nichts entdeckt, was bewiesen oder auch nur den Verdacht nahe gelegt hätte, dass Bayliss, Starling, Trendelenburg und Langley Unrecht hatten. Dass das dunkle Mittelalter des enteralen Nervensystems seine Ursache nur in der Vorliebe unserer Vorgänger für Einfachheit und Ordnung haben soll, ist kaum zu glauben, und doch ist das die nächst liegende Erklärung. Jede andere würde bizarre Verschwörungstheorien erfordern, und solche Theorien sind mir weder bekannt, noch erscheinen sie mir plausibel. Ich bringe deshalb den Niedergang des Wissens über das enterale Nervensystem mit dem Aufstieg der beiden chemischen Neurotransmitter in Verbindung, die das gesamte wissenschaftliche Denken über das autonome Nervensystem beherrschten. Sobald man wusste, dass es zwei chemische Neurotransmitter gibt, wurde die Vorstellung von zwei zugehörigen autonomen Systemen einfach unwiderstehlich. Leider erlagen unsere Vorgänger dieser Versuchung, und das führte zum dunklen Zeitalter der enteralen Neurobiologie. Aber wie die Schriften des Baeda Venerabilis, so haben glücklicherweise auch Langleys Arbeiten überlebt: Sie hielten das Bedürfnis, mehr über das enterale Nervensystem zu erfahren, lebendig und dienten als Leitfaden für die Renaissance des Darms.

Alle Teile im Nervensystem der Wirbeltiere funktionieren dadurch, dass Kommunikation zwischen den Nervenzellen stattfindet. Meist werden Nachrichten in Form chemischer Substanzen übertragen; deshalb musste man wissen, was Neurotransmitter sind und wie sie wirken – erst dann konnten die Wissenschaftler darauf hoffen, die Funktion jedes Teils des Nervensystems zu begreifen. Diese Geschichte der chemischen Nervenübertragung ist im Zusammenhang mit dem enteralen Nervensystem besonders pikant, führte doch die Entdeckung der chemischen Neurotransmitter ursprünglich dazu, dass die Kenntnisse über das zweite Gehirn im Dunkeln blieben. In jüngerer Zeit jedoch, als man endlich die wahre Vielfalt der Neurotransmitter erkannte, konnte man mit Hilfe solcher Substanzen die Geheimnisse des Gehirns im Darm lüften und unserem verkannten Verdauungsorgan endlich Gerechtigkeit widerfahren lassen.

Raffinierte Gifte

Mit der Entdeckung der chemischen Neurotransmitter verhält es sich seltsam. Ihre Geschichte ist eigentlich eine Abfolge von Episoden, in denen jeweils ein heimtückisches Gift die Hauptrolle spielt. Tatsächlich haben Gifte, die so oft Instrumente des Todes sind, uns eine Menge über das Leben gelehrt.

Die Geschichte unserer Erkenntnisse über die chemische Nervenübertragung beginnt im 19. Jahrhundert in Frankreich. Dort erforschte Claude Bernard das *Curare*, ein tödliches pflanzliches Toxin, das bei den einheimischen Völkern Südamerikas in Gebrauch war. Diese Menschen waren Jäger und Sammler, und ein Mittel, um flüchtendes Wild zur Strecke zu bringen, war für sie von größter Wichtigkeit. Sie bestrichen die Spitzen ihrer Pfeile mit Curare und schossen sie dann im Wald mit Blasrohren auf die Tiere. Trifft ein solcher Pfeil, wird das Tier von dem Gift schnell gelähmt, sodass der Jäger es bequem einsammeln und zum Verzehr vorbereiten kann. Zum Glück für alle Beteiligten – ausgenommen natürlich die Tiere – wird Curare nicht oral aufgenommen; man kann das vergiftete Fleisch also gefahrlos essen.

Nerv-Effektor-Verbindung im autonomen Nervensystem

Nervenverdickungen (Varikositäten); kleine Bläschen (synaptische Vesikel) in ihrem Inneren enthalten den Neurotransmitter, der hier ausgeschüttet wird.

autonomer Nerv zur glatten Muskulatur

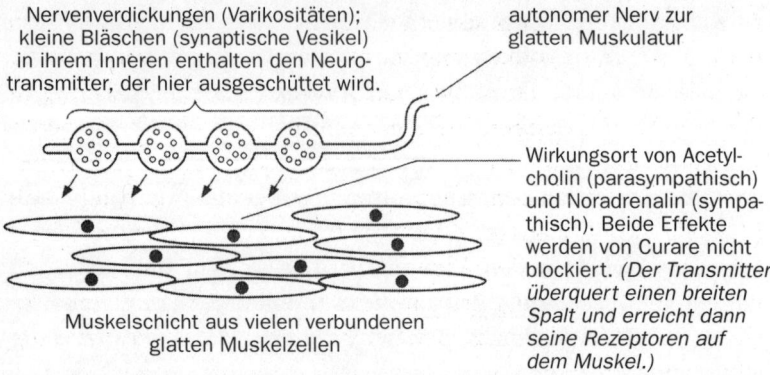

Wirkungsort von Acetylcholin (parasympathisch) und Noradrenalin (sympathisch). Beide Effekte werden von Curare nicht blockiert. *(Der Transmitter überquert einen breiten Spalt und erreicht dann seine Rezeptoren auf dem Muskel.)*

Muskelschicht aus vielen verbundenen glatten Muskelzellen

Verbindung zwischen Nerv und Skelettmuskel

Ende eines motorischen Nervs mit Bläschen (synaptischen Vesikeln) voller Neurotransmitter

motorischer Nerv zum Skelettmuskel

Umhüllung der Nervenfaser (Myelinscheide)

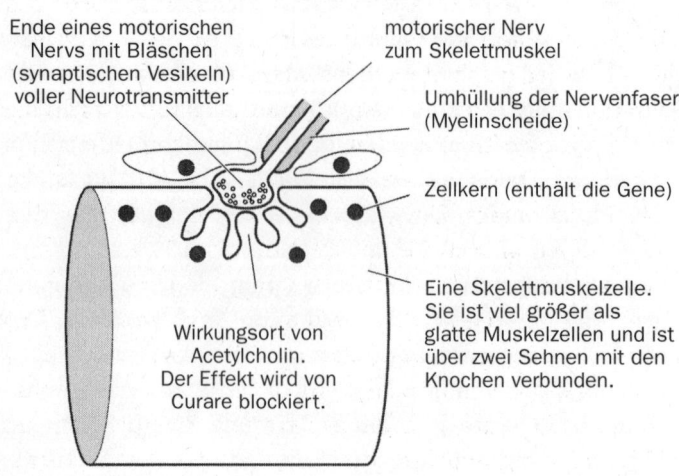

Zellkern (enthält die Gene)

Wirkungsort von Acetylcholin. Der Effekt wird von Curare blockiert.

Eine Skelettmuskelzelle. Sie ist viel größer als glatte Muskelzellen und ist über zwei Sehnen mit den Knochen verbunden.

Bernard untersuchte nicht das autonome Nervensystem, sondern die Nerven für die Steuerung der Skelettmuskulatur. Wie er feststellte, blockiert Curare die Fähigkeit dieser Muskeln, auf die Reizung durch ihre motorischen Nerven zu reagieren; aber obwohl die Muskeln unter dem Einfluss von Curare trotz einer eigentlich unwiderstehlichen Nervenstimulation untätig blieben, waren sie nicht gelähmt. Bernard beobachtete – vermutlich zu seinem Entzücken –, dass sowohl die Nerven als auch die Muskeln trotz des Curare vollkommen normal arbeiteten, wenn man sie einzeln stimulierte. Damit war nachgewiesen, dass es einen besonderen Bereich zwischen Nerv und Muskel gibt – er heißt heute *Nerv-Muskel–Endplatte* –, in dem das Curare wirkt. Die entsprechenden Stellen, an denen das autonome Nervensystem auf glatte Muskulatur, Herzmuskel oder Drüsen wirkt (die *Nerv-Effektor-Endplatte*) wird von dem Pfeilgift nicht beeinflusst, ein Indiz, dass die Nervenübertragung des autonomen Systems nach einem Mechanismus ablaufen muss, der sich von dem an der Verbindung zwischen Nerven und Skelettmuskulatur tätigen unterscheidet.

Chirurgen verwenden Curare noch heute zu einem ganz ähnlichen Zweck wie die südamerikanischen Jäger. Natürlich schießen sie nicht mit Blasrohren auf ihre Patienten, sondern sie lassen das Gift in die Vene tropfen, aber damit verfolgen sie die gleiche Absicht: Muskeln sollen gelähmt werden. Dann kommt man während einer Operation mit viel weniger Narkosemittel aus. Anders als die mit Curare vergifteten Tiere werden die so behandelten Menschen künstlich beatmet. Das ist notwendig, denn für die Atmung ist die Skelettmuskulatur verantwortlich, und sie wird gelähmt. Für den Herzmuskel gilt das aber nicht, und deshalb überlebt der Patient. Der Herzmuskel dagegen hat seinen eigenen inneren Rhythmus und schlägt weiterhin regelmäßig, auch wenn er von den Nerven, die ihn versorgen, keinerlei Information mehr erhält. Außerdem wird die Übertragung von den Nerven auf Herz und glatte Muskulatur durch das Curare ohnehin nicht beeinträchtigt. Solange man die Atmung künstlich aufrechterhält, wie es bei einer Operation geschieht, ist die Lähmung der Skelettmuskulatur nicht lebensgefährlich. Das Herz schlägt noch, das Gehirn funktioniert, und der Darm bewegt sich.

Muskarin:
Bitte die Pilze nicht essen!

Das nächste Kapitel in der Geschichte des autonomen Nervensystems spielt zu Beginn des 20. Jahrhunderts. Jetzt wurde die chemische Nervenübertragung endgültig nachgewiesen, und der Ausgangspunkt waren vor allem die englischen Picknickgewohnheiten. Wieder einmal stand ein Gift im Mittelpunkt. Picknick zu machen, war in England sehr beliebt, und wilde Pilze galten dabei vielfach als zwar nicht ganz ungefährliche, dafür aber besonders reizvolle Zutat. Sir Henry Dale, zu jener Zeit Dozent der Universität Oxford, hatte es immer wieder mit vorsichtigen Pilzliebhabern zu tun, die Knollenblätterpilze der Art *Amanita muscaria* gesammelt und gegessen hatten: Ihm fiel auf, dass ihr Krankheitsbild ganz ähnlich aussah wie die Symptome von Patienten, bei denen man alle parasympathischen Nerven gleichzeitig stimuliert hatte. Die Augen tränten, und die Pupillen verengten sich zu winzigen Punkten. Die Betroffenen schwitzten aus allen Poren, Speichel lief ihnen aus dem Mund, und der Darm entleerte sich langsam oder sogar explosionsartig, ohne dass sie es kontrollieren konnten. Der ganze Verdauungstrakt war in so starkem Aufruhr, dass es den Patienten Schmerzen bereitete, und häufig konnte man die Bewegungen unter der Bauchdecke sogar sehen.

Der Blutdruck sank gleichzeitig bedrohlich, und der Puls verlangsamte sich, ja manchmal setzte der Herzschlag – allerdings nur kurz – völlig aus. Immer bestand Lebensgefahr, und die Betroffenen waren in einem entsetzlichen Zustand. Nach dem Pilz, der die Krankheit verursachte, bezeichnet man sie als »Muskarismus«.

Wie sich herausstellte, reagierten die Effektoren (glatte Muskulatur, Drüsen, Herz und Blutgefäße) auf das Gift Muskarin aus dem Pilz Amanita muscaria genauso wie auf den parasympathischen Neurotransmitter, den man vor Dales Untersuchungen noch nicht identifiziert hatte. Im Gegensatz zum Curare wird Muskarin, das man gegessen hat, vom Organismus aufgenommen. Normalerweise kommt es im Körper nicht vor, und deshalb war klar, dass es nicht selbst der parasympathische Neurotransmitter ist. Wie Dale jedoch feststellte, sprechen alle Effektoren, die auf das Muskarin reagieren, genauso auch auf das natürlich vorkommende Acetylcholin an. Außerdem konnten zunächst Otto Loewi und später auch Dale nachweisen, dass stimulierte parasympathische Nerven Acetylcholin ausschütten. Solche Beobachtungen legten für Dale und andere den Schluss nahe, Acetylcholin könne der eigentliche Neurotransmitter der parasympathischen Nerven sein.

Scopolamin und Atropin:
Hitze, Trockenheit und große Augen

Loewis und Dales Annahme, Acetylcholin könne der parasympathische Neurotransmitter sein, wurde durch eine weitere Gruppe von Pflanzengiften bestätigt. Die Reaktion der Effektoren auf Muskarin, Acetylcholin und parasympathische Nerven wird gleichermaßen spezifisch durch Toxine blockiert, die in Extrakten der Tollkirsche und anderer Pflanzen vorkommen. Diese Substanzen bestehen aus relativ einfach gebauten Molekülen und lassen sich leicht in großem Umfang reinigen oder synthetisch herstellen. Derart gereinigte Gegenspieler oder *Antagonisten des Acetylcholins* hemmen genau wie der Tollkirschenextrakt spezifisch die parasympathischen Reaktionen. Ein solcher Antagonist ist das *Scopolamin*. Ein anderer, der heute häufig von Augenärzten zur Erweiterung der Pupillen eingesetzt wird, heißt *Atropin*.

Scopolamin und Atropin wirken giftig, weil sie die Wirkung des Acetylcholins blockieren. Die Betroffenen, so sagt man, werden blind wie eine Fledermaus (weil die Linsen in den Augen sich nicht mehr auf die Entfernung einstellen können), heiß wie die Hölle (weil sie nicht schwitzen), rot wie eine Rote Rübe (weil die Hautblutgefäße sich erweitern) und völlig verrückt (weil die Wirkstoffe in das Gehirn eindringen und dort die gleichen Wirkungen entfalten wie im übrigen Körper). Der Mund trocknet aus, die Pupillen erweitern sich, und das Herz rast. Scopolamin und Atropin verhindern also, dass die Effektoren auf die Stimulation der parasympathischen Nerven ansprechen, lassen aber die sympathischen Reaktionen unbeeinflusst. Für Dale lag auf der Hand, dass Acetylcholin der eigentliche parasympathische Neurotransmitter sein muss und dass es sich bei dem sympathischen Neurotransmitter um eine andere Verbindung handelt. Seine Zeitgenossen schlossen sich dieser Meinung an, und sie wurde seitdem nicht mehr in Frage gestellt.

Dale und Loewi erhielten für ihre Entdeckungen gemeinsam den Nobelpreis. Auch dem heimtückischen Pilz *Amanita muscaria* und dem Muskarin, seinem widerwärtigen Gift, räumte die wissenschaftliche Welt einen Platz in der Geschichte ein. Daran erinnert noch heute die offizielle Nomenklatur. Wenn Effektoren auf Acetylcholin so ansprechen wie auf die Stimulation durch parasympathische Nerven, spricht man von »muskarinischen Reaktionen«. Die *Rezeptoren* (Moleküle auf der Zelloberfläche, die als Schalter dienen und von Signalmolekülen wie Neurotransmittern oder Hormonen aktiviert werden können), auf die das Acetylcholin wirkt, heißen »muskarinische Rezeptoren«, und Wirkstoffe wie Scopolamin und Atropin, die der Aktivierung dieser Rezeptoren durch Acetylcholin und ähnliche Substanzen entgegenwirken, nennt man »muskarinische Antagonisten«. Diese Fachausdrücke entwickelten sich nicht deshalb, weil Wissenschaftler sentimentale Erinnerungen an den Pilz gehabt hätten, sondern weil das Acetylcholin weitaus vielseitigere Effekte erwarten würde. Acetylcholin wirkt nicht ausschließlich muskarinisch, und man musste sich Namen ausdenken, mit denen man muskarinische und andere Effekte des Neurotransmitters unterscheiden konnte.

Nikotin:
noch ein Grund nicht zu rauchen

Die Verbindungsstelle zwischen der postganglionären Nervenzelle und einem glatten Muskel, dem Herzmuskel, einem Blutgefäß oder einer Drüse ist nur das letzte Glied einer Kette. Wie ich bereits erwähnt habe, sind an einer Nervenleitungsbahn im autonomen System mindestens zwei Nervenzellen beteiligt, die miteinander kommunizieren müssen. Wenn Informationen aus dem Zentralnervensystem zu den Effektoren gelangen sollen, ist die Übertragungsstelle von der ersten zur zweiten Nervenzelle im Ganglion ebenso wichtig wie die letzte Verknüpfung zwischen Nerven und Effektor. Wie sich erstaunlicherweise herausstellte, hat das Muskarin, das am Ende der Übertragungskette die Wirkung des Acetylcholins nachahmt, auf die Weiterleitung der Informationen in der Mitte keinerlei Effekt. Bringt man es in parasympathische oder sympathische Ganglien (die Verbindungsstellen in der Mitte), ahmt es die Wirkung des dort tätigen Neurotransmitters nicht nach, und es blockiert sie auch nicht. Dagegen sprechen die Ganglien beider Typen aber auf Nikotin an, den gleichen Wirkstoff, der auch die Zigaretten so gefährlich macht.

Nikotin regt sowohl die sympathischen als auch die parasympathischen postganglionären Nervenzellen stark an. Langley benutzte es sogar, um eine Landkarte des autonomen Nervensystems aufzustellen. Dazu strich er einfach Nikotin auf Ganglien und beobachtete dann die parasympathischen und sympathischen Reaktionen. Welche der beiden Reaktionen der Wirkstoff auslöste, hing davon ab, was für ein Ganglion er behandelte. Damit wiederum war geklärt, ob das mit Nikotin bestrichene Ganglion zum sympathischen oder zum parasympathischen System gehörte.

Im Gegensatz zu diesen auffälligen Effekten auf die Ganglienzellen erwies sich das Nikotin am Ende der Kette autonomer Nervenzellen als wirkungslos. Bringt man es auf die Verbindung zwischen parasympathischen oder sympathischen Nerven und ihren Effektoren, ereignet sich praktisch nichts. Streicht man Nikotin beispielsweise auf ein Ganglion, das eine Drüse versorgt, werden die Nervenzellen im Ganglion angeregt. Sie stimulieren die Drüse, die daraufhin ihr Produkt abgibt. Bringt man das Nikotin dagegen unmittelbar auf dieselbe Drüse, geschieht nichts. Muskarin wirkt genau umgekehrt: Hier beobachtet man keinen Effekt, wenn man es auf das Ganglion streicht, das von Nikotin angeregt wurde, aber die Drüse, die auf das Nikotin nicht reagiert, wird bei Einwirkung von Muskarin aktiv.

Solche Beobachtungen erscheinen auf den ersten Blick verwirrend, unzusammenhängend und widersprüchlich. Immerhin ist Acetylcholin der Neurotransmitter, der in den Ganglien die Nervenzellen anregt, und es ist auch der Neurotransmitter, der die Drüsenzellen zur Ausscheidung veranlasst. Warum also hat Nikotin und nicht Muskarin in Ganglien die gleiche Wirkung wie Acetylcholin, während die Wirkung des Acetylcholins an der Verbindungsstelle zwischen Nerven und Effektor von Muskarin und nicht von Nikotin nachgeahmt wird?

Rezeptoren:
Ohren für chemische Worte

Die Lösung dieses scheinbaren Widerspruchs liegt in den Rezeptoren, jenen Molekülen auf der Zelloberfläche, mit deren Hilfe die Zellen auf Signalsubstanzen in ihrer Umgebung reagieren. Nerven sprechen eine chemische Sprache, und um sie zu verstehen, braucht man die molekulare Entsprechung von Ohren. Die »Ohren«, die auf die chemischen »Worte« reagieren, sind die Rezeptoren in den Membranen der reagierenden Zellen. An diese Rezeptoren heften sich die Signalmoleküle an, die in ihrem molekularen Geschmack häufig sehr wählerisch sind. Sind sie gebunden, setzen die Rezeptoren einen höchst komplizierten »Übertragungsapparat« in Gang, der die Bindung des Signalmoleküls in einen physiologischen Ablauf umsetzt.

Medikamente und Giftstoffe wie Nikotin und Muskarin ahmen die natürlichen Signalsubstanzen nach und binden an die Rezeptoren; auf diese Weise können sie die molekularen Schalter bedienen und die Zellen aktivieren.

Die Fähigkeit, Acetylcholin zu binden, besitzen viele höchst unterschiedliche Rezeptormoleküle. Deshalb sorgen alle diese Rezeptoren trotz ihrer tief greifenden molekularen Unterschiede gleichermaßen dafür, dass die Zellen, von denen sie produziert werden, auf Acetylcholin ansprechen. Die Nervenzellen, die in den autonomen Ganglien vom Acetylcholin angeregt werden, produzieren also Rezeptormoleküle, die Acetylcholin binden, und das Gleiche tun auch die Effektoren in den Organen, die auf parasympathische Nerven ansprechen. Aber die Rezeptormoleküle, die in den einzelnen Zelltypen entstehen, sehen ganz unterschiedlich aus, und man kann sie pharmakologisch anhand der Wirkungen von Nikotin, Muskarin und anderen Verbindungen auseinander halten. Nikotin dockt nur an manchen Acetylcholinrezeptoren an, Muskarin heftet sich an andere, und keiner der Rezeptoren, die Nikotin binden, hält auch Muskarin fest. Man kann sich das Acetylcholin also als eine Art Vielfraß vorstellen, der sich begeistert auf jeden Acetylcholinrezeptor stürzt. Nikotin und Muskarin dagegen sind Feinschmecker und haben im Gegensatz zu Acetylcholin wählerischen Geschmack für einzelne Rezeptoren.

Die nikotinbindenden Acetylcholinrezeptoren bezeichnet man als *nikotinisch*, und solche, die Muskarin binden, heißen *muskarinisch*. Die Nervenzellen in den Ganglien produzieren nikotinische Rezeptoren und sprechen deshalb sowohl auf Nikotin als auch auf Acetylcholin an. Entsprechend reagieren Effektoren, da sie muskarinische Rezeptoren produzieren, auf Muskarin und Acetylcholin. Muskarin beachtet die nikotinischen Rezeptoren in den Ganglien nicht, und umgekehrt lässt das Nikotin die muskarinischen Rezeptoren in glatter Muskulatur, Herzmuskel und Drüsen links liegen. In jüngerer Zeit hat man mit molekularbiologischen Methoden eine unerwartet große Palette von Acetylcholinrezeptoren entdeckt; aber die alten Giftstoffe Nikotin und Muskarin haben dennoch ihre Spuren hinterlassen: Mit ihrer Hilfe konnte man zum ersten Mal die Hauptgruppen der Acetylcholinrezeptoren unterscheiden, die ihren Namen tragen

Dass die Nervenzellen in autonomen Ganglien nikotinische Rezeptoren produzieren und deshalb auf Acetylcholin ansprechen, ist allein noch kein Beweis, dass Acetylcholin tatsächlich der Neurotransmitter der Ganglien ist. In der Welt der Zellen können Nachrichten nicht nur durch einen einzigen Boten überbracht werden. Und was noch schlimmer ist: Wie wir gerade gesehen haben, gibt es eine Fülle molekularer Schauspieler, die sich als echte Boten ausgeben und zwischen denen die Zellen unter Umständen nicht unterscheiden können. Schon lange bevor Dale sich in Oxford Sorgen um die Pilze beim Picknick machte, hatte T. R. Eliott die Vermutung geäußert, eine natürliche Substanz, welche die Effekte der Neurotransmitter nachahmt, müsse auch selbst ein Transmitter sein. Dale schloss sich dieser Ansicht niemals an, und mit seinen Untersuchungen am Muskarin warf er sie sogar über den Haufen. Aber schon bald nach den ersten Arbeiten von Loewi und Dale bestätigten weitere Befunde, das Acetylcholin tatsächlich eine Doppelfunktion hat: Es sorgt sowohl in den autonomen Ganglien als auch an der Verbindungsstelle zwischen Nerven und Effektor für die Übertragung.

Eine wichtige Rolle spielte dabei wieder einmal das Curare, jenes südamerikanische Pfeilgift, mit dem schon Claude Bernard die besonderen Eigenschaften der Verbindung zwischen Nerven und Skelettmuskulatur nachgewiesen hatte. Die Acetylcholinrezeptoren an diesen Verbindungsstellen kann man wie ihr Gegenstück in den parasympathischen und sympathischen Ganglien mit Nikotin aktivieren (allerdings bindet der Wirkstoff an die Rezeptoren in den Ganglien ein wenig besser als an die der Nerv-Muskel-Endplatte). Demnach handelt es sich auch an der Verbindung zwischen Nerven und Skelettmuskeln um nikotinische Rezeptoren, und das Curare, das dort die Wirkung des Acetylcholins aufhebt, ist ein nikotinischer Antagonist. Antagonisten binden wie Neurotransmitter und ihre chemischen Nachahmer an Rezeptoren. Im Gegensatz zu diesen, die Rezeptoren aktivieren und *Agonisten* genannt werden, bleiben die Antagonisten einfach an den Rezeptoren hängen, ohne sie zu einer Tätigkeit anzuregen. Die Wirkung der Neurotransmitter und anderer Agonisten blockieren sie dadurch, dass sie die Bindung dieser Substanzen an ihre Rezeptoren verhindern.

Da Curare ein nikotinischer Antagonist ist, würde man damit rechnen, dass es an den Acetylcholinrezeptoren der Ganglien die Wirkung des Acetylcholins und des Nikotins genauso aufhebt wie an den Nerv-Muskel-Endplatten. Oder, um einen Ausspruch von Gertrude Stein abzuwandeln: Ein nikotinischer Rezeptor ist ein nikotinischer Rezeptor ist ein nikotinischer Rezeptor – jedenfalls was den Antagonisten angeht. Tatsächlich stellte sich heraus, dass Curare in den Ganglien alle erwarteten Wirkungen entfaltet. Bringt man es auf autonome Ganglien, macht es Acetylcholin und Nikotin umgehend unwirksam, und die Kommunikation zwischen prä- und postganglionären Nervenzellen kommt zum Erliegen. Viele Jahre nach Dales Untersuchungen wurde mit chemischen Mitteln nachgewiesen, dass stimulierte parasympathische und sympathische Nerven Acetylcholin ausschütten. Als diese Bestätigung endlich vorlag, war sie das notwendige Indiz, dass Acetylcholin tatsächlich der Neurotransmitter aller autonomen Ganglien ist. Großes Aufsehen erregte das allerdings nicht mehr, denn zu jener Zeit schien der Beweis eigentlich kaum noch mehr zu sein als das letzte Tüpfelchen auf dem i. Heute gilt es fast als Dogma, dass Acetylcholin im parasympathischen Teil des autonomen Nervensystems der Neurotransmitter beider Synapsen in der Leitungsbahn ist. In den Ganglien stellt es die Verbindung zwischen der ersten und zweiten Nervenzelle der parasympathischen Leitungsbahn her, und eine vergleichbare Wirkung hat es auch an der Stelle, wo die zweite Nervenzelle ihre Signale an die von ihr gesteuerten Effektoren weitergibt.

Dass Curare sowohl in den Ganglien als auch an der Verbindung zwischen Skelettmuskeln und Nerven als Antagonist wirkt, ist ein eindeutiger Hinweis, dass die Acetylcholinrezeptoren an den Synapsen der beiden Typen sich ähnlich sind. In beiden Fällen handelt es sich um nikotinische Rezeptoren; mittlerweile hat man jedoch mit modernen wissenschaftlichen Methoden die Gene und damit die Baupläne für die einzelnen Moleküle entschlüsselt, und dabei stellte sich heraus, dass die nikotinischen Rezeptoren in Muskeln und Ganglien große Komplexe aus mehreren Einzelmolekülen sind, die einander zwar ähnlich, aber nicht identisch sind. Deshalb kann man auch Wirkstoffe konstruieren, die diese Unterschiede ausnutzen. Anders als das Curare haben solche Antagonisten eine maßgeschneiderte Wirkung, die in den Ganglien größer ist als an der Nerv-Muskel-Endplatte oder umgekehrt. Auf Grund solcher Wirkungsunterschiede an den nikotinischen Rezeptoren der beiden Typen konnte man eine Wirkstoffgruppe herstellen, die als *Ganglienblocker* bekannt ist. Als Medikamente werden sie heute von besseren Präparaten ersetzt, aber früher waren sie für die Bekämpfung des bösartigen Bluthochdrucks sehr nützlich. Im Gegensatz zum Curare können Ganglienblocker die Nervenübertragung an autonomen Ganglien unterbrechen, ohne an den Nerv-Muskel-Endplatten eine Lähmung hervorzurufen.

Die Tätigkeit sympathischer Nerven lässt den Blutdruck ansteigen, und deshalb können Ganglienblocker, die solche Nerven lahm legen, den auf diese Weise entstandenen Bluthochdruck senken. Allerdings beschränkt sich ihre Wirkung nicht nur auf diejenigen sympathischen Nervenzellen, die den Blutdruck steuern, und außerdem lässt sich Blutdruck nach ihrer Einnahme nicht mehr beeinflussen. Unter Umständen wird ein Patient also beim Aufstehen ohnmächtig, weil das Blut sich in den Beinen angesammelt hat und das Gehirn wegen des niedrigen Blutdrucks nicht mehr ausreichend versorgt wird. Aber als die Ganglienblocker noch in Gebrauch waren, retteten sie vermutlich vielen Patienten mit bösartigem Bluthochdruck das Leben. Bei dem früheren amerikanischen Präsidenten Franklin D. Roosevelt waren diese Krankheit und der anschließende Schlaganfall die Todesursache. Als ich letzten Sommer sein Grab in Hyde Park besuchte, dachte ich darüber nach, welchen Verlauf die Geschichte des 20. Jahrhunderts möglicherweise genommen hätte, wenn seine Ärzte sich bereits der Ganglienblocker hätten bedienen können.

Botulinustoxin: die Freuden der Hausmannskost

Noch ein weiteres Gift spielte eine wichtige Rolle für die Erkenntnis, dass Acetylcholin an den drei wichtigen Synapsentypen des peripheren Nervensystems – den parasympathischen Verbindungen zwischen Nerv und Effektor, den Verbindungen zwischen den Nerven in parasympathischen und sympathischen Ganglien sowie den Nerv-Muskel-Endplatten der Skelettmuskeln – als Neurotransmitter dient. Dieses Toxin schlägt wie das von *Amanita mus-*

caria häufig beim Picknick zu. Es ist aber im Gegensatz zum Muskarin kein normaler Bestandteil eines Gewächses, das irrtümlicherweise gegessen wird. Dieses Gift fügt der Koch selbst hinzu. Natürlich wollen Köche ihre Opfer nicht nach Art der Lucrezia Borgia vergiften, sondern sie tun ihr tödliches Werk ganz unabsichtlich. Die Mörder, die dieses Gift austeilen, sind häufig ganz reizende, nette Menschen.

Das Gift heißt Botulinustoxin. Es wird von der Bakterienart *Clostridium botulinum* erzeugt und ruft den Botulismus hervor, eine oftmals tödliche Krankheit. Diese Bakterien können nicht mit Sauerstoff leben und werden deshalb als *obligate Anaerobier* bezeichnet; das heißt ganz einfach: Ein Leben an luftlosen Orten ist für sie obligatorisch. Da wir Luft atmen, deren Sauerstoff dann vom Blut zu den Geweben im Körperinneren transportiert wird, bereitet uns *Clostridium botulinum* im Normalfall keine Probleme. Eine große *Clostridium-botulinum*-Seuche wird es in absehbarer Zeit nicht geben.

Andererseits bilden die Bakterien jedoch Sporen, und in dieser Form bleiben sie auch am Leben, wenn keine geeigneten Wachstumsbedingungen herrschen. Die Sporen sind ausgesprochen widerstandsfähig und langlebig. Gelangen sie in eine Umgebung, die für ihr Wachstum günstig ist, keimen sie wie Pflanzensamen, und dann entsteht eine verhängnisvoll große Menge aktiver Zellen von *Clostridium botulinum*. Wenn die Bakterien wachsen, scheiden sie ihr Toxin aus und produzieren Gase.

Manchmal sind Nahrungsmittel mit den Sporen verunreinigt. Beim Einkochen oder bei der Verpackung in Dosen sollten die Sporen in jedem Fall abgetötet werden. Eine geschlossene Konserve enthält keinen Sauerstoff. Dramatisch zeigte das Giuseppe Verdi im letzten Akt der *Aida*, als er Radames und Aida eigentlich konservierte: In einem geschlossenen Gefäß geht der Sauerstoff aus und wird nicht mehr ersetzt. Lebewesen, die in ein solches Gefäß gesperrt werden und wie Radames und Aida auf Sauerstoff angewiesen sind, müssen unter derartigen Bedingungen zu Grunde gehen, aber Organismen wie *Clostridium botulinum*, die Sauerstoff nicht vertragen, wachsen und gedeihen.

Eine Gefahr geht häufig von in privaten Haushalten eingeweckten Konserven aus, die aus Unkenntnis nicht ausreichend sterilisiert wurden. Sie sind luftdicht abgeschlossen und enthalten keinen Sauerstoff. Sporen von *Clostridium botulinum*, die in solchen Konserven eingeschlossen sind, finden dort ideale Bedingungen vor. Öffnet man das von den Bakterien befallene Glas oder die Dose, entweicht eine Gaswolke, aber das bleibt unter Umständen unbemerkt, und ein köstlich schmeckendes Gemisch aus Botulinustoxin und eingekochten Lebensmitteln kommt auf den Tisch. Auch Tunfisch in Dosen ist gefährlich, wenn er nicht richtig behandelt wurde. Den Inhalt einer Dose, die Gas enthält und deren Deckel sich deshalb wölbt, darf man nicht verzehren. Wenn man Dosen beurteilt, muss man solche Wölbungen allerdings von Dellen unterscheiden. Die Delle ist unter Umständen nur eine Hinterlassenschaft des Gabelstaplerfahrers. Eine Wölbung dagegen zeigt höchstwahrscheinlich, dass *Clostridium botulinum* am Werk war.

Das Botulinustoxin wirkt tödlich, weil es wie Curare die Übertragung an den Verbindungen zwischen Nerven und Skelettmuskeln zum Erliegen bringt. Die vergiftete Person wird langsam, aber unausweichlich immer schwächer, weil die Nerven immer weniger in der Lage sind, die Muskeln zur Kontraktion zu veranlassen. Zuerst versagen diejenigen Muskeln, die am häufigsten gebraucht werden, und je mehr die betroffene Person sich anstrengt, desto schneller setzt die Lähmung ein. Die Augenlider hängen herab, der Kopf fällt vornüber, und aus dem Gesicht verschwinden die Falten, weil die Muskeln, die sie verursachen, ihre Tätigkeit einstellen. Auch die Muskeltrennwand zwischen Nasen- und Mundhöhle erschlafft, sodass sich die Sprache näselnd anhört. Da die Zunge geschwächt ist, werden die Worte undeutlich, die Beine tragen den Körper nicht mehr, und die Arme können sich nicht mehr Hilfe suchend ausstrecken. Aber am schlimmsten ist, dass die Atmung zum Stillstand kommt – deshalb kann man am Botulismus sterben. Die Rettung ist ein Beatmungsgerät, aber da die Wirkung des Botulinustoxins nicht so schnell rückgängig gemacht werden kann wie beim Curare, muss die künstliche Beatmung unter Umständen monatelang fortgesetzt werden. Außerdem stehen

Beatmungsgeräte an Picknickplätzen in der Regel nicht zur Verfügung.

Das Botulinustoxin ist eines der stärksten Gifte, die man kennt. Auf das Gewicht bezogen, wirkt nichts anderes auch nur annähernd so tödlich. Im Vergleich zum Botulinustoxin ist die Giftwirkung von Zyankali lächerlich gering. Deshalb war der Verdacht, Saddam Hussein habe vor dem Golfkrieg mehrere Gefäße mit dieser Substanz im Irak gelagert, für seine Kriegsgegner ausgesprochen beunruhigend.

Das Botulinustoxin richtet mehr Schaden an als Curare, weil es nach einem anderen Mechanismus wirkt. Curare beeinträchtigt die Wirkung des Acetylcholins an den nikotinischen Rezeptoren. Diesen Effekt hat das Botulinustoxin nicht. Bringt man Acetylcholin gezielt an eine Nervenverbindung, die von dem Bakteriengehalt lahm gelegt wurde, funktioniert sie wieder so, als wäre nichts gewesen. Wird der Nerv angeregt, leitet er den Reiz gut weiter. Ebenso kann man Muskeln, Drüsen oder Blutgefäße stimulieren – alles funktioniert. Nerven, Effektoren, alles sieht hervorragend aus, selbst wenn man es bei höchster Vergrößerung im Elektronenmikroskop untersucht. Das Botulinustoxin dringt nämlich in die Nervenenden ein und baut dort lebenswichtige Proteine ab, mit deren Hilfe kleine Neurotransmitterpäckchen aus dem Zellinneren mit der Zellmembran verschmelzen und das Acetylcholin ausschütten. Ein mit diesem Toxin vergifteter Nerv kann also seinen Neurotransmitter nicht mehr freisetzen. Das Signal kommt am Nervenende an, aber dieses bleibt stumm und reagiert nicht. Deshalb stellen alle Nervenverbindungen, an denen Acetylcholin der Neurotransmitter ist, ihre Tätigkeit ein.

Während Curare nur diejenigen Verbindungen blockiert, an denen nikotinische Rezeptoren tätig sind, inaktiviert das Botulinustoxin alle erreichbaren Nerven, die Acetylcholin als Neurotransmitter verwenden. Beim Botulismus versagen nicht nur die Skelettmuskeln, sondern auch die Pupillen ziehen sich nicht mehr zusammen, es wird kein Schweiß mehr gebildet und auch der Speichel fließt nicht mehr. Damit liefert das Botulinustoxin den letzten Beweis, dass Acetylcholin ein Neurotransmitter ist. Verbindungsstellen, die diese Substanz normalerweise ausschütten, tun das nach einer Botulinus-Vergiftung nicht mehr. Es ist wie in dem alten Sprichwort »ohne Moos nix los«: Ohne Transmitter keine Funktion – so lautet das Grundgesetz im Nervensystem.

Erstaunlicherweise kann das Botulinustoxin aber auch nützlich sein. Nicht immer ist es wünschenswert, dass Muskeln sich zusammenziehen. Manchmal sind ihre Kontraktionen auch ausgesprochen unangenehm oder sogar hässlich. Der banalste Verwendungszweck des Botulinustoxins ist deshalb der als perfektes kosmetisches Mittel. Falten im Gesicht entstehen durch Muskelkontraktionen, und deshalb kann man sie beseitigen, indem man einfach die Gesichtsmuskulatur lähmt. Die Nerven, die diese Muskeln versorgen, sind für einen Chirurgen leicht zugänglich, aber sie zu durchtrennen, wäre keine gute Idee, denn dann wären auch die Muskeln gelähmt, die für das Lächeln und für das Schließen der Augenlider sorgen. Stattdessen kann man aber ein klein wenig Botulinustoxin, das unter dem wohlklingenden Namen »Botox« bekannt ist, nur auf diejenigen Muskeln auftragen, die das Gesicht in Falten legen. Und was noch wichtiger ist: Eine höchst nützliche Wirkung hat das Botulinustoxin bei verschiedenen schweren Krankheiten, die mit starken, nicht kontrollierbaren Muskelkontraktionen verbunden sind. Es ist beispielsweise ein höchst nützliches Hilfsmittel zur Verhütung des *Blepharospasmus*, bei dem sich die Augenlider unwillkürlich zusammenziehen. Im Zusammenhang mit dem Darm dient das Botulinustoxin zur Verhütung von Krämpfen des Muskels, der am Ende der Speiseröhre den Eingang zum Magen bildet. Bleibt dieser Muskel geschlossen, kommt es natürlich zu starken Störungen, denn dann staut sich die Nahrung in der Speiseröhre, anstatt im Verdauungskanal weiterzuwandern. In allen diesen Fällen ist das Botulinustoxin ein Wundermittel. Allerdings ist die wundersame Wirkung nur von kurzer Dauer: Irgendwann bildet der Organismus einen neuen Apparat für die Ausschüttung des Transmitters, die Wirkung des Giftes lässt nach, man muss es erneut verabreichen… und noch einmal… und noch einmal… in einem endlosen Kreislauf.

»Reines Naturprodukt!«
Das klingt doch toll.

Es ist schon interessant, an Muskarin, Botulinustoxin und Nikotin zu denken, wenn in der Werbung »reine Naturprodukte« angepriesen werden, als verliehe ihnen das Wort »Natur« eine besondere Güte. Hinter der Reklame steht die Annahme, chemische Nahrungszusätze zur Erhaltung der Frische, Verhütung von Fäulnis und zur Hemmung des Bakterienwachstums müssten für Menschen schädlich sein. Wer mit »reinen Naturprodukten« wirbt, setzt auf das Misstrauen gegenüber jenen unsichtbaren grauen Regierungsmächten, die darüber bestimmen, was unseren Lebensmitteln zugesetzt werden darf. Ein reines Naturprodukt, so die unausgesprochene Unterstellung der Reklame, ist frei von dem ganzen künstlichen Zeug, das diese geheimnisvollen Verschwörer unserer Nahrung beimengen lassen. Aber allein die Tatsache, dass es sich um ein reines Naturprodukt handelt, sollte man nicht als Empfehlung betrachten. Auch einige der stärksten Gifte, die wir kennen, sind reine Naturprodukte. Muskarin, Botulinustoxin und Nikotin sind ganz natürliche Substanzen. Sie werden nicht von Menschen hergestellt, sondern von Pilzen, Bakterien und Tabakpflanzen.

Ich persönlich kaufe sehr gern Pilze bei dem asiatischen Gemüsehändler um die Ecke. Wenn meine Stimmung auf Natur eingestellt ist, sehe ich in seinem Laden einen Zauberwald, in dem alle Pilze essbar und fein säuberlich verpackt sind. Die Tatsache, dass ich mir die Pilze so einfach beschaffen kann, und meine Zuversicht, dass ich ihren Verzehr überleben werde, sind für mich mehr als genug Ausgleich dafür, dass ich vielleicht Chemikalien aufnehme, die den Pilzen bei der Verarbeitung zugesetzt wurden. Auch bei Dosentunfisch weiß ich die industrielle Verarbeitung und Qualitätskontrolle zu schätzen. *Clostridium botulinum* ist ein ganz normaler Bewohner mancher Fischdärme, und deshalb ist es ein beruhigender Gedanke, dass die unsachgemäße Konservierung von Tunfisch beanstandet wird, und zwar nicht nur aus ästhethischen und ethischen, sondern auch aus juristischen Gründen. Wenn es um Tunfisch in Dosen geht, ist es gut, wenn man die Behörden auf seiner Seite hat.

Mein Misstrauen gegenüber wilden Pilzen und ausgebeulten Tunfischdosen ist eine abstrakte Reaktion. Ich habe gelernt, was sie enthalten können, und lasse deshalb nüchterne Vorsicht walten. Mit dem Tabak dagegen habe ich persönliche Erfahrungen. Dieses Produkt vermeide ich strikt, und zwar in jeder Form. Vor vierzehn Jahren hat der Tabak meinen Bruder umgebracht, und erst in diesem Jahr ging es meinem Schwiegervater genauso. Meine Nichte war erst ein Jahr alt, als ihr Vater starb. Meine Schwiegermutter, die auf dauernde Pflege angewiesen ist, war nach dem Tod ihres Mannes allein und lebt jetzt bei uns. Tabak ist etwas Schlechtes – nicht nur weil er Krebs erzeugen kann, sondern auch weil Nikotin die nikotinischen Rezeptoren in den Ganglien stark stimuliert. Mit anderen Worten: Wenn man eine Zigarette anzündet, steht auch das autonome Nervensystem in Flammen. Glücklicherweise ist die Nikotinkonzentration im Tabakrauch nicht so hoch, dass sie sofort bei vielen Menschen unmittelbare Schäden anrichten würde. Aber die Langzeitwirkung ist eine ganz andere Frage. Ein weiteres Problem ist die Überempfindlichkeit mancher Menschen. An einen solchen Fall erinnere ich mich noch sehr genau. Ein heimtückisches Leiden, bei dem die Nikotinüberempfindlichkeit eine Rolle spielt, ist die *Berger-Krankheit*. Einen Patienten, der an der fortgeschrittenen Form dieser Krankheit litt, lernte ich als Medizinstudent kennen. Er rauchte im Bett und bediente sich dazu eines mechanischen Apparates, der die Zigarette hielt. Das war notwendig, denn Finger hatte der Mann nicht mehr. Das Nikotin der Zigaretten, nach denen er süchtig war, hatte seine sympathischen Ganglien angeregt, und die hatten daraufhin für eine so starke Verengung der Blutgefäße gesorgt, dass Finger und Zehen abstarben und schließlich amputiert werden mussten. Für ihn war es kaum ein Trost, dass Tabak und Nikotin reine Naturprodukte sind.

Es ist ein Jammer: Nicht nur einige der besten, sondern auch einige der schlimmsten Dinge im Leben gibt es umsonst. Die Natur liefert uns viel Gutes, aber im gleichen Maße liefert sie uns auch Schlechtes. Das Wort »natürlich« bedeutet also nicht von vornherein Positives, und »künstlich« nicht automatisch Negatives. Dass beispielsweise der Magenkrebs seit den Vierzigerjahren immer seltener wurde, lag wahrscheinlich an Antioxidantien wie *Tertiär-Butylhyxdroxytoluol*, die man dem Getreide zusetzte, damit es nicht so schnell verfaulte. Tertiär-Butylhyxdroxytoluol hat nichts Natürliches. Schon der Name hört sich an wie das personifizierte chemische Böse, aber es verhindert, dass sich in unserem Magen durch die Oxidation der aufgenommenen Lebensmittel krebserzeugende Substanzen bilden. Wichtig ist also nicht, woher etwas stammt, das wir verzehren, sondern um was es sich dabei handelt. Durch die Untersuchung von Giften haben wir eine Menge über den enteralen Teil und andere Bereiche des Nervensystems gelernt, aber natürlich ist es vorzuziehen, wenn man sich solche Erkenntnisse nicht durch die Untersuchung der ahnungslosen menschlichen Opfer verschaffen muss. Viel besser eignen sich freiwillige Versuchspersonen.

Der sympathische Transmitter: ein schwer fassbarer Vetter des Acetylcholins

Wie man schon bald erkennen musste, war das sympathische Nervensystem der wissenschaftlichen Analyse weniger gut zugänglich als das parasympathische. Letztlich konnte man nachweisen, dass Acetylcholin in den sympathischen Ganglien als Transmitter wirkt, aber bei dem Transmitter, der die Effektoren am Ende der Kette sympathischer Nervenzellen aktiviert, handelt es sich eindeutig nicht um Acetylcholin. Diese Substanz galt es nun zu identifizieren. Dass es so schwierig werden würde, den zweiten sympathischen Neurotransmitter zu finden, bereitete unseren wissenschaftlichen Vorgängern keine Sorgen, denn sie bemerkten es nicht. Kurz nach der Jahrhundertwende, im Jahr 1904, hatte T. R. Elliott gezeigt, dass das Adrenalin, ein aus den Nebennieren gewonnenes Hormon, ganz ähnliche Wirkungen hat wie angeregte sympathische Nerven. Daraufhin setzte sich die Ansicht durch, Adrenalin sei der zweite sympathische Neurotransmitter. Mangels eindeutiger Beweise reichte diese Meinung aus, um die bis heute vorherrschende Überzeugung von der Zweiteilung des autonomen Nervensystems mit zwei Neurotransmittern zu begründen. Auch jenseits des Atlantiks galt das Adrenalin nun als sympathischer Neurotransmitter, aber die Amerikaner hielten an dem weniger aussagekräftigen Namen *Epinephrin* fest, um die Substanz von einem Medikament mit dem Namen *Adrenalin* zu unterscheiden.

Terminologie ist schon etwas Seltsames. Zu der Zeit, als man sich für den Namen entschied, bevorzugten die Amerikaner mit ihrem Hang zum Puritanismus offensichtlich einen politisch korrekten Wohlklang. Dass man sich für »Epinephrin« und nicht für »Adrenalin« entschied, halte ich persönlich für unglücklich. Eine Herausforderung löst einen Adrenalinstoß aus – das erscheint plausibel; wenn die gleiche Herausforderung aber nur zu einem Epinephrinstoß führt, hört sie sich kaum nach einer Herausforderung an. Aber, wie Shakespeare es in einem anderen Zusammenhang formulierte: Eine Rose würde auch dann, wenn sie einen anderen Namen trüge, ebenso süß duften. Ganz gleich, wie er genannt wurde: Auf beiden Seiten des Atlantiks machten sich die Fachleute kaum die Mühe, den sympathischen Neurotransmitter zu identifizieren. Es war wie mit der Pornografie: Man glaubte zu wissen, was es ist, wenn man es sah.

Zu T. R. Elliotts Zeit und noch lange danach konnte man nicht einschätzen, welche Streiche das Nervensystem dem Unvorsichtigen spielen kann. Folglich legte niemand an einen mutmaßlichen Neurotransmitter die strengen Kriterien an, mit denen wir heute solche Substanzen nachweisen. Diese Kriterien, die viel später, als ich sie auf das Serotonin anwandte, ein Jahrzehnt lang meine ganze Aufmerksamkeit in Anspruch nahmen, waren damals noch gar nicht formuliert. Das war bedauerlich, denn wie heute allgemein bekannt ist, handelt es sich bei dem Transmitter an den Verbindungen zwischen sympathischen Nerven und Effektoren nicht um *Adrenalin*, sondern um seinen Vorläufer in der Biosynthese, das Noradrenalin.

Dass Noradrenalin der letzte Neurotransmitter in der sympathischen Kette ist, entdeckte der schwedische Wissenschaftler U. S. von Euler nach dem Zweiten Weltkrieg. Dass es sich bei diesem Neurotransmitter tatsächlich um Noradrenalin (und nicht um Adrenalin) handelt, ist natürlich ein wichtiges Detail. Von Eulers Vorgänger hatten sich jedoch darum nicht gekümmert: Sie hatten fälschlicherweise angenommen, dass das Adrenalin die Wirkung einer Reizung sympathischer Nerven imitiert. Leider entfaltet das Adrenalin nur einen annähernden Effekt; es ahmt den wirklichen Vorgang nicht genau nach. Die Rezeptoren, die auf Adrenalin und Noradrenalin ansprechen – und die man in der Fachsprache als *Adrenorezeptoren* bezeichnet –, reagieren auf die beiden Substanzen unterschiedlich. Deshalb hat Adrenalin nicht die gleiche Wirkung wie Noradrenalin oder wie die Reizung sympathischer Nerven. Die unterschiedlichen Reaktionen der Organe auf die beiden Wirkstoffe übersieht man leicht. Bevor man wusste, wonach man suchen muss, und – noch wichtiger – bevor man für eine solche Suche die notwendigen Hilfsmittel besaß, konnte man die Wirkungen von Adrenalin und Noradrenalin nicht ohne weiteres auseinander halten.

Im Rückblick und mit unserem heutigen Wissen ist es leicht, an früheren Wissenschaftlern, die noch nicht über unsere Kenntnisse verfügten, Kritik zu üben. Aber ein solches Verhalten ist bei allen, die sich heute an der Forschung beteiligen, Vermessenheit. Ich sage meinen Studenten jedes Jahr schon in der ersten Vorlesung, dass sich mindestens die Hälfte dessen, was ich ihnen beibringe, eines Tages als falsch erweisen wird. Das Schlimme ist nur, dass ich nicht weiß, welche Hälfte das sein wird. Die Zukunft ist ein strenger Zuchtmeister. Aber die Phantasie der Wissenschaftler lässt sich oft vom Herdentrieb leiten. Wir neigen dazu, uns wie die Lemminge von einer Klippe zu stürzen, wenn sich nur ein ausreichend großes Rudel von uns in dieser Richtung bewegt. Die Vorstellung, Adrenalin sei der sympathische Neurotransmitter, hatte sich schon vor von Eulers Zeit durchgesetzt, und zwar nicht weil man sie stichhaltig bewiesen hätte, sondern weil sie zu einer Art Dogma geworden war.

Warum man diesen Fehler beging, ist aber leicht zu verstehen. Adrenalin und Noradrenalin sind sich in ihrer chemischen Struktur sehr ähnlich, und die Neurotransmittermengen, die bei einer Nervenstimulation ausgeschüttet werden, sind sehr gering. Bevor man die modernen Analyseverfahren entwickelt hatte – was in den Vereinigten Staaten nach dem Zweiten Weltkrieg vor allem durch den Aufstieg der National Institutes of Health als Finanzierungsinstitution für die biologisch-medizinische Forschung ermöglicht wurde –, waren Adrenalin und Noradrenalin nicht mit genauen chemischen Messungen nachzuweisen. Stattdessen untersuchte man sie mit so genannten *Bioassays*: Man maß nicht die Hormone selbst, sondern die Reaktionen, die sie bei Lebewesen auslösten. Die Bioassays waren so empfindlich, dass man damit die Gesamtmenge von Adrenalin *plus* Noradrenalin in Körperflüssigkeiten und Gewebeextrakten quantitativ erfassen konnte, aber mit den damals gebräuchlichen Verfahren war es nicht möglich, zwischen den Wirkungen der beiden Transmittersubstanzen zu unterscheiden.

Nur einige besonders aufmerksame, kritische Beobachter, wie der Amerikaner Walter Cannon, bemerkten Unterschiede in den Reaktionen der Organe auf Adrenalin und Noradrenalin. Aber obwohl Cannon tatsächlich feststellte, dass die Wirkungen der beiden Substanzen sich nicht genau gleichen, war er leider nicht bereit, die Vorstellung vom Adrenalin als sympathischem Transmitter über Bord zu werfen. Deshalb postulierte er, es gebe nicht einen, sondern zwei Transmitter, die er als »Sympathin I« und »Sympathin II« bezeichnete. Seine Vermutung ist heute Geschichte; einen zweiten sympathischen Transmitter gibt es nicht.

Wie wir bereits erfahren haben, waren Giftstoffe von entscheidender Bedeutung dafür, das man die Wirkungen des Acetylcholins im Organismus bestimmen konnte. Abgesehen vom Nikotin, mit dessen Hilfe man die sympathischen Ganglien abgrenzte und lokalisierte, gab es im sympathischen System keine Entsprechung zu den Giften, die so viele Erkenntnisse über die parasympathischen Funktionen des Acetylcholins geliefert hatten. Die Wissenschaftler, die sich mit dem sympathischen Neurotransmitter herumschlugen, waren auf sich allein gestellt. Kein Deus ex machina aus einem Pilz kam ihnen zu Hilfe. Da von Eulers Vorgänger weder gezielt wirkende Antagonisten noch chemische Nachweismethoden zur Verfügung standen, kann man ihnen keinen Vorwurf daraus machen, dass sie nicht im Noradrenalin den wirklichen sympathischen Neurotransmitter erkannten. Aber dass sie ohne Beweise die falsche Substanz für die richtige hielten, ist alles andere als nachahmenswert. Glücklicherweise hat die Naturwissenschaft eine bemerkenswerte Fähigkeit zur Selbstkorrektur. Ganz gleich, wohin die große Masse strebt: Am Ende kommt die Wahrheit ans Licht und gebietet der großen Strömung Einhalt. Das geschah beim Noradrenalin, und das sollte ich später auch selbst erfahren.

Der Schmetterling

Die Geschichte der Erforschung des enteralen Nervensystems war eine Geschichte von Entdeckungen, die in Vergessenheit gerieten. Als ich anfing, mich damit zu beschäftigen, war es das ideale Forschungsgebiet für einen jungen Wissenschaftler. Fast alles, was ich herausfand, war fast zwangsläufig revolutionär. Viele der damals herrschenden Vorstellungen über das enterale Nervensystem waren falsch, sodass jede neue Beobachtung, die ich machte, Kenntnisse erweiterte und eine alte Überzeugung über den Haufen warf. Viele Gebiete der Biologie waren damals noch unerforscht und warteten nur darauf, entdeckt zu werden. Dieses wurde jedoch durch Leugnung verdeckt, sodass es mehr bedurfte als bloßer Forschung. Das enterale Nervensystem brauchte sowohl eine Überprüfung der Tatsachen als auch Öffentlichkeitsarbeit. Forschung war dringend notwendig – nicht nur, damit die Wahrheit ans Licht kam, sondern auch damit der weit verbreitete Glaube an das Falsche verschwand.

Für mich hatte die Erforschung des enteralen Nervensystems ein wenig Ähnlichkeit mit dem Lebenskreislauf eines Schmetterlings. Die Eier, aus denen die enterale Neurobiologie hervorgehen sollte, hatten Auerbach und Meissner Mitte des 19. Jahrhunderts gelegt, als sie nachwiesen, dass der Darm ein kompliziertes Gangliensystem enthält. Diese Eier wurden ausgebrütet. Anfang des 20. Jahrhunderts trat dann in den Arbeiten von Bayliss und Starling ein unabhängiges Nervensystem ans Licht, das gleichbedeutend mit einem zweiten Gehirn war: Die beiden hatten nachgewiesen, dass der Darm selbst dann Reflexe zeigt, wenn er keinerlei Nervenimpuls von Gehirn und Rückenmark erhält. Wie eine leibhaftige Raupe nahm das Wissenschaftsgebiet eifrig Informationen auf; mit den Beiträgen von Trendelenburg und Langley wuchs es heran, bis es 1921 mit Langleys Buch *The Autonomic Nervous System* seinen Höhepunkt erreichte. Das Buch war für die enterale Neurobiologie eine Puppe, in der das Gebiet fünfzig Jahre lang aus dem Blickfeld verschwand, und das, obwohl das System in dem Werk eindeutig definiert ist. Erst 1981 war der Zeitpunkt des Schlüpfens gekommen. Jetzt kam es zur Metamorphose des verborgenen, verpuppten Gebietes der enteralen Neurobiologie – oder, um den von David Wingate geprägten Ausdruck für die von mir neu begründete Disziplin zu gebrauchen: der Neurogastroenterologie. Das enterale Nervensystem, das seit seiner Definition in Langleys Buch in Vergessenheit geraten war, stand nicht nur auf der Schwelle zur Wiederentdeckung, sondern auch am Beginn einer erneuten Akzeptanz durch die wissenschaftliche Welt. Mittlerweile hatte man die Wunder der Nervenübertragung kennen gelernt; höchst wirksame neue Medikamente zur Beeinflussung der Neurotransmitter waren in der Entwicklung; und es standen neue Forschungsverfahren zur Verfügung. Der Schmetterling sollte Flügel bekommen in Form eines neuen Wissenschaftsgebietes. Schauplatz des Geschehens war Cincinnati.

3

Der Wendepunkt

Ich selbst machte mit dem zweiten Gehirn allmählich und indirekt Bekanntschaft. Am Anfang stand eine Liebesgeschichte – nicht mit dem Darm oder mit Anne, meiner Frau, sondern mit dem Serotonin. 1958, als Studienanfänger an der Cornell University, lernte ich in einem Seminar zum Thema »Physiologie des Verhaltens«, Serotonin sei wahrscheinlich ein Neurotransmitter, und Probleme im Zusammenhang mit dieser Substanz könnten bei der Schizophrenie und anderen seelischen Erkrankungen zu Grunde liegen. Daraufhin beschloss ich, mich so bald wie möglich selbst mit dem Serotonin zu befassen.

Die Gelegenheit dazu ergab sich im weiteren Verlauf des Medizinstudiums, das nun nicht mehr hoch über den Gewässern der Cayuga stattfand, sondern nur wenige Meter oberhalb des East River. Als Medizinstudent war man zu jener Zeit aufgerufen, einen Teil seiner Zeit der Forschung zu widmen, und genau das tat ich im Sommer sowie einmal ein ganzes wunderbar produktives Jahr lang. Als ich damit anfing, hatte ich keine Ahnung, dass ein Neurotransmitter, der mir in einem Kurs über Physiologie begegnet war, mich zum Darm führen würde. Aber genau das geschah.

Zunächst etwas Geschichte

Mit meinem ersten Experiment wollte ich feststellen, an welchen Stellen im Organismus das Serotonin produziert wird. Dazu spritzte ich Mäusen den unmittelbaren chemischen Vorläufer der Verbindung in radioaktiver Form. Diese Substanz trägt leider den zungenbrecherischen chemischen Namen 5-*Hydroxytryptophan*, aber wie bei manchem, der seinen Vornamen nicht mag, so ist auch diese Verbindung allgemein unter ihren Initialen 5-HTP bekannt. Die Mäuse, denen ich radioaktives 5-HTP injiziert hatte, setzten es erwartungsgemäß schnell in radioaktiv markiertes Serotonin um, das ich leicht nachweisen und quantitativ erfassen konnte. Als schwieriger erwies es sich aber, das derart gekennzeichnete Serotonin zu lokalisieren, denn es blieb nicht sehr lange am selben Ort. Daher musste ich eine Methode entwickeln, um das radioaktive Serotonin an einer Stelle festzuhalten, sodass ich es finden konnte.

Serotonin wird im Organismus normalerweise relativ schnell abgebaut. Für seine Funktion ist das äußerst nützlich: Schnell da, schnell weg – und nie sammelt es sich an. Aber für meine Versuche, die Stellen mit dem radioaktiven Serotonin im Körper zu finden und sichtbar zu machen, erwies sich die hohe natürliche Umsatzgeschwindigkeit als hinderlich. Außerdem war es eine teure Angelegenheit, denn radioaktive Chemikalien gibt es nicht zum Nulltarif. Ich musste dafür sorgen, dass das radioaktive Serotonin unversehrt blieb, sodass ich die Stellen lokalisieren konnte, wo es aus dem injizierten, radioaktiven 5-HTP entstand. Das, so meine Überlegung, konnte ich erreichen, wenn ich den Mäusen gleichzeitig einen Wirkstoff spritzte, der den Abbau von Serotonin hemmte.

Ich hatte Glück: Ein Medikament mit genau dieser Wirkung war kurz zuvor auf den Markt gekommen und diente zur Behandlung klinischer Depressionen. Serotonin wird im Organismus vorwiegend von einem Enzym abgebaut, das den unvermeidlich langen Namen *Monoaminoxidase* trägt. Wirkstoffe, die dieses Enzym hemmen, bezeichnet man erwartungsgemäß als *Monoaminoxidase-Inhibitoren*; sie bewirken, dass das Serotonin länger erhalten bleibt und sich in den Zellen, die es produzieren, anreichert. Der erste Monoaminoxidase-Inhibitor, den man medizinisch nutzte, ein Wirkstoff namens *Iproniazid*, wurde anfangs als Medikament gegen Tuberkulose erprobt. Zur Behandlung dieser Krankheit eignet es sich zwar nicht so gut wie sein chemischer Verwandter *Iso-*

niazid, aber die Wissenschaftler, die sich mit dem Iproniazid beschäftigten, beobachteten etwas Unerwartetes: Bei vielen der schwer kranken, deprimierten Patienten, die das Medikament erhielten, verschwand die Depression, obwohl die Tuberkulose nicht geheilt wurde. Auf Grund solcher Befunde ließ man das Iproniazid als Tuberkulosemedikament fallen und erprobte es stattdessen als Mittel gegen Depressionen. Diese Prüfung bestand es, und obwohl es wegen gefährlicher Nebenwirkungen (manchmal und ohne erkennbaren Grund zerstört der Wirkstoff die Leber der Patienten) schließlich vom Markt genommen und durch andere antidepressiv wirkende Monoaminoxidase-Inhibitoren (zum Beispiel Aurorix, Jatrosom und Parnate) ersetzt wurde, hinterließ das Iproniazid zwei wichtige Erkenntnisse: Zum einen wusste man nun, dass man seelische Krankheiten tatsächlich wirksam mit Medikamenten bekämpfen kann, und zum anderen war klar, dass Serotonin für die Entstehung angenehmer Gefühle eine wichtige Rolle spielt. Die Theorie, eine Fehlfunktion des Serotonins als Neurotransmitter im Gehirn sei die Ursache der Depressionen, war eingeführt. Sie ist heute noch anerkannt.

Dass Monoaminoxidase-Inhibitoren bei Depressionen lindernd wirken, interessierte mich damals nicht. Wirklich spannend fand ich an diesen Wirkstoffen, dass sie mir die Möglichkeit eröffneten, die richtigen Experimente auszuführen. Die Monoaminoxidase-Inhibitoren konnten die Zerstörung des radioaktiven Serotonins verhindern, das ich mit großem Aufwand in meinen Mäusen erzeugt hatte. Also spritzte ich zusammen mit dem radioaktiven 5-HTP auch Iproniazid. Der Wirkstoff hatte den erwarteten Effekt, und das radioaktiv markierte Serotonin blieb lange genug erhalten, um es nachweisen zu können.

Eines der biologischen Hindernisse, die meinen Experimenten im Weg standen, wurde also durch das Iproniazid beseitigt, aber es gab noch andere. Radioaktivität lässt sich zwar leicht nachweisen, aber wenn man sie in einer Probe findet, hat man zunächst noch keinen Anhaltspunkt, welcher Bestandteil dieser Probe radioaktiv ist. Die Analyse radioaktiven Materials ähnelt ein wenig der Analyse des Nutzungsprofils am Geldautomaten einer Bank. Unter dem Strich festzustellen, wie viel Geld während einer bestimmten Zeit abgehoben wurde, ist einfach, aber wenn man wissen will, welche Kunden sich das Geld geholt haben, muss man anhand der einzelnen Kontonummern die Namen ausfindig machen. Ich hatte den Mäusen radioaktives 5-HTP gespritzt und fand erwartungsgemäß radioaktives Serotonin, aber nun musste ich herausfinden, welche anderen radioaktiven Verbindungen die Mäuse produziert hatten und wie ich sie von dem radioaktiven Serotonin unterscheiden konnte. Außerdem war es auch unabdingbar, das radioaktive Serotonin und verbliebenes, nicht umgesetztes radioaktives 5-HTP auseinander zu halten. Ich brauchte also gewissermaßen die molekularen Kontonummern. Darüber hinaus musste ich eine Methode finden, um das radioaktive Serotonin an seinem Platz festzuhalten, während ich danach suchte. Die Hemmung der Monoaminoxidase war in dieser Hinsicht nützlich, weil sie verhinderte, dass sich radioaktive Abbauprodukte des Serotonins bildeten. Aber die Neuerung, die mein Experiment letztlich möglich machte, ergab sich überraschend und einfach aus meinen Versuchen, das radioaktive Serotonin an einen Platz zu binden oder zu »fixieren«.

Ich probierte verschiedene »Fixiermittel« aus, wie sie ganz allgemein bei der mikroskopischen Untersuchung von Geweben benutzt werden. Fast sah es so aus, als würde sich Formaldehyd eignen. Setzte ich es zu, breitete sich das radioaktive Serotonin einen kurzen Augenblick lang stärker aus, aber dann kam seine Wanderung völlig zum Stillstand. Von diesem ersten katastrophalen Augenblick abgesehen, wäre das genau das erwünschte Ergebnis gewesen. Offensichtlich hatte das Formaldehyd eine chemische Verbindung zwischen Serotonin und Proteinen geschaffen, die eigentlich nur durch Verbrennen wieder aufzulösen war. Aber die anfängliche starke Wanderung des radioaktiven Serotonins war ein Problem, das es zu lösen galt. Konnte die Substanz in jede Richtung tänzeln, in die es von den Molekülbewegungen getrieben wurde, war es witzlos herauszufinden, wo es letztlich zur Ruhe kam. Ich wollte wissen, wo das Serotonin zu Lebzeiten gebildet wird und nicht, wo seine künstlich in Gang gesetzte Bewegung zufällig zu Ende ist.

Das Problem des vom Fixiermittel verursachten Serotoninverlustes verhinderte eine Zeit lang weitere Fortschritte, aber schließlich stieß ich auf eine wunderbar einfache Lösung. Die Aldehyde, die ich verwendete, bildeten nicht das richtige Gegengewicht zu den Salzen und anderen Molekülen im Gewebe und ließen die Zellen anschwellen. Als ich die Salze ins Gleichgewicht brachte, hörte die Ausbreitung des radioaktiven Serotonins auf, sobald das Gewebe mit dem Fixiermittel in Kontakt kam, und nach der Fixierung konnte ich es mit keinem Lösungsmittel mehr herauslösen. Darüber hinaus bemerkte ich sogar, dass keine andere radioaktive Verbindung im Gewebe der Tiere, denen ich radioaktives 5-HTP gespritzt hatte, auf ähnliche Weise fixiert wurde. Nach dem Fixieren war Serotonin die einzige radioaktive Substanz in dem Gewebe, und ich konnte auch belegen, dass es während der Behandlung nicht gewandert war. Das Formaldehyd hatte die molekulare Kontonummer überflüssig gemacht. Wenn ein Geldautomat nur von einem einzigen Kunden – in diesem Fall dem Serotonin – benutzt wird, ist eine Kontonummer zur Identitätsfeststellung nicht erforderlich.

Meine nächsten Experimente, die durch Iproniazid und Aldehydfixierung möglich wurden, waren unkompliziert. Zu verschiedenen Zeitpunkten nach der Injektion des radioaktiven Serotonin-Vorläufers 5-HTP untersuchte ich, wo sich das radioaktive Serotonin in den Mäusen befand. Dabei wollte ich nicht nur herausfinden, welches Organ oder welcher Teil eines Organs die markierte Substanz enthielt, sondern ich wollte die Zellen und dann die Bestandteile der Zellen (die man *Organzellen* nennt) finden, die sie produzieren.

Um das »heiße« Serotonin so genau zu lokalisieren, bediente ich mich eines Verfahrens, das man als *Autoradiographie* bezeichnet. Das ist schon wieder eines jener langen Wörter, die von Wissenschaftlern so häufig benutzt werden. Aber von der Sache her ist die Methode äußerst einfach, und im Gegensatz zu vielen anderen Fachausdrücken ist »Autoradiographie« ein logisch aufgebauter Begriff: Um eine radioaktive Substanz zu lokalisieren, beschichtet man Dünnschnitte des Gewebes mit einer fotografischen

Emulsion und lässt sie dann mehrere Wochen lang im Dunkeln liegen. In dieser Zeit bombardieren die Elementarteilchen, die beim radioaktiven Zerfall entstehen, die fotografische Schicht unmittelbar über dem Gewebeschnitt, und es entsteht eine latente Abbildung. Nach der »Belichtung« entwickelt man die beschichteten Regionen wie einen ganz normalen Film. Wo sich das latente Bild befindet, fällt Silber aus, als wäre die Schicht mit Licht bestreikt worden. Das radioaktive Material in dem Gewebe fotografiert sich also gewissermaßen selbst. Ein solches Bild bezeichnet man dann als Autoradiogramm, und das Verfahren zu seiner Herstellung heißt Autoradiographie.

Die Ergebnisse meiner Experimente, die ich mit diesem Verfahren erzielte, lenkten meine Aufmerksamkeit auf den Darm: Jedes Mal wenn ich den Mäusen markiertes 5-HTP spritzte, fand ich im enteralen Nervensystem radioaktives Serotonin. Außerdem – und das war ebenso wichtig – konnte ich in allen anderen Nerven außerhalb des Gehirns kein radioaktives Serotonin nachweisen. Damit war gezeigt, dass die Nerven im Darm für Serotonin eine Anziehungskraft haben, die allen anderen peripheren Nerven fehlt.

Der Nachweis, dass die enteralen Nerven eine einzigartige Anziehungskraft für Serotonin haben, berechtigte mich zwar noch nicht zu der Schlussfolgerung, dass die Substanz im Darm als Neurotransmitter wirkt, aber es schien zumindest die einfachste Erklärung zu sein. In Anlehnung an das alte Sprichwort »Wenn man Hufschlag hört, sollte man nicht an Zebras denken« überprüfte ich in einem weiteren Experiment, ob sich Serotonin tatsächlich wie ein enteraler Neurotransmitter verhält. Diesmal ließ ich die Nerven des Darms arbeiten, indem ich ihre Reflextätigkeit anregte. Aktive Nerven geben ihren Neurotransmitter ab. Und siehe da: Wenn ich die Nerven im Darm der Mäuse stimulierte, denen ich zuvor radioaktives 5-HTP gespritzt hatte, schütteten sie radioaktives Serotonin aus.

Nach diesen Experimenten war ich zuversichtlich, dass meine Arbeiten jeder Kritik standhalten würden, denn ich hielt sie (wie sich herausstellen sollte, törichterweise) für logisch und vernünftig. Außerdem glaubte ich, andere Neurowissenschaftler würden meine Befunde für wichtig halten. Ich fasste meine Ergebnisse in drei Aufsätzen zusammen, die in den Fachzeitschriften *Science* und *Journal of Physiology* erschienen. Meine Vermutung, Serotonin könne ein enteraler Neurotransmitter sein, stütze sich auf folgende Beobachtungen: 1. Serotonin wird im Darm gebildet und gespeichert. 2. Nachdem Serotonin aus seinem unmittelbaren Vorläufer synthetisiert worden ist, befindet es sich vorwiegend in den enteralen Nerven. 3. Stimuliert man diese Nerven, schütten sie Serotonin aus. 4. Andere haben schon früher gezeigt, dass Serotonin auf den Darm die gleiche Wirkung hat wie die Stimulation enteraler Nerven. Wenn Serotonin also kein Neurotransmitter ist, dann ahmt es eine solche Substanz zumindest erstaunlich gut nach.

Meine Mutter hat mir nie gesagt, dass es so kommen würde

Da ich nicht vorausgesehen hatte, dass meine Vermutung, Serotonin könne im Darm als Neurotransmitter wirken, in der wissenschaftlichen Welt Empörung auslösen würde, brachten mich die Reaktionen, mit denen ich es zu tun bekam, völlig aus der Fassung. Meine erste Empfindung war Mitgefühl mit denjenigen unter meinen Vorgängern, die der Inquisition ausgesetzt waren. Später, nachdem ich abgestumpft war und der Schmerz nachließ, hatte ich Verständnis für die Reaktionen, die ich unabsichtlich ausgelöst hatte. Nach dem zu jener Zeit herrschenden wissenschaftlichen Evangelium sorgten nur zwei Transmitter, nämlich Acetylcholin und Noradrenalin, für sämtliche Übertragungsvorgänge im peripheren Nervensystem. Die Vorstellung, noch eine weitere Substanz könne ein peripherer Neurotransmitter sein, galt nicht nur als falsch, sondern sogar als pervers und unmoralisch.

Wissenschaftler hängen mehr als die meisten anderen Menschen an fest gefügten Ordnungen, und in der Ordnung, die man für das periphere Nervensystem aufgestellt hatte, war für einen dritten Neurotransmitter kein Platz.

In Wirklichkeit aber ist Unordnung in der Natur weit verbreitet:

Wenn Wissenschaftler glauben, sie hätten es mit Ordnung zu tun, sind sie sofort überzeugt, eine große Kraft sei am Werk gewesen, um die üblen Auswirkungen des Zufalls zu überwinden. Jeder angehende Forscher lernt spätestens im Physikseminar – oder schon früher in der Chemie-Einführungsvorlesung –, dass die Unordnung im Universum ständig zunimmt. Diese unaufhörlich wachsende Unordnung nennt man *Entropie*. Um ihr und damit der eigentlichen Realität entgegenzuwirken, muss man sich sehr anstrengen. Die Moleküle, die sich zusammenfinden und den menschlichen Körper bilden, würden das von selbst niemals tun, wenn man sie einfach nur miteinander mischen würde. Dazu müssen unzählige höchst unwahrscheinliche chemische Reaktionen genau am richtigen Ort und zur richtigen Zeit ablaufen. Wer tiefe religiöse Überzeugungen hat, sieht die ganze Unwahrscheinlichkeit dieser Vorgänge und führt Gott als Erklärung an. Die Naturwissenschaftler haben diese Möglichkeit jedoch verworfen, auch wenn sie – wie ich – an Gott glauben.

Wenn wir als Wissenschaftler Ordnung sehen, neigen wir zu der Annahme, wir seien auf die biologische Wirklichkeit gestoßen. Biologische Vorgänge leisten die Arbeit und liefern die Energie, die der Entropie entgegenwirkt. Sie zwingen den widerspenstigen Molekülen des Lebens eine Ordnung auf und lassen sie so miteinander reagieren, dass sie die Form bilden, die wir lieben gelernt haben. Dass ich die Ordnung auf den Kopf stellte, die man im peripheren Nervensystem gefunden zu haben glaubte, wurde nicht ohne weiteres hingenommen. Meine Idee, Serotonin könne ein enteraler Neurotransmitter sein, vertrug sich nicht mit den fein säuberlich geordneten Überzeugungen, die man schon seit langem hegte und deshalb hoch schätzte. Damals, 1965, beschrieb man das gesamte periphere Nervensystem mit einer einfachen Tabelle:

Motorische Systeme

	Skelett (willkürlich)	Autonom (unwillkürlich)	
		sympathisch	parasympathisch
letzter Transmitter:	Acetylcholin	Noradrenalin	Acetylcholin
Ziele:	Skelettmuskeln	Drüsen, Blutgefäße, Herz- und Eingeweidemuskulatur	

Interessant ist dabei, dass das autonome Nervensystem nur aus zwei großen Teilen besteht – der dritte war in Vergessenheit geraten. Die beiden allgemein anerkannten Bereiche, das sympathische und das parasympathische System, galten stets als Gegenspieler wie die freie Welt und der Einflussbereich des Kommunismus in der jüngeren Geschichte. Es war die Vorstellung von einer säuberlichen Zweiteilung: zwei autonome Systeme, zwei Neurotransmitter, zwei ewige Gegner, die ständig kämpften.

Meine arglose Vermutung, Serotonin könne ein Neurotransmitter des autonomen Systems sein, wirkte beunruhigend. Wenn ich Recht hatte, war die angebliche Zweiteilung falsch. Ich war ein Ketzer, und so behandelte man mich.

Ich entschloss mich, hartnäckig zu bleiben. 1965 war ich jung, streitlustig und idealistisch. Zuversichtlich glaubte ich daran, dass die Wahrheit oder das, was ich dafür hielt, zwangsläufig die Oberhand behalten müsse. Selbst die Verbohrtesten unter meinen Gegnern, so glaubte ich, könnten nicht verhindern, dass sich Tatsachen herausstellten und das Dogma der Fundamentalisten über den Haufen warfen. Außerdem waren die National Institutes of Health zu jener Zeit aufgeschlossen gegenüber Ideen, die den gängigen Weisheiten zuwiderliefen. Ihre Gutachtergremien bewilligten auch dann Forschungsmittel, wenn der Erfolg der geplanten Experimente keineswegs von vornherein gewährleistet war. Deshalb standen mir Gelder zur Verfügung, und ich konnte die Frage, ob Serotonin ein enteraler Neurotransmitter ist, weiterverfolgen.

Im weiteren Verlauf unterwarf ich das Serotonin einer ganzen Reihe von Tests nach dem Vorbild der »Kochschen Postulate«, mit denen man den Erreger einer Infektionskrankheit nachweist. Diese Verfahren galten bei praktisch allen Neurowissenschaftlern als die entscheidenden Kriterien, die erfüllt sein müssen, damit eine Substanz in die Ruhmeshalle der anerkannten Neurotransmitter aufgenommen wird. Um das biologische Gegenstück zu den Arbeiten des Herkules im Zusammenhang mit dem enteralen Serotonin zu vollenden, musste ich Folgendes beweisen:

1. Dass Serotonin an den Stellen, wo es nach meiner Vorstellung als Neurotransmitter wirken soll, tatsächlich in den Nervenenden vorhanden ist;
2. dass Serotonin genau die gleichen Wirkungen hat wie der natürliche Neurotransmitter;
3. dass Serotonin tatsächlich ausgeschüttet wird, wenn man die Nerven reizt, die es enthalten;
4. dass bei Blockierung des Serotonins (oder wenn es nicht vorhanden ist), der Effekt der Nervenreizung verschwindet; und
5. dass es einen wirksamen Mechanismus zur Inaktivierung gibt, der die Reaktion der Nervenzellen auf das Serotonin abschalten kann, sobald die Nervenübertragung erfolgt ist.

Oxford

Nachdem ich eine Reihe beunruhigender Daten zusammengetragen hatte, bot sich glücklicherweise die Gelegenheit, einige Wirkungen der enteralen Nerven zu untersuchen, die das Serotonin als Neurotransmitter verwenden. Man hatte mir nach meiner Promotion ein Stipendium bewilligt, mit dem ich 1965 und 1966 in Oxford arbeiten konnte.

Für einen jungen Amerikaner, der Wissenschaftler werden wollte, war Oxford damals der ideale Standort. Die alten akademischen Traditionen waren dort tief verwurzelt, und es herrschte eine Atmosphäre der Lernbegeisterung, die ansteckend war. Nachdem ich herausgefunden hatte, wo das Serotonin im enteralen Nervensystem synthetisiert wird, lernte ich die gerade laufenden Arbeiten von Edith Bülbring kennen. Sie war in Oxford tätig und beschäftigte sich mit der Auslösung des peristaltischen Reflexes, also genau jener Reaktion, die Bayliss und Starling an Hunden und Trendelenburg an isolierten Stücken des Meerschweinchendarms untersucht hatten. Edith hatte Belege veröffentlicht, nach denen Serotonin ausgeschüttet würde, so man auf die Zellen der Darminnenwand Druck ausübte, und sie hatte auch gezeigt, dass dieses Serotonin sensorische Nerven des Darms anregt, sodass sie mit dem peristaltischen Reflex reagieren. Als ich ihr in einem Brief meine eigenen Beobachtungen dargelegt hatte, drängte sie mich geradezu, bei ihr zu arbeiten und die Funktion des Serotonins im enteralen Nervensystem weiter zu untersuchen.

Die National Institutes of Health bewilligten die Mittel, mit denen ich meine Ausbildung in Ediths Labor fortsetzen konnte. Ich hatte Glück, dass ich zu einem Zeitpunkt studierte, als unsere Behörden noch bereit waren, uns von den Fachkenntnissen ausländischer Kollegen und von den Möglichkeiten der Institute in anderen Ländern profitieren zu lassen, ohne dass übermäßiger Chauvinismus dem im Wege stand. Anne, meine Frau, hatte gerade ein Jahr als Assistenzärztin am New York Hospital hinter sich und bewarb sich ebenfalls bei den National Institutes of Health um ein Stipendium. Sie wollte in Oxford an der Sir William Dunn School of Pathology arbeiten. Es war das Institut, an dem man das Penicillin entdeckt hatte, und deshalb waren wir überzeugt, sie müsse gute Aussichten haben, das Geld zu bekommen. Wir rechneten damit, dass es finanziell eng werden würde, bis ihr Stipendium bewilligt wurde; das würde erst im Herbst geschehen, aber mit jugendlicher Zuversicht setzten wir darauf, dass ihr Antrag durchkam, und fuhren mit unserem dreieinhalbjährigen Sohn nach England.

Das Institut von Edith Bülbring war 1965 eine der angesehensten Institutionen für die Erforschung der glatten Darmmuskulatur. Edith sorgte für die richtige Atmosphäre, gab die Richtung vor und besorgte die Finanzierung. Um die eigentliche Ausbildung kümmerten sich die anderen Postdocs. Das Institut wurde nach deutscher Art geführt. Jeden Morgen um zehn Uhr rauschte Edith ins Labor, und alle standen auf und sagten: »Guten Morgen, Dr. Bülbring.« Alle nannten sie Edith, außer wenn man mit ihr sprach – dann wurde sie zu Professor Bülbring oder Dr. Bülbring. Nun ja, *fast* alle standen auf. Graeme Campbell, ein hoch gewachsener Australier, erhob sich für niemanden. Er blieb, die Füße hochgelegt und die Zigarette im Mund, an seinem Labortisch sitzen. Ich bin mir absolut sicher, dass er seine morgendliche Rauchpause absichtlich auf die Zeit von Ediths Ankunft legte. Sie hatte etwas dagegen, wenn im Labor geraucht wurde, denn sie war überzeugt, Nikotin sei schädlich für die Präparate. Nach ihrer Überzeugung veranlasste der Rauch den Darm, sich zusammenzuziehen. Graemes Vorstellung hatte jedes Mal die gewünschte Wirkung: Sie trieb Edith zur Weißglut. Wenn sie den Australier gesehen hatte, setzte sie sich in ihr Büro und schmollte mindestens eine halbe Stunde lang. Als Graeme Mitte des Jahres das Institut verließ, wirkte Ediths ganzes Wesen sichtlich fröhlicher. Meine Stimmung dagegen verschlechterte sich, denn Graeme war mein wichtigster Tutor gewesen.

In Ediths Labor verfolgte ich die Forschung in mehrere Richtungen weiter, und alle führten zu wichtigen Veröffentlichungen. In einer Studie identifizierte ich die Stelle, an der sympathische Nerven im Darm wirken. In einer anderen charakterisierte ich die Effekte des *Tetrodotoxins*, eines Giftstoffes, der vom Kugelfisch aus den japanischen Küstengewässern produziert wird und auf die glatte Muskulatur im Darm und anderen Organen wirkt. Das Fleisch des Kugelfisches (*fugu*) ist in Japan eine sehr beliebte Delikatesse. Bei der Zubereitung muss man aber sehr vorsichtig sein, sonst wird das Festmahl zur Henkersmahlzeit. Die Organe, die das Gift enthalten, dürfen das Fleisch nicht verunreinigen.

Tetrodotoxin blockiert die Signalübertragung in Nervenzellen und Skelettmuskulatur, beeinflusst aber die glatte Muskulatur nicht. Wird es aufgenommen, bringt es die Atmung zum Erliegen, denn diese ist auf funktionsfähige Nerven und Skelettmuskeln angewiesen. Benutzt man es aber bei der Untersuchung von Gewebe, das außerhalb des Organismus in einem Organbad am Leben erhalten wird, ist das Tetrodotoxin wie Muskarin, Nikotin und Botulinustoxin ein sehr nützliches Experimentiermittel. Ein solcher Wirkstoff kann in einem Organ auf mehrere Arten eine sichtbare Reaktion auslösen. Die glatte Muskulatur kann sich zum Beispiel zusammenziehen, weil der Wirkstoff bestimmte Nerven anregt, die dann indirekt die beobachtete Reaktion in Gang setzen, oder weil der Wirkstoff die Muskeln unmittelbar beeinflusst. Mit Hilfe des Tetrodotoxins kann man zwischen diesen beiden Möglichkeiten unterscheiden. Es schaltet indirekte, von Nerven weiter geleitete Wirkungen aus, lässt aber solche, die durch die unmittelbare Wirkung einer Substanz auf die glatte Muskulatur entstehen, unbeeinflusst.

Meine letzte Untersuchung in Oxford war entscheidend dafür, dass sich der Mittelpunkt meines Interesses vom Serotonin auf das zweite Gehirn selbst verlagerte. Sie legte die starke Vermutung nahe, dass Serotonin ein Neurotransmitter ist und in der Magenwand des Meerschweinchens eine besondere Gruppe von Nervenzellen stimuliert, die auch durch eine Reizung des Vagus aktiviert werden und den Magen veranlassen, sich zu entspannen. Diese entspannende Wirkung des Serotonins macht das Tetrodotoxin zunichte, und damit war bestätigt, dass der Effekt tatsächlich durch die Wirkung des Serotonins auf die Nervenzellen ausgelöst wurde und keine unmittelbare Reaktion der glatten Magenmuskulatur war. Nach meiner Überzeugung zeigten solche Beobachtungen, dass Serotonin vielleicht nicht an der unmittelbaren Verständigung zwischen Nerven und glatter Muskulatur mitwirkt, sondern an der wichtigen Kommunikation zwischen den Nervenzellen. Zellen, die sich auf diese Form des Mitredens spezialisiert haben, bezeichnet man als *Interneuronen*.

Die Interneuronen sorgen für die zusätzliche Komplexität und Raffinesse, die das zentrale und enterale Nervensystem von den einfachen peripheren Ganglien außerhalb des Darms unterscheiden. Die Darmnerven geben nicht einfach gehorsam Signale sensorischer Rezeptoren an Muskeln, Drüsen oder Blutgefäße weiter. Mit seinen Interneuronen kann das enterale Nervensystem die empfangenen Informationen abwandeln und weiter verarbeiten. Das Serotonin, so meine Spekulation, könnte als Neurotransmitter der Interneuronen eine jener Substanzen sein, mit deren Hilfe der Darm als selbstständiges Zentrum der Informationsverarbeitung fungiert. Ich äußerte die Vermutung, Medikamente zur gezielten Abwandlung der Serotoninwirkung könnten ein großartiges Mittel zur Behandlung von Fehlfunktionen des Darms sein. Der Versuch, die Tätigkeit der serotoninhaltigen Interneuronen des Darms zu beeinflussen, schien mir unter therapeutischen Gesichtspunkten weit mehr Erfolg zu versprechen als das Ziel, entweder auf die sensorischen Nervenzellen zu wirken, die wichtige Reflexe in Gang setzen, oder aber auf die motorischen Zellen, die Muskeln oder Drüsen aktivieren. Damit das Nervensystem des Darms überhaupt funktionieren kann, muss es Informationen aufnehmen, und es muss in der Lage sein, auf Grund solcher Informationen tätig zu werden. Stört man die Fähigkeit des enteralen Nervensystems, Informationen aufzunehmen oder Signale an seine Effektoren zu schicken, wird der Darm wahrscheinlich gelähmt, und ob ein solches Therapieergebnis auch nur einem einzigen Patienten wünschenswert erscheinen würde, bezweifelte ich.

Cincinnati

Vom Zeitpunkt meiner Rückkehr aus Oxford bis 1981 maß ich in der wissenschaftlichen Literatur meine Kräfte mit verschiedenen Kollegen, die sich offensichtlich zum Ziel gesetzt hatten, mich zu widerlegen. Auf eine Veröffentlichung von mir folgte immer eine von ihnen, und darin wurden meine Daten auf eine Weise interpretiert, wie ich es nie für möglich gehalten hätte. Den Höhepunkt erreichte die Auseinandersetzung 1981 in Cincinnati.

Ich bin Neurowissenschaftler. Als solcher nahm ich wie die meisten meiner Kollegen im November 1981 in Cincinnati an der alljährlichen Tagung der Gesellschaft für Neurowissenschaft teil. Heute treffen sich bei dieser Veranstaltung über zwanzigtausend Wissenschaftler, und schon damals zog sie eine gewaltige Zahl an.

Man fährt dorthin, weil man wissen will, was es auf dem Gebiet Neues gibt, und weil man seine eigenen Arbeiten bekannt machen möchte. Wissenschaftlicher Erfolg ist nicht nur eine Frage hervorragender Leistungen, sondern man muss die hervorragenden Leistungen auch so vollbringen, dass wichtige Kollegen davon erfahren. Leonardo da Vinci zum Beispiel fertigte schon früher als Andreas Vesalius sehr genaue Zeichnungen der menschlichen Körperform an, aber Vesalius machte seine anatomischen Arbeiten bei seinen Zeitgenossen bekannt, was Leonardo nicht tat. Deshalb gilt Vesalius heute als der Begründer der modernen Anatomie, obwohl Leonardo ihm zuvorgekommen war.

Für Vesalius sprachen nicht nur seine Zeichnungen. Er wandte auch ganz gezielt eine Methode an, die noch heute im Gebrauch ist: Er stellte die anerkannten Erkenntnisse in Frage. Vesalius widerlegte die Lehre Galens (eines alt-römischen Arztes), die damals für fast alle anderen ein Dogma war. In einer Sache Recht zu haben, ist immer gut, aber noch besser ist es, wenn damit gleichzeitig gezeigt wird, dass andere Unrecht haben. Vor Vesalius bestand der übliche Anatomieunterricht darin, dass man aus Galens Schriften vorlas und auf die Strukturen zeigte, die dort beschrieben wurden, ganz gleich, ob es sie tatsächlich gab; und leider gab es sie vielfach nicht.

Vesalius ging in der Anatomie ganz anders vor als seine Zeitgenossen. Er sezierte, und dann beschrieb er nur das, was er tatsächlich sah. Zwar versetzte er seine Zeitgenossen mit seinen Veröffentlichungen in Empörung, aber um ihn zu widerlegen, mussten sie ebenfalls sezieren. Seine Gegenspieler konnten Vesalius nicht zu Fall bringen, denn man kann weder die Gegenwart von etwas Nichtvorhandenem beweisen noch etwas Vorhandenes verschwinden lassen. Deshalb erbrachte Vesalius eine Leistung, von der jeder Wissenschaftler träumt: Er wies nach, dass die herrschende Lehre falsch war, wobei er gleichzeitig viel Aufmerksamkeit auf seine eigene Person zog, und seine Arbeit wurde von anderen unabhängig nachvollzogen und bestätigt (das ist das Wesentliche des naturwissenschaftlichen Fortschritts).

Ich bin kein Vesalius, aber wie sich herausstellte, sollte ich in

Cincinnati auf ganz unvorhergesehene Weise in seine Fußstapfen treten. Auch ich hatte Recht, die Mehrzahl der anderen in meinem Fachgebiet hatten Unrecht, und viele von ihnen waren mit ihren Reaktionen auf meine Äußerungen sehr bösartig geworden. Die Tagung für Neurowissenschaft im Jahr 1981 sollte für mich selbst und für das ganze Fachgebiet zum Wendepunkt werden. Meine Gegenspieler kapitulierten.

Die Tagungen der Gesellschaft für Neurowissenschaft sind ein Forum, auf dem alte Vorstellungen zu Grabe getragen werden und neue Erkenntnisse die Möglichkeit haben, sich einen Platz im Gedankengebäude der Wissenschaft zu erkämpfen. Sie sind eine darwinistische Arena, wo Theorien aufeinander prallen, und nur die besten überleben. Befunde, über die auf diesen Tagungen zum ersten Mal berichtet wird, können über den Unwissenden ohne Vorwarnung hereinbrechen wie die V2-Raketen über den Londoner Himmel von 1945. Und wenn eine Theorie abgeschmettert wird, erleidet ihr Vertreter leider das gleiche Schicksal. Deshalb präsentieren Neurowissenschaftler ihre Arbeit auf diesen Tagungen mit einem Lächeln auf dem Gesicht und Schweiß auf den Handflächen.

Ein zweiter Grund, warum die neurowissenschaftlichen Tagungen beunruhigend sein können, ist die Frage der Priorität. Naturwissenschaftler sind Beobachter, und Respekt verschaffen sie sich dadurch, dass sie die Ersten sind, die etwas Interessantes bemerken und darüber berichten. In der Oberliga der Wissenschaft ist es wie im Fußball: Wer als Zweiter kommt, hat verloren. Bis heute und trotz bester Voraussetzungen machen die Tagungen der Gesellschaft für Neurowissenschaft mich nervös, und dieses Gefühl kommt leider aus dem Bauch. Meine Angst geht von meinem Darm aus. Auf der Tagung des Jahres 1981 hatte ich mehr Grund als sonst, Angst zu empfinden. Man hatte mich gebeten, einen »Workshop« über das enterale Nervensystem zu organisieren, jenes komplizierte Geflecht aus Nervenzellen und Fasern im Darm. Darüber hätte ich mich eigentlich freuen sollen, stand doch das enterale Nervensystem im Mittelpunkt meines Interesses. Nur meine Frau und meine Kinder waren (und sind) mir noch wichtiger. Und nachdem man das Gebiet bis dahin überhaupt nicht zur Kenntnis genommen hatte, zeigte allein die Tatsache, dass der Workshop angesetzt wurde, dass mein Thema sich durchgesetzt hatte. Die Tagung musste zur Erleuchtung werden, zur letzten Zuckung meiner Gegner.

Ich war umstritten. Es waren *meine* Theorien, die sich in dem darwinistischen Kampf auf der Tagung durchsetzen mussten. Ich war überzeugt, dass ich Recht hatte, aber ebenso galt das, was ich heute ständig in der Werbung für die Lotterie des Staates New York höre: »He, man kann nie wissen.« Wie alle Wissenschaftler konnte ich mir meine Ergebnisse nicht selbst schaffen. Diese Methode war seit Vesalius aus der Mode. »Kreativ« gehört nicht zu den Begriffen, die wir auf unsere Daten anwenden möchten. Selbst das Wort »phantasievoll« ist nur dann tragbar, wenn es sich auf die Methoden bezieht. Unsere Beobachtungen selbst, unsere wirklichen Ergebnisse, sind weder kreativ noch phantasievoll. Sie sind, was sie sind: Faktische Beschreibungen dessen, was da *ist*, und zwar ohne Ausschmückung und Politur.

Obwohl meine Theorien unter Beschuss standen, war ich entschlossen, das Risiko nicht zu scheuen. Wenn es eine Offenbarung geben würde, sollte es eine gute Offenbarung sein. Ich hatte mich bereit erklärt, den Workshop zu organisieren, und ich hatte ihn als Duell geplant: Mein Kollege Jackie Wood und ich wollten für das eintreten, was mir richtig schien, und zwei andere, Marcello Costa und Alan North, sollten die Gegenposition vertreten. Idealistisch betrachtet, war das richtig. Die Ideen sollten aufeinander prallen, und die Wahrheit sollte den Sieg davontragen. Neun Monate zuvor war mir das nahe liegend erschienen. Aber jetzt, als der Zusammenstoß bevorstand, geriet ich in Panik, und am liebsten wäre ich ganz weit weg von Cincinnati gewesen.

Ich hatte mir den geplanten Workshop über das enterale Nervensystem als eine Art Premiere vorgestellt, als neurowissenschaftlichen Debütantinnenball, auf dem einer erlauchten Gesellschaft ein reizvolles neues Thema vorgestellt werden sollte. Aber die wichtigste Frage, die wir erörtern würden, betraf nicht die Natur des ganzen Systems, sondern die Behauptung, Serotonin wirke im Darm als Neurotransmitter. Im Jahr 1981 hatte das Serotonin schon eine lange Laufbahn hinter sich, und praktisch alle waren überzeugt, dass es im Gehirn ein sehr wichtiger Neurotransmitter ist. In der Neurowissenschaft war man geradezu besessen von der Idee, man brauche nur die Funktion des Serotonins zu verstehen, und dann würden sich ganz neue Möglichkeiten zur Beeinflussung der Stimmungslage und zur Behandlung psychischer Krankheiten eröffnen. Serotonin war und ist bis heute eine höchst interessante Substanz des Nervensystems. Und schon 1981 wusste man auch, dass der Darm fast das gesamte Serotonin im Organismus produziert. Nur etwa ein Prozent der Gesamtmenge entsteht im Gehirn, sodass man diese Produktion als kleine Ergänzung ansehen kann. Da schon die winzige Serotoninmenge im Gehirn so viel Aufregung hervorrief, schien es mir eine vernünftige Annahme zu sein, dass die gewaltige Konzentration der Substanz im Darm das Interesse zumindest aufflackern lassen würde. Und da das Serotonin außerdem bereits als Neurotransmitter des Gehirns galt, gab es nach meiner Überzeugung auch keinen Grund, eine ähnliche Funktion im enteralen Nervensystem für unvorstellbar zu halten. Überdies hatte ich immer ausdrücklich darauf hingewiesen, dass meine Experimente nur Vermutungen nahe legten und dass mit weiteren Forschungsarbeiten geklärt werden müsse, ob ich mit meinen Annahmen Recht hatte. Da ich mich auf diese Weise abgesichert hatte und gleichzeitig aussprach, was ich für offensichtlich hielt, war ich auf Ärger vorbereitet.

Die Tagung

Im Jahr 1981, als die Debatte in Cincinnati stattfand, hatte ich nachgewiesen, dass das Serotonin alle fünf Kriterien für einen enteralen Neurotransmitter (siehe Seite 78) erfüllte. Experiment für Experiment hatte es die Möglichkeit zu versagen, aber es versagte nie. Alle Anforderungen waren erfüllt. Deshalb hielt ich jetzt den Zeitpunkt für gekommen, um der Welt zu sagen: Serotonin *könnte* nicht nur ein enteraler Neurotransmitter sein, sondern es

86

ist einer. Der alte Mythos von der Zweiteilung und den zwei Neurotransmittern an den Enden der autonomen Nerven sollte aus der
Neurobiologie verschwinden. Ich glaubte fest an meine Ideen und
an die Ergebnisse meiner Experimente. Aber jetzt stand es Spitz
auf Knopf, und das vor einem großen, kritischen Publikum.

Viele Menschen schließen, wenn sie Angst haben, die Augen, als
ob sie nicht sehen wollten, was sie bedroht. Ich brauche das nicht
zu tun. Wenn ich mich fürchte, kann ich starr geradeaus blicken,
ohne etwas zu sehen. Genau das tat ich, als ich nach Cincinnati
kam. Während meine Gedanken zu den Mitwirkenden des kleinen
Dokumentarspiels wanderten, das ich inszenieren würde, nahm
ich um mich herum nichts mehr wahr.

Jackie Wood

Am besten kenne ich Jackie Wood – so der Name, den seine Eltern ihm gegeben haben; mit Spitznamen heißt er Jack. Er ist ein
liebenswürdiger, humorvoller Mensch. Wenn er einen Vortrag hält,
erscheint alles einfach und ehrlich. Jack wirkt offen, geradlinig und
völlig unkompliziert. Er sieht zwar aus, als würde er eher in ein
Footballstadion als ins Labor passen, aber Schein und Sein stimmen nicht immer überein. Jack ist ebenso motiviert und ehrgeizig
wie wir anderen.

Er hatte sich immer für die biophysikalischen und elektrischen
Eigenschaften der enteralen Nervenzellen interessiert, ich dagegen hatte mich auf ihre anatomischen, chemischen und pharmakologischen Merkmale konzentriert. Deshalb konnten wir uns
gegenseitig unterstützen, ohne uns in die Quere zu kommen. Außerdem hatten wir etwas Gemeinsames, das uns verband. Um als
Wissenschaftler Erfolg zu haben, waren wir beide darauf angewiesen, dass das enterale Nervensystem in jedem Labor zum Begriff
wurde. Nicht Konkurrenz, sondern Zusammenarbeit lag in unserem Interesse. Wir waren Verbündete, Angehörige derselben winzigen Armee, die um Anerkennung für das von uns begründete
Forschungsgebiet kämpfte. Dass die meisten Neurowissenschaftler
fast nichts über unseren Forschungsgegenstand wussten, beunru-
higte uns, und noch beunruhigter waren wir natürlich darüber,

dass die meisten von ihnen sich nicht einmal dafür zu interessieren schienen. Für die Neurowissenschaft jener Zeit existierte das enterale Nervensystem nicht. Auf einer früheren Tagung der Gesellschaft für Neurowissenschaften musste ich zu meinem Entsetzen sogar feststellen, dass man meine Vorträge in eine Sitzung über die Neurophysiologie der Wirbellosen verlegt hatte. Wirbellose sind wabbelige, empfindliche Tiere, die weder ein Rückgrat (Wirbelsäule) noch ein enterales Nervensystem haben. Ich hatte mich in meiner Forschung mit Meerschweinchen beschäftigt, die wie der Mensch ohne Wenn und Aber zu den Wirbeltieren gehören. Das Neurowissenschaftler-Gremium, das die Tagung geplant hatte, wusste offenbar nicht einmal, was das enterale Nervensystem überhaupt ist; sie glaubten, der Auerbach-Plexus müsse zu einem exotischen Lebewesen ohne Rückgrat gehören.

Mir kam daraufhin als Erstes der Gedanke, ein Meerschweinchen mit auf die Tagung zu bringen, aber diese Idee erschien mir dem Tier gegenüber unfair. Es war auch nicht angebracht. Ich denke zwar oft kämpferisch, aber handle kaum je so. Ich schluckte meinen Ärger einfach hinunter und trug meine Befunde vor. Aber als ich mit Neurowissenschaftlern über das enterale Nervensystem sprach, fühlte ich mich wie Moses in der Heimat Abrahams: als Fremder in einem fremden Land.

Offensichtlich musste ich meinen Zuhörern nicht nur erklären, was das enterale Nervensystem ist, sondern auch, warum sie etwas darüber wissen sollten.

Neurowissenschaftler allgemein neigen häufig zu der Ansicht, der Körper sei nur dazu da, das Gehirn zu versorgen. Nur das Gehirn denkt, fühlt und erinnert sich. Es ist glücklich oder unglücklich, zufrieden oder unzufrieden. Philosophie, Dichtung, Glauben und Vernunft – all das sind Produkte des Gehirns. Wenn Neurowissenschaftler überhaupt einen Gedanken auf das enterale Nervensystem verwendeten, betrachteten sie es als Kleindarsteller, als Schauspieler mit einer Nebenrolle in dem Drama, dessen Star das Gehirn war, ist und immer sein wird. Heute, da das enterale Nervensystem seine Anerkennung als zweites Gehirn gefunden hat, sind natürlich immer mehr Neurowissenschaftler bereit, ihm eine wichtige Rolle zuzubilligen. Jack Wood und ich wussten, dass das enterale Nervensystem sich nicht sonderlich stark vom Gehirn unterscheidet. Uns war klar, dass das zweite Gehirn dem ersten sehr ähnlich ist. Eigentlich kann man sich das enterale Nervensystem als nach unten gerutschtes Gehirn vorstellen.

Jack ist ein Pionier, einer aus jener kleinen Gruppe unerschrockener Forscher, die nachgewiesen haben, dass man durch Aufzeichnung der elektrischen Tätigkeit einzelner Nervenzellen nützliche Erkenntnisse gewinnen kann. Dass solche Messungen von großer Bedeutung waren, bezweifelte eigentlich niemand. Wir fragten uns nur, ob man derartige Befunde an den Nervenzellen im Darm routinemäßig erheben konnte. Um die elektrische Aktivität einer einzelnen enteralen Nervenzelle aufzuzeichnen, musste man bis vor relativ kurzer Zeit die Oberflächenmembran einer solchen Zelle mit einer dünnen Glaskanüle (Mikropipette) durchstoßen, die mit einer elektrisch leitenden Lösung gefüllt war; nur so konnte man den elektrischen Potenzialunterschied zu beiden Seiten der Zellmembran ermitteln. Das hört sich einfach an, aber einzelne enterale Nervenzellen sind ein winziges Ziel, das tief in der Darmwand verborgen ist, und da die umgebenden Muskeln sich zusammenziehen und wieder entspannen, bewegen sich die Nervenzellen hin und her. Ein winziges, bewegliches, tief im Gewebe liegendes Ziel zu treffen, ist nicht einfach. Um eine Pipette hineinzustechen, muss man die Nervenzellen freilegen und im lebenden Gewebe sichtbar machen, die Bewegungen des Darms müssen angehalten werden, ohne dass sich die Tätigkeit der Nervenzellen verändert, und wer die Pipette handhabt, muss gut zielen können.

Eigentlich war Jack nicht der erste Wissenschaftler, der eine enterale Nervenzelle mit einer Mikroelektrode durchbohrte und ihre elektrische Aktivität aufzeichnete, aber er wandte die Methode systematisch an, steigerte ihre Zuverlässigkeit, brachte sie vielen anderen – darunter auch mir – bei und machte sie zu einem Routineverfahren. Für die Elektrophysiologie des enteralen Nervensystems ist Jack das Gleiche wie Picasso für die Malerei des 20. Jahrhunderts. Außerdem ist er in seiner einfachen, freundlichen Art unübertrefflich. Ich rechnete damit, dass er sich in der bevorstehenden Schlacht von Cincinnati als ernst zu nehmender Befürworter und wichtige Quelle der Unterstützung erweisen würde.

Jack Wood hatte mit seinen entscheidenden elektrischen Messungen nachgewiesen, dass Serotonin mit unglaublicher Genauigkeit die Wirkung eines Transmitters nachahmt, der von stimulierten enteralen Nerven ausgeschüttet wird. Bis dahin hatte es einen eigenartigen Widerspruch gegeben. Ich hatte die Wirkungen des Serotonins auf große Neuronengruppen nachgewiesen, Jack und andere hatten die Tätigkeit einzelner Zellen untersucht. Ich wandte sozusagen das Großhandelsverfahren an, Jack war der Einzelhändler. An meinen großen Zellpopulationen hatte ich Wirkungen des Serotonins beobachtet, die Jack bei der Untersuchung einzelner Zellen nicht gefunden hatte. Wie Serotonin in meinen Experimenten Neuronengruppen aktivieren konnte, wenn es in seinen die einzelnen Zellen nicht stimulierte, war uns ein Rätsel. Irgendetwas stimmte nicht. Mit seinen neuesten Beobachtungen hatte Jack den Widerspruch gelöst. Er war deswegen so aufgeregt, dass er extra eine Reise nach New York unternahm und in mein Institut kam, um mir die Ergebnisse mitzuteilen.

Jack hatte eine neue experimentelle Methode angewandt. Wie in früheren Versuchen hatte er Mikroelektroden aus Glas in enterale Nervenzellen isolierter Darmpräparate gestochen. Damit konnte er die elektrischen Reaktionen der Zellen auf Nervenreizung und Serotonin aufzeichnen; statt jedoch dem Organbad einfach Serotonin zuzusetzen, hatte Jack diesmal die Substanz mit einer zweiten Mikropipette unmittelbar in die Zellen injiziert. Damit hatte er annäherungsweise den Vorgang nachgeahmt, der sich bei der Ausschüttung eines Neurotransmitters aus einer Nervenzelle abspielt. Das schnell ausgestoßene Serotonin gelangt auf die Zelloberfläche, bevor es vom Gewebe inaktiviert wird. Deshalb können die Rezeptoren es »sehen« und eine Reaktion in Gang setzen, bevor sie unempfindlich werden und nicht mehr darauf ansprechen. Jacks Injektionen funktionierten: Jetzt konnte er beobachten, wie die Nervenzellen so auf das Serotonin reagierten, wie ich es auf Grund meiner pharmakologischen Untersuchungen vorausgesagt hatte.

Viel interessanter als die einfache Bestätigung meiner Voraussagen war etwas anderes, das Jack mit seinen Arbeiten nachweisen konnte: Sowohl der aus stimulierten enteralen Nerven freigesetzte Transmitter als auch das künstlich zugesetzte Serotonin lösen in enteralen Nervenzellen eines bestimmten Typs die gleiche *langsame exzitatorische Reaktion* aus. Da ich behauptet hatte, Serotonin und der von bestimmten enteralen Nervenzellen ausgeschüttete Transmitter seien ein und dieselbe Substanz, wäre es entsetzlich peinlich gewesen, wenn Jack etwas anderes beobachtet hätte. Aber so waren seine Befunde eine starke Unterstützung. Wenn man seine Daten kannte, ähnelte die Behauptung, Serotonin sei nicht der Neurotransmitter, ein wenig der (aus einem schlechten Schulaufsatz stammenden) Argumentation, Shakespeares Dramen seien »nicht von Shakespeare geschrieben worden, sondern von einem anderen Mann gleichen Namens«. Die von Jack untersuchte langsame exzitatorische Reaktion war tatsächlich etwas Ungewöhnliches: In ihrem Verlauf stieg nämlich der elektrische Widerstand der Nervenzellenmembran an. Demnach schlossen sich die Kanäle in der Membran, durch die gewöhnliche Salzionen fließen. In den meisten Fällen dagegen öffnen sich die Ionenkanäle in den Membranen während der exzitatorischen Reaktion von Nervenzellen. Die Tatsache, dass sowohl das Serotonin als auch der natürliche Transmitter in denselben Zellen zum Schließen derselben Ionenkanäle führten, schien uns deshalb von besonderer Bedeutung zu sein. Eine solche molekulare Übereinstimmung ist aller Wahrscheinlichkeit nach kein Zufall, sondern sie spricht nachhaltig dafür, dass es sich bei dem natürlichen Transmitter tatsächlich um Serotonin handelt. Bis man den molekularen Mechanismus dieser Vorgänge kennen lernte, sollten noch fünfzehn Jahre vergehen. Letztlich konnten wir aber den Serotonin-Rezeptoren identifizieren und die molekularen Abläufe bestimmen, durch die dieser Rezeptor von Serotonin aktiviert wird und in den betreffenden Nervenzellen dafür sorgt, dass sich die Ionenkanäle schließen.

Wenn sich die Ionenkanäle auf die Weise schließen, wie das Serotonin es bewirkt, lässt sich das enterale Nervensystem viel leichter reizen, das heißt, die Nervenimpulse wandern mit größerer Wahrscheinlichkeit über weite Entfernungen den Darm entlang. Deshalb kann man die Beschwerden bei einem Reizdarm lindern, indem man die Wirkung des Serotonins gezielt an diesem Rezeptor stört. Das ist das Schöne an der Identifizierung des Rezeptors: Man kann jetzt Medikamente entwickeln, die nur in diese Wirkung des Serotonins eingreifen und jene, für die andere Rezeptoren zuständig sind, unbeeinflusst lassen. Außerdem kann man annehmen, dass ein Medikament, das an dieser Stelle ansetzt, den gereizten Darm nur beruhigt, ohne ihn jedoch zu lähmen. Die Nervensignale, die vom Acetylcholin und anderen Neurotransmittern weitergeleitet werden, bleiben erhalten.

Jacks Daten waren 1981 also eine elegante Ergänzung zu meinen eigenen. Ich hatte damals chemisch nachgewiesen, dass Serotonin in den Darmnerven vorhanden ist und von ihnen synthetisiert wird, dass diese Nerven Serotonin ausschütten, wenn sie stimuliert werden, dass man sowohl die Auswirkungen des Serotonins als auch die der Nervenstimulation blockieren konnte, wenn man die Wirkung des Serotonins ausschaltete oder das Serotonin entzog, und dass die Nerven, die Serotonin freigesetzt haben, es anschließend wieder aufnehmen und auf diese Weise inaktivieren (ein Vorgang, den man als *Wiederaufnahme* bezeichnet). Nach unserer eigenen Überzeugung hatten Jack Wood und ich also alle »Postulate« für den Neurotransmitter erfüllt. Was das Ergebnis des bevorstehenden Workshops anging, hätte ich demnach zuversichtlich sein können. Aber ich war es nicht.

Marcello Costa

Marcello Costa kenne ich nicht so gut wie Jack Wood. Damals wie heute arbeitete Marcello in Australien, sodass wir uns nicht regelmäßig sehen. Er ist ein faszinierender Mensch. Unter anderem spricht er mit einem Akzent, wie ich ihn sonst noch nie bei jemandem gehört habe. Gäbe es Marcello nicht, hätte ich es für unmöglich gehalten, dass jemand gleichzeitig mit australischer und italienischer Sprachfärbung spricht. Es ist, als wären ein einfacher Mann und ein Adliger zu einer einzigen Person verschmolzen. Bei einem amerikanischen Publikum hat die Kombination verheerende Auswirkungen. Niemand kann ihr widerstehen – Marcello wirkt vollkommen glaubwürdig. Deshalb rechnete ich damit, dass er in der bevorstehenden Diskussion ein ernst zu nehmender Gegner sein würde.

Marcello war nicht bereit, sich meinem Vorschlag, Serotonin könne ein enteraler Neurotransmitter sein, anzuschließen. So etwas kam für ihn offensichtlich wissenschaftlicher Vielweiberei gleich. Zwei Transmitter waren heilig; einen dritten hinzuzufügen, wäre eine Sünde gewesen. Leider waren diese Meinungsverschiedenheiten für Marcello so wichtig, dass es in meinen Augen schon etwas obsessiv wirkte. Fast alle seine wissenschaftlichen Veröffentlichungen endeten mit der Schlussfolgerung, ich müsse Unrecht haben. Eines wusste ich dabei allerdings zu schätzen: Die Aussage, ich *müsse* Unrecht haben, war nicht ganz so schlimm wie die Behauptung, ich *hätte* Unrecht; es gab noch ein kleines Schlupfloch.

Marcello ist Pharmakologe. Zu Beginn seiner Laufbahn hatte er versucht, mit Hilfe von Medikamenten die komplizierte Arbeitsweise des enteralen Nervensystems aufzuklären. Aber Ende 1981, als in Cincinnati die Tagung für Neurowissenschaft stattfand, betrieb Marcello kaum noch Pharmakologie. Stattdessen nutzte er zusammen mit seinem langjährigen australischen Kollegen John Furness sehr eifrig das damals ganz neue Verfahren der *Immuncytochemie*, um enterale Nervenzellen nach ihren Neurotransmittern zu klassifizieren. In der Immuncytochemie verwendet man Antikörper (natürliche Produkte des Immunsystems) als chemische Reagenzien, mit denen man Moleküle in mikroskopischen Gewebeschnitten lokalisieren kann. Marcello war also kein Pharmakologe mehr, sondern neurowissenschaftlicher Linguist. Durch die Immuncytochemie wurde das Mikroskop für ihn zu einem Wörterbuch, in dem er die Definition für jede Nervenzelle des Darms nachlesen konnte.

Marcello und John Furness verfolgten nach eigenen Angaben

das Ziel, einen »chemischen Code« zu entwickeln, mit dessen Hilfe man jede Nervenzelle des enteralen Systems benennen und identifizieren könne. Möglicherweise hielten die beiden sich selbst für biologische Systematiker, aber mir erschien ihre Absicht weitaus großartiger. In meinen Augen waren sie moderne Verschlüsselungsexperten, und ihre Arbeit war noch viel wichtiger als die jener Genies, die sich von 1941 bis 1943 in Bletchley versammelt hatten, um den von der deutschen Wehrmacht verwendeten »Enigma-Code« zu knacken. Marcello und John entschlüsselten nach und nach den »Enigma-Code« des enteralen Nervensystems, und er war der einzige Code, den ich wirklich kennen lernen wollte. Ich hatte das sichere Gefühl, dass ich Marcellos Arbeiten ein ganzes Stück höher schätzte als er die meinen. Ich bewunderte ihn sogar. Wäre bei mir nicht die Angst vor dem gewesen, was er mir sagen würde, hätte ich mich auf seinen Vortrag gefreut.

Alan North

Der Vierte, den ich zu dem Workshop einlud, war Alan North. Er ist groß, hat dunkle Haare und sieht sehr gut aus. Neben allem anderen würde schon seine hoch gewachsene Erscheinung ein Gegengewicht zu Jack Wood, Marcello Costa und mir bilden, denn wir sind alle recht klein. Wir brauchten ein wenig Größe, um Eindruck zu machen. Ein Trupp kleiner Leute, die sich für einen exotischen Teil des Nervensystems stark machten, hätte es schwer gehabt, die Aufmerksamkeit der Neurowissenschaftler auf sich zu ziehen. Alan ist anders. Er fällt selbst dann auf, wenn er nichts sagt – was häufig vorkommt. Alan macht nicht gern viele Worte. Er überlegt sich sehr genau, was er sagen will, und schießt seine Worte wie ein Bogenschütze ab, die dann mit tödlicher Präzision ihr Ziel durchbohren. Er hat auch echten Humor, aber den versteckt er gut. Seine Sprache selbst ist voll von den gerollten Rs und tiefen Tönen des nördlichen Großbritannien. Wenn Alan eine Behauptung aufstellt, erscheint sie unangreifbar. Er unterstreicht seine Äußerungen mit einem einzigartigen Mienenspiel, das lautlos Zustimmung oder Ablehnung signalisiert. Zustimmung zeigt sich in dem leisen Hauch eines Lächelns, Ablehnung dagegen übermittelt er vorwiegend mit den Augenbrauen, die er wie Knüppel bewegt. Man könnte Alan als mürrisch bezeichnen, aber das ist eigentlich ein zu gemütliches Wort; »streng« wäre zutreffender.

Wie Jack Wood, so war auch Alan Elektrophysiologe: Er verdiente sich seinen Lebensunterhalt damit, Nervenzellen aus dem Darm mit gläsernen Mikropipetten anzustechen. Aber anders als bei Jack lag das Schwergewicht von Alans Arbeit auf genauen physikalischen Messungen. Seine Forschungsergebnisse waren elegant, vollständig und für Physiologiefreaks überaus reizvoll. Alan war vielleicht nicht immer der erste, der eine bestimmte Beobachtung machte, aber sobald er etwas entdeckt hatte, berichtete er darüber mit einer derartigen Präzision, dass der Befund in den Vorstellungen seiner wissenschaftlichen Kollegen zu dem seinen wurde. Alan deckte nicht nur Tatsachen in der Natur auf, sondern er erhob sie in den Rang ewiger Wahrheiten.

Außerdem hat Alan eine besondere Gabe: Er kann anderer Meinung sein als sein Gegenüber – zum Beispiel ich –, ohne dass die gute persönliche Beziehung dadurch vergiftet wird. Er mag Menschen, die er respektieren kann, auch wenn er ihre Ansichten für falsch hält. Alan begeistert sich für gute wissenschaftliche Arbeit. Was mich anging, so war er offensichtlich zu dem Schluss gelangt, dass meine Forschungsarbeiten ganz in Ordnung seien, auch wenn sie ihm vorübergehend irregeleitet erschienen. Andererseits war er aber wie auch Marcello überzeugt, dass ich in der entscheidenden Frage des bevorstehenden Workshops – ob nämlich Serotonin ein enteraler Neurotransmitter ist – ganz und gar falsch liege.

Als die Tagung heranrückte, verfolgte Alan ganz andere Ziele als ich. Er mochte das Serotonin nicht, weil er ein anderes Molekül, die so genannte *Substanz P*, als Neurotransmitter im Auge hatte. Die Substanz P löst in enteralen Neuronen die gleiche exzitatorische Reaktion aus wie Serotonin und der natürliche Transmitter: Auch sie führt zum Schließen der Ionenkanäle. Leider zog Alan nicht die Möglichkeit in Betracht, dass mehrere Neurotransmitter die gleichen Reaktionen in Gang setzen können. Er hielt es für eine Frage des Entweder-oder. Wenn Serotonin der Neurotransmitter war, der für die langsame Exzitation sorgte, dann, so glaubte er, könne es nicht sein Kandidat sein, die Substanz P. Und auch vom Umgekehrten war er überzeugt: Wenn die Substanz P der Neurotransmitter war, konnte es nicht das Serotonin sein. Der Gedanke, dass zwei verschiedene Nervenzellen eine langsame exzitatorische Reaktion zeigen könnten, wobei die eine Serotonin und die andere die Substanz P ausschüttet, war für Alan nicht akzeptabel. Er liebte Ordnung. Wenn es eine einzige langsame exzitatorische Reaktion gab, konnte in seinen Augen auch nur ein Transmitter dafür verantwortlich sein. Soweit ich wusste, verfügte Alan über keine Belege, die gegen das Serotonin sprachen. Aber seine Beobachtungen, die mit der Substanz P vereinbar waren, deutete er so, als wären sie unvereinbar mit dem Serotonin. Wie sich später zeigte, bestand des Rätsels Lösung natürlich darin, dass sowohl die Substanz P als auch das Serotonin Neurotransmitter sind. Serotonin wirkt über große Entfernungen, die Substanz P dagegen im unmittelbaren Umfeld.

Ich war überzeugt, ich könne mit Alans Argumentation fertig werden, wenn meine eigenen Befunde seiner strengen Kritik standhielten. Als ich mich meinem Hotel in Cincinnati näherte, jagte mir der Gedanke an Alans drohende Augenbrauen dennoch einen Schauer über den Rücken.

Vorzeichen

Endlich war das Taxi bei meinem Hotel angelangt. Leider war mein Zimmer noch nicht fertig, und das würde noch mindestens vier Stunden dauern. Jetzt bemerkte ich wieder einmal, welche Wirkung das Gehirn im Kopf auf das zweite Gehirn ausüben kann. Ich hatte Sodbrennen, mein Magen reagierte, und mein Darm zog sich zusammen. Ein hilfsbereiter Portier schlug vor, ich solle mein Gepäck unterstellen und in den Zoo gehen. Dort gab es einen weißen sibirischen Tiger. Ich hatte Mitleid mit dem Tier, weil sein Äußeres eindeutig der herrschenden Tigermode widersprach. Weiß zu tragen, wenn man ein Tiger ist, erschien mir das Gleiche, wie wenn man Serotonin vorschlägt, wenn man über periphere Neurotransmitter spricht. Der Tiger und ich hatten also etwas, das uns verband. Beide standen wir, jeder auf seine Art, unseren Kollegen allein gegenüber.

Ich sah den Tiger gerade voller Sympathie an, als ich hinter mir eine laute kultivierte Stimme hörte: »Sind Sie noch wach?« Ich wandte mich um, aber ich wusste schon, wer es war, bevor ich ihn sah: Mike Bennett, ein angesehener Neurowissenschaftler vom Albert Einstein College of Medicine im New Yorker Stadtteil Bronx. Drei Jahre zuvor war ich eingeschlafen, während er bei einem Vortrag, den er in meiner Abteilung an der Columbia University hielt, Dias an die Wand projizierte. Mike ist sehr nett, und er hatte mir mein Nickerchen verziehen, aber er sorgte auch dafür, dass ich den Vorfall nie vergaß. Die Frage nach meinem Wachzustand war zu seinem üblichen Gruß für mich geworden. Mike war ebenfalls wegen der Tagung in Cincinnati und hatte sich beim Joggen bis in den Zoo verlaufen. Hier hatte er bemerkt, wie ich den Tiger betrachtete, und beschloss, mich anzusprechen. Er wollte mir nur mitteilen, dass er meinen Workshop auf dem Programm gesehen hätte und sich darauf freute. Wie gewöhnlich war er sehr freundlich, aber das führte nur dazu, dass ich mich noch elender fühlte. Wenn jemand, dessen Interessengebiet so weit vom Darm entfernt war wie das von Mike Bennett, meine Veranstaltung besuchen würde, dann würden auch viele andere dort sein. Der Workshop würde ein großes Publikum haben. Wenn ich also versagte, würde es ein öffentliches Versagen sein.

Wieder spürte ich die Botschaften vom oberen und unteren Ende meines Gedärms. Ich war vielleicht bereit, alles für das zweite Gehirn zu geben, aber mein eigenes enterales Nervensystem gab durchaus nicht alles für mich. Stattdessen schien es mir so übel mitzuspielen, wie es nur konnte.

4

Der Workshop

Das Konferenzzentrum, in dem die Tagung stattfand, war wie die meisten derartigen Gebäude groß und wenig reizvoll. Nur allzu deutlich war zu erkennen, wie viele Dollars man eingespart hatte, weil architektonisch überflüssige, aber ästhetisch ansprechende Details weggelassen wurden. Die protzige Glasfront gab von der Straße her den Blick auf eine Eingangshalle frei, die mit ihrer Gestaltung offenbar die deprimierende Unpersönlichkeit des Industriezeitalters deutlich machen sollte. Hinter der Lobby lagen die nüchternen Tagungsräume – ohne Fenster, fast ohne jeden Schmuck und mit viel nacktem Beton. Der Raum, den man für unseren Workshop vorgesehen hatte, war besonders groß, und die etwa zweihundert Klappstühle, die dort aufgestellt waren, füllten ihn nur zum Teil. Zwischen den Stühlen und den Türen, die sich auf der linken Seite des Publikums öffneten, hatte man viel Platz frei gelassen. Dieser freie Raum sollte dafür sorgen, dass Zuspätkommende sich unbehaglich fühlten, denn sie bot keinen Blickschutz, und jeder, der quer durch den Raum zu den Stühlen ging, rückte unwillkürlich in den Mittelpunkt der Aufmerksamkeit. Alle, die den Anfang verpasst hatten, schienen ein wenig kleiner zu werden, wenn sie möglichst wenig aufzufallen versuchten, während ihre schüchternen Schritte laut auf dem harten Fußboden widerhallten.

Vor den Stühlen befand sich ein großes hölzernes Podest mit einem Rednerpult und einem Klapptisch, über den ein Tuch gebreitet war. Hinter dem Tisch standen die Stühle für die Diskussionsteilnehmer. Die Kabel des Lautsprechersystems hingen von den Mikrofonen auf dem Rednerpult und dem Tisch wie die Fangarme eines unterernährten Tintenfisches. Es war ein ungemütlicher Raum, aber als immer mehr Stühle besetzt wurden, kam allmählich die summende Atmosphäre einer Arena auf. Das Publikum erschien mir unweigerlich lebhaft. Ich malte mir aus, wie alle auf diese Nacht der langen Messer warteten.

Wie ich in das Tagungszentrum kam, weiß ich nicht mehr. Wenn ich mir heute das Ereignis ins Gedächtnis rufe, fallen mir nur der Tagungsraum, die Atmosphäre wie vor einem Gladiatorenspiel und mein trockener Mund ein. Es ist, als hätte das Ganze eigentlich keinen Anfang, als wäre es mitten in Cincinnati aus einer himmlischen Leere heraus erschaffen worden. Das Gedächtnis schlägt merkwürdige Kapriolen, wenn es unter Druck steht. Wenn ich heute versuche, mir den Workshop noch einmal vor Augen zu führen, sehe ich mich nervös auf dem Podium sitzen und auf meine Diskussionspartner warten, damit wir endlich anfangen können. Eine auffällige Gestalt in meinem geistigen Bild ist Hirsch Gershenfeld, ein angesehener Physiologe, mit dem ich Jahre zuvor als Postdoc in England zusammengetroffen war und Freundschaft geschlossen hatte. Hirsch saß in der ersten Reihe und sah aus wie ein Orakelprediger. Da die Veranstaltung noch nicht begonnen hatte, bedeutete er mir mit einer Handbewegung, ich solle doch herunterkommen und ein wenig mit ihm plaudern.

Dass Hirsch zu unserer Sitzung gekommen war, überraschte mich, und das sagte ich ihm auch. Sein Arbeitsgebiet war das Nervensystem der widerwärtigen Meeresschnecke *Aplysia*. Ihre fehlende Schönheit machen diese Tiere dadurch wett, dass sie den Wissenschaftlern einfachen Zugang zu ihrem Nervensystem gewähren. Die Nervenzellen von *Aplysia* sind groß, einfach zu erkennen und in den einzelnen Tieren immer gleich angeordnet, sodass man sie sogar einzeln benannt hat. In meinen Augen waren das enterale Nervensystem und die Ganglien der Meeresschnecke so weit von einander entfernt, dass ich in unserem Workshop nicht mit *Aplysia*-Fachleuten gerechnet hatte. Auf eine entsprechende Andeutung von mir erwiderte Hirsch, er sei sich gar nicht sicher, ob die beiden Nervensysteme so wenig miteinander zu tun hätten, wie ich glaubte. Immerhin war der Darm doch etwas recht Urtümliches. Er hatte den Verdacht, das enterale Nervensystem könne ein Überbleibsel unserer wirbellosen Vorfahren sein, das in der Evolution nicht verschwunden, sondern bei uns erhalten geblieben sei. Das Nervensystem des Darms, so seine Vermutung, könne bei den Wirbeltieren das Spiegelbild des relativ einfachen Nervensystems der Wirbellosen sein. Und überhaupt, daran erinnerte er mich, sei er ein »Serotoninophiler«. Hirsch hatte vermutlich als allererster nachgewiesen, dass es auf den Nervenzellen entgegen der bis dahin herrschenden Meinung nicht nur einen Rezeptor für Serotonin gab, sondern viele. »Und außerdem«, sagte Hirsch mit einem Glucksen, »liebe ich einen guten Streit.« Daraufhin verabschiedete ich mich mit einem gequälten Grinsen und kehrte auf das Diskussionspodium zurück. Hirschs Gegenwart war mir willkommen, aber seine Vorliebe für einen Streit war es nicht.

Während ich darauf wartete, dass es losging, musste ich noch an Hirschs Bemerkung denken. Er hatte kluge Ideen, und wenn ich nicht die lange Geschichte der Erforschung des enteralen Nervensystems gekannt hätte, wären sie mir reizvoll erschienen. Aber mir war diese Geschichte vertraut, und deshalb wusste ich, dass Hirsch nicht Recht haben konnte. Das enterale Nervensystem war kein einfacher Überrest unserer Vergangenheit als Wirbellose. Wenn überhaupt, dann war es ein abwärts gewandertes Wirbeltiergehirn. Das enterale Nervensystem hat mit dem Gehirn im Kopf viel mehr gemeinsam als mit einem Ganglion von *Aplysia*.

Meine Unterhaltung mit Hirsch hatte wieder einmal gezeigt, wie fremd das enterale Nervensystem selbst den angesehensten Neurowissenschaftlern ist. Es war jetzt schon das zweite Mal, dass meine Äußerungen zu diesem Thema auf einer Tagung der Gesellschaft für Neurowissenschaft mit den Wirbellosen in Verbindung gebracht wurde, wenn auch diesmal nicht ganz so gedankenlos. Deshalb entschloss ich mich, meine einleitenden Bemerkungen wegzulassen und stattdessen über die Entdeckung des enteralen Nervensystems zu berichten. Aber einen vorbereiteten Vortrag umzustoßen, wenn er in zwei Minuten beginnen soll, ist nicht unproblematisch. Glücklicherweise hatte ich zuvor bereits ein Kapitel für ein Buch geschrieben, das zu Ehren meiner Vorgesetzten in der Postdoc-Zeit, Edith

Bülbring, erschienen war; darin hatte ich die Geschichte der Erforschung von Neurotransmittern, autonomem und enteralem Nervensystem skizziert. Auf diesen Text konnte ich jetzt zurückgreifen und schnell einen Vortrag zusammenstellen.

Der Workshop begann. Da ich ihn organisiert hatte, musste ich die Vortragenden einzeln vorstellen. Ich hatte einen gewissen Zeitraum für eine »Einführung in das enterale Nervensystem« frei gehalten. Es war die Einführung, zu deren Änderung ich mich gerade entschlossen hatte, und jetzt war es an der Zeit, damit zu beginnen. Mein Darm wand sich. Darin lag angesichts des Themas eine gewisse Ironie, aber meiner Moral tat die Einmischung meiner Verdauungsorgane alles andere als gut. Meine Handflächen waren feucht, und das Herz schlug mir bis zum Hals. Ich glaube, ich habe mich in meinem ganzen Leben noch nie so elend gefühlt. Aber als ich zu sprechen begann, sah ich die Seiten meines Kapitels aus dem Buch für Edith Bülbring geradezu vor mir. In seltenen Fällen, wenn ich unter großem Druck stehe, fallen mir Bilder von bedruckten Seiten ein. Ich sehe sie vor mir und kann sie Wort für Wort lesen. Von nun an war es einfach. Ich las den Text vor – allerdings nicht wörtlich, sondern im Gesprächston, damit er nicht gestelzt klang. Mein Vortrag war jetzt viel besser aufgebaut als sonst und sprachlich sehr ökonomisch. So geht es, wenn man einen Text schriftlich niedergelegt hat, selbst wenn die Schrift nur vor dem geistigen Auge steht.

Als ich vom »Gesetz des Darms«, dem »lokalen Nervenmechanismus«, dem peristaltischen Reflex in einem isolierten Darmabschnitt und Langleys Definition sprach, spürte ich genau, dass das Publikum auf meiner Seite stand. Ich hatte gehofft, die Zuhörer mit den »alten Neuigkeiten« zu schockieren, und das gelang mir offensichtlich auch. Sie waren anscheinend bereit, zur Kenntnis zu nehmen, dass das enterale Nervensystem ganz und gar nicht so war, wie sie geglaubt hatten, und ich vermutete, sie würden sich auch mit dem Serotonin abfinden, wenn ich überzeugende Argumente vortragen konnte. Als ich anschließend die Diskussionsteilnehmer vorstellte, merkte ich, wie mein Darm sich beruhigte. Vielleicht war es ja doch möglich, diesen Tag zu überstehen.

Jacks Vortrag

Den ersten Vortrag sollte Jack Wood halten. Er sprach auf seine übliche selbstsichere Art klar, einfach und unverblümt. Auf mich wirkte er wie ein Cowboy, der aus dem Wilden Westen angeritten kommt und ein enterales Rodeo ankündigt. Die verschiedenartigen enteralen Nervenzellen hätten Bullen mit exotischen Namen und aufregenden Eigenschaften sein können. Ein wenig hatte ich die Befürchtung, das Publikum könne ihn arrogant finden. Einfachheit ist etwas Großartiges, aber man kann es auch übertreiben. Zu diesen Leuten durfte man nicht herablassend sein und dann darauf hoffen, dass man mit seiner Glaubwürdigkeit davonkam. Aber die Neurowissenschaftler im Saal fanden offenbar Gefallen an dem, was Jack zu sagen hatte, und – noch wichtiger – auch an der Art, wie er es sagte. Ich bemerkte zustimmendes Nicken und Lächeln. Die Daten waren stichhaltig, und Jacks Argumentation überzeugte. Außerdem stellte er sie leicht verständlich dar, und auch das wusste man im Publikum zu schätzen. Unsere Zuhörer besaßen zwar ganz offensichtlich umfassende Kenntnisse über das Nervensystem als Ganzes, aber das enterale Nervensystem war ihnen so fremd, wie ich es erwartet hatte. Deshalb waren ihnen die Namen und Eigenschaften der Zellen nicht vertraut. Jack gab eine hilfreiche Einführung. Da Wissenschaftler die Einleitung ihrer Vorträge in den allermeisten Fällen nicht einfach und liebenswürdig, sondern kompliziert und brutal gestalten, wurde Jacks Darstellung als denkwürdig aufgenommen. Als er geendet hatte, konnte sich das Publikum nicht nur ohne Schwierigkeiten die Namen der Zellen merken, sondern auch die Terminologie benutzen. Das zeigte sich an den Fragen, die man in der Diskussion an Jack richtete. Leute, die nie zuvor geglaubt hatten, es könne außerhalb des Schädels etwas Interessantes geben, gingen mit Begriffen wie »AH-Neuronen des Typs II« (der Name einer Art von Nervenzellen im Darm) so selbstverständlich um, als würden sie sich bei einem Klassentreffen mit ihren alten Schulfreunden unterhalten.

Als Erstes machte Jack die Neurowissenschaftler mit den geheimnisvollen Einzelheiten vertraut, die sie kennen mussten, um die Funktionsweise des enteralen Nervensystems zu verstehen. Dazu präsentierte er ein »Who is Who« des Darms – er beschrieb und benannte die einzelnen Nervenzellen. Dann aber ging er schnell von der passiven Beschreibung zu den Objekten seiner eigenen Experimente über, den Nervenzellen und ihrer Tätigkeit. Er erklärte dem Publikum, wie er den Darm seziert hatte, sodass man Nervenzellen und Ganglien im lebenden Gewebe tatsächlich sehen konnte. Dann erläuterte er seine schlauen Versuche mit winzigen »Druckfüßen« aus gebogenem Platindraht, die einen Muskel fest hielten, sodass man die Nervenzellen mit spitzen gläsernen Mikropipetten anstechen konnte. Mit diesem Kunstgriff war Jack das gelungen, was viele andere vor ihm vergeblich versucht hatten. Die Mikroelektroden zeichneten an den behandelten Nervenzellen die elektrischen Vorgänge während der Signalübertragung auf. Stimulierte Jack ein Nervenfaserbündel, das zu dem Ganglion mit der angestochenen Nervenzelle führte, registrierte die Mikroelektrode in der Regel eine Erregung dieser Zelle. Anfangszeitpunkt und Dauer dieser exzitatorischen Reaktion schwankten jedoch stark. Da es sich bei den derart aufgezeichneten Vorgängen um tatsächliche Veränderungen des elektrischen Potenzials handelt, die von den Verbindungen (Synapse) zwischen den stimulierten Nerven und den angestochenen Nervenzellen in Gang gesetzt werden, bezeichnet man solche Reaktionen als *exzitatorische postsynaptische Potenziale* oder kurz EPSPs. Manche derartigen Reaktionen – Jack spricht von »schnellen EPSPs« – setzen praktisch unmittelbar nach der Stimulation der Nervenfasern ein, sind aber äußerst kurzlebig. Exzitatorische Reaktionen eines anderen Typs, die Jack als »langsame EPSPs« bezeichnet, beginnen erst, nachdem die schnelle EPSP vorüber ist. Dafür dauert die langsame EPSP aber über eine Minute, und das ist für eine Nervenzelle fast eine Ewigkeit. Die exzitatorischen Nerven der enteralen Ganglien sind also, was die Weitergabe der Information an ihre postsynaptischen Ziele angeht, erstaunlich zurückhaltend. Sie kommunizieren wie Politiker, die mit der Presse sprechen. Und die postsynaptischen Nervenzellen haben durchaus Ähnlichkeit mit Reportern: Wie diese nehmen sie auf, was man ihnen sagt, und verbreiten es. Die ersten Worte, die exzitatorische Nervenzellen aussprechen – die schnellen EPSPs –, gleichen dem offiziellen Kommuniqué, das Politiker herauszugeben pflegen: Die weiteren Teile der Nachricht – die langsamen EPSPs – werden von Politikern in Form von Indiskretionen vermittelt. Die Informationen werden nach und nach offen gelegt, kommen über quälend lange Zeit hinweg ans Licht, und machen ihre Empfänger, die Presse, reizbar. Die langsamen EPSPs teilen ihren Zielen zwar wahrscheinlich nicht in so unmittelbaren, unmissverständlichen Begriffen wie die schnellen EPSPs mit, was sie tun sollen, aber sie sind dennoch eine sehr nützliche Kommunikationsweise.

Wie Jack berichtete, werden die schnellen EPSPs durch alle Antagonisten ausgeschaltet, die das Acetylcholin an den nikotinischen Rezeptoren unwirksam machen, auch durch Curare (und die synthetische Verbindung *Hexamethonium*). Außerdem sind die schnellen EPSPs identisch mit der Reaktion derselben Zellen auf Acetylcholin und Nikotin. Wie die anderen Teile des autonomen Nervensystems, so enthalten also auch die enteralen Ganglien die allgegenwärtigen nikotinischen Rezeptoren.

Die langsamen EPSPs bleiben dagegen, anders als die schnellen, unverändert erhalten, auch wenn man Curare oder einen anderen nikotinischen Antagonisten anwendet. Genau die gleichen langsamen Reaktionen werden nicht durch die Wirkung des Acetylcholins auf nikotinische Rezeptoren hervorgerufen, sondern durch Serotonin. Jack hatte die Reaktion auf das Serotonin in allen Einzelheiten untersucht und hob hervor, wie genau sie einer langsamen EPSP gleicht. Auf Grund seiner Beobachtungen war er zu der Schlussfolgerung gelangt, dass die schnelle Übertragung zwischen enteralen Nervenzellen die Aufgabe des Acetylcholins und seiner nikotinischen Rezeptoren ist, während das Serotonin für die langsame Übertragung sorgt. Wie Alan North spielte auch Jack ein Nullsummenspiel. Nur war der Sieger in seinem Fall nicht die Substanz P, sondern das Serotonin. Ironischerweise sollte sich später herausstellen, dass beide Recht hatten. Der Fehler lag in der Annahme, es sei ein Nullsummenspiel. Alle diese Substanzen haben eine Funktion (und Noradrenalin, der Transmitter des sympathischen Systems, spielt bei diesen Vorgängen überhaupt keine Rolle). Um seine Argumentation endgültig festzuklopfen, brauchte Jack etwas, das er zu jener Zeit nicht besaß: einen guten Antagonisten, der die Wirkung des Serotonins auf die enteralen Nervenzellen störte. Ein solcher Stoff würde eine eindeutige Überprüfung der Serotonin-Hypothese ermöglichen. Wenn eine Substanz die langsame Reaktion auf Serotonin hemmte, würde man damit rechnen, dass sie die gleiche Wirkung auch bei den EPSPs hat. Stimmte das, wäre die Hypothese bestätigt, hätte sie den Effekt nicht, müsste man die Hypothese verwerfen. Leider funktionierte aber an dieser Stelle keiner der klassischen Serotonin-Antagonisten, die den Stoff an anderen Orten unwirksam machten. Später fanden wir die Antagonisten, die Jack brauchte, sodass wir seine Idee tatsächlich bestätigen konnten, aber das ist eine andere Geschichte. Damals, auf dem Workshop, schloss Jack mit der Folgerung, die Serotonin-Rezeptoren der enteralen Nervenzellen müssten sich von allen anderen, die man bereits kannte, unterscheiden. Obwohl es keinen geeigneten Antagonisten gab, hielt Jack seine Befunde für stichhaltig: Nahm man sie mit dem zusammen, was ich zuvor bereits veröffentlicht hatte, war nach seiner Ansicht überzeugend nachzuweisen, dass Serotonin eine Neurotransmitter ist, der die langsamen EPSPs in Gang setzen kann.

Jacks Vortrag wurde freundlich aufgenommen. Alle Fragen in der anschließenden Diskussion zeigten interessierte Aufgeschlossenheit. Insbesondere Hirsch Gershenfeld fügte ergänzend hinzu, die Reaktionen der enteralen Nervenzellen auf Serotonin seien denen der Zellen von *Aplysia* analog, insbesondere was die offenbar einzigartige Natur der Serotoninrezeptoren anging. Hirsch wies darauf hin, er habe auch bei *Aplysia* mehrere Formen von Serotoninrezeptoren gefunden, und manche davon ließen sich ebenfalls nicht mit den klassischen Serotonin-Antagonisten hemmen. Die zu jener Zeit verfügbaren Wirkstoffe eigneten sich offensichtlich nicht dazu, das System zu untersuchen. Die Serotonin-Forschung, so seine Vermutung, werde weitaus komplizierter werden, als wir alle annahmen. Es war eine sehr weitsichtige Äußerung.

Die Idee, es könne mehrere Typen von Serotonin-Rezeptoren geben, ist noch nicht alt, und zu jener Zeit wusste man sie nicht zu schätzen. (Heute dagegen beschäftigt sie mich sehr häufig.) Das Arsenal der so genannten »Serotonin-Antagonisten« war damals sehr klein und beschränkte sich hauptsächlich auf Verbindungen, die bei Ratten die Kontraktion der Gebärmutter verhinderten – das war, obwohl recht exotisch, seinerzeit der beliebteste Bioassay für den Wirkstoff. Die Möglichkeit, dass enterale Nervenzellen andere Serotonin-Rezeptoren besitzen als die Gebärmutter der Ratte, war noch nicht bis in die meisten Gehirne vorgedrungen. Aber der erste Schritt bei jeder Entdeckung besteht natürlich darin, dass man sie für möglich hält.

Ich bin an der Reihe

Auf Jacks Vortrag folgte meiner. Ich hatte den Workshop so geplant, dass Jack und ich uns zunächst für das Serotonin als Neurotransmitter im Darm aussprechen konnten; anschließend sollten Marcello und Alan die Gelegenheit haben, diese Behauptung zu widerlegen. In der hektischen Zeit der Tagungsvorbereitung hatte ich mir vorgestellt, wir müssten nur unsere Beweise auf den Tisch legen, dann könne niemand mehr daran zweifeln. Ich war überzeugt, man könne unsere Aussagen nur schwer oder gar nicht angreifen, wenn wir als Erste an der Reihe wären. Jack hatte eine großartige Einführung hingelegt. Ich hatte ein aufgeschlossenes Publikum, das nach meinem Eindruck bereit war, seine Zweifel aufzugeben.

Ich krächzte ein heiseres »Danke«, während Jack mir das tragbare Mikrofon reichte und mir half, es an meinem Revers zu befestigen. Mein Lampenfieber hatte mir mittlerweile nicht nur zu einem widerspenstigen Darm, sondern auch zu einem trockenen Mund verholfen. Zu meinem Glück ist Jack sehr einfühlsam. Die vielen Jahre des wissenschaftlichen Beobachtens haben sich auch auf sein Alltagsleben positiv ausgewirkt. Er bemerkte meine Heiserkeit, und während ich zu sprechen begann, schlenderte er leise zur Rückseite des Raums, füllte eine Glas mit Wasser und brachte es mir. Was ich sagte, bevor er mit dem Wasser kam, weiß ich nicht mehr, aber ich kann mich noch gut erinnern, mit welcher Begeisterung ich den ersten Schluck nahm. Jetzt konnte ich reden, aber der Anfall von Panik war noch nicht vorüber, und ich vergaß schlicht und einfach, was ich eigentlich sagen wollte. Ich war im wahrsten Sinne des Wortes sprachlos. Da ich nicht wusste, was ich sonst tun sollte, bat ich um ein erstes Dia. Das waren buchstäblich die einzigen Worte, die ich herausbrachte. Aber glücklicherweise reichte das. Ich war vielleicht nicht mehr in der Lage zu denken, aber zumindest konnte ich noch lesen. Das Licht ging aus, und auf der Projektionsfläche erschien das Dia. Auch wenn es noch so töricht wirkte: Wort für Wort las ich laut vor, was auf die weiße Fläche projiziert wurde. Das Publikum glaubte vielleicht, ich wolle damit einen dramatischen Effekt erreichen. Aber ganz gleich, was sie dachten: Die Worte reichten aus. Während ich die Beschriftung vorlas, ebbte die Panik allmählich ab, und mein Kopf wurde wieder klar. Die Fähigkeit, vernünftig zu denken, kehrte zurück.

Marcello hustete. Er saß auf dem Podium und beobachtete mich von hinten, sodass ich ihn im Blick hatte, während ich mein Dia vorlas. Er grinste. Ich konnte es kaum glauben: Jack Wood hatte gerade unausgesprochen deutlich gemacht, dass alles, was Marcello seit zehn Jahren vertrat, falsch war, und ich würde das Gleiche noch einmal tun. Worüber lächelte er? Ich blickte hinüber zu Alan North. Er hatte den passenden gereizten Gesichtsausdruck, aber Marcello fand ganz offensichtlich Gefallen an der Sache. Irgendetwas lag in der Luft, und als er mir auch noch eindeutig zuzwinkerte, wäre ich fast wieder in Panik geraten. Rückblickend ist mir heute klar, dass Marcello, ein sehr freundlicher Mensch, meine unbehaglichen Gefühle erkannt hatte und mir signalisieren wollte, ich solle ein wenig lockerer sein. Aber damals missverstand ich das Zwinkern völlig. Statt darin eine freundliche Geste zu sehen, deutete ich es als Zeichen der Schadenfreude. Ich ärgerte mich darüber, und das half. Von diesem Augenblick an sprach ich eigentlich nicht mehr, sondern ich brüllte. Ich war zum Leben erwacht. Am liebsten hätte ich jede Aussage mit den Worten: »Merkt euch das, verdammt noch mal!« abgeschlossen.

Für meinen Vortrag, den die durch das Wasser gelockerte Zunge nun artikulieren konnte, hatte ich einen festen Plan: Ich wollte zuerst die Kriterien für den Nachweis eines Neurotransmitters anführen und dann zeigen, wie das Serotonin im enteralen Nervensystem jedes einzelne davon erfüllt. Es war, als wollte ich einen Initiationsritus beschreiben: Ein junger Mann namens Serotonin musste eine Reihe von Hindernissen überwinden, bevor er in der Welt der Erwachsenen als ausgereifter Neurotransmitter anerkannt wird. Mein erstes Dia war eine Liste der Kriterien, der Prüfungen, die das Serotonin über sich ergehen lassen musste. Die nächsten Bilder zeugten davon, wie es diese Prüfungen bestand, wie jede einzelne in einem Experiment erfolgreich abgeschlossen wurde. Serotonin war in den enteralen Nerven vorhanden, es wurde ausgeschüttet, wenn man diese Nerven reizte, und wenn man die Wirkung des Serotonins blockierte, wirkte man den Effekten der Nervenreizung entgegen. Außerdem wurde das Serotonin in der Darmwand synthetisiert, und enterale Nerven besaßen ein Mittel, um es wieder zu inaktivieren, nachdem es die Rezeptoren angeregt hatte. Ich hätte gesagt: *QED.*

Das hatte meine Tante Ruth, eine Mathematiklehrerin, mir beigebracht: Wenn ich im Geometrieunterricht an der Highschool die Richtigkeit eines Lehrsatzes bewiesen hatte, schrieb ich *QED (quod erat demonstrandum)*. Seit jener Zeit fallen mir diese drei Buchstaben immer ein, wenn ich glaube, ein stichhaltiges Argument vorgebracht zu haben. Aber meine Argumentation zu Gunsten des Serotonins glich nicht genau dem euklidischen Beweis eines geometrischen Lehrsatzes. So präzise ist die Biologie nie. Es gibt immer Schwachpunkte, und in diesem Fall wusste ich auch, wo sie lagen. Einen der auffälligsten, davon war ich überzeugt, würde Marcello schlachten: Er betraf den scheinbar einfachen Nachweis, dass enterale Nervenzellen tatsächlich Serotonin enthalten. Zwar gab es hieb- und stichfeste biochemische Beweise, dass Serotonin in der Schicht der Darmwand vorkommt, die auch das enterale Nervensystem enthält, aber die mikroskopischen Belege, wonach das Serotonin sich tatsächlich in den Nervenzellen befindet, waren weniger eindeutig.

Meine Autoradiogramme, mit denen ich das radioaktive Serotonin in den enteralen Nervenzellen sichtbar gemacht hatte, waren
von Marcello und John Furness schon früher nicht als überzeugend anerkannt worden. Um mit der Autoradiographie die Stellen
zu finden, an denen das Sedatonin produziert und gespeichert
wird, musste ich (wie bereits beschrieben) eine radioaktive Nachweissubstanz einsetzen, die im Organismus zu radioaktivem Serotonin umgesetzt wird. Dieser Nachweissubstanz trauten Marcello
und John nicht. Nach ihrer Ansicht konnte man nicht wissen, in
welche Zellen die radioaktive Verbindung ihren Weg nehmen
würde. Auch die Tatsache, dass meine radioaktive Substanz, das 5-
HTP, der unmittelbare Vorläufer des Serotonins war, ließ sie unbe-
eindruckt. Marcello und John neigten eher zu der Vermutung, ich
hätte unabsichtlich sympathische Nerven mit radioaktivem Serotonin gefüllt. Mit ihrer Skepsis gegenüber der Idee, Serotonin sei
im peripheren Nervensystem ein Neurotransmitter, würden beide
sicher auf diesem Punkt herumhacken.

Ich konnte mehrere wichtige Tatsachen anführen, die für meine
Ansicht sprachen, aber Marcello und John zogen es vor, das zu
übersehen. Erstens werden keine anderen sympathischen Nerven
nach der Injektion des markierten 5-HTP radioaktiv. Zweitens
sind die Nerven im Darm auch dann noch radioaktiv markiert,
wenn man die sympathischen Nerven mit einem gezielt wirkenden Giftstoff abtötet. (Dieses künstlich hergestellte »selektive Neu-
rotoxin« heißt 6-*Hydroxidopamin*; sympathische Nerven nehmen
es auf und begehen damit gewissermaßen Selbstmord.) Drittens
werden die enteralen Nerven während der Embryonalentwicklung eines Tieres schon dann von radioaktivem Serotonin markiert, wenn noch keine sympathischen Nerven in den Darm eingewachsen sind. Viertens wird auch das radioaktive Serotonin selbst
von den Darmnerven begierig und spezifisch aufgenommen, nicht
aber von den sympathischen Nerven in allen anderen Organen.
Fünftens wird die Aufnahme von Serotonin in die enteralen Nerven *nicht* von Wirkstoffen blockiert, die in den sympathischen
Nerven die Aufnahme von Noradrenalin hemmen (das heißt, das
Serotonin wird nicht von den Transportsystemen des Noradrena-

lins huckepack mit in die Nerven befördert). Und schließlich wird die Aufnahme des radioaktiven Serotonins in die enteralen Nerven von genau den gleichen Wirkstoffen blockiert (nämlich von Fluctin und seinen Verwandten – später mehr darüber), die bekanntermaßen auch die Serotoninaufnahme durch ganz bestimmte Nervenenden im Gehirn verhindern.

Das Einzige, womit Marcello und John sich zufrieden geben würden, war der direkte Nachweis, dass enterale Nerven ihr eigenes, selbst produziertes Serotonin enthalten, ohne dass ich oder irgendein anderer Wissenschaftler von außen eingreift. Vor 1980 gab es nur eine Methode, um derartiges endogenes Serotonin in mikroskopischen Gewebedünnschnitten nachzuweisen: Man musste die Präparate gefriertrocknen und mit Formaldehyddampf behandeln. Serotonin reagiert mit dem Formaldehyd, und es entsteht ein fluoreszierendes Produkt, das man mikroskopisch nachweisen kann. Die Methode funktioniert, allerdings nicht sonderlich gut. Man muss die Serotoninspeicher im Gewebe vergrößern, damit sie so hell aufleuchten, dass man sie sehen kann, und auch dann lässt die Fluoreszenz während des Betrachtens schnell nach. Dennoch war ein gelbes Leuchten zu beobachten, wenn man den Darm gefriertrocknete und mit Formaldehyd behandelte, und das ausgesandte Licht war auch (in der Wellenlänge, welche die Fluoreszenz anregte, und in der Wellenlänge des ausgesandten Lichtes) für Serotonin charakteristisch. Aber die Fluoreszenz trat nur vorübergehend auf und war verschwommen. Ich war überzeugt, dass die enteralen Nerven endogenes Serotonin enthielten, aber meine Kollegen aus Australien hatten in gedruckter Form kundgetan, dass sie anderer Meinung waren.

Ein zweiter Schwachpunkt war unser Wissen über die Serotonin-Rezeptoren, das 1981 noch sehr unvollständig war. Wir hatten keine Ahnung, wie viele Typen solcher Rezeptoren es gibt, und wir verfügten auch nicht über geeignete Antagonisten. Diese Schwäche zeigte sich auch in Jack Woods Vortrag. Um die Wirkung des Serotonins zu blockieren, konnten wir nichts anderes tun, als die Nervenzellen einer hohen Serotoninkonzentration auszusetzen. Dann werden die zugehörigen Rezeptoren desensibilisiert, die für andere Neurotransmitter bleiben jedoch unversehrt. Nach einer solchen Desensibilisierung – das hatten sowohl Jack als auch ich gezeigt – reagierten die enteralen Nervenzellen weder auf zugesetztes Serotonin noch auf die Nervenstimulation. Genau diesen Effekt erwartet man, wenn Serotonin tatsächlich der Neurotransmitter ist. Darüber hinaus hindert die Desensibilisierung der Serotonin-Rezeptoren die enteralen Nervenzellen nicht daran, auf Nikotin zu reagieren – die Behandlung wirkt also ganz spezifisch.

John Furness und Marcello hatten die Wirkung einer Desensibilisierung der Serotonin-Rezeptoren in früherer Zeit als unwichtig abgetan. Ihr Argument: Die dabei verwendete hohe Serotonin-Konzentration hätte auch die Ausschüttung von Neurotransmittern verhindern können. Sie wiesen zu Recht darauf hin, dass die Nervenübertragung blockiert wird, wenn die stimulierten Nerven ihre Neurotransmitter nicht ausschütten können. Auf diese Weise wirkt beispielsweise das Botulinustoxin. Der Zusammenhang zwischen der Desensibilisierung der Serotonin-Rezeptoren und dem Ausbleiben der enteralen Nervenübertragung war nach ihrer Argumentation vielleicht nur das zufällige Zusammentreffen zweier unterschiedlicher Wirkungen. Möglicherweise kam es wegen der hohen Serotonin-Konzentration sowohl zur Desensibilisierung der Rezeptoren als auch zur Hemmung der Neurotransmitter-Ausschüttung.

Vor der Tagung war man sich allgemein einig, dass die Desensibilisierung der Serotonin-Rezeptoren die langsamen EPSPs hemmt. John und Marcello sahen darin aber keinen Beweis, dass Serotonin der fehlende Transmitter ist. Um sie zufrieden zu stellen, hätten wir beweisen müssen, dass der natürliche Transmitter tatsächlich ausgeschüttet wird, wenn wir die zum Darm führenden Nerven stimulierten. Mir erschien das so, als würde man wieder einmal nach Zebras suchen, wenn man Hufgetrappel hört; aber Kritik ist Kritik, und das hatte ich zu akzeptieren.

Am Ende meines Vortrages sprach ich die offenkundigen Schwachpunkte an und betonte, man müsse das Serotonin in der Darmwand noch genauer lokalisieren, und außerdem seien bessere Antagonisten erforderlich. Als ich erwähnte, zur Lokalisierung des Serotonins seien bessere Hilfsmittel notwendig, hörte ich Marcello deutlich kichern. Ich blickte zu ihm hinüber und sah, dass er jetzt über das ganze Gesicht grinste. Daran gab es keinen Zweifel. Uns stand eine Überraschung bevor, und ich war sicher, dass es keine angenehme sein würde. Ich fragte mich, ob ich selbst unabsichtlich meinen Untergang heraufbeschworen hatte. Dennoch fasste ich meine Argumentation schnell noch einmal zusammen und dann eröffnete ich die Diskussion. Wie sich an den Fragen zeigte, zweifelten viele im Publikum jetzt nicht mehr daran, dass Serotonin ein enteraler Neurotransmitter ist. Die meisten Diskussionsbeiträge enthielten nur sanfte Kritik, die ich leicht parieren konnte. Mehrere Kollegen erkundigten sich nach weiteren Einzelheiten im Zusammenhang mit den Reflexen, von denen die Nerven mit Serotonin als Neurotransmitter zur Tätigkeit angeregt werden. Zum Zeitpunkt des Workshops konnte ich auf solche Fragen eigentlich nur mit Spekulationen antworten, aber ich wies auch auf die Experimente hin, die ich 1965 und 1966 in Oxford durchgeführt hatte. Sie hatten eindeutig die Vermutung nahe gelegt, dass das Serotonin für die Beweglichkeit des Darmes von großer Bedeutung ist.

Nachdem ich in der Diskussion einen Überblick über meine Forschungsarbeiten in Oxford gegeben und über ihre medizinische Bedeutung spekuliert hatte, stellte ich Marcello vor, der den nächsten Vortrag halten sollte. Was ich in meiner Einleitung über ihn sagte, weiß ich nicht mehr genau, aber es muss etwas Nettes gewesen sein, denn als Marcello zum Rednerpult ging, sah er erfreut aus.

Überraschung!

Nachdem Marcello mir gedankt hatte, begann er seinen Vortrag auf eine Weise, die ich nie vergessen werde. Als Erstes erinnerte er das Publikum an unsere Meinungsverschiedenheiten. »Die ganzen Jahre über«, sagte er, »haben wir gedacht, Michael habe Unrecht, und Serotonin sei in Wirklichkeit kein Neurotransmitter. Heute möchte ich Ihnen sagen: Er hatte schon immer Recht, und ich werde Ihnen den endgültigen Beweis dafür liefern.«

Ich hatte mit einem offenen Streit gerechnet, und jetzt erlebte ich einen Gang nach Canossa. T. S. Eliot hat einmal gesagt, die Welt werde »nicht mit einem Knall enden, sondern mit Winseln«, und so war es auch hier. Marcello gab bereitwilligst nach! Ganz offen und ehrlich streckte er in aller Öffentlichkeit die Waffen. Ich glaube, es gibt nicht viele Menschen, deren Verhalten so viel Würde offenbart. Mir fiel wieder ein, wie ich hinter mir sein Glucksen gehört hatte, und jetzt verstand ich, was es wirklich bedeutete. Es war nicht das Lachen eines bösen Geistes, sondern die Belustigung eines Freundes, der mir eine freudige Überraschung bereiten wollte. Es war ein angenehmes Gefühl, aber gleichzeitig schämte ich mich auch ein wenig, weil ich zuvor so verärgert gewesen war.

Marcello hatte mit dem Verfahren der Immuncytochemie die größte Lücke in meiner Argumentation geschlossen und damit den wichtigsten Schwachpunkt ausgeräumt. Er hatte das Serotonin genau da nachgewiesen, wo es sich nach meiner Theorie befinden sollte: in den enteralen Nervenzellen. Es war nicht in den Enden der sympathischen Nerven angesiedelt, sondern genau in jenen Nervenzellen, die ein charakteristischer Bestandteil der Darmwand sind. Wenn man begreifen will, was Marcello und sein Kollege John Furness geleistet haben, muss man ein wenig mehr über die Funktionsweise des Immunsystems und über Mikroskopie wissen.

Marcello benutzte Antikörper wie die Zollfahndung ihre Hunde. Die Tiere riechen Drogen an den Stellen, wo die Schmuggler sie versteckt haben. Marcello spürte mit Hilfe der Antikörper interessante Moleküle an den Stellen auf, an denen die Natur sie versteckt hatte. Antikörper sind ein wirklich traumhaftes chemisches Hilfsmittel. Aber sie sind kein magisches Schwert, kein biologisches Excalibur, das übernatürliche Mächte zur Verfügung gestellt haben. Sie werden von Tieren im Rahmen der Immunantwort produziert.

Proteine und Zuckerverbindungen bestehen aus kompliziert gebauten Molekülen, die man wegen ihrer Größe allgemein auch als

Makromoleküle bezeichnet. Wenn Makromoleküle in ein Tier eindringen oder injiziert werden, lösen sie eine Immunantwort aus, eigentlich also eine Abwehrreaktion: Körperfremde Substanzen, die in den Organismus gelangen, werden vom Immunsystem als fremd erkannt. Das Immunsystem führt eine Art Inventarliste, sodass es leicht unterscheiden kann, ob ein bestimmtes Makromolekül »selbst« (das heißt zum Körper gehörig) oder »nichtselbst« (körperfremd) ist. Die Inventarliste ist aber nicht mit einem Wörterbuch oder Einkaufszettel zu vergleichen, sondern sie besteht aus einer unglaublich vielgestaltigen Population reaktionsfähiger Zellen.

Ein fremdes Makromolekül, das in den Organismus eines Tieres gelangt ist, wird dort von wenigen Zellen des Immunsystems gebunden. Diese Zellen bezeichnet man als *Lymphozyten.* Indem das Makromolekül sich an die Oberfläche eines Lymphozyten heftet, wählt es diese Zelle gewissermaßen aus. Die derart ausgesuchten Lymphozyten sind auf die Herstellung von Antikörpern spezialisiert, die an bestimmte Teile des fremden Makromoleküls ankoppeln können. Solche Bereiche auf einem Makromolekül bezeichnet man als *Determinanten:* Sie wählen die entsprechenden Lymphozyten aus. Jedes Tier kann während seines Lebens mit vielen Milliarden einzigartiger Determinanten in Kontakt kommen, die zu einer riesigen Zahl fremder Makromoleküle gehören. Um mit dieser Vielfalt fertig zu werden, müssen die Tiere in der Lage sein, Milliarden verschiedene, einzigartige Lymphozyten hervorzubringen, und diese Fähigkeit besitzen sie tatsächlich.

Eine Substanz, die eine Immunantwort auslöst, nennt man *Antigen.* Zu jedem Antigen, das in den Organismus eines Wirbeltieres gelangt, gehören entsprechende Lymphozyten. Schon bevor das Tier und die fremde Substanz überhaupt miteinander in Kontakt kommen, stehen diese Zellen bereit und warten darauf, mit den eingedrungenen Molekülen zu reagieren. Die fremden Moleküle gestalten oder beeinflussen die Zellen also nicht so, dass diese die Antikörper herstellen, sondern sie wählen nur diejenigen Zellen aus, die bereits über die erforderliche Fähigkeit verfügen. Die Lymphozytenpopulation erwirbt dieses gewaltige Repertoire während der Embryonalentwicklung durch einen (offensichtlich zufälligen) Prozess der genetischen Mischung und ist deshalb außerordentlich wandlungs- und anpassungsfähig.

Die umfangreichen Umordnungen führen dazu, dass die dabei entstehenden Lymphozyten auch Determinanten in körpereigenen Molekülen erkennen. Solche Zellen müssen zerstört werden, denn sonst stellen sie Antikörper her, die sich gegen den eigenen Organismus richten. Solche selbstzerstörerischen Reaktionen – heute sprechen wir von *Autoimmunität* – erkannte schon der große Mikrobiologe Paul Ehrlich, der sie als ›horror autotoxicus‹ bezeichnete. Bei der Autoimmunität verkehrt sich einer der wichtigsten Schutzreaktionen des Organismus ins Gegenteil: Die ansonsten gutartigen Lymphozyten werden zu bedrohlichen, selbstzerstörerischen Waffen, die den Körper von innen heraus angreifen.

Um keine Autoimmunität entstehen zu lassen, überwacht der Organismus sehr genau alle Lymphozyten, die er hervorbringt. Diese Prüfung ist von gnadenloser Strenge: Alle Zellen, die mit körpereigenen Molekülen reagieren können, werden vernichtet. Jugendliche Lymphozyten müssen also sehr hohen Ansprüchen genügen. So etwas wie permissive oder fortschrittliche Erziehung gibt es bei ihnen nicht. Keine Zelle erhält eine zweite Chance. Immer gilt die gleiche Regel: Entweder du bestehst die Prüfung, oder du wirst von einer gefräßigen Aufpasserzelle, einem *Makrophagen*, verzehrt. Haben die Lymphozyten aber die Prüfung überstanden, tragen sie die von ihnen produzierten Antikörper wie Ehrenabzeichen. Die Antikörper werden zu Oberflächenproteinen, das heißt zu Bestandteilen der Zellmembran, wobei ihr reaktionsfähiger Teil, der das Antigen erkennt, nach außen weist. Solche Zelloberflächen-Antikörper können als Rezeptoren dienen und ein fremdes Makromolekül binden, sobald sie mit ihm in Berührung kommen. Mit Hilfe dieses Bindungsvorganges wählt das Antigen unter den Milliarden Lymphozyten eines Organismus einen ganz bestimmten aus.

Sobald ein Lymphozyt von einem Antigen gewählt ist, vermehrt er sich und bringt zahlreiche Nachfolger hervor, die ihm genau gleichen. Es entsteht eine Population gleichartiger Zellen, die

Klone des ausgewählten Lymphozyten sind. Jeder einzelne Lymphozyt einer solchen Klon-Population verändert auch ihre Form und entwickelt sich zu einem anderen spezialisierten Zelltyp weiter, den *Plasmazellen*. Diese bauen die Antikörper nicht mehr nur in ihre Membran ein wie der Lymphozyt, aus dem sie hervorgegangen ist, sondern jede Plasmazelle scheidet auch über zweitausend Antikörpermoleküle pro Minute ins Blut aus. Fremde Proteine, beispielsweise solche auf der Oberfläche eines Bakteriums, das in ein immunes Tier eingedrungen ist, werden dann sofort mit Antikörpern bedeckt, die bereits zuvor produziert und bereitgehalten wurden. Mit Hilfe der Antikörper kann der Organismus sofort auf ein eindringendes Antigen reagieren. Es kommt nicht mehr zu der Verzögerung, die anfangs durch die Mobilisierung der Zellen entsteht. Der Mantel aus Antikörpern kennzeichnet die Bakterien so, dass sie von weißen Blutzellen und Makrophagen schnell zerstört werden. Auf ganz ähnliche Weise wird auch ein Giftstoff, der in ein immunisiertes Tier eindringt, von den Antikörpern schnell unschädlich gemacht: Sie erkennen es und verhindern, dass es Schaden anrichtet.

Plasmazellen leben nur ungefähr eine Woche. Andere Zellen aus der Klon-Population, die durch die Auswahl des Antigens entstanden ist, bleiben aber sehr viel länger und werden nach der anfänglichen Immunreaktion zu »Gedächtniszellen«. Wird der Organismus nun ein zweites Mal mit dem ursprünglichen Antigen konfrontiert, kann er mit Hilfe der Gedächtniszellen sehr viel schneller darauf reagieren. Das Immunsystem lernt also aus Begegnungen mit fremden Makromolekülen und erinnert sich an sie. Sollte es dann zu einem zweiten Zusammentreffen kommen, ist es besser vorbereitet. Im Gegensatz zu Generälen, die immer den letzten Krieg führen, lernen die Lymphozyten des Organismus aus ihren Kämpfen und passen sich an, um es beim nächsten Mal besser zu machen.

Wissenschaftler wie Marcello Costa wussten schon seit langem, dass man das Immunsystem in der Forschung als Hilfsmittel einsetzen kann. In chemischen Analysen ist seine Erkennungsgenauigkeit weitaus besser als alles, was man künstlich hergestellt hat.

Man kann Tiere – beispielsweise Kaninchen, Ziegen oder Pferde – als chemische Fabriken benutzen, die Antikörper in gewaltigen Mengen produzieren. Fast jedes beliebige Protein, von dem man eine kleine Menge in reiner Form besitzt, kann man einem Tier injizieren, und dieses erzeugt daraufhin bereitwillig die entsprechenden Antikörper. Diese kann man aus dem Blut des Tieres isolieren und mit ihnen als Reagenz das zugehörige Antigen praktisch überall nachweisen, wo es vorkommt. Neurotransmitter sind zwar keine Makromoleküle, aber man kann auch kleine Moleküle wie Serotonin und Noradrenalin chemisch an Proteine ankoppeln, um Antikörper herzustellen, die die kleinen Moleküle als Determinanten erkennen. Marcello Costa und John Furness stellten die Antikörper allerdings nicht selbst her, sondern nutzten eine wichtige, damals – 1981 – ganz neue Entwicklung: Antikörper, die Neurotransmitter und die zugehörigen Moleküle des enteralen Nervensystems erkennen, konnte man seit kurzem von Kollegen und spezialisierten Firmen in zunehmend größerer Zahl beziehen. Mit Hilfe solcher Antikörper lokalisierten Marcello und John die Neurotransmitter in einzelnen Zellen und sogar in den Strukturen innerhalb der Zellen.

Anfang der Achtzigerjahre hatte man bereits Antikörper gegen viele Neurotransmitter des enteralen Nervensystems hergestellt. Marcello Costa und John Furness versammelten eine große Mitarbeitergruppe um sich und jagten erbarmungslos nach Antikörpern. Standen solche Moleküle irgendwo auf der Welt zur Verfügung, konnte man sicher sein, dass eine Probe davon den Weg nach Australien finden würde. Dort angekommen, wurden sie mit dem Darm eines Meerschweinchens in Kontakt gebracht. Die kleinen Nager galten schon seit langem als die geeignetsten Versuchstiere, wenn man die Beweglichkeit des Darms untersuchen wollte. Anders als bei den meisten übrigen Tieren gibt es nämlich in ihrem Dünndarm einen Abschnitt, der nur eine sehr geringe spontane Tätigkeit zeigt, wenn man ihn aus dem Tier entnimmt und isoliert in eine warme, sauerstoffhaltige Nährlösung bringt. Deshalb kann man die Wirkung von Medikamenten, Neurotransmittern und anderen Substanzen am Meerschweinchendarm relativ einfach studieren.

Nervenzellen sind, wie wir bereits erfahren haben, auf Signalübertragung und Kommunikation spezialisiert. Mit einer chemischen Sprache verständigen sie sich sowohl untereinander als auch mit Muskeln, Blutgefäßen und Drüsen. Die Wörter dieser Sprache sind die Neurotransmitter. Das können kleine Moleküle wie Acetylcholin, Noradrenalin und Serotonin sein, aber auch größere, so genannte *Peptide*, die aus einer Kette kleinerer Molekülbausteine, *Aminosäuren* genannt, bestehen. Manche Aminosäuren, beispielsweise Glutaminsäure und Glycin, dienen aber nicht nur als Bestandteile der Peptidketten, sondern wirken auch selbst als Neurotransmitter. Und wie man in jüngster Zeit entdeckt hat, gehören zu den Neurotransmittern auch Gase, unter anderem Stickoxid und Kohlenmonoxid. Solche Moleküle erfordern natürlich eine besondere Behandlung; ich werde später darauf zu sprechen kommen.

Eine Nervenzelle, die einen Befehl in Form eines Neurotransmitters erhält und darauf reagiert, kann man auch als *nachgeschaltete* Zelle bezeichnen, weil sie auf eine Anweisung von höherer Stelle reagiert. Nachgeschaltete Zellen nehmen das chemische Signal mit Rezeptoren auf ihrer Oberfläche wahr. Verbindet sich ein Neurotransmitter mit einem solchen Rezeptor, wird in der Zelle ein Ablauf in Gang gesetzt, der die chemische Nachricht in eine Tätigkeit der Zelle umsetzt. Für diese Vorgänge im Zellinneren ist ein so genannter Signalübertragungsmechanismus verantwortlich. Der Übertragungsapparat verändert entweder den Zustand (offen oder geschlossen) wassergefüllter Kanäle in der Außenmembran der nachgeschalteten Zelle, oder er setzt eine komplizierte Abfolge chemischer Reaktionen in Gang, in deren Verlauf »sekundäre Botenstoffe« das Signal ins Innere der Zelle oder in andere Bereiche der Zelloberfläche weiterleiten.

Die chemische Sprache des Nervensystems ist sehr kompliziert: Verschiedenartige Nervenzellen sprechen mit unterschiedlichen Neurotransmittern oder Neurotransmitter-Kombinationen. Außerdem kann ein einziger Neurotransmitter viele verschiedene Rezeptoren aktivieren und damit höchst unterschiedliche Reaktionen auslösen. So gibt es allein über fünfzehn verschiedene Rezeptortypen, die auf Serotonin reagieren. Jeder davon ist ein einzigartiges Molekül, das mit seinem eigenen Signalübertragungsmechanismus gekoppelt ist. Deshalb reagieren zwei Nervenzellen unter Umständen höchst unterschiedlich auf Serotonin, je nachdem, welchen Typ von Serotonin-Rezeptoren sie besitzen. Selbst die Reaktion einer einzigen Nervenzelle auf Serotonin kann höchst kompliziert sein, wenn die Zelle mehrere Rezeptortypen produziert. Um solche Funktionen in einem bestimmten Bereich des Nervensystems aufzuklären, muss man natürlich sowohl die dort vorkommenden Neurotransmitter als auch ihre Rezeptoren identifizieren. Aber selbst dann kennt man möglicherweise immer noch nicht die vollständige Sprache mit Grammatik und Syntax, sondern man hat unter Umständen erst ein paar Worte gelernt.

Antikörper und chemische Codierung

Da das Nervensystem des Meerschweinchens bereits der allgemein übliche Standard war, wandten auch Marcello und John das neue Antikörperarsenal als Erstes auf das enterale Nervensystem dieser Tiere an. Dabei gingen sie ganz systematisch vor. In gewisser Hinsicht glichen ihre Methoden denen aller anderen. Anders konnte es auch gar nicht sein. Oder, um noch einmal Gertrude Stein abzuwandeln: Mikroskopie ist Mikroskopie ist Mikroskopie. Bestimmte Dinge müssen einfach getan werden, und dann spielt es kaum eine Rolle, wer sie tut und was ihr Gegenstand ist. Die meisten biologischen Strukturen sind durchsichtig oder zumindest durchscheinend. Um im Mikroskop den Aufbau eines tierischen Gewebes zu erkennen, muss man deshalb fast immer den Kontrast zwischen seinen Bestandteilen verstärken. Dazu kann man ein besonderes Mikroskop verwenden, das mit komplizierten, sehr teuren optischen Komponenten ausgestattet ist, oder man färbt einfach bestimmte Bestandteile des Gewebes an. Die Anwendung biologischer Farbstoffe, die bestimmte Gewebebestandteile mit unterschiedlich starker chemischer Spezifität hervortreten lassen, war im 19. Jahrhundert ein großer wissenschaftlicher Fortschritt.

119

Erst nachdem es die Farbstoffe gab, konnte man sowohl den Aufbau des normalen Gewebes untersuchen (Histologie) als auch seine krankhaften Veränderungen erforschen (Pathologie). Die leuchtenden Farben, die man dabei erzeugt, liefern wichtige Erkenntnisse, denn mit ihrer Hilfe kann man in einer Masse, die ansonsten strukturlos und einfarbig erscheint, einzelne Elemente erkennen. Außerdem sind sie erfreulich, weil sie die Mikroskopie zu einem ästhetischen Erlebnis machen. Jedes Präparat ist ein biologisches Gemälde.

Marcello und John benutzten Antikörper als Farbstoff. Das gleiche taten auch viele andere überall auf der Welt. Die Methode, Immunzytochemie genannt (ich habe sie in einem früheren Abschnitt in Zusammenhang mit meiner Darstellung von Marcellos Forschungsarbeiten bereits kurz beschrieben) ist relativ einfach und war zu der Zeit, als Marcello und John sie auf so wirkungsvolle Weise nutzten, bereits gut eingeführt. Antikörper lassen sich ohne weiteres als Farbstoff verwenden; dazu muss man sie nur chemisch an Moleküle koppeln, die aufleuchten (fluoreszieren), wenn sie durch Licht mit einer geeigneten kurzen Wellenlänge angeregt werden. Oder man koppelt die Antikörper an Enzyme, die dann an den Stellen im Gewebe, wo die Antikörper gebunden haben, farbige, unlösliche Reaktionsprodukte entstehen lassen. Durch die Bindung an fluoreszierende Moleküle oder Enzyme werden die Antikörper also markiert. Die Immunzytochemie ist eine so großartige Methode, weil sie die ungeheure Spezifität der Antikörper ausnutzt, um einzelne Moleküle in Zellen und Geweben zu identifizieren und zu lokalisieren. Bei der Identifizierung können zwar Fehler auftreten, aber das Ganze ist ebenso genau wie die Erkennung durch das Immunsystem, und damit ist es – insbesondere wenn man geeignete Kontrollexperimente durchführt – unglaublich präzise.

In der Praxis binden nur sehr wenige Antikörpermoleküle an die geringen Mengen des Neurotransmitters, die in Gewebeschnitten enthalten sind. Meist muss man deshalb die Empfindlichkeit der Methode steigern, indem man dafür sorgt, dass möglichst viele markierte Antikörper an die Struktur ankoppeln, die man nachweisen möchte. Man möchte die Antikörper im Gewebe buchstäblich übereinanderstapeln, sodass sie mehrere Schichten bilden. Zuerst setzt man den entscheidenden Antikörper zu, der sich mit den gewünschten Molekülen im Gewebe verbindet und deshalb auch als *primärer Antikörper* bezeichnet wird. Mit primären Antikörpern spielt man nicht leichtfertig herum. Sie sollen möglichst unversehrt bleiben, damit sie ihre natürliche Anziehungskraft für das Antigen nicht verlieren. Deshalb koppelt man die primären Antikörper in der Regel nicht unmittelbar mit einer fluoreszierenden oder enzymatischen Markierung.

Zum Nachweis der primären Antikörper nutzt man die Tatsache, dass auch Antikörper selbst Makromoleküle sind und sehr wirksam eine Immunreaktion auslösen, wenn man sie einem Tier einer anderen Spezies injiziert. Dabei wird der Antikörper selbst zum Antigen. Spritzt man beispielsweise einer Ziege die Antikörper eines Kaninchens, so stellt die Ziege selbst ihrerseits Antikörper her, die gegen die des Kaninchens reagieren. An dieser Stelle lässt uns die Sprache im Stich, denn wir reden jetzt von Antikörpern gegen Antikörper, und das ist zumindest schwerfällig, vielleicht sogar verwirrend. Aber trotz dieser sprachlichen Schwäche sind Antikörper gegen Antikörper ein sehr nützliches Hilfsmittel. Um Verwechslungen zu vermeiden, bezeichnet man solche Moleküle allerdings lieber als *sekundäre Antikörper*, und zu ihrer Einteilung bedient man sich kriegerischer »Tier-gegen-Tier«-Begriffe. Man spricht zum Beispiel von »Ziegen-Antikaninchen«-, »Esel-Antischaf«- oder »Maus-Antimensch«-Antikörpern. Ganz gleich, wie sie genannt werden: Sekundäre Antikörper binden von sich aus an Antikörper aus der anderen Tierart. Sekundäre Ziegen-Antikaninchen-Antikörper, die man markiert, heften sich also an die in einem Gewebestück bereits vorhandenen Kaninchen-Antikörper und zeigen ihre Position an.

In der Praxis setzt man gewöhnlich zuerst die primären Antikörper zu, und dann wartet man so lange (mehrere Stunden, manchmal auch einige Tage), bis sie an die Antigene in der Probe angekoppelt haben. Dann wäscht man freie, nicht gebundene Antikörper ab und gibt den sekundären Antikörper zu, der mit einer

Markierung versehen ist. Die sekundären Antikörper binden an viele Teile des primären Antikörpers, sodass sich viele markierte Moleküle anlagern. Auf diese Weise wird die Methode erheblich empfindlicher, und man kann die Struktur, an die der primäre Antikörper gebunden hat, sichtbar machen.

Aber damit die Mikroskopie funktioniert, ist es mit dem Färben nicht getan. Selbst wenn die Strukturen angefärbt sind, erkennt man sie in der Regel nur dann, wenn man nicht das gesamte Organ, sondern nur einen Dünnschnitt davon betrachtet. Man kann sich von dem Problem eine Vorstellung machen, wenn man sich ein Wohnhaus vorstellt, dessen Dach und Zwischendecken aus Glas bestehen. Ist das Licht hell genug, kann man ein solches Haus vom Keller bis zum Dach durchleuchten. Aber wenn man auf dem Dach steht und nach unten blickt, wird man dennoch große Schwierigkeiten haben, in dem Beobachteten eine Ordnung zu erkennen. Man würde zwar das Licht sehen, und auch Menschen und Möbel in den verschiedenen Etagen bildeten Kontraste und wären leicht zu unterscheiden. Aber leider würden Menschen und Gegenstände in den oberen Etagen die in den weiter unten gelegenen Stockwerke verdecken. Die gesamte Anordnung der Gegenstände würde verschleiert.

Vor der gleichen Schwierigkeit steht man, wenn man eine Gewebeprobe im Mikroskop untersucht. Wie das durchsichtige Wohnhaus, so kann man auch das Gewebe durchleuchten. Das Licht fällt durch Vergrößerungslinsen, aber mit dem Mikroskop blickt man senkrecht von oben auf die Probe. Deshalb liegen die vielen winzigen Objekte, aus denen sich das Gewebe zusammensetzt, in ihrer natürlichen Anordnung übereinander. Hat man diese Elemente eingefärbt, verdecken sie sich gegenseitig. Die Anordnung der Strukturen in den verschiedenen Gewebeschichten wäre also nicht deutlicher zu erkennen als die der Menschen und Möbelstücke in den verschiedenen Etagen des Wohnhauses. Um Genaueres zu sehen, müsste man ein einzelnes Stockwerk des Hauses herausschneiden. Dann wären die einzelnen Elemente nicht mehr durch darüber oder darunter liegende Strukturen verdeckt.

Wohnhäuser kann man natürlich nicht zerschneiden, aber bei

biologischem Gewebe tut man genau das. Man zerlegt es in dünne Scheiben, sodass keine Bestandteile mehr übereinander liegen, und dann erkennt man die Umrisse der einzelnen Komponenten als getrennte Gebilde. Dafür lässt sich aus solchen Dünnschnitten aber nur schwer der dreidimensionale Aufbau des Gewebes rekonstruieren. Außerdem kann man es mit dem Dünnschneiden auch übertreiben. Je dünner die Schnitte werden, desto weniger Elemente enthalten sie. Jeder von ihnen zeigt nur die Objekte, die in der betreffenden Gewebeschicht vorhanden sind. Bestandteile, die darüber oder darunter liegen, sind nicht zu sehen.

Marcello und John gelang es, Präparate mit idealer Dicke herzustellen. Sie zerlegten die Darmwand in unglaublich dünne Schnitte und untersuchten dann jede Schicht der Wand in einem Ganzpräparat. Die Lagen waren einerseits so dünn, dass sich keine Objekte überlagerten und verdeckten, und andererseits so dick, dass keine Strukturen übersehen wurden und keine Schwierigkeiten bei der dreidimensionalen Rekonstruktion auftraten. Außerdem hatten Marcello und John sekundäre Antikörper mit einer fluoreszierenden Markierung benutzt, die selbst Licht aussandte, wenn sie angeregt wurde. Bei der Fluoreszenzmikroskopie sieht man nicht unmittelbar das Licht, das man durch ein Präparat fallen lässt, sondern die Strahlung, die von dem Fluoreszenzfarbstoff in den Strukturen des Gewebes ausgeht. Das äußere Licht dient nur dazu, die Farbstoffmoleküle anzuregen, aber es gelangt nicht in den Lichtweg des Mikroskops und erreicht deshalb nicht das Auge des Beobachters. Sendet die Probe keinerlei Licht aus, ist das Gesichtsfeld dunkel. Deshalb springen die fluoreszierenden, aufleuchtenden Strukturen sofort ins Auge: Leuchtend bunt stehen sie vor einem schwarzen Hintergrund. Und da die Antikörper darüber bestimmen, welche Strukturen gefärbt werden, fluoreszieren nur relativ wenige Bestandteile des Gewebes. Damit vermindert sich auch das Problem, in dickem Gewebe eine Ordnung festzustellen. Von den sichtbaren Strukturen liegen nur relativ wenige übereinander. Marcello und John kamen zügig voran.

Um die Methode der Immunzytochemie möglichst erfolgreich einsetzen zu können, hatten die beiden gelernt, wie man den

Eine »typische« Nervenzelle

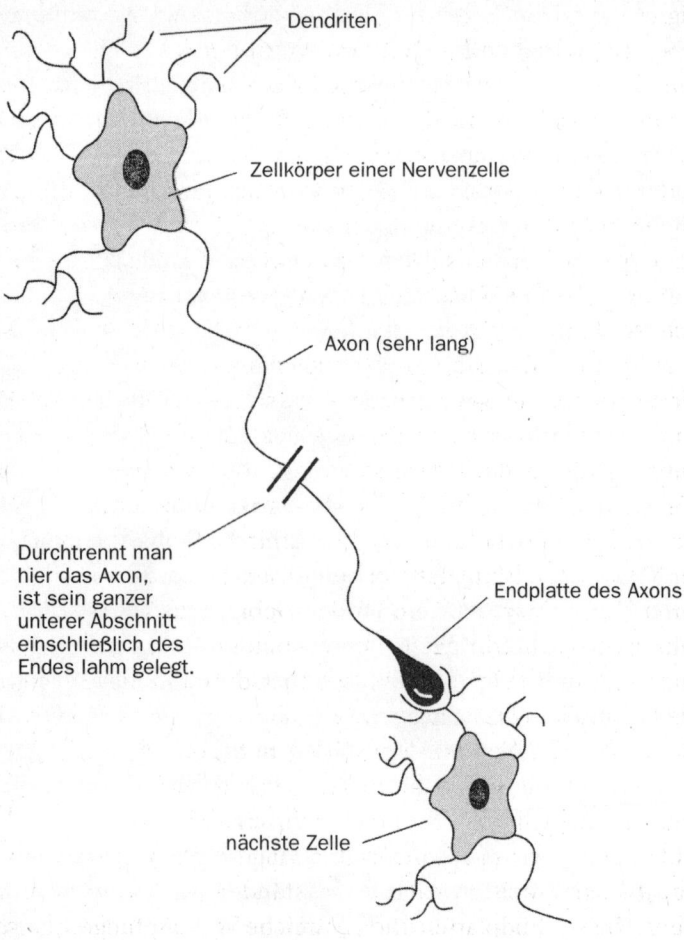

Dendriten

Zellkörper einer Nervenzelle

Axon (sehr lang)

Durchtrennt man
hier das Axon,
ist sein ganzer
unterer Abschnitt
einschließlich des
Endes lahm gelegt.

Endplatte des Axons

nächste Zelle

Darm eines Meerschweinchens seziert. An narkotisierten Tieren
entfernten sie vorsichtig einzelne Schichten der Darmwand, und
dann durchtrennten sie enterale Nerven, um die Richtung ihrer
Fortsätze zu ermitteln. Nervenzellen sind meist außerordentlich

stark in einer Richtung orientiert. Das eine Ende, das auch den Hauptteil der Zelle (den »Zellkörper«) darstellt, nimmt meist die Signale auf. Der Zellkörper und seine Fortsätze, die man *Dendriten* nennt, erhalten Impulse von anderen Nervenzellen. Von diesem Ende der Zelle geht ein einziger langer Fortsatz aus, das *Axon*, das elektrische Signale weiterleiten kann. An seiner Oberfläche laufen die Impulse schnell vom Zellkörper weg. Das Axon endet mit einer meist verdickten Struktur, der *Endplatte*, die viele kleine »Pakete« des Neurotransmitters enthält. Diese winzigen, mit der Signalsubstanz gefüllten Bläschen oder Vesikel bezeichnet man, wie es ihrer Lage an den Synapsen entspricht, als *synaptische Vesikel.*

Im Darm enden die Axone häufig nicht in einer einzelnen Endplatte, sondern in einer ganzen Kette solcher Verdickungen. Diese einzelnen Strukturen bezeichnet man als *Varikositäten* – in Anlehnung an die Krampfadern (Varizen), die manchmal bei älteren Menschen vorkommen. Mit langen Varikositäten enden beispielsweise sympathische und parasympathische Nerven in Herz, glatter Muskulatur, Blutgefäßen und Drüsen. Solche Nerven verteilen ihren Transmitter über ein großes Gebiet und können ihn nicht sehr gezielt unterbringen. Die Verbindungen zwischen Nerven und Skelettmuskeln dagegen, aber auch die meisten Nervenenden, die mit anderen Nervenzellen kommunizieren, sind einzelne Endplatten. Solche Nervenenden zielen mit ihrem Neurotransmitter in der Regel sehr genau auf eine bestimmte Stelle. Wie man leicht erkennt, spiegelt sich in diesem Unterschied sehr gut die Funktion wider. Wenn wir mit Händen und Fingern geschickt und mit beträchtlicher Präzision nach Gegenständen greifen, wirken daran Nerv-Muskel-Endplatten und zahlreiche Verknüpfungen zwischen den Nervenzellen in Gehirn und Rückenmark mit. Soll dagegen unsere Harnblase tätig werden, ist es besser, wenn die parasympathischen Nerven das ganze Organ zur Kontraktion anregen. Würden sich nur wenige glatte Muskeln der Blase zusammenziehen, wäre die gewünschte Wirkung nicht zu erreichen. Das ganze Organ muss gezwungen werden, den Urin zu entleeren.

Die einseitige Orientierung nimmt bei den meisten Nervenzellen geradezu groteske Züge an. Sie haben keinerlei Sinn für Symmetrie. Die auffälligsten Elemente einer solchen Zelle sind sicher der Zellkörper und der davon ausgehende Dendritenbaum. Das dünne Axon dagegen beeindruckt kaum und ist häufig sogar nur schwer zu sehen. Die Axone der meisten Nervenzellen sind aber so lang, dass sie – und nicht der Zellkörper oder die Dendriten – 95 Prozent der Zellmasse ausmachen. Aber obwohl die Materialverteilung so stark in Richtung des Axons verschoben ist, werden dort keine Proteine produziert. Der gesamte Proteinsyntheseapparat und die zugehörigen genetischen Steuerungsmechanismen einer Nervenzelle liegen ausschließlich im Zellkörper und in den Dendriten.

Die seltsame Aufteilung der Funktionen einer Nervenzelle hat unter anderem die Folge, dass die gewaltigen Proteinmengen, die in den Axonen liegen, vielfach über relativ große Entfernungen transportiert werden müssen. Würde man den Zellkörper einer Nervenzelle im Gehirn, die eine motorische Nervenzelle am unteren Ende des Rückenmarks versorgt, auf die Ausmaße eines Zimmers von 5 mal 5 Metern vergrößern, wäre ihr Axon etwa 400 Kilometer lang. Mit anderen Worten: Befände sich der Nervenzellkörper in Köln, würde das Axon noch über Hamburg hinausreichen.

Für die Bewegungsvorgänge, die sich über diese Länge hinweg abspielen und die man auch als *Axontransport* bezeichnet, ist ein komplizierter Mechanismus verantwortlich, auf den jeder Kurierdienst neidisch sein könnte. Material, das – wie beispielsweise der Neurotransmitter – für das Nervenende bestimmt ist, wird sehr wirksam in kleine Vesikel verpackt und dann von »Motorproteinen« an besonderen Schienen (den *Mikrotubuli*) entlang zum Ende des Axons transportiert. Solche Bewegungen bezeichnet man als *schnellen Axontransport*. Die Strukturbestandteile des Axons dagegen werden viel gemächlicher befördert, und dafür ist ein ganz anderer Apparat zuständig, der *langsame Axontransport*, über den man viel weniger weiß. Sogar für den Transport in der umgekehrten Richtung gibt es einen wirksamen Mechanismus: Alte, verbrauchte Vesikel werden durch schnellen Axontransport – diesmal allerdings mit einem anderen Motor – zurück in den

Zellkörper befördert und dort vom zelleigenen Abfallentsorgungssystem abgebaut.

Dass es in den Axonen keinen Apparat zur Proteinsynthese gibt, hat aber auch zur Folge, dass ein Abschnitt des Axons, den man vom Zellkörper abschneidet, völlig tot ist. Der Teil, der noch mit dem Zellkörper verbunden ist, überlebt in der Regel, weil die verletzte Zellmembran wieder zusammenwächst – es ist ein ganz ähnlicher Vorgang wie bei zwei Seifenblasen, die zusammenstoßen und dann verschmelzen. Da der Axontransport sich auch nach dem Durchtrennen des Axons fortsetzt, sammelt sich das transportierte Material, darunter die Vesikel mit dem Neurotransmitter, auf der zum Zellkörper hin gelegenen Seite der Schnittstelle an.

Marcello und John durchtrennten zunächst enterale Axone und setzten dann die Antikörper ein, um die Neurotransmitter zu identifizieren und zu lokalisieren. Auf diese Weise konnten sie einen »chemischen Code« für die Klassifizierung der enteralen Nervenzellen entschlüsseln. Die Neurotransmitter verschwanden aus dem Gebiet, wo die durchgeschnittenen Axone ursprünglich endeten, und sammelten sich oberhalb der Schnittstellen an. Deshalb konnten Marcello und John ohne weiteres feststellen, ob die Axone ganz bestimmter Nervenzellen im Darm nach oben oder nach unten verliefen, oder ob sie sich von einer Schicht der Darmwand in eine andere erstreckten.

Antikörper gegen Serotonin hatten die beiden von Harry Steinbusch erhalten, der sie in den Niederlanden produzierte. Harry hatte als einer der Ersten erkannt, dass man zur Herstellung von Antikörpern gegen kleine Moleküle wie das Serotonin einen Kunstgriff anwenden musste. Wie bereits erwähnt, suchen die Lymphozyten in der Regel nicht nach kleinen, sondern nach großen Molekülen. Harrys Trick bestand darin, dass er das Serotonin mit Hilfe von Formaldehyd chemisch an ein großes Trägerprotein koppelte. Den so entstandenen Molekülkomplex spritzte er dann in ein Tier. Das Serotonin (oder genauer gesagt, das Reaktionsprodukt aus Serotonin und Formaldehyd) wurde zu einer Determinante, die von einigen gegen den gesamten Komplex gerichteten Antikörpern erkannt wurde. Natürlich bildeten die Tiere auch An-

tikörper gegen andere, uninteressante Teile des größeren Träger-
moleküls, mit dem das Serotonin gekoppelt war, aber diese Antikörper konnte man, wie bereits beschrieben wurde, leicht entfernen. Fixiert man das Gewebe mit Formaldehyd, wird das im
Gewebe enthaltene Serotonin an benachbarte Proteine gekoppelt
(diesen Mechanismus hatte ich ausgenutzt, um das radioaktive Serotonin an seinem Platz festzuhalten, sodass ich es durch Autoradiographie nachweisen konnte). Serotonin, das über Formaldehyd
an Proteine gekoppelt war – genau darauf sprachen Harry Stein-
buschs Antikörper an.

Mit solchen Antikörpern gegen Serotonin (das durch Formaldehyd an die Proteine des Gewebes angeheftet war) konnte Marcello
bestätigen, dass enterale Nervenzellen Serotonin enthalten. Er
wies auch nach, dass alle diese Nervenzellen im Auerbach-Plexus
liegen, dem größeren der beiden Nervenknoten im Darm, und
dass ihre Axone ausnahmslos im Darm von oben nach unten verlaufen. Was die Richtung ihrer Fortsätze angeht, sind die serotoninhaltigen enteralen Nervenzellen also eindeutig auf den Darmausgang fixiert.

Je länger Marcellos Vortrag dauerte, desto stärker machte sich
bei mir ein Gefühl der Erleichterung breit. Hier sprach jemand, der
jahrelang anderer Meinung gewesen war als ich, und wenn man
ihn jetzt reden hörte, verstand man eigentlich kaum warum. Seine
früheren Einwände gegen meine Schlussfolgerungen erwähnte
Marcello überhaupt nicht, und damit bestätigte er unausgesprochen alles, was ich bereits vermutet hatte. Wir waren jetzt übereinstimmend der Ansicht, dass das enterale Nervensystem serotoninhaltige Nervenzellen enthalte und dass es sich bei diesen
Nervenzellen wahrscheinlich um Interneuronen handele. Allerdings konnte Marcello sich immer noch nicht dazu durchringen,
das Serotonin als Neurotransmitter zu bezeichnen, ohne ein-
schränkende Adjektive wie »mutmaßlich« hinzuzusetzen. Ich vermutete, es werde noch etwas dauern, bis Marcello das letzte
Zebra vertrieben hatte; aber mit dem »mutmaßlich« konnte ich
leben, vor allem da es von jemandem kam, dessen Arbeiten so
nahtlos zu meinen eigenen passten.

Als Marcello mit seinem Vortrag zu Ende war, hatte das Gesicht von Alan North einen ganz finsteren Ausdruck angenommen. Mir war, als käme Dampf aus seinen Ohren, aber das stimmte natürlich nicht. Er war kompromittiert, wie es schlimmer nicht ging. Marcello hatte nie zu Alans Arbeitsgruppe gehört, und deshalb hatte es für ihn keinerlei Verpflichtung gegeben, den Kollegen vorher in sein Geheimnis einzuweihen. Dennoch war sein Vortrag für Alan so etwas wie Verrat, und er nahm es nicht gut auf. Ich glaube, es wäre mir in seiner Situation kaum anders ergangen. Jedenfalls hielt Alan nun seinen Vortrag, aber es war eine unerträgliche Situation. Gerade waren drei Fachleute zu dem Schluss gelangt, dass seine These, nach der Serotonin kein Neurotransmitter im Darm sein kann, falsch sein musste. Es war keine gleichberechtigte Diskussion mehr, sondern alle rotteten sich gegen ihn zusammen. Alan steckte mit seiner Ansicht in Schwierigkeiten, bevor er überhaupt die Chance hatte, sie zu verteidigen.

Ironie des Schicksals: Nichts von dem, was Alan zu sagen hatte, war falsch, mit Ausnahme seiner fixen Idee: Wenn Serotonin als Transmitter für die langsame Erregung verantwortlich sei, könne es sein Kandidat, die Substanz P, nicht sein. Dabei handelt es sich wahrscheinlich sowohl bei der Substanz P als auch beim Serotonin um Neurotransmitter, die beide die gleiche Reaktion auslösen. Sie werden nur unter verschiedenen Bedingungen und von unterschiedlichen Nervenzellen ausgeschüttet. Jedenfalls wurde Alan in der Diskussion nach seinem Vortrag niedergemacht.

Eigentlich wollte er die Tatsache nutzen, dass die Substanz P ein Peptid ist, Serotonin aber nicht. Peptide werden wie Proteine von den Enzymen abgebaut, mit denen sie im Darm zusammentreffen. Ihre Moleküle werden gespalten, und dabei werden ihre Aminosäurebausteine frei. Serotonin dagegen ist selbst ein chemischer Verwandter einer Aminosäure (nämlich des Tryptophans) und wird von den Enzymen, die Peptide zerstören, nicht angegriffen. Alan hatte die Idee, Verdauungsenzyme (aus der Bauchspeicheldrüse) auf isolierte enterale Ganglien zu bringen und festzustellen, wie sich das auf die langsamen EPSPs auswirkte. Seine Überlegung dabei: Wenn die Substanz P der Neurotransmitter wäre, würden die Verdauungsenzyme ihn zerstören, und deshalb würden keine langsamen EPSPs mehr einsetzen. Dagegen rechnete er nicht mit einem Effekt der Enzyme auf die langsamen EPSPs, wenn Serotonin der Neurotransmitter wäre. Und es stimmte: Die Verdauungsenzyme beeinträchtigten die langsamen EPSPs. Daraus schloss Alan, dass die Substanz P und nicht das Serotonin für die langsamen EPSPs verantwortlich sei.

Zu Alans Pech ließ das Publikum sich von seinen Daten nicht beeindrucken. Hirsch Gershenfeld wies sofort darauf hin, dass Verdauungsenzyme im Gegensatz zu den Giften, die so viele Erkenntnisse über die Nervenübertragung geliefert hatten, keine spezifischen Wirkstoffe sind. Sie bauten nicht nur die Substanz P und andere signalübertragende Peptide ab, sondern man konnte damit rechnen, dass sie auch die Oberfläche der Nervenzellen in den enteralen Ganglien schädigten. Niemand konnte wissen, wie viele möglicherweise wichtige Moleküle zerstört wurden, wenn die Enzyme auf das Gewebe einwirkten. Dann konnten die langsamen EPSPs aus vielen Gründen beeinträchtigt werden, und manche davon hatten vielleicht mit dem Abbau des Neurotransmitters überhaupt nichts zu tun. Und was aus Alans Sicht noch schlimmer war: Ich hatte schon Jahre zuvor nachgewiesen, dass das Serotonin, das positiv geladen ist, eng an die negativ geladenen Enzyme der Bauchspeicheldrüse gebunden wird. Demnach konnten die Verdauungsenzyme die langsamen EPSPs ohne weiteres nicht nur durch den Abbau der Substanz P hemmen, sondern auch weil sie das Serotonin binden (und damit inaktivieren).

Alan stellte seine Experimente hervorragend dar, aber er verhielt sich mürrisch und verärgert, und in der Diskussion ging er nicht gut auf die Fragen ein. Am Ende des Workshops erkannten alle, dass er keinen guten Tag gehabt hatte. Mir dagegen war es noch nie besser gegangen. Jetzt stand das enterale Nervensystem auf der Tagesordnung der Neurobiologie, und meine Vermutung, Serotonin sei ein enteraler Neurotransmitter, war plötzlich aus dem Untergrund in den allgemeinen Kanon der Forschung aufgestiegen. Ich war kein Abweichler mehr.

Als ich das Podium verließ, spürte ich den starken Drang, einen vermeintlichen schweren Alkoholmangel in meinem Blut zu beseitigen. Eine junge Frau kam zu mir und wollte mit mir sprechen. Sie stellte sich mit dem Namen Theresa Branchek vor, fügte aber sofort hinzu, ich solle sie Terri nennen. Sie sagte, sie werde demnächst an der University of Oregon ihren Doktor machen. Ihre Worte waren verblüffend direkt: Sie hatte das Herz auf der Zunge. Und was noch wichtiger war: Sie stellte gute Fragen und ließ schon bald erkennen, dass sie umfassend über meine bisherigen Arbeiten Bescheid wusste. Terri hatte ganz offensichtlich ihre Hausaufgaben gemacht und sich im Vorfeld der Tagung auf dieses Gespräch vorbereitet. Unser Zusammentreffen war kein Zufall. Ich entschloss mich, zunächst einmal auf den Drink zu verzichten, den ich eigentlich brauchte, und ließ mich mit ihr zu einer anregenden Unterhaltung nieder.

Wie sich herausstellte, suchte Terri nach einem Institut, an dem sie nach ihrer Promotion arbeiten konnte. Der Workshop hatte sie nicht nur davon überzeugt, dass Serotonin ein enteraler Neurotransmitter ist, sondern sie war sich jetzt auch sicher, dass sie bei mir arbeiten wollte. Ich war über diese Aussicht erfreut, und das teilte ich ihr auch mit. Terri war nicht der Typ, der andere hinhält, und so sagte sie sofort zu. Nachdem wir noch ein paar Minuten freundliche Konversation betrieben hatten, tauschten wir Adressen und Telefonnummern aus, und dann wandten wir uns zum Ausgang des Tagungszentrums, das sich jetzt schnell leerte. Ich traf ein paar Kollegen, die voll überschwänglicher Begeisterung über den Workshop waren, und mein Bedürfnis nach einem Drink fiel mir wieder ein.

Aber seltsam: Obwohl alles besser gelaufen war, als ich es mir jemals hätte träumen lassen, war ich nicht so aus dem Häuschen wie meine Kollegen und wie auch ich es eigentlich hätte sein sollen. Ich fühlte mich sogar ein wenig niedergeschlagen. Immerhin hatte ich das enterale Nervensystem ins öffentliche Bewusstsein gerückt und damit in einem gewissen Sinn das Rad neu erfunden. Ich hielt meine eigenen Leistungen durchaus für wertvoll, aber den Boden dafür hatten Bayliss, Starling, Trendelenburg und Langley bereitet. Was das Serotonin angeht, fühlte ich mich zwar bestätigt, aber die entscheidenden Entdeckungen hatte ich schon Jahre zuvor gemacht. Als ich jetzt in der Dämmerung das Tagungszentrum verließ, kehrten meine Gedanken zu der Frage zurück, was noch zu tun blieb. Wir hatten nachgewiesen, dass Serotonin im Drama des Darms eine wichtige Rolle spielt, aber ich musste jetzt in Erfahrung bringen, wozu das Serotonin dem Darm eigentlich nützt und wie es ihm nützt. Und was noch wichtiger war: Die Skeptiker unter den Neurowissenschaftlern im Publikum des Workshops hatte ich zwar überzeugt, dass es ein zweites Gehirn gibt, aber ich hatte mich noch nicht einmal ansatzweise mit der großen Frage befasst, warum ein zweites Gehirn notwendig ist. Immerhin ist das erste Gehirn ein höchst eindrucksvoller Apparat. Wenn es sich mit Politik und Quantenmechanik beschäftigen kann, dann, so sollte man annehmen, müsste es eigentlich auch in der Lage sein, so etwas Einfaches wie einen Darm zu lenken. Allein die Tatsache, dass in der Evolution gleichzeitig ein zweites Gehirn entstanden ist, legt aber natürlich bereits die Vermutung nahe, dass die Lenkung des Darms keine banale Aufgabe darstellt. Um zu verstehen, warum im Darm ein zweites Gehirn gebraucht wird, muss man sich zunächst einmal überlegen, was im Darm eigentlich vor sich geht.

Kurz nachdem ich das Konferenzzentrum verlassen hatte, saß ich mit meinen Kollegen in einer düsteren, holzgetäfelten Bar. Meine Gedanken wandten sich meinem Inneren zu, und ich schenkte dem Trubel um mich herum kaum Aufmerksamkeit. Mein Denken kreiste um die Frage, wie es mit meiner wissenschaftlichen Laufbahn weitergehen sollte. Mir fiel ein Bild von Dwight Eisenhower ein. Er war natürlich ein höchst erfolgreicher General, und es war ihm hervorragend gelungen, eine Riesenzahl mürrischer Einzelpersonen mit widersprüchlichen Interessen auf das Ziel einzuschwören, Nazideutschland im Zweiten Weltkrieg zu besiegen. Aber dann kam der Tag, als Hitler geschlagen war und es das Deutschland der Nazis nicht mehr gab, und nun stellte sich für Eisenhower die Frage, was er als Nächstes tun sollte. Man strebt immer nach Größerem und Besserem, aber ein Sieg im Zweiten Weltkrieg ist kaum noch zu übertreffen. Der Nachweis, dass Serotonin ein Neurotransmitter des enteralen Nervensystems ist, lässt sich natürlich nicht mit dem Sieg in einem Weltkrieg vergleichen, aber es hatte um das Serotonin tatsächlich einen Krieg gegeben, und ich hatte ihn gewonnen. Der plötzliche Friedensvertrag hatte zur Folge, dass ich ein neues Thema brauchte.

Eisenhower hatte eindeutig Möglichkeiten gefunden, seine Zeit produktiv zu nutzen. Er wurde Präsident – erst der Columbia University (wo ich studiert hatte), dann der Vereinigten Staaten. Vielleicht konnte auch ich auf meine eigene, weniger überschwängliche Art ebenfalls in meiner Nachkriegszeit Erfolg haben. Terri Branchek bot mir eine gute Möglichkeit, die Dinge neu zu ordnen. Sie hatte nur zuvor über den Darm nachgedacht und brauchte eine Orientierungshilfe. Ich entschloss mich, eine zusammenfassende Darstellung zu schreiben: über die Vorgänge im Darm, über die Teile des Darms, die dafür verantwortlich sind, und über den Einfluss des enteralen Nervensystems auf diese Abläufe. Nachdem ich meine Beschreibung fertig gestellt hatte, verstand ich auch selbst besser, warum wir ein zweites Gehirn brauchen.

TEIL II

Der Reisebericht

5

Hinter den Zähnen: die Domäne von Sodbrennen und Magengeschwür

Wenn man sich den Darm in seiner Gesamtheit ansieht, hat das unter anderem auch den großen Vorteil, dass Struktur und Funktionen einander gegenseitig wunderschön erklären. Die Anatomie des Darms hat sich in der Evolution so entwickelt, dass das Organ seine Aufgabe erfüllen kann; deshalb betrachtet und untersucht man Form und Funktion am besten gemeinsam. So direkt formuliert, sieht das nach einer nahe liegenden, vielleicht sogar banalen Idee aus. In der Praxis habe ich aber die Erfahrung gemacht, dass sie bei den Fachleuten des Gebietes nicht allgemein anerkannt ist. Manche von ihnen haben einen besonders gut entwickelten Sinn für Ästhetik und lassen sich dann von der unglaublichen Schönheit biologischer Strukturen fesseln, deren Anmut sie in Worte und Bilder fassen wollen. Diese Leute lassen sich sehr ungern von dem ablenken, was in ihren Augen die »bloße Nützlichkeit« des Forschungsgegenstandes ist. Andere, die sich selbst für »harte« Naturwissenschaftler halten, sind ganz und gar rational: Nach ihrer Ansicht ist die Anatomie so verwirrend und kompliziert, dass sie sich kaum in einen logischen Rahmen pressen lässt. Den Aufbau von Lebewesen kann man nicht ohne weiteres in mathematischen Formeln beschreiben, und um ihn aufzuzeichnen, braucht man keine Zahlen, sondern Abbildungen. Solche Menschen, nach deren Ansicht bildliche Darstellungen »weich« sind und nicht die Präzision besitzen, die sie mit zahlenmäßigen Befunden verbinden, wenden sich erleichtert den physikalischen und chemischen Phänomenen zu, die biologischen Vorgängen zu Grunde liegen. Diese Vorgänge lassen sich bequemer in Diagramme oder – im besten Fall – in Gleichungen fassen. In Wirklichkeit ist jede Einstellung, die in der Forschung Form und Funktion zu trennen versucht, künstlich und dem Fortschritt hinderlich.

Die Struktur des Darms wurde vom Allmächtigen nicht zu dem alleinigen Zweck geschaffen, seinen Entdeckern visuelles Vergnügen zu bereiten. Und ebenso wenig stammt sie von einem Teufel, der rational denkende Wissenschaftler mit unlogischen Details quälen wollte. Der Darm kann vielmehr auf Grund seiner Struktur die Tätigkeiten ausführen, die er ausführen muss. Deshalb kann man anhand der Kenntnisse über seinen Aufbau voraussagen und erklären, welche Funktionen er erfüllt, und umgekehrt kann man das Wissen über die Funktionen nutzen, um seinen Aufbau vorauszusagen und zu erklären. Die vielfach gefaltete Darminnenwand zum Beispiel versteht man, wenn man die entscheidende Aufgabe dieser Struktur betrachtet: Sie stellt eine große Oberfläche zur Verfügung, die den Verdauungsvorgang vollendet und die Nährstoffe aufnimmt.

Aus etwas so Komplexem wie einem Steak Brennstoffe und Materialien herauszulösen und aufzunehmen, die den Körper am Leben erhalten und ernähren, ist alles andere als einfach. Man kann nicht einfach das Fleisch pürieren und in eine Vene injizieren. Zuvor müssen höchst verwickelte chemische Vorgänge ablaufen, durch die aus unserer Nahrung die benötigten Bestandteile freigesetzt werden, und dann sind diese lebenswichtigen Nährstoffe in den Organismus zu transportieren. Damit solche chemischen Reaktionen stattfinden, müssen die Bedingungen im Darm gesteuert werden, sein Inhalt muss sich vermischen, und die Enzyme zum Abbau der Nahrung müssen genau in der richtigen Konzentration vorhanden sein. Und um die richtigen Bedingungen herzustellen, braucht man ein System von Sensoren, die den Ablauf der Verdauung erkennen und die Verhältnisse im Darm zu jedem Zeitpunkt auswerten. Die von solchen Sensoren gesammelten Informationen werden koordiniert, damit gewährleistet ist, dass die innere Umwelt im Darm sich für Verdauung und Resorption eignet. Und über seine reine Verdauungsaufgabe hinaus hat der Darm sich selbst – und damit auch den übrigen Körper – gegen die Invasion einer ganzen Armee bösartiger Krankheitserreger zu schützen, die ständig zum Angriff bereitstehen, falls das Organ einmal in seiner Wachsamkeit nachlässt. Nur mit der geradezu militärischen Kontrolle, die ein Gehirn über ein Organsystem ausübt, erfüllt jedes Element im Verdauungs-, Resorptions- und Abwehrapparat zuverlässig seine Aufgabe und ist verfügbar, wenn es gebraucht wird. Damit der Darm richtig arbeitet, ist so viel Nervenkraft erforderlich, dass es unter Gesichtspunkten der Evolution durchaus sinnvoll war, das dazu notwendige Gehirn in dem Organ selbst unterzubringen. Es sind unglaublich viele Nervenzellen beteiligt, und wenn sie alle zentral vom Kopf aus gesteuert würden, müssten die Verbindungsnerven unerträglich dick sein. Außerdem wären solche dicken Kabel auch eine Gefahrenquelle: Werden sie durchtrennt, ist die Verdauung und damit die Lebensfähigkeit des Organismus beeinträchtigt. Deshalb ist es sowohl sicherer als auch bequemer, wenn der Darm selbst für sich sorgt. Gleichzeitig wird auch das Gehirn im Kopf von einer großen Aufgabe befreit und kann sich mit anderen Dingen befassen, die weit interessanter sind als die Verflüssigung eines Steaks.

Wir sind alle hohl

Um den Aufbau des Körpers zu verstehen, können wir wieder auf T. S. Eliot zurückgreifen: Wir sind tatsächlich hohle Männer und – was Eliot (der eingefleischte Sexist) nicht sagte – hohle Frauen. Der Raum, den die Darmwand einschließt und den man auch *Darmlumen* nennt, gehört zur Außenwelt. Er ist ein offenes Rohr, das am Mund beginnt und am After endet. Es mag paradox erscheinen: Der Darm ist ein Tunnel, in dem die Außenwelt durch uns hindurchfließt. Der Inhalt des Darmlumens befindet sich eigentlich außerhalb unseres Körpers, so unverständlich das auch erscheinen mag. Der eigentliche Körper hört an der Darmwand auf. Alle Stoffe befinden sich erst dann in unserem Inneren, wenn sie diese Grenze überwunden haben und resorbiert wurden, und alles, was den Darm in der umgekehrten Richtung durchquert und ins Lumen gelangt, ist weg. Blut, das ins Lumen dringt, ist ebenso verloren, als wenn es auf den Fußboden tropfen würde. Blutet ein Alkoholiker aus Krampfadern im Inneren der Speiseröhre, kann er ohne weiteres verbluten. Selbst wenn Wasser aus dem eigentlichen Körper ins Darmlumen gelangt, kann das zu einer tödlichen Austrocknung führen wie eine Reise durch die Sahara ohne Wasservorrat. Auf eben diese Weise sterben Babys an Durchfall, und aus dem gleichen Grund ist auch Cholera eine tödliche Krankheit.

Da wir hohl sind, gibt es zwei Oberflächen, die unser Inneres von der Außenwelt trennen. Die eine, sichtbar und offensichtlich, ist die Haut. Sie ist schlicht und einfach undurchdringlich. Wasser kann sie nicht ohne weiteres passieren. Deshalb trocknen wir im Sommer nicht aus, und in der Badewanne lösen wir uns nicht auf. Die Haut ist auch eine widerstandsfähige Schutzschicht: Sie hält selbst bei ständigem Missbrauch der Abnutzung stand und verhindert, dass Bakterien eindringen – würden sie nicht von der Haut zurückgehalten, böte unser Körper ihnen einen hervorragenden Nährboden. Von einer ebenso realen Außenwelt trennt uns auch die zweite Grenze, die Darminnenwand, aber ihre Oberfläche ist anders gestaltet und erfüllt wesentlich kompliziertere Aufgaben als die Haut.

Die Auskleidung des Darms muss uns wie die Haut vor übermäßigem Wasserverlust (in diesem Falle in das Darmlumen) und vor der Invasion bösartiger Mikroorganismen schützen. Mit unserer Nahrung schlucken wir auch Krankheitserreger, und außerdem sind manche Mikroben ständige Bewohner unseres Mundes und Darms. Andererseits muss die Darminnenwand aber im Gegensatz zur Außenhaut auch bei den lebenswichtigen Vorgängen von *Verdauung* und *Resorption* mitwirken. Als Verdauung bezeichnet man die vielfältigen Vorgänge, in deren Verlauf die kompliziert gebauten, häufig sehr großen Moleküle in der Nahrung zu einfacheren, kleineren Molekülen umgesetzt werden, die dann aus dem Darmlumen in den Körper wandern können. Diesen Transport der Verdauungsprodukte durch die Auskleidung des Darms in die Blut- und Lymphgefäße der Darmwand nennt man mit dem Fachbegriff Resorption. Die Blutgefäße transportieren die resorbierten Nährstoffe ab und verteilen sie an alle Zellen des Körpers. Verdauung und Resorption sind ebenso lebensnotwendig wie Herztätigkeit und Atmung. Kommt es bei ihnen zu einem Fehler, droht der Hungertod. Die Darmschleimhaut kann deshalb im Gegensatz zur Außenhaut nicht als widerstandsfähige, undurchdringliche Schranke konstruiert sein, sondern sie muss Nährstoffen den möglichst ungehinderten Durchtritt gestatten. In vielen Fällen muss dieser Transport von den Zellen der Darmwand aktiv unterstützt werden: Sie arbeiten hart und überwinden große Hindernisse, um die Substanzen zu resorbieren. Der Darm lässt also bei der Erfüllung seiner grundlegenden Aufgaben eine Klugheit erkennen, die man bei der Außenhaut nicht findet.

Die Darmschleimhaut trennt zwar Innen und Außen, aber es ist eine selektive Trennung. Wasser und andere Moleküle wandern in beiden Richtungen durch die Darmwand, aber wenn der Darm normal funktioniert, bleibt alles »drinnen«, was drinnen bleiben muss, und was besser fern gehalten wird, bleibt »draußen«. Einerseits geht weder Wasser noch irgendeine andere lebensnotwendige Substanz mit dem Stuhl in übermäßiger Menge verloren, und andererseits dringen die Bakterien, die wir ständig schlucken, nicht in uns ein. Der Darm ist ganz offensichtlich ein bemerkenswertes Organ, und das ist wahrscheinlich auch der Grund, dass sich dort ein eigenes Gehirn entwickelt hat.

Schlucken

Die Nahrung gelangt durch den Mund in den Darm. Wir kauen sie – manchmal allerdings nicht gründlich genug. Dabei werden die Lebensmittel mit Speichel angefeuchtet. Wenn Nahrung nicht ausreichend gekaut wird oder trocken bleibt, kann sie in der *Speiseröhre* hängen bleiben und entsetzliche Beschwerden verursachen. Die *Luftröhre* wird dabei zwar meist nicht blockiert, aber der Vorgang ist dennoch mit grauenhaften Schmerzen verbunden und von starker Speichelproduktion (die manchmal mit Blut vermischt ist) begleitet; hinzu kommen Übelkeit und die quälende Tatsache, dass man nicht erbrechen kann. Der Finger im Hals hilft dann ebenso

141

wenig wie ein Glas Wasser. Man muss warten, bis die vom zweiten Gehirn ausgelösten langsamen Reflexe die Nahrung lösen und nach unten befördern. Manchmal hilft ein kleines Stück Brot, die schwerfälligen Reflexe in Schwung zu bringen. Ein solches Unglück kann jeden ereilen, und es ist fast nie tödlich, aber man sollte vor dem Schlucken nie das Kauen vergessen.

Schon der Speichel enthält Verdauungsenzyme, aber die Nahrung bleibt nicht so lange im Mund, dass diese Enzyme sie abbauen könnten, und im Magen werden sie inaktiviert. Nur ein kleiner Teil der Nahrung löst sich im Mund auf, und ein sehr geringer Anteil verdunstet sogar. Die gelösten Bestandteile werden als Geschmack wahrgenommen; dafür sind die Geschmacksknospen verantwortlich, besondere Sinnesrezeptoren, die sich ausschließlich auf der rauen Oberfläche der Zunge befinden. Die verdunsteten Moleküle gelangen auch in die Nase und machen sich dort als Geruch bemerkbar, denn Mund- und Nasenhöhle sind im Rachen verbunden (wo man den Schleim aus der Nase »herunterziehen« kann). Zwischen Nase und Mund liegt eine bewegliche Trennwand, die den Austausch steuert. Die Empfindung, die wir als Geschmack bezeichnen, ist in Wirklichkeit eine Kombination aus Geschmack und Geruch. Und da die Sinnesrezeptoren für die Wahrnehmung von Düften bessere Unterscheidungen treffen können als die Geschmacksknospen, leistet die Nase für den Gaumen des Feinschmeckers sogar einen größeren Beitrag als die Zunge.

Am dichtesten liegen die Geschmacksknospen auf dem hinteren Teil der Zunge in der Nähe der Stelle, wo Mund- und Nasenhöhle verbunden sind. Deshalb erlebt man den Geschmack hinten im Mund am stärksten, insbesondere wenn man die Nahrung über die Zunge gleiten lässt und dabei so bewegt, dass sie möglichst viele Dämpfe abgeben kann. Weinkenner wissen das genau. Wenn sie die Qualität eines Weines beurteilen wollen, nehmen sie einen Schluck, behalten ihn im Mund, saugen durch die Zähne etwas Luft ein und legen dann den Kopf ein wenig nach hinten, sodass der Wein an den entscheidenden Teil der Zunge gelangt; dort gurgeln sie damit. Auf diese Weise erreicht der Wein die größtmögliche Zahl von Geschmacksknospen, und gleichzeitig kann er auch

Dämpfe abgeben, sodass die Geruchsrezeptoren in der Nase stimuliert werden. Schlechten Wein dagegen (oder auch Fast Food) behält man besser nur auf der Zungenspitze und schluckt ihn dann so schnell wie möglich hinunter.

Wenn man den Nahrungsbrei weit genug in den Rachen gedrückt hat, gerät er außer Kontrolle. Der weitere Ablauf wird automatisch gesteuert. Das Schlucken ist kein geplanter Vorgang, sondern ein Reflex, der ganz ähnlich ausgelöst wird wie der Kniesehnenreflex durch den Hammer des Arztes. Als Hammer dient hier der Nahrungsbrei, und die Kontraktion der Muskeln in Kehlkopf und Speiseröhre entspricht dem Zucken der Beinmuskeln. Nase und Mund werden getrennt, der *Kehldeckel* klappt um und schließt die Luftröhre, und die Nahrung wird durch die Speiseröhre abwärts geschoben.

Obwohl sich der Schluckreflex der bewussten Kontrolle entzieht, wird er vom Gehirn gesteuert. Periphere Nerventätigkeit spielt dabei so gut wie keine Rolle. Epikureische Erlebnisse und andere bewusste Abläufe spielen sich in der *Hirnrinde* ab, dem am höchsten entwickelten Teil des Gehirns. Automatische Tätigkeiten wie Schlucken und Atmen, die in manchen Fällen nicht einmal bewusst wahrgenommen werden, gehören zum Aufgabenbereich des urtümlichsten Gehirnteils, den man *Hirnstamm* (oder *verlängertes Mark*) nennt. Im Hirnstamm beschäftigt sich eine Gruppe von Nervenzellen ausschließlich mit dem Schlucken. Gehirnnerven leiten die Sinnessignale von Rezeptoren im Rachen an diese Nervenzellen weiter, die dann die Informationen verarbeiten und benachbarte motorische Nervenzellen stimulieren; diese, die ebenfalls zum Hirnstamm gehören, steuern die Muskeln von Kehlkopf und Speiseröhre. Es handelt sich dabei um Skelettmuskeln, und wie es dem (bereits beschriebenen) Konstruktionsprinzip des peripheren Nervensystems entspricht, werden sie unmittelbar von den Nervenzellen des Hirnstammes versorgt, ohne dass eine zwischengeschaltete Synapse nützliche Wirkungen entfalten könnte.

Natürlich werden die tiefer gelegenen Zentren des Gehirns von den höheren Bereichen beeinflusst. Deshalb ist der Hirnstamm nicht uneingeschränkt in der Lage, das Schlucken nach eigenem

Belieben zu steuern. So können beispielsweise Gefühle dazwischenkommen. Das Verschlucken und der »Schluckauf« sind jedem von uns vertraut. Und wenn das Gehirn tätig wird, kann es bei manchen Menschen und unter ungünstigen Umständen immer auch neurotisch wirken. Außerdem kann es mit seinem Einfluss auf das autonome Nervensystem den Mund austrocknen lassen. Solche vom Gehirn ausgehenden Unannehmlichkeiten sind glücklicherweise für den Arzt zu erkennen, und im Gegensatz zu Darmbeschwerden, an denen das Gehirn nicht beteiligt ist, sprechen sie auf eine Behandlung mit psychiatrischen Methoden oder Psychopharmaka an.

Wichtig ist dabei die Erkenntnis, dass die Nahrung nicht einfach durch die Speiseröhre in den Magen hinunterfällt. Die Speiseröhre ist daran aktiv beteiligt: Muskeln in ihrer Wand schieben die Nahrung in der Richtung vom Mund zum After. Wird durch einen Schlaganfall die kleine Zellgruppe im Hirnstamm zerstört, die das Schlucken steuert, sind die Muskeln im Rachen sowie im oberen und mittleren Teil der Speiseröhre gelähmt, und dann lässt sich die Fähigkeit zum Schlucken auch mit noch so viel Mühe nicht wieder herstellen. In solchen Fällen muss man chirurgisch eine Öffnung in der Bauchwand schaffen, sodass man die Nahrung manuell in den Magen befördern kann. Sind die Lebensmittel aber im Darm angelangt, ist für ihren weiteren Transport selbst dann gesorgt, wenn die betreffende Person bereits hirntot ist. Das Zentralnervensystem ist also zum Schlucken notwendig, aber von dem Augenblick an, in dem die Nahrung heruntergeschluckt ist, bis zu dem Zeitpunkt, da ihre Überreste den Darmausgang verlassen, kann der Darm den gesamten Ablauf allein steuern. Die Darmentleerung allerdings läuft wie das Schlucken nur dann normal ab, wenn das Zentralnervensystem daran beteiligt ist.

Auch wenn zwischen Mund und Magen mit der Nahrung nichts Besonderes geschieht, hat der Abschnitt eine lebenswichtige Aufgabe. Rachen und Speiseröhre sind Transportelemente des Verdauungssystems und als solche unentbehrlich. Werden sie herausgeschnitten oder geschwächt, stirbt der Mensch. Die Schleimhäute dieser Abschnitte sind dick und undurchlässig. Die Zellen an ihrer

Oberfläche liegen schichtweise übereinander, ganz ähnlich wie in der Außenhaut. Allerdings sind die Schichten so abgewandelt, dass nichts sie durchdringen kann, und sie sind auch widerstandsfähig gegen Abnutzung – eine wichtige Eigenschaft in unserer schnelllebigen Zeit, in der wir häufig einen schlecht zubereiteten Imbiss in aller Eile hinunterwürgen. Dass man auch kauen kann, fällt manchen Menschen erst hinterher ein.

Der Magensaft

Die eigentliche Verdauung beginnt im Magen, der zu diesem Zweck seine eigenen Verdauungsenzyme und seine Säure produziert. Das wichtigste Verdauungsenzym, das der Magen herstellt, ist das *Pepsin*: Es sorgt dafür, dass die Nahrungsproteine in kleinere Bestandteile, die Peptide, zerlegt werden. Pepsin funktioniert nur in einer säurehaltigen Umgebung, und diese Voraussetzung schafft der Magen durch die Produktion von *Salzsäure*, was angesichts der Gefährlichkeit dieser Substanz durchaus bemerkenswert ist. Und der Magen ist, was die Säureproduktion angeht, durchaus nicht zimperlich: Wenn er richtig Arbeit hat, kann er ebenso starke Salzsäure abgeben wie eine Industriefabrik. Eisen löst sich in Magensaft ohne weiteres auf, und er kann auch ein Loch in ein Hemd ätzen oder einen Menschen blind machen, wenn er in die Augen gelangt. Der Mageninhalt ist also ein richtiges Hexengebräu, das Steaks zu Suppe macht und die meisten Krankheitserreger, die wir mit der Nahrung aufnehmen, abtötet. Diese keimtötende Wirkung ist natürlich nützlich, aber wie man leicht erkennt, stellt ein derart tödliches Desinfektionsmittel auch für die Innenwand des Organs, in dem es sich befindet, ein Problem dar.

Dass Magensaft derart ätzend wirkt, lenkt die Aufmerksamkeit auf eine außergewöhnliche Eigenschaft der Magenschleimhaut. Ihre Zellen scheiden sowohl Pepsin als auch Salzsäure aus, aber im Gegensatz zu dem verzehrten Hamburger oder den Eisenfeilspänen werden diese Zellen von den Flüssigkeiten, die sie produzieren, nicht aufgelöst. Die Widerstandsfähigkeit gegen Salzsäure und

145

Pepsin ist ein einzigartiges Merkmal der Magenschleimhaut, das weder die Außenhaut noch die Schleimhaut der Speiseröhre besitzen. Dass sie nicht von ihrem eigenen Saft verdaut wird, liegt an einem weiteren Produkt, das die Magenschleimhaut ausscheidet: Sie produziert einen alkalischen Schleim, der fest an der Oberfläche ihrer Zellen hängen bleibt. Dieser Schleim neutralisiert Magensäure und Pepsin, und er verhindert, dass sie mit der eigentlichen Zelloberfläche in Kontakt kommen; dadurch befinden sich die Zellen in einer wunderschön neutralen Umgebung, obwohl der Mageninhalt von starker Säure und Verdauungsenzymen umspült wird.

Darüber hinaus schützt sich der Magen mit einem weiteren Mechanismus. Er scheidet eigentlich nicht das Pepsin selbst aus, sondern das *Pepsinogen*, einen inaktiven Vorläufer. Zunächst wandelt die Säure ein wenig Pepsinogen in Pepsin um, und dieses katalysiert dann in einer Art positiver Rückkopplung die Umwandlung des restlichen Pepsinogens in Pepsin. An der Zelloberfläche kann dieser Vorgang jedoch nicht ablaufen, denn sie ist von dem alkalischen Schleim überzogen, sodass sich dort keine Säure befindet. Deshalb entsteht Pepsin nur im Mageninnenraum, wo die Nahrung darauf wartet.

Alles hat seinen Platz, vor allem der Magensaft

Die Schleimhaut der Speiseröhre muss ebenso wie die des Magens vor dem Magensaft geschützt werden. In der Speiseröhre gibt es aber keinen alkalischen Schleim. Zugegeben: die Speiseröhrenschleimhaut ist widerstandsfähig und nutzt sich nicht leicht ab. Außerdem besitzt sie eine gesunde Fähigkeit, sich bei Schäden selbst zu reparieren. Aber Magensäure und Pepsin sind etwas anderes. Sie auf die Schleimhaut der Speiseröhre zu bringen, ist ungefähr das Gleiche, als würde man ein Bad in ausgeschütteter Autobatterieflüssigkeit nehmen. Es ist im wahrsten Sinne des Wortes ätzend. Wenn Magensäure in die Speiseröhre gelangt, stellt sich ein Gefühl ein, das wir als *Sodbrennen* bezeichnen (oder als *Dyspepsie*, wenn es nach medizinischer Fachsprache klingen soll).

Ein geringes Maß an Sodbrennen ist erträglich, aber wie die Gewinne eines ganzen Industriezweiges erkennen lassen, ist unsere Leidensfähigkeit in dieser Hinsicht sehr begrenzt. Eine große und immer noch wachsende Zahl von Produkten wird nur zur Bekämpfung dieses Gefühls verkauft. Manche dieser Präparate (zum Beispiel Talcid oder Maalox) neutralisieren die Magensäure, andere (Tagamet) verhindern, dass sie überhaupt gebildet wird. Magensaft richtet kein Unheil an, solange er im Magen bleibt, denn dieser ist entsprechend ausgerüstet. Steigt der Mageninhalt aber nach oben in die Speiseröhre (ein Zustand, den man als *Reflux* bezeichnet), wird er lästig und gefährlich. Leider steht der Speiseröhre kein großes Repertoire von Signalen zur Verfügung, mit denen sie die Beschwerden ausdrücken kann. Ein Säureschwall, der sich zurück in die Speiseröhre ergießt, fühlt sich unter Umständen nicht anders an als ein relativ banaler »Maalox-Augenblick«. Ein einziger kurzer Anfall von Sodbrennen ist in der Regel nicht schlimm. Kommen die Beschwerden aber häufig vor oder bleiben sie über längere Zeit bestehen, sieht die Sache anders aus.

Die Magensäure stört in der Speiseröhre nicht nur unser Wohlbefinden. Sie kann dort die Schleimhaut auch ernsthaft schädigen und sogar ganz zerstören. Dann kommt es zur *Reflux-Ösophagitis*, einer in vielen Fällen sehr schweren Erkrankung. Um sie zu behandeln, opfert man häufig die Fähigkeit des Magens, überhaupt Säure zu produzieren. Mit modernen Medikamenten wie Gastroloc (Omeprazol) kann man ein entscheidendes Pumpprotein lahm legen, das für die Produktion der Salzsäure gebraucht wird, und dann entsteht überhaupt keine Säure mehr. Das führt gewöhnlich sehr schnell zur Linderung der Beschwerden, und die entzündeten Stellen in der Speiseröhre heilen, aber dafür muss der Patient ohne die nützlichen Wirkungen der Säure im Magen auskommen.

Das Fehlen von Magensäure ist ein unnatürlicher, unguter Zustand. In Tierversuchen mit Ratten hat sich gezeigt, dass es auf lange Sicht tatsächlich sehr schädlich ist, wenn der Magen keine Säure enthält. Unterdrückt man bei den Tieren längere Zeit die

Säureproduktion, bilden sich häufig so genannte *Carcinoide*, Wucherungen, die von einer Zelle der Magenschleimhaut ausgehen. Bei Menschen dagegen hat man, anders als bei Ratten, solche Wucherungen bisher nicht beobachtet. Dennoch geben die Ärzte den Patienten nur ungern über längere Zeit hinweg ein Medikament, das die Säureproduktion im Magen völlig zum Erliegen bringt. Üblicherweise wird beispielsweise Omeprazol nur vorübergehend verschrieben, sodass die Speiseröhre heilen kann; anschließend setzt man den Wirkstoff ab und hofft, dass die Reflux-Ösophagitis nicht wiederkehrt. Leider geschieht allerdings in den meisten Fällen genau das, und wenn die Patienten einmal gemerkt haben, welche Linderung mit dem Medikament zu erreichen ist, nehmen sie es über immer längere Zeiträume hinweg.

Bisher gibt es keinerlei Befunde, die darauf hinweisen würden, dass Omeprazol bei Menschen gefährlich ist. Aber die Produktion eines ansonsten nützlichen natürlichen Produkts wie der Salzsäure zu unterdrücken, ist selbst dann, wenn es funktioniert, eine oberflächliche Art der Therapie. Eine bessere Methode zur Behandlung der Reflux-Ösophagitis würde darin bestehen, dass man den natürlichen Mechanismus wieder herstellt, der das Zurückfließen der Magensäure in die Speiseröhre verhindert. Das Omeprazol hat also die Forscher durchaus nicht arbeitslos gemacht.

Normalerweise sorgt der *Sphincter cardiae* dafür, dass keine Magensäure in die Speiseröhre gelangt. Dieser Schließmuskel wirkt wie eine bewegliche Schleuse, die sich öffnet und schließt. Wie man sich ohne weiteres vorstellen kann, ist er meistens geschlossen, sodass zwischen dem Innenraum der Speiseröhre und des Magens keine Verbindung besteht. Deshalb bleibt der Mageninhalt im Magen, auch wenn der Druck dort ansteigt. Selbst wenn man auf dem Kopf steht, hält der Sphincter cardiae die Säure zurück und schützt die Speiseröhre. Er öffnet sich nur vorübergehend, damit die Nahrung nach dem Schlucken in den Magen gelangen kann. Dabei sorgen die Kontraktionen der Speiseröhrenmuskulatur dafür, dass der Druck in der Speiseröhre größer ist als im Magen, sodass das Zurückfließen verhindert wird. Gelangt dennoch ein wenig Säure in die Speiseröhre, während der Sphincter cardiae geöffnet ist, wird sie durch die alkalischen Produkte spezialisierter Drüsen in diesem Bereich neutralisiert. Solange Sphincter cardiae, Speiseröhrenmuskulatur und Drüsen koordiniert zusammenarbeiten, tritt also kein Sodbrennen auf. Deshalb versteht man auch leicht, warum sich in der Evolution die komplizierte Nervensteuerung entwickelt hat, die für die gleichzeitige Funktion aller drei Elemente sorgt. Versagen diese, wird das Leben unerträglich und manchmal auch kürzer. Und wenn das Überleben des Geeignetsten der Motor der Evolution ist, spielt die Verhütung von Sodbrennen dabei sicher eine wichtige Rolle. Die Möglichkeit, Sodbrennen mit Medikamenten zu bekämpfen, gibt es erst seit recht kurzer Zeit.

Der Magen ist mehr als nur ein Verdauungsorgan. Er verfügt über die außergewöhnliche Fähigkeit, sich zu erweitern und als Vorratsspeicher zu dienen. Wir nehmen Nahrung nicht ständig und auch nicht immer in vernünftigen Mengen auf. Der Magen kann verblüffenderweise nicht nur drei vollständige Mahlzeiten am Tag verkraften, sondern wenn es notwendig ist, wird er sogar mit der gierigsten Völlerei fertig. Die Magenwand ist dehnbar, sodass das Organ sich vergrößern kann, ohne dass der Druck in seinem Inneren zunimmt. Aber der Magen ist kein Ballon, dessen elastische Wand selbst Druck ausübt, wenn der Inhalt dagegendrückt. Da der Innendruck nicht wächst, wenn der Magen sich erweitert, wird der Inhalt selbst nach Aufnahme einer riesigen Nahrungsmenge weder nach oben in die Speiseröhre noch nach unten in den Dünndarm gedrückt. Der Verlust dieser Funktion als Vorratsspeicher ist eine der schlimmsten Folgen der Operation, bei der der Magen chirurgisch entfernt werden muss. Dann ist es nicht mehr möglich, dreimal am Tag zu essen. Die Betroffenen müssen mindestens sechs Mahlzeiten täglich zu sich nehmen, um am Leben zu bleiben. Eine ähnliche Speicherfunktion hat kein anderer Abschnitt des Verdauungskanals.

Der Darm muss wissen, was er tut

Aus dem bisher Gesagten sollte deutlich geworden sein, dass die Verdauung alles andere als ein einfacher Vorgang ist. Sie umfasst viele Vorgänge und bedient sich gefährlicher Substanzen. Entscheidend ist, dass jeder Schritt genau reguliert wird, und diese Regulation muss schnell und sehr spezifisch erfolgen. Wie wir beispielsweise erfahren haben, öffnet sich der Schließmuskel am Ende der Speiseröhre jeweils nur für kurze Zeit, um Nahrung durchzulassen, aber ansonsten bleibt er geschlossen. Das ist leicht gesagt, erweist sich aber in der praktischen Ausführung als schwierig. Der Zeitpunkt des Öffnens ist sehr wichtig und muss genau gesteuert werden. Die Nahrung kommt an, die Speiseröhrenmuskulatur zieht sich zusammen, der Sphincter cardiae öffnet sich, die Nahrung passiert ihn, und der Sphincter cardiae schließt sich wieder. Alles hängt an der richtigen zeitlichen Koordination des ganzen Ablaufs. Genauso präzise muss die komplexe Tätigkeit des Magens gesteuert werden. Er stellt beispielsweise nicht ständig Salzsäure her, sondern nur bei Bedarf. Ist sie nicht notwendig, wird der (übrigens gewaltige) Aufwand vermieden. Gleichzeitig besteht auf diese Weise auch nicht ständig die Gefahr, die von ihr ausgeht. Ganz ähnlich verhält es sich mit dem Pepsin und dem alkalischen Schleim: Sie werden ebenfalls nur dann produziert, wenn der Organismus sie braucht.

Der Magen speichert aber die Nahrung nicht nur, sondern er zerlegt auch ihre großen Brocken in winzig kleine Teilchen, denn nur diese Form verträgt der nächste Darmabschnitt, der Dünndarm. Nichts verlässt ohne eine strenge Größenprüfung den Magen: Er muss entscheiden, wann er speichert, wann er die Nahrung zerkleinert, wann er sie durchmischt und wann er sie weiterschiebt. Die Darmtätigkeiten ändern sich also häufig, und das Muster der einen Aktivität kann dem der vorhergehenden oder nachfolgenden sogar entgegengesetzt sein.

Wenn eine Tätigkeit nur bei Bedarf ausgeführt wird, muss irgendein Mechanismus diesen Bedarf wahrnehmen und den Effektorzellen ein entsprechendes Signal geben. Steuerung und Schnelligkeit sind die Spezialitäten des Nervensystems, und vom Nervensystem werden auch die komplizierten Abläufe bei der Verdauung koordiniert. Diese Regulation durch die eigenen Nerven des Darms ist für die Verdauung ebenso notwendig wie die Enzyme, die aus den kompliziert gebauten Lebensmitteln die Nährstoffe freisetzen. Die Nahrung wird nicht unsanft in eine bereits vorhandene Flüssigkeit geschoben und dort aufgelöst. Vielmehr nimmt das enterale Nervensystem wahr, ob Nahrung im Darm vorhanden ist, und dann setzt es die Produktion der Verdauungssäfte in Gang. Gleichzeitig veranlasst es den Darm zu Bewegungen, die für die gerade laufenden Verdauungsprozesse nützlich sind. Die fein abgestimmte Koordination eines ganz normalen enteralen Nervensystems ist sicher ebenso erstaunlich wie die kreativen Leistungen des Gehirns. Und wenn das zweite Gehirn nicht mehr für diese Koordination sorgt, gehen die kreativen Fähigkeiten des ersten mit Sicherheit verloren.

Verdauung ist Lokalpolitik

Für die vielfältigen Tätigkeiten des Magens sind unterschiedliche Bereiche und Zellen zuständig. Betrachtet man das Organ mit bloßem Auge (siehe Abbildung S. 152), kann man vier Zonen unterscheiden: die *Mündung der Speiseröhre* beziehungsweise die *Zone des Magenmundes (Cardia)*, das *Magengewölbe (Fundus)*, den *Magenkörper (Corpus)* und den *Vorhof des Magenausgangs* beziehungsweise *Pförtners (Antrum pylori)*.

Die Struktur der Magenmundzone lässt vermuten, dass dieser Bereich in der Evolution entstanden ist, um die Speiseröhre in ihrer Funktion zu unterstützen. In dieser Zone produziert der Magen weder Säure noch Pepsin; stattdessen enthält seine Schleimhaut Drüsen, die alkalischen Schleim produzieren, sodass die Magensäure neutralisiert und ihr Rückfluss in die Speiseröhre verhindert wird. Die Verbindung zwischen Speiseröhre und Magen ist also eine spezialisierte, säurefreie Zone, die als »Brandschneise« dient und von Natur aus neutralisierende Wirkstoffe zur Verfügung stellt. Magengrund und Magenkörper bilden eigentlich einen zusammenhängenden Bereich. Sie enthalten praktisch die gleichen Drüsen und erfüllen die gleichen Tätigkeiten. Der Magengrund ist der Teil des Magens, der oberhalb der Speiseröhrenmündung liegt. Hier sammelt sich die Luft, die mit der Nahrung verschluckt wird und in die Höhe steigt. Beim Aufstoßen dringt diese nach Magen riechende Luft ins Bewusstsein des Betroffenen und häufig auch seiner Umgebung. Auf Röntgenaufnahmen des Bauches ist das Gas im Magengrund deutlich zu erkennen; es stellt ein wichtiges Kennzeichen dar, anhand dessen der Arzt die Lage und Größe des Magens feststellen kann. Die Schleimhaut von Magengrund und Magenkörper enthält Drüsen, die das gesamte Pepsinogen (das dann im Magen zu Pepsin umgesetzt wird) und die Säure produzieren. Sowohl Pepsinogen als auch Salzsäure werden an keinem anderen Ort im Körper erzeugt. Natürlich scheiden die Drüsen von Magengrund und Magenkörper auch den alkalischen Schleim aus, durch den die Magenschleimhaut (auch in diesen Bereichen) erhalten bleibt.

In einem gewissen Sinn hat die Evolution den Magen balkani-

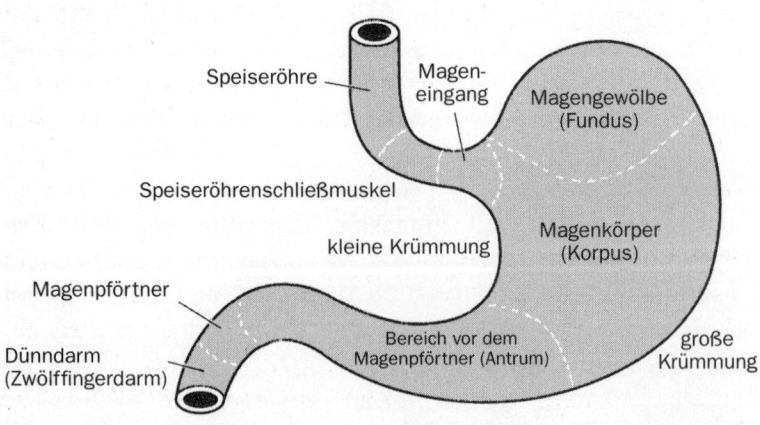

siert. Seine Funktionen sind auf einzelne Zelltypen verteilt, die jeweils ihr eigenes Gebiet besiedeln. Für jede Funktion gibt es einen entsprechenden Bereich. Die Vorherrschaft im Parlament kann von einer Partei zur andern wechseln – aber nicht wegen dringender nationaler Fragen, über die das Land in einer Volksabstimmung entscheidet, sondern durch die gemeinsame Auswirkung vieler Streitfragen, über die auf Grund engstirniger Interessen entschieden wurde. So verhält es sich auch mit dem Magen. Das Schicksal des ganzen Organs wird durch den Erfolg oder das Versagen seiner einzelnen Regionen bestimmt.

Unentbehrlich: der *Intrinsic factor*

Neben Säure, Pepsin und dem alkalischen Schleim stellen Magengrund und Magenkörper noch eine weitere Substanz her: den auch im deutschen Sprachraum so genannten *Intrinsic factor*. Er ist von allen Verbindungen, die der Magen produziert, als einziger völlig unentbehrlich. Unglaublich, aber wahr: Ohne Säure und Pepsin kann man leben. Der Dünndarm und die mit ihm verbundenen Drüsen kommen auch ohne sie zurecht. Wird der Magen chirurgisch entfernt, wiegt der Verlust seiner Speicherfunktion schwerer als die Tatsache, dass er nicht mehr zur Verdauung beiträgt. Der Dünndarm wird mit einer vollständigen Mahlzeit nicht fertig, und mit Völlereien noch viel weniger. Wer keinen Magen mehr hat, muss sich auf diese Tatsache einstellen und jeden Tag viele kleine Mahlzeiten zu sich nehmen.

Die Lebensqualität mag ohne Magen eingeschränkt sein, aber fast alles, was der Magen für uns tut, ist letztlich entbehrlich. Das entscheidende Wort dabei ist »fast«. Ohne den *Intrinsic factor* ist das Leben nicht möglich, es sei denn, man greift medizinisch ein. Die Substanz bindet im Magen das Vitamin B_{12}, das wir mit der Nahrung aufnehmen. Der so gebildete Komplex aus Vitamin B_{12} und dem *Intrinsic factor* wird nicht im Darm verdaut, sondern lange nach seiner Bildung erkennen ihn spezialisierte Zellen in der Schleimhaut des Dünndarms und zwar in seinem letzten Teil, im

Krummdarm. Nur wenn diese Zellen den Komplex erkennen, können sie das Vitamin aufnehmen. Fehlt der *Intrinsic factor*, wird das Vitamin B_{12} nicht resorbiert, ganz gleich, wie viel wir davon aufnehmen. Da Vitamin B_{12} für die Erhaltung vieler Nervenzellen im Gehirn und im Rückenmark ebenso notwendig ist wie für die Bildung der roten Blutzellen, führt der so entstehende Vitaminmangel zu Krankheit und schließlich zum Tod. Die Krankheit, die bei einem Vitamin-B_{12}-Mangel entsteht, heißt *perniziöse Anämie*, ein Name, wie er treffender nicht sein könnte. Anämie (eine unzureichende Zahl roter Blutzellen) führt zu Sauerstoffmangel im Gewebe, sodass die Betroffenen sich ständig in einem Zustand der Erschöpfung befinden. Und als wäre das noch nicht genug, führt der Verfall der Nervenzellen, die ohne Vitamin B_{12} nicht leben können, zum Verlust der Wahrnehmungsfähigkeit und zu Lähmungen. Interessanterweise wird der *Intrinsic factor* in der Magenschleimhaut von denselben Zellen (den *Belegzellen*) gebildet, die auch die Salzsäure produzieren. Dass diese beiden Substanzen aus denselben Zellen stammen, ist wirklich seltsam. Der *Intrinsic factor* ist ein Protein. In fast allen anderen Zellen, die auf ähnliche Weise darauf spezialisiert sind, Proteine zu produzieren und auszuscheiden, sind die Organzellen (Strukturen im Zellinneren), die zur Proteinherstellung gebraucht werden, das beherrschende Element. Proteine müssen in der DNA codiert sein, und dann muss die Zelle sie in RNA umschreiben, als Aminosäureketten synthetisieren und für die Ausscheidung in Membransäckchen verpacken. Salzsäure dagegen besteht aus kleinen Molekülen und ist in den für den Magen typischen Mengen für alle Zellen giftig, mit denen sie in Berührung kommt. Und was noch schlimmer ist: Salzsäure diffundiert ganz leicht durch Zellmembranen. Sie in Membransäckchen aufzubewahren, bis sie ausgeschieden wird, kommt also überhaupt nicht in Frage. Keine Zelle könnte Salzsäure in ihrer späteren Konzentration herstellen und dabei am Leben bleiben. Aber die Belegzellen sterben nicht. Sie erzeugen wie von Zauberhand die Salzsäure und leben munter weiter. Wie machen sie das?

Pumpe und Päckchen

Der *Intrinsic factor* wird im Inneren der Belegzellen gebildet, in membranumhüllten Päckchen gespeichert und dann ausgeschieden. Die Salzsäure dagegen entsteht außerhalb der Zellen. Jedes Salzsäuremolekül besteht aus einem Wasserstoff- und einem Chloridion. Um die Salzsäure des Magensaftes zu erzeugen, pumpen die Belegzellen Wasserstoffionen aus dem Blut in den Mageninnenraum. Die Chloridionen folgen dem Wasserstoff, und wenn die beiden Ionen außerhalb der Zellen zusammentreffen, entsteht die Salzsäure.

Entscheidend ist dabei die Fähigkeit, die Wasserstoffionen zu pumpen. Das ist nicht einfach, denn die Ionen tragen eine positive Ladung. Der Transport geladener Teilchen ist schwierig, weil sie sich gegenseitig beeinflussen. Teilchen mit der gleichen Ladung stoßen einander ab, entgegengesetzte Ladungen ziehen sich an. Deshalb kann eine Zelle nicht einfach einen Haufen positiv geladene Wasserstoffionen aufnehmen und von einer Stelle zur anderen befördern. Damit sie eine große Zahl dieser Teilchen quer durch die Zelle transportieren können, müssen andere Teilchen mit der gleichen Ladung in umgekehrter Richtung befördert werden und den Platz der Wasserstoffionen einnehmen. Ohne eine solche Gegenbewegung würden sich am Ziel der Wasserstoffionen übermäßig viel positive Ladungen ansammeln, und auf der anderen Seite würde sich ein Mangel an positiven Ladungen einstellen. Eine solche Ladungstrennung ist aber in Wirklichkeit nicht möglich: Die Abstoßungs- und Anziehungskräfte, die durch eine Ansammlung oder einen Mangel geladener Teilchen entstehen, sind so stark, dass biologische Systeme damit nicht fertig werden. Einem alten Sprichwort zufolge hat die Natur etwas gegen leere Räume, aber noch stärker widersetzt sie sich der Ladungstrennung. Die physikalischen Gesetze, die auch in der Biologie gelten, verbieten sie.

Um die Ladungstrennung zu vermeiden, machen die Belegzellen das Pumpen der Wasserstoffionen zu einem einfachen Transportvorgang. Die Zellen tauschen Wasserstoffionen gegen Kaliumionen aus, die ebenfalls positiv geladen sind. Während Wasserstoffionen vom Blut in den Mageninnenraum wandern, fließen Kaliumionen in einer Gegenbewegung genau andersherum – vom Magen ins Blut. Deshalb findet keine Ladungstrennung statt. Dieser Austausch von Wasserstoff gegen Kalium ist auch genau der Vorgang, der von dem Wirkstoff Omeprazol gehemmt wird. Findet er nicht mehr statt, kommt auch die Säureproduktion zum Erliegen.

Die Wasserstoffionen liegen aber im Blut bei weitem nicht in der Konzentration vor, die im Mageninnenraum erforderlich ist; die Belegzellen müssen also beim Pumpen ein sehr ungünstiges elektrisches und chemisches Gefälle überwinden. Was die dazu notwendige Arbeit angeht, ähnelt das Pumpen der Wasserstoffionen durchaus dem Versuch, die Niagarafälle in einem Fass von *unten nach oben* zu überwinden. Dieser gewaltige Aufwand erfordert eine riesige Sauerstoffmenge, den Verbrauch vieler Kalorien und die Produktion einer atemberaubenden Zahl energiereicher ATP-Moleküle. ATP ist die »Energiewährung«, mit der die Zellen ihre Arbeit bezahlen.

Das ist das Geheimnis der Belegzellen: Sie scheiden Salzsäure aus, die sich nie in ihrem Inneren befunden hat. Stattdessen enthalten sie einen außergewöhnlichen Apparat, mit dem sie ausreichende ATP-Mengen produzieren, und eine Riesenmenge an Membranen, in denen die erforderlichen Ionenpumpen liegen. Das ATP entsteht in zahlreichen überdimensionierten *Mitochondrien*, Organzellen, in denen die *Zellatmung* abläuft: Sauerstoff dient zur (ohne Flammen stattfindenden) »Verbrennung« kleiner, kohlenstoffhaltiger Moleküle, und dabei entsteht ATP. Die Ionenpumpen sind in die Membran eingelagerte Proteine, die auch als Enzyme (*ATPasen*) wirken: Sie spalten ATP und nutzen die dabei frei werdende Energie, um Wasserstoff und Kalium in eine ansonsten unmögliche Richtung zu transportieren.

Eigentlich ist es verwunderlich, dass zwei so unterschiedliche biochemische Apparate – der eine für die Proteinausscheidung (das heißt zur Produktion des *Intrinsic factor*), der andere für den Transport der Wasserstoffionen und damit für die Herstellung der

Salzsäure – nebeneinander in einer einzigen Zelle existieren. Die meisten Zellen wurden von der Evolution so gestaltet, dass sie nur eine derartige Aufgabe erfüllen können. Wenn sie für eine schwierige Tätigkeit zuständig sind, konzentrieren sie sich in der Regel völlig darauf. Da sie auch selbst am Leben bleiben und zu diesem Zweck zahlreiche allgemeine biochemische Tätigkeiten ausführen müssen, können sich die meisten Zellen nicht den »Luxus« leisten, mehrere zusätzliche Funktionen zum Wohl des Gesamtorganismus zu erfüllen. So stellen beispielsweise auch die Pepsinogen produzierenden Zellen (auch *Hauptzellen*) genannt und die Zellen, die den alkalischen Schleim bilden, Proteine zur Ausscheidung her, und das sieht man ihnen auch an. Aber weder Hauptzellen noch Schleim produzierende Zellen tragen darüber hinaus zum Gemeinwohl des Körpers bei. Die Zellen in den Gängen der Speicheldrüsen transportieren Ionen, und in ihrer Konstruktion spiegelt sich ebenfalls diese – und nur diese – Aufgabe wider. Das Aussehen der Belegzellen mit ihrer großen Anzahl von Mitochondrien und den vielen Membranen zeigt ganz allgemein, dass sie viel leisten und Ionen transportieren können, aber es weist nicht darauf hin, dass dieselben Zellen auch den *Intrinsic factor* produzieren. Sie enthalten zwar eindeutig den dafür notwendigen Proteinsynthese-Apparat, aber der ist nicht ohne weiteres zu sehen. Deshalb wusste man lange Zeit nicht, dass die Belegzellen den *Intrinsic factor* produzieren: Ihr Apparat für Proteinsynthese und -ausscheidung war im Zellinneren hinter den auffälligen Besonderheiten versteckt, die der Säureherstellung dienen. Dass die Wissenschaftler, die sich mit der Feinstruktur der Belegzellen befassten, in dieser Hinsicht in die Irre gingen, kann man verstehen. Eine Funktion, die Säureproduktion, lag auf der Hand, aber die andere, die Ausscheidung des *Intrinsic factor*, blieb verborgen.

Gefilte Fisch

Einer der ersten Anhaltspunkte, dass dieselben Zellen für die Produktion von Säure und *Intrinsic factor* verantwortlich sind, ergab sich aus der medizinischen Beobachtung, dass perniziöse Anämie mit dem Fehlen von Magensäure (*Achlorhydrie*) gekoppelt ist. Viele Patienten, die keine Magensäure bilden können, bekommen die Krankheit, und viele Patienten mit perniziöser Anämie haben keine Magensäure. Der Zusammenhang zwischen Vitamin-B$_{12}$-Mangel und Achlorhydrie erschien zunächst rätselhaft. Aber schließlich konnte man das Geheimnis lüften: Wie sich herausstellte, verfügen Patienten, die sowohl an Achlorhydrie als auch an perniziöser Anämie leiden, über keine Belegzellen. Aus bisher nicht geklärten Gründen entstehen im Organismus mancher Menschen Autoantikörper, die sich gegen die Oberflächenmembran ihrer eigenen Belegzellen richten. Die so angegriffenen Zellen gehen zu Grunde, und die Folge sind Achlorhydrie sowie perniziöse Anämie. Da die Belegzellen sowohl den *Intrinsic factor* als auch die Salzsäure produzieren, fehlen beide Substanzen, wenn die Zellen zerstört sind.

Glücklicherweise kann man solche Patienten behandeln. Ohne Magensäure können sie überleben, und das Vitamin B$_{12}$ führt man künstlich zu. Natürlich muss man das Vitamin spritzen, denn ohne den *Intrinsic factor*, den die Patienten ja nicht produzieren, können sie es aus der Nahrung nicht aufnehmen. Solche Menschen müssen deshalb lernen, sich selbst Vitaminspritzen zu verabreichen, ganz ähnlich wie Diabetiker, die sich täglich ihr Insulin injizieren.

Im Zusammenhang mit der perniziösen Anämie muss ich an meine Kindheit denken, und mir fällt ein Mensch ein, den ich innig geliebt habe. Meine Großmutter, die mir die Mutter ersetzte, litt an perniziöser Anämie. Sie versorgte mich, während meine Mutter zur Arbeit ging. Die Politik war ihre Leidenschaft, aber ihre Hauptbeschäftigung war das Kochen. Sie backte einen riesigen Käsekuchen, machte wunderbare Matzen, und ihrem Gefilte Fisch konnte niemand widerstehen. Der Fisch musste vor allem frisch sein, und wenn daran etwas nicht stimmte, war die Hölle los. Welche Eigenschaften der Fisch besitzen musste, damit meine Großmutter zufrieden war, wusste niemand, denn außer ihr hatte ihn niemand im rohen Zustand probiert. Meine Großmutter zerkleinerte den Fisch und vermischte die Zutaten, und immer wieder schmeckte sie das Ganze ab, um die richtigen Mengen zuzugeben. Rückblickend ist mir klar, dass diese Gewohnheit ihr wahrscheinlich zum Verhängnis wurde: Roher Fisch enthält einen unsichtbaren Bösewicht, den Fischbandwurm *Diphylobothrium latum*, der auch auf den Fischesser übergehen kann.

Nachdem meine Großmutter viele Jahre lang ihren Gefilte Fisch an Angehörige und Freunde verteilt hatte, verschlechterte sich ihr Gesundheitszustand. Sie klagte über Schwächegefühle und zunehmende Erschöpfung. Eines Tages bekam sie quälende Bauchschmerzen. Sie musste erbrechen, hatte im Sitzen einen Kollaps und rief schwach um Hilfe. Symptome und Untersuchungsergebnisse führten zur Diagnose eines Darmverschlusses. Ein chirurgischer Eingriff war unvermeidlich. Bei den Operationsvorbereitungen stellte sich nebenher heraus, dass meine Großmutter auch an perniziöser Anämie litt, was zuvor niemand vermutet hatte; die Anämie war aber mit Sicherheit der Grund gewesen, warum sie sich schon zuvor so müde und schwach gefühlt hatte.

Leider erkannten die Ärzte den Zusammenhang zwischen der perniziösen Anämie und dem Darmverschluss nicht. Außerdem waren sie so beschäftigt, so voreingenommen oder vielleicht auch so besorgt, dass sie keine vollständige Anamnese durchführten; dabei hätte sich möglicherweise herausgestellt, dass meine Großmutter die Gewohnheit hatte, rohen Fisch zu essen. Tatsächlich war *Dyphylobothrium latum* die Ursache des Darmverschlusses. Sie hatte im Lauf der Jahre viele Male Gefilte Fisch zubereitet und wurde nicht nur von einem Wurm geplagt, sondern von vielen. Manche Menschen sammeln Briefmarken, sie sammelte *Diphylobothrium latum*. Ein Chirurg brachte Großmutters Darm wieder in Ordnung, aber der muss nach meiner Vermutung beim Nähen recht unzufrieden gewesen sein. Die richtige Therapie hätte nicht in einer Operation, sondern in einem wurmtötenden Medikament bestanden.

Von uns anderen, die wir Großmutters fertigen Gefilte Fisch verzehrt hatten, wurde niemand krank. Natürlich hatten wir immer den gegarten Fisch gegessen. Sie dagegen war eifrig darauf bedacht gewesen, die rohen Zutaten zusammenzustellen, und hatte mit dem Fisch auch Bandwurmeier aufgenommen. *Diphylobothrium latum* konkurriert mit dem Menschen um das Vitamin B_{12}, und wenn jemand stark von Würmern besiedelt ist, behalten sie in diesem Wettbewerb die Oberhand. Meine Großmutter hatte offensichtlich wegen ihrer Bandwürmer perniziöse Anämie bekommen. So etwas kam bei jüdischen Hausfrauen, die Gefilte Fisch zubereiteten, relativ häufig vor, und ebenso auch in Norwegen, wo man eine ganz ähnliche Delikatesse mit Namen Lüdefisk kennt. In anderen Industrieländern ist die durch Fischbandwürmer ausgelöste Krankheit seltener, zweifellos weil Gefilte Fisch heute eher aus der Supermarkt-Fertigpackung kommt als aus der Küche. Außerdem sind Kochbuch und Messbecher an die Stelle des Probierens von rohem Fisch getreten, wenn es darum geht, die richtigen Mengen zu ermitteln.

Auch nachdem meine Großmutter von den Bandwürmern geheilt war, produzierte sie keine Magensäure, und die perniziöse Anämie blieb bestehen. Demnach kann man sich durchaus vorstellen, dass es doch nicht die Würmer waren, die ihr das Vitamin B_{12} weggefressen hatten und deshalb an der Anämie schuld waren. Vielleicht litt sie nicht nur an den Würmern, sondern auch an der Autoimmunkrankheit, die zur Zerstörung der Belegzellen führt. Sie starb schließlich an Magenkrebs, einer Krankheit, die bei Menschen mit perniziöser Anämie und Achlorhydrie häufig vorkommt. Vielleicht hatte man *Diphylobothrium latum* in ihrem Fall zu Unrecht beschuldigt.

Drüsen

Die Belegzellen befinden sich nicht auf der sichtbaren Oberfläche der Magenschleimhaut, sondern zusammen mit den Pepsinogen produzierenden Hauptzellen in tiefen Gruben, die man als *Magendrüsen* bezeichnet. Wie man auf der Abbildung erkennt (siehe S. 162), handelt es sich bei den Drüsen zwar um Einstülpungen der Magenschleimhaut, die darin enthaltenen Zellen unterscheiden sich aber von denen der Schleimhautoberfläche.

Die Zellen an der Oberfläche sorgen in allen Bereichen des Magens für die Produktion des lebenswichtigen alkalischen Schutzschleimes. Dagegen liegen die Zellen, die Säure und Pepsin produzieren, tief im Inneren der Drüsen, und zwar nur im Magengewölbe und Magenkörper. Dabei bilden die Belegzellen und Hauptzellen in unterschiedlichen Bereichen der Drüsen getrennte Gruppen. Die Belegzellen konzentrieren sich auf den oberen Teil der Drüse, die Hauptzellen liegen an ihrem unteren Ende.

Hauptzellen sind konventioneller aufgebaut als Belegzellen. Die wichtigste Aufgabe der Hauptzellen besteht in der Ausscheidung eines Proteins, und entsprechend sehen sie auch aus. Während die Belegzellen reich an Mitochondrien und Membranen mit Ionenpumpen sind, enthalten die Hauptzellen große Mengen an RNA und Membranen, die für die Verpackung der Proteine sorgen. Die Hauptzellen sind pyramidenförmig. Im unteren Abschnitt der Pyramide befindet sich jeweils der Apparat zur Herstellung und Verpackung der Proteine, und die Spitze ist mit membranumhüllten Pepsinogenpäckchen angefüllt. Ist keine Nahrung zu verarbeiten, warten die Hauptzellen wie mit geladenem Gewehr darauf, dass die zu ihnen führenden Nerven das Signal geben, ihre Pepsinogengeschosse abzufeuern.

Obwohl Magengrund und Magenkörper die gesamten Mengen an Salzsäure und Pepsinogen produzieren, findet in diesen Bereichen nur ein kleiner Teil der Verdauung statt. Beide Teile des Magens sind vorwiegend für seine Speicherkapazität verantwortlich, und insbesondere der Magenkörper kann größere Nahrungsstücke

Magendrüsen

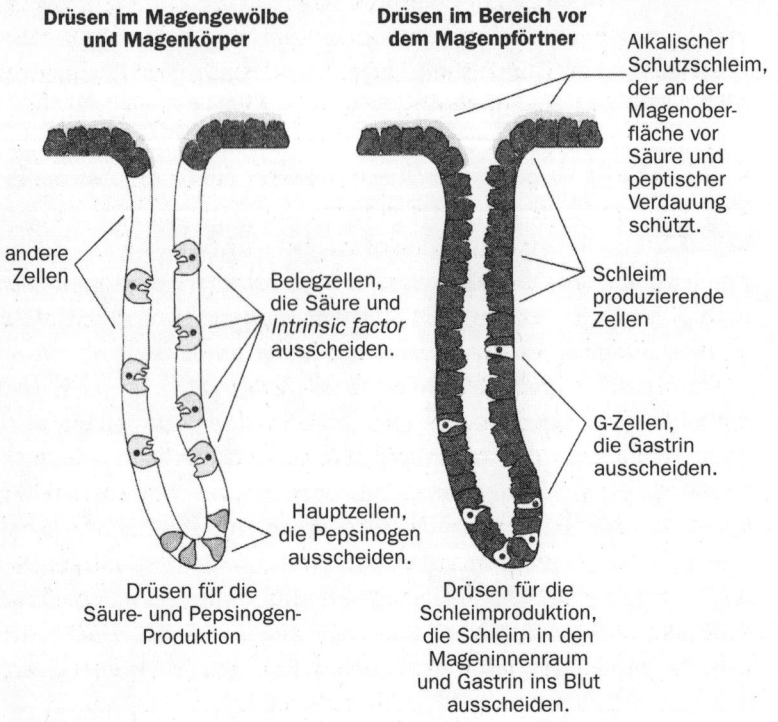

Drüsen im Magengewölbe und Magenkörper

Drüsen im Bereich vor dem Magenpförtner

Alkalischer Schutzschleim, der an der Magenoberfläche vor Säure und peptischer Verdauung schützt.

andere Zellen

Belegzellen, die Säure und *Intrinsic factor* ausscheiden.

Schleim produzierende Zellen

G-Zellen, die Gastrin ausscheiden.

Hauptzellen, die Pepsinogen ausscheiden.

Drüsen für die Säure- und Pepsinogen-Produktion

Drüsen für die Schleimproduktion, die Schleim in den Mageninnenraum und Gastrin ins Blut ausscheiden.

sehr gut zerkleinern. Die Verdauung geschieht jedoch vorwiegend nicht da, wo die entscheidenden Säfte abgegeben werden, sondern im Bereich des Magenpförtners (*Plyorus*), der gleichzeitig als »Labor« dient und den Mageninhalt chemisch analysiert. Hier wird der Säuregehalt des Magensaftes überwacht. Ist er zu niedrig, scheiden Zellen im Vorhof des Pförtners das Hormon *Gastrin* aus, das die Belegzellen zu stärkerer Säureproduktion anregt. Die Zellen, die das Gastrin erzeugen, heißen schlicht und einfach *G-Zellen*. Wie Beleg- und Hauptzellen, so sind auch die G-Zellen in den Magendrüsen angesiedelt, aber nur in jenen, die sich in dem Abschnitt vor dem Magenpförtner befinden.

Im Gegensatz zu den Beleg- und Hauptzellen geben die G-Zellen ihre Produkte nicht in den Mageninnenraum ab. Sie sind nach der anderen Seite ausgerichtet und scheiden das Hormon ins Blut aus. Wenn der Säuregehalt im Magen zunimmt, geht die Gastrinausscheidung ins Blut zurück. Umgekehrt funktioniert es genauso: Mit abnehmender Säurekonzentration im Magen nimmt die Gastrinproduktion zu. Obwohl der Bereich vor dem Magenpförtner selbst keine Säure produziert, hat er also auf dem Weg über die G-Zellen großen Einfluss darauf, wie viel Säure der Magensaft enthält. Dass dieses interne Kontrollsystem sehr wirksam ist, sollte man sich merken. Die G-Zellen können nicht nur von Säure vor dem Magenpförtner angeregt werden, sondern auch durch viele andere, beispielsweise durch manche Lebensmittel.

Angesichts dieser Fähigkeit der G-Zellen, das Brennen der Säure im Magen anzufachen, sollte man wohl ein wenig mehr darüber nachdenken, was man dem Bereich vor dem Magenpförtner zumutet. Jeder Mensch hat eine Lernkurve. Sie ist umso steiler und wirksamer, je weniger Versuche jemand braucht, um etwas zu lernen. Welche Dinge den Magen in Brand setzen wie ein Kanister Benzin, lernen die meisten von uns sehr schnell. Die Lernkurve steigt hier besonders schnell an, weil viel auf dem Spiel steht. Ich habe von roten Pepperoni genug. Genauso geht es meiner Frau, wenn eine Scheibe zu viel davon auf der Pizza liegt. Wir beide brauchten nicht besonders oft zu üben, bevor wir wussten, was wir zu meiden hatten. Man kann die Dinger auf ihrem Weg nach unten richtig spüren, aber der Spaß lohnt es nicht, das Leiden der Speiseröhre dafür in Kauf zu nehmen.

Dass der Magen seinen Säuregehalt selbst regulieren kann, bereitet unter Umständen Probleme, wenn man säurehemmende Medikamente gegen Sodbrennen nimmt. Die alkalischen Wirkstoffe in solchen Präparaten neutralisieren die Magensäure, aber dann können die G-Zellen hinterhältigerweise das Brennen wieder in Gang setzen. Sie nehmen den Rückgang der Magensäure wahr und scheiden Gastrin aus. Das wiederum setzt neue Säureproduktion in Gang, und das Medikament wird unwirksam. So kann es zu einem Teufelskreis kommen: Wir nehmen wieder eine

Tablette, wieder neutralisiert der Wirkstoff zunächst die Säure in unserem Magen, sodass die Beschwerden sofort, aber nur kurzfristig gelindert werden. Die G-Zellen nehmen den Rückgang des Säuregehaltes wahr und scheiden Gastrin aus, der Magen produziert noch mehr Säure, und so weiter, und so weiter. Jede Wiederholung bringt Geld in die Kassen der Pharmahersteller.

Glücklicherweise hat die Evolution uns auf höchst phantasievolle Weise konstruiert. Wegen unserer Fähigkeit, Salzsäure zu produzieren, tanzen wir eigentlich ständig auf einem Vulkan. Zwar haben wir starke Abwehrmechanismen gegen die schädlichen Folgen – der alkalische Schleim ist eine wirksame Schranke, und das Sicherheitssystem der Drüsen wirkt wie eine Ansammlung von Feuerlöschern zur Neutralisierung der Säure, die gelegentlich in die Speiseröhre gelangt. Aber auch unter optimalen Bedingungen kann etwas schief gehen, und deshalb geht es zwangsläufig auch schief. Die Zellen der Mageninnenwand haben ein schweres Leben. Trotz aller Vorsichtsmaßnahmen, die der Organismus zu ihrem Schutz ergreift, stirbt hin und wieder eine von ihnen. Deshalb muss es einen Bergungsmechanismus geben, der sich um den Tod dieser tapferen Soldaten kümmert. Die Todesopfer brauchen keine würdige Beerdigung – der Organismus arbeitet ohne Sentimentalität. Tote Zellen fallen einfach in den Mageninnenraum und verschwinden schnell in dem Säuresee, der dort auf sie wartet. Notwendig ist aber ein Mittel, um die Lücken zu schließen. Jede abgestorbene Zelle kann zu einer Bresche in den Abwehrlinien des Magens werden. Auf der einen Seite der Magenwand befindet sich ein Hexengebräu aus Säure und Pepsin, auf der anderen liegt die nahrhafte Lösung, die für den Lebensunterhalt der Körperzellen sorgt. Auf keinen Fall darf die Säure ungehindert durch den leeren Raum fließen, der durch den Tod einer Schleimhautzelle entstanden ist. Aber solche Katastrophen geschehen auch nicht: Die Zellen beiderseits ihres toten Kameraden sind in der Lage, Löcher schnell zu stopfen. Sie spüren, dass Ärger droht, und sind sofort zur Stelle. Sie werfen sich in die Lücke, die durch den Verlust einer Zelle entstanden ist, machen sich in diesem Hohlraum breit und sorgen so dafür, dass die Magenschleimhaut unversehrt bleibt.

Der Auslöser für diese Beweglichkeit, welche die Magen-schleimhautzellen befähigt, alle Lücken zu füllen, sind »Notsig-nale« geschädigter Zellen. Bei diesen Signalen handelt es sich um chemische Substanzen aus der Klasse der *Prostaglandine*. Es gibt zahlreiche verschiedene Prostaglandine, die in den einzelnen Or-ganen höchst unterschiedliche Aufgaben erfüllen. Bei schwange-ren Frauen veranlassen sie zum Beispiel die Gebärmutter, sich zu-sammenzuziehen, und deshalb können sie eine Fehlgeburt auslösen. Ebenso sind sie dafür verantwortlich, dass wir an vielen verschiedenen Stellen – beispielsweise im Kopf und in den Gelen-ken – Schmerzen wahrnehmen. Im Magen jedoch dienen die Pros-taglandine dem Schutz der Zellen. Verhindert man, dass Prostag-landine gebildet werden und ihre Aufgaben erfüllen, erreicht man zwar eine Schmerzlinderung, aber nur um den Preis, dass man den Magen in Gefahr bringt. Ibuprofen (z. B. Imbun) und ähnliche Wirkstoffe, die man zusammenfassend als nichtsteroidale Anti-rheumatika (NSAR) bezeichnet, hemmen die Biosynthese der Prostaglandine und können deshalb im Magen großes Unheil an-richten. Insbesondere bei Dauergebrauch durchlöchern sie häufig auch die beste Magenwand. Manche Menschen, die beispielsweise an rheumatoider Arthritis leiden, müssen nichtsteroidale Anti-rheumatika nehmen, weil die Schmerzen ihnen sonst das Leben zur Qual machen würden. Für solche Patienten sind zellschützende Wirkstoffe ein Segen, denn mit ihnen ist beides möglich: Schmerz-linderung ohne die Gefahr von Magengeschwüren. Allerdings können die zellschützenden Prostaglandine auch Fehlgeburten auslösen, und manche Patientinnen, die solche Wirkstoffe brau-chen – zum Beispiel junge Frauen, die an Arthritis leiden und des-halb ständig NSAR nehmen –, sind vielleicht auch schwanger.

Ich erinnere mich noch lebhaft an eine Sitzung des Beratergre-miums für Magen-Darm-Medikamente bei der Food and Drug Ad-ministration (FDA)*, dem ich angehörte. Es ging um die Frage, ob Patienten, die mit NSAR behandelt wurden, ein bestimmtes zell-

---

* Die FDA ist in den Vereinigten Staaten die für Arzneimittelzulassungen zu-ständige Behörde. (Anm. d. Übers.)

schützendes Prostaglandin einnehmen sollten. Die Veranstaltung begann mit dem Vortrag eines Abtreibungsgegners, der uns anflehte, das Medikament zu verbieten. In seinen Augen wog die Gefahr einer Fehlgeburt schwerer als der Nutzen, dass eine Frau damit ohne quälende Schmerzen ein halbwegs normales Leben führen kann. Er stellte sich vor, das zellschützende Präparat würde von vielen tausend jungen Frauen, die ein Kind abtreiben wollten, missbraucht und weitere Tausende würden unwissentlich eine Fehlgeburt herbeiführen, wenn sie während der Behandlung mit dem Medikament schwanger würden. Ich habe selten erlebt, wie jemand sich selbst so völlig ad absurdum führt. Er tat wirklich alles, was man von einem ideologisch verblendeten Menschen erwartet: Er schmeichelte uns, belog uns und bedrohte uns schließlich. Seine letzte Bemerkung sprach er ganz leise aus, aber sie traf uns wie ein Blitz. Er sagte nur: »Wir wissen, wo Sie wohnen.« Trotz dieser Warnung, mit der er uns unausgesprochen einen persönlichen Angriff androhte, gab das Gremium nicht nach. Stattdessen sprachen wir die Empfehlung aus, man solle das zellschützende Präparat zulassen, aber gleichzeitig forderten wir strenge Kontrolle und eine entsprechende Warnung auf der Packung. Grausamkeit gegenüber Frauen und das Verbot wirksamer, ungefährlicher Medikamente sind in den Gremien der Food and Drug Administration alles andere als beliebt. Tatsächlich wurden die zellschützenden Präparate nicht missbraucht. Eine Fehlgeburt lösen sie nur in weit höherer Dosierung aus, als sie für den Schutz des Magens notwendig ist. Und wenn man wirklich eine Abtreibung vornehmen will, gibt es dafür weitaus bessere Mittel als eine riesige Dosis eines zellschützenden Medikaments. Außerdem achten Frauen, die mit ihrer Lebensqualität auf NSAR und zellschützende Medikamente angewiesen sind, sehr sorgfältig darauf, nicht schwanger zu werden. Die unsinnige Alternative, den Frauen die Schmerzlinderung zu verweigern, um nicht nur ungeborene, sondern sogar ungezeugte Kinder zu schützen, stand glücklicherweise nicht zur Debatte.

Histamin

Die Säureproduktion durch die Belegzellen wird nicht nur durch das Wechselspiel zwischen G-Zellen und der Säure im Vorhof des Magenpförtners angeregt. Die G-Zellen spielen zwar für die Säureregulation eine wichtige Rolle, aber es gibt dabei noch andere Mitspieler. Beteiligt sind unter anderem auch die *enterochromaffinen Zellen* im Bindegewebe des Magens und Nervenzellen.

Das zweite Signal, das zu den Belegzellen geschickt wird, stammt von den Mastzellen. Die Überträgersubstanz ist dabei das *Histamin*, das vor allem traurige Berühmtheit erlangte, weil es Niesen, Atemnot und eine verstopfte Nase verursacht; dass es auch bei der Säureproduktion mitwirkt, ist dagegen kaum bekannt. Die Belegzellen enthalten aber nicht die gleichen Histaminrezeptoren, die bei einem Allergieanfall oder einer Erkältung und der damit verbundenen Histaminausschüttung für die Beschwerden verantwortlich sind. Es gibt nur ein Histamin, aber drei Typen von Histaminrezeptoren. Die Krankheitserscheinungen bei Allergien und Erkältungen werden durch den Rezeptor *H1* ausgelöst. Belegzellen produzieren ihn nicht und sind an der Entstehung von Erkältungen nicht beteiligt. Sie enthalten vielmehr einen weiteren Histaminrezeptor mit der Bezeichnung *H2*, der mit Atemwegserkrankungen nichts zu tun hat. Die Antihistaminika in Medikamenten gegen Erkältungen und Allergien blockieren die H1-Rezeptoren und wirken sich deshalb nicht auf die Säureproduktion aus. Zur Hemmung der H2-Rezeptoren braucht man eine ganz andere Wirkstoffgruppe. Diese H2-Blocker sind für die Behandlung von Heuschnupfen nutzlos, setzen aber sehr wirksam den Säuregehalt des Magensaftes herab. Außerdem gibt es noch die H3-Histaminrezeptoren, die aber weder allergische Reaktionen noch die Säureproduktion beeinflussen. Die H3-Rezeptoren liegen auf Nervenzellen und dürften für die Kommunikation zwischen Nerven- und Immunsystem des Darms eine Rolle spielen.

Die Mastzellen stellen mit ihrer Histaminausscheidung eine Triebkraft für die Säureproduktion dar. Die Belegzellen reagieren auf diese Anregung ganz ähnlich wie Teenager auf Pop-Musik: Sie muss immer vorhanden sein und veranlasst die Zellen zwar nicht, etwas Besonderes zu tun, aber wenn sie fehlt, funktionieren die Zellen nicht mehr. Das Histamin muss im Hintergrund spielen, damit die Belegzellen wach bleiben. Deshalb legen H2-Blocker wie Cimetidin (z. B. Tagamet), Ranitidin (z. B. Zantic) und Famotidin (z. B. Pepdul) sehr wirksam die Belegzellen lahm. Sie beseitigen die vom Histamin ausgehende Triebkraft und mildern damit auch die Wirkung von Signalen wie Gastrin, die ansonsten die Belegzellen zur Säureproduktion anregen.

Die H2-Blocker stellten bei ihrer Einführung für die Behandlung von Magengeschwüren einen umwälzenden Fortschritt dar, denn sie waren eine Alternative zu chirurgischen Eingriffen (ich werde in Kürze darauf zurückkommen). Sie vermindern nicht nur den Säuregehalt des Magensaftes, sondern im Gegensatz zu den Antazida sorgen sie auch dafür, dass er dauerhaft niedrig bleibt. Damit schaffen sie die Möglichkeit, dass Magengeschwüre heilen. Die Betroffenen konnten zum ersten Mal dem Messer des Chirurgen entgehen.

H2-Antagonisten sind rezeptpflichtig; dennoch sind sie eine echte Alternative zu den Antazida. Deren Hersteller waren natürlich nicht untätig, sondern brachten ebenfalls eine neue Wirkstoffgruppe auf den Markt. Heute stehen beide Medikamentenklassen in Konkurrenz. Beide sind relativ ungefährlich und wirksam. Die Hersteller der Antazida betonen, dass ihre Produkte sehr schnell Linderung bringen, sagen aber kaum etwas darüber, wie lange diese Linderung anhält. Die Vertreter der H2-Antagonisten heben besonders auf die langanhaltende Wirkung ihrer Produkte ab, schweigen sich aber dafür über die Frage aus, wie lange es dauert, bis der Betroffene eine Besserung bemerkt.

Nervensystem und Säureproduktion

Das dritte Signal, das an die Belegzellen geschickt wird, ist das Acetylcholin, und es stammt aus dem Nervensystem. Mit seiner Hilfe können die Belegzellen schnell und flexibel reagieren und ihre Tätigkeit je nach den Umständen fast augenblicklich einstellen oder wieder aufnehmen. Histamin hält die Belegzellen in einem angeregten Zustand, Gastrin wirkt langsam und nach Art eines Thermostaten (der den Säuregehalt des Magensaftes relativ konstant hält), und die Nerven steuern Flexibilität bei. Sie beeinflussen auch die Schleim produzierenden Zellen, sodass diese sich mindestens ebenso schnell anpassen können wie die Belegzellen: Wenn Säure abgegeben wird, stehen auch sofort die lebenswichtigen Abwehrlinien des Magens bereit. Der alkalische Schleim ist also alles andere als eine brüchige Festung.

Die Nervenimpulse, die zu den Belegzellen gelangen, stammen teilweise aus dem Gehirn, teilweise aber auch aus dem enteralen Nervensystem. Schon wenn man nur an ein Steak denkt, nimmt der Säuregehalt im Magen unter Umständen zu. Diese so genannte *zerebrale Phase* zeigt, dass das Gehirn bei der Verdauung mitwirkt. Schon der Gedanke an Nahrung oder an eine bevorstehende Mahlzeit reicht aus, damit die Belegzellen ihre Tätigkeit aufnehmen. Man braucht nur »Fleisch« (oder, wenn man Vegetarier ist, »Tofu«) zu denken, und schon scheiden die Belegzellen ihre Produkte aus. Nimmt man dann Fleisch (und/oder Tofu) zu sich, ist der Magen schon vor dem Schlucken darauf vorbereitet.

Schluckt man dagegen etwas, ohne zuvor daran zu denken oder sogar ohne es überhaupt zu wissen, nimmt der Magen die Nahrung in seinem Innenraum wahr, und die Belegzellen produzieren ebenfalls Säure. In diesem Fall wird das enterale Nervensystem tätig. Es reagiert selbst dann auf Nahrung im Magen, wenn die vom Gehirn kommenden Nerven (Vagusnerven) durchtrennt wurden. Nur weil der Magen in der Lage ist, seinen Inhalt auch ohne die Mitwirkung der Gehirnnerven zu kennen und entsprechend zu reagieren, konnte man in der schlechten alten Zeit, bevor es die

H2-Antagonisten gab, die Vagusnerven zur Behandlung von Magengeschwüren ohne größere Nachteile lahm legen.

Den Vagusnerv durchzuschneiden, war von den Chirurgen gar nicht so dumm. Der Grund: Nicht nur der Gedanke an Sauce Bearnaise, sondern auch Angst kann eindeutig dazu führen, dass der Säuregehalt im Magen steigt. Ein neurotisches Gehirn kann ebenfalls die zerebrale Phase der Verdauung auslösen und die Wasserstoffionen fließen lassen. Außerdem kann es den Magen und auch den Darm in hellen Aufruhr versetzen. Die Windungen und Krämpfe des derart gereizten Darms lassen ihrerseits wieder Informationen zum Gehirn zurückfließen, und das führt zu Wahrnehmungen, deren Spektrum von Schmetterlingen im Bauch und Übelkeit im Magen bis zu regelrechten Schmerzen reicht. Nach einem gezielten Schnitt durch die Vagusnerven kann das Gehirn sein neurotisches Spielchen spielen, solange es möchte – der Darm wird nicht mehr in Mitleidenschaft gezogen. Die Nerven wirken unmittelbar auf die Belegzellen, denn diese besitzen muskarinische Rezeptoren für Acetylcholin. (Es sind die gleichen muskarinischen Rezeptoren, die auch von dem Pilzgift Muskarin angeregt werden und der Grund waren, dass Sir Henry Dale den Nobelpreis bekam.) Der Zusammenhang zwischen dem Säuregehalt des Magens und Angstgefühlen führte zu der Annahme, Magengeschwüre seien eine psychosomatische Krankheit. Man glaubte, die Geschwüre seien Löcher, die von zu viel Salzsäure und Pepsin in die Magen- oder Darmschleimhaut geätzt werden, und die übermäßige Ausschüttung der beiden Substanzen sei die Folge fehlerhafter Signale, die von einem anormal arbeitenden Gehirn an den Vagusnerv übermittelt werden. In Gegenwart von Säure baut Pepsin auch die Proteine ab, aus denen die Schleimhaut von Magen und Darm besteht. Deshalb war die Annahme, dass Magengeschwüre eine Folge neurotischer Gedanken seien, durchaus plausibel. Es war eine unangreifbare Logik, und doch war die Schlussfolgerung falsch.

Zahlreiche Beobachtungen aus medizinischer Praxis und Experimenten schienen tatsächlich für die Ansicht zu sprechen, dass Magengeschwüre eine psychosomatische Krankheit sind. Sie kommen zum Beispiel häufig bei Patienten vor, die sich langwierigen chirurgischen Eingriffen unterziehen müssen oder an stark belastenden Krankheiten leiden. Solche »Stressgeschwüre« treten vielfach während Krankenhausaufenthalten auf und sind bei der Therapie eine gefürchtete Komplikation. Im Tierversuch entstanden Magengeschwüre im Darm von Ratten, die man einfach eine Nacht lang gefesselt hatte. Solche Erkrankungen bezeichnet man auch als »Zwangsulkus«. Einer der verblüffendsten Tierversuche wurde als »Studie der ausführenden Affen« bekannt. Zwei Affen saßen auf Stühlen, und zwar so, dass sie einander sehen und miteinander kommunizieren konnten. In der Reichweite eines der beiden Tiere befand sich ein Hebel, der bei richtiger Betätigung *verhinderte*, dass das andere Tier elektrische Schläge bekam. Die Schläge waren lästig, aber nicht so stark, dass sie regelrechte Schmerzen oder Leiden verursachten. Der Affe, der an dem Hebel saß, erhielt sie in keinem Fall, ganz gleich, was er tat. Das Experiment sollte Angst erzeugen, und das gelang auch. Im Darm des einen Affen entwickelten sich Geschwüre, aber anders als man vielleicht erwarten würde, handelte es sich dabei nicht um das Tier, das die Schläge erhielt. Die Erkrankung trat vielmehr bei dem Affen auf, der den Hebel betätigte. Die ungewollte Verantwortung, den Kollegen vor den Schlägen bewahren zu müssen, löste die Magengeschwüre aus.

Experimente, die Tieren (Ratten, Affen oder anderen Arten) in Gewahrsam etwas Schlimmes zufügen, lassen sich nur schwer rechtfertigen. Ich selbst betreibe keine derartige Forschung, teils weil sich meine wissenschaftlichen Fragen mit anderen Mitteln beantworten lassen, teils aber auch, weil ich nicht gern Schmerzen zufüge. Meine Untersuchungen sind so angelegt, dass kein Tier und kein Mensch mehr leiden muss als ich selbst bei meinen Versuchen, die Ergebnisse zu deuten. Ich verurteile aber auch nicht von vornherein die Arbeiten anderer, die Tieren tatsächlich Unannehmlichkeiten bereiten, solange die Unannehmlichkeiten nur geringfügig sind, nicht lange dauern und von den Tieren selbst sofort unterbunden werden können. Moderne Tierversuche erfüllen diese Kriterien, und wenn es nicht der Fall wäre, würde keine

Fachzeitschrift die Ergebnisse veröffentlichen. (Die Gründe, warum man überhaupt Tierversuche macht, werden in der Schlussbemerkung S. 467 ff. genauer erörtert.)

Eines ist klar: Schwerer, offenkundiger Stress kann sowohl bei Menschen als auch bei Tieren Magen- und Darmgeschwüre entstehen lasen. Aus diesem eindeutig nachgewiesenen Zusammenhang zog man (zu Unrecht, wie sich herausstellte) den Schluss, auch die geringeren Belastungen bei psychoneurotischen Angstzuständen müssten die gleiche Wirkung haben. Urlaub, Psychotherapie und Beruhigungsmittel wurden bei der Behandlung von Magengeschwüren zu wichtigen Hilfsmitteln. In der Praxis war zwar leicht nachzuweisen, dass sich eine solche Therapie hervorragend auf die Stimmungslage auswirkte, aber dass sie auch zur Heilung der Magengeschwüre führte, wurde nie überzeugend gezeigt. Ferien, Psychotherapie und Beruhigungsmittel sind als Therapie auch heute noch im Schwange, aber sie dienen jetzt nicht mehr zur Behandlung von Magengeschwüren, sondern werden bei Angst- und Panikzuständen eingesetzt.

Eine berühmte Studie wurde vor vielen Jahren an einem Patienten namens Tom durchgeführt. Sie schien unmittelbar für die Hypothese zu sprechen, dass Magengeschwüre seelische oder psychosomatische Ursachen haben. Tom hatte versehentlich Lauge geschluckt, sodass seine Speiseröhre durch die Verätzungen und die nachfolgende Narbenbildung dauerhaft verschlossen war. Damals war es noch nicht möglich, die Speiseröhre wieder zu öffnen oder zu ersetzen. Hätte man also nichts unternommen, wäre Tom verhungert. Deshalb wurde sein Magen chirurgisch an der Bauchwand befestigt, und man brachte eine Öffnung an, durch die Tom seine Nahrung aufnehmen konnte. Nachdem das Mageninnere nun ständig zu sehen war, hatten die Wissenschaftler auch die Gelegenheit, den Magen bei der Arbeit oder bei den Vorbereitungen dazu zu beobachten. Das lieferte viele wichtige Erkenntnisse über den Verdauungsvorgang.

Sobald Tom psychischen Belastungen ausgesetzt war, nahm der Säuregehalt seines Magens stark zu; aus der Sicht der Theorie von den psychosomatischen Ursachen der Magengeschwüre war aber etwas anderes noch interessanter: Es sah so aus, als würde auch die Magenschleimhaut empfindlicher. Die Schleimsekretion ging zurück, und wenn man in einer solchen Stresssituation eine Sonde auf der Magenschleimhaut anbrachte, verursachte sie schneller eine Blutung als unter normalen Umständen. Aus nahe liegenden Gründen trieben die Wissenschaftler den psychischen Stress bei Tom nie so weit, dass er tatsächlich ein Magengeschwür bekommen hätte. Schon diese Experimente waren in meinen Augen ethisch nicht vertretbar, obwohl Tom sich freiwillig dazu bereit erklärt hatte. Einen Patienten absichtlich zu provozieren, sodass er unter Stress steht, insbesondere wenn man Grund zu der Annahme hat, dass dabei ein Magengeschwür entsteht, ist nach meiner Überzeugung nicht mit dem hippokratischen Eid zu vereinbaren. Ärzte sollen ihren Patienten keinen Schaden zufügen. Sicher, jede Therapie ist mit einem Risiko verbunden, aber bei einem Heilungsversuch ein Risiko einzugehen, ist ganz etwas anderes, als wenn man es in Kauf nimmt, nur um neue Erkenntnisse zu gewinnen. Jedenfalls waren die beteiligten Wissenschaftler eindeutig überzeugt, sie seien auf der richtigen Spur. Stress erzeugt Magengeschwüre, basta – so glaubte man.

Helicobacter pylori:
Magengeschwüre sind ansteckend

Bei so vielen Befunden, Überlegungen und Traditionen stellte kaum jemand die These in Frage, nach der Magengeschwüre immer durch Stress und die damit verbundene übermäßige Magensäureproduktion entstehen. Generationen von Medizinstudenten und tausende unglücklicher Manager hörten immer das Gleiche: Geschwüre von Magen oder Zwölffingerdarm sind das Musterbeispiel für eine psychosomatische Erkrankung. Aber obwohl fast jeder überzeugt war, dass Magengeschwüre durch Angst entstehen, war der wasserdichte Beweis dafür nicht ohne weiteres zu führen. So war beispielsweise gerade diese »psychosomatische« Krankheit durch Psychotherapie kaum zu heilen. Beruhigungsmittel ließen den Patienten eher einschlafen, als dass sie das Magengeschwür beseitigten. Und auch die epidemiologische Bestätigung, dass Angst Magengeschwüre erzeugt, blieb aus. Wenn die Epidemiologie dieser Krankheit überhaupt zu einer Erkenntnis führte, nachdem kontrollierte Untersuchungen an die Stelle der früheren Einzelfallberichte getreten waren, dann zu der umgekehrten: In der Mehrzahl der Fälle war Angst möglicherweise nicht die *Ursache*, sondern eine *Folge* des Magengeschwürs. Die Patienten waren oftmals ängstlich, aber nach der psychosomatischen Theorie hätte die Angst *früher* als das Magengeschwür vorhanden sein müssen. Dass eine solche Krankheit den Betroffenen ängstlich macht, ist klar, aber damit ist noch nicht bewiesen, dass ängstliche Gedanken das Geschwür entstehen lassen.

Inzwischen fanden Pathologen an den geschwürigen Magenschäden von Patienten immer wieder Bakterien, die sie aber in der Regel nicht weiter beachteten. Dass Bakterien ein Loch in der Darmwand finden und zum Durchtritt nutzen würden, schien ganz klar zu sein. Die Schleimhaut von Magen und Darm ist eine Schranke gegen Infektionen, und damit wird ein Geschwür zu einer Bresche im Abwehrsystem des Organismus. Nachdem man die Bakterien aber genau untersucht hatte (als Erster tat das B. J. Marshall 1984), stellte sich etwas anderes heraus: Sie waren nicht nur vorübergehende, opportunistische Eindringlinge, die sich zufällig im Magen befanden, als das Geschwür sich bildete. Wäre es so gewesen, hätte man mit ganz verschiedenen Arten von Mikroorganismen gerechnet. Jeder Erreger, der zufällig gerade anwesend war, hätte die Gelegenheit nutzen können. Aber ein solches breites Spektrum von Bakterien fand man nicht. Die Erreger bei Magen- und Darmgeschwüren gehörten fast immer zur Spezies *Helicobacter pylori*. Nachdem man diesen Zusammenhang begriffen hatte, konnte man schon bald nachweisen, dass *Helicobacter* nicht nur ein Zaungast war, der Nutzen aus einer psychosomatischen Erkrankung schlug, sondern die eigentliche Ursache.

Heute wissen wir, dass viele derartige Geschwüre – wahrscheinlich die meisten – nicht einfach deshalb entstehen, weil das Gehirn im Magen zu viel Säure entstehen lässt. Sie sind vielmehr Sym-

174

ptome einer Infektionskrankheit, die von *Helicobacter pylori* ausgelöst wird. Dieser seltsame Krankheitserreger schafft es, der Vernichtung durch die Salzsäure im Magen zu entgehen. Die heutige Therapie von Magengeschwüren besteht darin, dass man *Helicobacter* ausrottet. Zu diesem Zweck kombiniert man ein geeignetes Antibiotikum mit einem Medikament, das die Säure im Magensaft beseitigt. Aus nicht ganz geklärten Gründen ist *Helicobacter* nämlich mit Antibiotika leichter zu treffen, wenn der Magen keine Säure enthält. Das Antibiotikum Carithromycin zum Beispiel (Markennamen Cyllind, Klacid) tötet über 90 Prozent der *Helicobacter*-Bakterien ab, wenn man es mit Omeprazol kombiniert, das die Säureproduktion sogar noch wirksamer blockiert als die H2-Antagonisten. Viele nutzlose Ausflüge auf die Couch eines Psychoanalytikers lassen sich durch einen einzigen nützlichen Ausflug in die Apotheke ersetzen.

Angesichts der heutigen Besorgnisse über die hohen Kosten im Gesundheitswesen sollte man sich einmal überlegen, wie sich die Anwendung der Naturwissenschaft auf die einfache Frage, was die Säureproduktion durch die Belegzellen des Magens steuert, auf diese Kosten ausgewirkt hat. Magengeschwüre sind ein schwer wiegendes Gesundheitsproblem. Sie erzeugen Beschwerden und Schmerzen, die manchmal unerträglich werden. Und was noch schlimmer ist: Sie können auch zu Blutungen im Darm werden, die zu einem schweren, häufig aber unerkannten Blutverlust führen, und manchmal reißen sie in der Darmwand ein richtiges Loch. Eine solche Darmwandperforation ist ein medizinischer Notfall, und wenn sie nicht sofort in Ordnung gebracht wird, führt sie unweigerlich zum Tod. Wegen der Infektionen kann sie selbst dann tödlich verlaufen, wenn sie schnell und erfolgreich beseitigt wird. Man darf Magengeschwüre also nicht auf die leichte Schulter nehmen, und wenn die Diagnose einmal gestellt wurde, müssen sie auch behandelt werden. Die Krankheit ist weit verbreitet: Jedes Jahr sind viele Millionen Menschen betroffen. Demnach ist sie ein wichtiger Grund, warum die Mittel des Gesundheitssystems in Anspruch genommen werden.

Anfangs hatte man mit der medikamentösen Behandlung von

Magengeschwüren keinen sonderlich großen Erfolg. Da schon seit langer Zeit klar ist, dass Salzsäure und Pepsin daran beteiligt sind, weil sie die Darmwand angreifen, war die erste wirksame Therapiemethode darauf angelegt, die Säureproduktion zu hemmen (und ohne Säure entfaltet auch das Pepsin keine Wirkung). Als ersten Regulationsmechanismus entdeckte man die Fähigkeit des Nervensystems, durch Ausschüttung von Acetylcholin die Säureproduktion in Gang zu setzen, aber Wirkstoffe, die das Acetylcholin an den muskarinischen Rezeptoren unwirksam machten, waren bei Magengeschwüren so gut wie nutzlos. Man kann mit solchen Medikamenten nicht gezielt nur die muskarinischen Rezeptoren auf den Belegzellen blockieren, sondern sie wirken im ganzen Organismus. Gibt man sie in so hoher Dosis, dass die Nerven die Magensäureproduktion nicht mehr anregen, lähmen sie praktisch den gesamten parasympathischen Teil des autonomen Nervensystems, und eine solche Heilung ist schlimmer als die Krankheit. Wie wir bereits erfahren haben, ist Acetylcholin außerdem natürlich nicht das einzige Anregungssignal, dass die Belegzellen empfangen; und nebenbei bemerkt sorgt ohnehin nicht das Acetylcholin, sondern das Histamin für die chronische Stimulation, die zu einer starken Säureproduktion führt. Acetylcholin ist eher für kurze Spitzenwerte des Säuregehaltes verantwortlich, aber nicht für eine lang anhaltende hohe Konzentration. Da man also mit Medikamenten in der Zeit vor den H2-Antagonisten kaum Erfolge erzielte, blieb als letzte Möglichkeit nur ein chirurgischer Eingriff.

Zur Linderung von Magengeschwüren entwickelte man eine ganze Reihe chirurgischer Therapieverfahren. Eines davon wurde bereits erwähnt: Man durchtrennte die Vagusnerven und koppelte so den Darm vom Gehirn ab. Besteht die Verbindung durch den Vagusnerven nicht mehr, sollten Gehirn und Magen eines Patienten eigentlich völlig unabhängig voneinander arbeiten. Deshalb könnte ein psychoneurotisches Gehirn sich nach einem solchen Eingriff zumindest theoretisch in einer Angstorgie ergehen, ohne dass der Betroffene Tribut in Form einer zu großen Magensäuremenge zahlen müsste. Glücklicherweise arbeitet das enterale

Nervensystem auch dann weiter, wenn man es vom Gehirn abschneidet. Man kann die Vagusnerven durchtrennen, ohne den Menschen umzubringen.

Ein anderes chirurgisches Verfahren bestand darin, dass man den Bereich vor dem Magenpförtner entfernte. Bei dieser Operation bleibt der Säure produzierende Teil des Magens erhalten, aber das chemische Labor, das den Säuregehalt des Magensaftes analysiert, wird herausgenommen, sodass die Rückkopplung und die Gastrinausschüttung entfallen. Und wenn gar nichts anderes mehr half, nahmen die Chirurgen entweder den Säure produzierenden Bereich des Magens (Magengewölbe und Magenkörper) oder das gesamte Organ heraus. Dann brauchten die Patienten zum Überleben tägliche Vitamin-B_{12}-Spritzen und zahlreiche kleine Mahlzeiten.

Besonders angenehm war keine dieser Operationen. Alle führten zumindest zu einer gewissen Behinderung, und alle waren mit schwer wiegenden Komplikationen verbunden. Blutungen und Infektionen traten nach dem Eingriff gelegentlich auch dann auf, wenn die Operation höchst fachkundig durchgeführt worden war. Außerdem kosten chirurgische Eingriffe immer viel Geld, und sie sind im Laufe der Zeit auch nicht gerade billiger geworden. Je mehr man darüber nachdenkt, dass große chirurgische Eingriffe in die inneren Organe früher allgemein üblich waren, desto mehr weiß man die moderne Zeit zu schätzen.

Mit der Einführung der H2-Antagonisten begann der Rückgang der chirurgischen Verfahren, mit der Entwicklung von Ionenpumpenhemmern wie Omeprazol beschleunigte er sich, und nachdem man die Bedeutung von *Helicobacter pylori* entdeckt hat, werden Operationen bei Magengeschwüren nur noch selten vorgenommen; das Verfahren ist eigentlich überholt. Diejenigen, die für die Finanzierung des Gesundheitssystems verantwortlich sind, sollten ihrem Schöpfer jeden Abend vor dem Schlafengehen für diese Entwicklung danken. Für die Forschung wurden nur geringe Mittel aufgewendet, aber sie hat uns H2-Antagonisten, Wasserstoffpumpenhemmer und die Antibiotika zum Abtöten von *Helicobacter pylori* beschert; damit hat sie der Gesellschaft viele Milliarden an Gesundheitskosten und den Menschen unsäglich viel Leid und Schmerz erspart. Nimmt man dann noch das wieder gewonnene Selbstbewusstsein der Patienten hinzu, die nun wissen, dass sie doch nicht neurotisch sind, dann kann man diesen Fortschritt der Medizin nur als Revolution bezeichnen.

Meine Mutter und die Revolution in der Therapie von Magengeschwüren: eine Fallgeschichte

Leider lebte und starb meine Mutter, bevor diese Revolution ihre Ärzte erreichte. Sodbrennen und Schmerzen im Oberbauch waren ihre ständigen Begleiter. Sie waren immer da als ein Teil von ihr wie ihre Liebe zu guter Musik, Kunst und zu ihrer Familie. Sie klagte nur selten über ihre Beschwerden, aber wie es ihr ging, konnte man an der Menge der eingenommenen Antazida leicht abschätzen. Meine Mutter entsprach nie dem typischen Bild eines Menschen mit Magengeschwüren. Sie war alles andere als eine durchsetzungsfähige Managerin, und bis in ihr hohes Alter hinein zeigten Röntgenaufnahmen nie ein so großes Magengeschwür, dass ein Chirurg sich zum Handeln gezwungen gefühlt hatte. Allerdings neigte ihr Magen ausgesprochen stark zu Blutungen. Glücklicherweise war ich bei solchen Gelegenheiten meist in der Nähe. Sie wurde dann blass und brach zusammen. Ich holte sie ab, so schnell ich konnte, und brachte sie ins New York Hospital, wo man die Blutung diagnostizierte und ihre Gesundheit durch Transfusion einer geeigneten Blutmenge wieder herstellte. Nachdem die Blutung gestillt war, wurde sie entlassen, und zwar mit einem Therapieplan, zu dem auch ein H2-Antagonist gehörte. Wenn sie wieder zu Hause war, nahm sie brav die Tabletten, bis die Flasche leer war; und da sie sich dann wieder völlig gesund fühlte, vergaß sie Blutungen und Tabletten, bis – natürlich – die nächste Blutung kam.

Als Mutters Magen zum letzten Mal blutete, war ich nicht in der Nähe. Ich hielt gerade auf einer Tagung in Florida einen Vortrag. Sie litt mittlerweile an der Alzheimer-Krankheit und war nicht mehr im Vollbesitz ihrer geistigen Kräfte. Dennoch, trotz ihrer abnehmenden mentalen Beweglichkeit, kam sie noch ganz gut zurecht: Nach wie vor bereitete sie selbst die Mahlzeiten für sich und meinen Vater zu. Meine Frau und ich besuchten meine Eltern häufig, und auch in den Terminplänen meiner Kinder kam ihre Großmutter stets vor. Meine Mutter hatte sich trotz der Alzheimer-Krankheit eine relativ gute Lebensqualität erhalten, aber eines Tages fand mein Vater sie bewusstlos auf dem Küchenboden. Er wusste sich nicht anders zu helfen, als einen Freund der Familie anzurufen, der zufällig Arzt war. Dieser begriff sofort, was los war, und tat das Gleiche, was auch ich bei ähnlichen Gelegenheiten getan hatte – nur mit dem Unterschied, dass er meine Mutter in ein anderes Krankenhaus brachte, nämlich in das St. Luke's-Roosevelt-Hospital.

Wie in den früheren Fällen, als ich meine Mutter in das New York Hospital gebracht hatte, wurde auch hier die richtige Diagnose einer Magenblutung gestellt, sie erhielt die richtige Bluttransfusion, und man gab ihr einen H2-Antagonisten. Meine Mutter kam wieder zu Bewusstsein, und ihr Zustand stabilisierte sich, aber natürlich war sie in dieser Situation verwirrt und verängstigt. Außerdem kam die Blutung in ihrem Magen dieses Mal trotz des H2-Antagonisten nicht zum Stillstand. Man musste ihr mehrfach Blut übertragen, um sie am Leben zu erhalten.

Als ich am folgenden Tag nach Hause kam, beriet ich mich mit einem Chirurgen, der sie operieren wollte. Aber meine Mutter hatte vor chirurgischen Eingriffen seit dem Tod meiner Großmutter panische Angst: Nach ihrer Ansicht war dafür die Operation verantwortlich und nicht der Magenkrebs, der mit dem Eingriff geheilt werden sollte. Aber die Ärzte bezeichneten die Einwendungen meiner Mutter gegen eine Operation als unvernünftig, und da sie an der Alzheimer-Krankheit litt, hielt man sie ohnehin für unfähig, selbst ihre Einwilligung zu geben. Stattdessen bat man meinen Vater darum, aber der hatte sich entschlossen abzuwarten, bis er mit mir gesprochen hatte.

Gerade in dieser Zeit, als ich in dem FDA-Beratergremium für Magen-Darm-Medikamente tätig war, hatte das Pharmaunternehmen Astra-Merck den Antrag gestellt, Omeprazol unter dem Markennamen Prilosec zur Behandlung von Magengeschwüren zuzulassen, und das Gremium hatte mich beauftragt, die Befunde über die Unbedenklichkeit des Wirkstoffes zusammenfassend darzustellen. An der Wirksamkeit von Omeprazol gab es nie die geringsten Zweifel. Sich die betreffenden Daten anzusehen, war wirklich eine Freude. Häufig mussten wir Informationen über Wirkstoffe zusammentragen, die den Wettbewerb mit dem Placebo nur knapp gewonnen oder sogar verloren hatten. Omeprazol dagegen ließ nicht nur das Placebo weit hinter sich, sondern es war im unmittelbaren Vergleich sogar den H2-Antagonisten überlegen. Der Wirkstoff hemmt nicht nur die Magensäureproduktion, sondern er hilft auch gegen Erkältungen. Eine Belegzelle, auf die Omeprazol in ausreichender Konzentration einwirkt, kann keine Säure mehr abgeben, ganz gleich, wie stark der Reiz ist, den sie erhält. Die Fragen, die bei der FDA aufgetaucht waren, betrafen nur die Ungefährlichkeit des Wirkstoffes, aber dass nie ein anderes Präparat die Säureproduktion derart wirkungsvoll gehemmt hatte, war völlig klar. Nachdem unser Gremium zu dem Schluss gelangt war, Omeprazol sei bei kurzfristiger Anwendung ungefährlich, gaben wir nur allzu gern eine Empfehlung zu seinen Gunsten ab.

Vor dem Hintergrund meiner Tätigkeit für die FDA musste ich an Omeprazol denken, als ich mit dem Chirurg sprach. Deshalb schlug ich vor, er solle zunächst eine Therapie mit dem Wirkstoff versuchen und erst dann gegebenenfalls auf eine Operation zurückgreifen, die nach meiner Einschätzung riskant und belastend war, insbesondere bei einer Patientin, die so große Angst davor hatte. Mit seiner Reaktion hatte ich nicht gerechnet. Er sagte mir, Omeprazol sei ein ganz neues, teures Medikament, und er könne es nicht anwenden, bevor nicht ein Gremium, das man in dem Krankenhaus zur Kostendämpfung eingesetzt hatte, die Genehmigung erteilte. Natürlich wies ich darauf hin, die Kosten für Omeprazol seien im Vergleich zu dem Aufwand für eine Operation minimal. Daraufhin vertrat der Chirurg die Ansicht, ich sei schließlich Grundlagenforscher und kein praktisch tätiger Arzt, und da gehöre schon ganz schön viel Chuzpe dazu, seine medizinische Beurteilung in Frage zu stellen. Zum Schluss fragte er, was ich überhaupt über Omeprazol wisse. Also erklärte ich es ihm. Da ich erst kurz zuvor die gesamte wissenschaftliche Literatur der Welt über das Medikament zusammengetragen hatte, dauerte das einige Zeit. Als ich geendet hatte, war er sich wegen meiner Chuzpe nicht mehr so sicher und versprach, die Genehmigung des Gremiums für die Anwendung von Omeprazol einzuholen. Im Gegenzug versprach ich, der Operation zuzustimmen, wenn ein ernsthafter Versuch, die Blutung meiner Mutter mit Omeprazol zu stillen, fehlschlug.

Am Ende wurde Omeprazol doch nicht angewendet. Als ich an diesem Abend meine Mutter besuchte, tropfte immer noch der gleiche alte H2-Antagonist völlig nutzlos in ihre Vene, und an der anderen hing eine Bluttransfusion. Außerdem hatte man meinem Vater gesagt, sein Sohn sei für den Tod der Mutter verantwortlich, wenn er seine Zustimmung zu der lebensnotwendigen Operation verweigere. Verängstigt und durch die Demonstration ärztlicher Macht eingeschüchtert, hatte mein Vater das Formular mit der Zustimmung unterzeichnet.

Die Dinge nahmen ihren Lauf, und der Termin für die Operation wurde angesetzt.

Meine Mutter wachte nie mehr aus der Narkose auf. Während des Eingriffs sank ihr Blutdruck stark ab, und vermutlich erlitt sie auf dem Operationstisch einen Schlaganfall. Ein halbes Jahr lebte sie noch in einem Heim, aber auf sehr unschöne Weise – Mediziner sprechen vom vegetativen Zustand. Enkel und Angehörige besuchten sie weiterhin, aber sie merkte es nicht. Mein Vater umarmte sie jeden Abend voller Liebe, aber sie konnte sich nicht mehr darüber freuen. In regelmäßigen Abständen schrie sie auf, als hätte sie Schmerzen, aber sie sprach nie mehr ein Wort. Schließlich starb sie zu Hause – nach meiner Vermutung früher als es nötig gewesen wäre, und unter Umständen, die schlechter waren, als sie es hätten sein müssen. Dass meine Mutter die Revolution in der Behandlung von Magengeschwüren nicht mehr miterlebt hat, ist wirklich traurig. Heute weiß man selbst in Kostendämpfungsgremien, dass Omeprazol billiger ist als eine Operation.

6

Auf dem Weg nach unten

Das Gehirn ist der Herrscher des Körpers. Sein Wille ist Gesetz. Am oberen Ende des Verdauungskanals wird der Befehl des Königs beachtet, aber je tiefer man in den Darm hinabsteigt, desto schwächer wird sein Einfluss. Hier entwickelt sich eine neue Ordnung: die des zweiten Gehirns. Vom Mund bis zur Mitte der Speiseröhre tut sich praktisch nichts, solange das Gehirn nicht einen entsprechenden Befehl gibt. Die ersten Anzeichen für den Willen aus der Tiefe zeigen sich in den Peristaltikbewegungen des unteren Speiseröhrenabschnitts: Damit sie normal ablaufen, ist die Mitwirkung des enteralen Nervensystems erforderlich. Am Übergang der Speiseröhre in den Magen wird die Macht des Königs wieder hergestellt, aber nur vorübergehend.

Im Magen sind die Befehle aus der Zentrale immer noch wichtig, und der Wille des Gehirns spielt in Form von Anweisungen, die über die Vagusnerven vermittelt werden, eine große Rolle. Aber das zweite Gehirn ist hier ebenfalls bereits ein bedeutender Faktor, und wenn die Befehle des Gehirns nicht mehr ankommen, ist das enterale Nervensystem bereit und in der Lage, die gesamte Verantwortung zu übernehmen. Es kann alle Abläufe allein stören, nur die Tätigkeit des Magenpförtners nicht. Seine Kontrolle, die über den Vagusnerv erfolgt, bleibt seltsamerweise dem Gehirn überlassen. Steigt man unter den (am Magenausgang gelegenen) Magenpförtner hinab, verlässt man den Einflussbereich des Königs fast völlig. Hier liegt die eigentliche Domäne des enteralen Nervensystems, in der das Gehirn nur quantitative Wirkungen ausüben, aber keine grundlegenden Entscheidungen über das Was und Wann der Tätigkeit treffen kann. Es ist ein autonomer Bereich, der sich wenig um das Gehirn schert und problemlos ohne es zurechtkommt. Erst wenn man am Enddarm und Darmausgang den Dickdarm verlässt, übt die Zentrale im Gehirn wieder ihren Einfluss aus.

Der Magenpförtner

Nachdem die Nahrung im Magen ausreichend zerkleinert, keimfrei gemacht und teilweise verdaut wurde, wird sie in den Dünndarm weitergeschoben, und zwar in so kleinen Mengen, dass dieses Organ damit fertig wird. Bei seiner Entleerung lässt der Magen also beträchtliche Vorsicht walten. Er füttert den Zwölffingerdarm (den Abschnitt des Dünndarms, der unmittelbar an den Magen anschließt) wie eine Mutter ihren Säugling. Die Nahrung wird zu Brei gemacht und in winzigen, babygerechten Häppchen angeliefert. Der verwickelte Vorgang der Magenentleerung erfordert ein interessantes Zusammenwirken von enteralem und zentralem Nervensystem. Der Transport selbst wird vom enteralen Nervensystem gelenkt, aber das Gehirn steuert die Schleuse, durch die alles hindurchtritt.

Für das Öffnen und Schließen des Tores, das die Nahrung zwischen Magen und Zwölffingerdarm passieren muss, sorgen spezialisierte, ringförmig um den Darm angeordnete Muskelzellen. Die von diesen Zellen gebildete Struktur, der Magenpförtner, erfüllt am Magenausgang die gleiche Rolle wie der Schließmuskel der Speiseröhre an seinem Eingang. Solange der Magenpförtner geschlossen ist, hält er den Mageninhalt vom Zwölffingerdarm fern. Das ist wichtig: Die Schleimhaut des Zwölffingerdarms widersteht nämlich der Verdauung durch Magensäure und Pepsin nicht besser als die der Speiseröhre. Sie ist wahrscheinlich sogar noch empfindlicher, denn sie ist viel dünner als die Auskleidung der Speiseröhre. Wegen der ätzenden Magensäure muss der Pförtner den Magensaft da festhalten, wo er hingehört, außer in den unvermeidlichen kurzen Augenblicken, wenn er sich öffnen muss, damit die Nahrung weitertransportiert wird.

Die Nervensignale zur Steuerung des Pförtnermuskels wandern über die Vagusnerven vom Gehirn zum Magen und wieder zurück. Durch diese Nerven erhält das Gehirn die notwendigen Informationen, und dann entscheidet es, wann der Magenpförtner geöffnet werden muss. Das Gehirn entschlüsselt die Nachrichten aus dem Magen, handelt entsprechend und schickt im geeigneten Augenblick an den Pförtner das Signal, sich zu öffnen. Hat die Nahrung ihn passiert, wird das Gehirn auch darüber in Kenntnis gesetzt, und dann weist es den Magenpförtner an, sich zu schließen. Da das Gehirn für die Tätigkeit des Magenpförtners eine so entscheidende Rolle spielt, kommt es im Magen zu großen Problemen, wenn die Vagusnerven verletzt sind. Der Pförtner bleibt dann mehr oder weniger gelähmt in der geschlossenen Position, und der Magen kann sich nicht mehr entleeren – ein nicht nur unangenehmer, sondern auch lebensbedrohlicher Zustand.

Glücklicherweise lässt sich die Lähmung des Magenpförtners chirurgisch beheben. Die Operation bezeichnet man als *Pyloroplastik* – ein Euphemismus, denn eigentlich wird der Magenpförtner dabei zerstört. Wie durch ein Wunder stellt der Magen sich hervorragend auf eine solche Verletzung ein. Nachdem der Abfluss in den Dünndarm sichergestellt ist, sorgt das enterale Nervensystem ganz allein dafür, dass sich der Magen mit der richtigen Geschwindigkeit entleert. Deshalb kann der Magen seine Tätigkeit fortsetzen, obwohl er nun vom Gehirn keinerlei Hilfestellung mehr erhält. Nach wie vor wird zu den richtigen Zeiten Säure produziert, der Magen speichert die Nahrung nach einer üppigen Mahlzeit, und die Nahrungsbrocken werden weiterhin in den Brei verwandelt, den der Dünndarm verträgt. Und was noch bemerkenswerter ist: Selbst mit einem scheinbar offenen Abflussloch hält der Magen seinen Inhalt sehr gut fest und entlässt ihn nur mit einer Geschwindigkeit, die für den Dünndarm erträglich ist.

Selbst unter normalen Umständen, wenn enterales Nervensystem, Gehirn und Magenpförtner hervorragend zusammenwirken, stellt die Säure für den Dünndarm ein Problem dar. Die Verhältnisse sind ganz ähnlich wie in der Speiseröhre, nur ist die Schwierigkeit hier noch größer, und sie erfordert eine raffinierte Lösung.

Wenn der Speiseröhrenschließmuskel seine Aufgabe erfüllt, fließt nur sehr wenig Magensaft zurück in die Speiseröhre. Der Magenpförtner dagegen kann selbst bei fehlerloser Tätigkeit nicht verhindern, dass Magensäure zusammen mit dem Speisebrei in den Zwölffingerdarm gelangt. Der Unterschied zwischen den beiden Schließmuskeln ergibt sich einfach aus der Bewegungsrichtung. Die Nahrung wandert aus der Speiseröhre in den Magen; der Speiseröhrenschließmuskel kann also Sodbrennen und eine Schädigung der Speiseröhre verhindern, wenn er den Magensaft davon abhält, in der Gegenrichtung zu fließen. Der Zwölffingerdarm dagegen ist der natürliche Abfluss des Magens und muss deshalb alles aufnehmen, was ihm von dort geliefert wird. Das heißt, der Zwölffingerdarm muss mit dem Guten (der vom Magen verarbeiteten Nahrung) auch das Schlechte (die Säure) in Kauf nehmen. Die erste Aufgabe des Zwölffingerdarms besteht also darin, die aus dem Magen kommende Säure zu neutralisieren, und zwar schnell.

Der Dünndarm: eine neue Welt

Die Lösung, die der Magen für das Säureproblem bevorzugt – ein zäher, alkalischer Schleim auf seiner Schleimhaut –, kommt für den Dünndarm nicht in Frage. Hier wird die Verdauung abgeschlossen, und die Nährstoffe werden resorbiert. Für beide Aufgaben sind Zellen zuständig, die sich in der Innenwand des Dünndarms befinden und mit ihren Membranen aktiv daran mitwirken müssen. Deshalb darf die Schleimhaut des Dünndarms nicht mit klebrigem Material bedeckt sein, ganz gleich, wie viel Schutz eine solche Schicht vielleicht bietet. Die Oberfläche der Darmschleimhaut ist der Schauplatz lebenswichtiger Tätigkeiten, und sie muss sauber gehalten werden. Der alkalische Schleim, der die Verdauung der Magenschleimhaut verhindert, reicht deshalb nur bis zum Magenpförtner. Dahinter befinden sich ganz andere Zellen, und auch die Struktur des Darms ändert sich sehr plötzlich.

Die Zellen, die den Dünndarm auskleiden, sind in ihrer Mehrzahl ausschließlich auf Verdauung und Resorption spezialisiert;

der Magensäure stehen sie hilflos gegenüber. Diese Zellen und der gesamte Zwölffingerdarm brauchen Hilfe. Obwohl der Dünndarm der Ort ist, an dem der schwarze Peter der Verdauung schließlich landet, kann das Organ nicht alles, was es zur Erfüllung seiner Aufgabe braucht, selbst produzieren. Deshalb helfen ihm zusätzliche Drüsen bei der schnellen Neutralisierung der Säure, die mit der Nahrung aus dem Magen kommt. Die gleichen Drüsen liefern auch Enzyme, die den Hauptteil der Verdauungsarbeit leisten. Die winzigen Darmzellen selbst müssen nur noch den kleinen, aber notwendigen letzten Schritt vollziehen. Und das können diese Zellen, die richtige Umgebung vorausgesetzt, außerordentlich gut.

Die Bauchspeicheldrüse

Die größten und wichtigsten Hilfsdrüsen sind die Bauchspeicheldrüse, auch Pankreas genannt, und die Leber. Die Bauchspeicheldrüse hat mehrere Aufgaben: Sie schützt den Darm, stellt die richtigen Bedingungen her, damit die Verdauungsenzyme funktionieren können, und produziert auch selbst solche Enzyme. Darüber hinaus scheidet sie *Insulin* und *Glucagon* ins Blut aus, zwei Hormone, die den Blutzuckerspiegel regulieren. Die Fähigkeit der Bauchspeicheldrüse zur Herstellung von Enzymen ist wirklich beeindruckend. Praktisch alles, was wir essen, kann mindestens von einem Enzym der Bauchspeicheldrüse abgebaut werden.

Die Pankreaszellen, die Verdauungsenzyme produzieren und ausscheiden, liegen in kleinen, traubenförmigen Gruppen am Ende komplizierter, stark verzweigter *Drüsengänge*. Diese transportieren die von den Zellen abgegebenen Pankreasenzyme in den Zwölffingerdarm. In Fachkreisen bezeichnet man Drüsen, die solche Drüsengänge besitzen, als *exokrin*, im Unterschied zu den *endokrinen* Drüsen, denen derartige Bahnen fehlen. Exokrine Drüsen geben ihre Produkte immer an einer Körperoberfläche ab, beispielsweise an der Oberfläche von Darm, Atemwegen oder Haut. Endokrine Drüsen dagegen scheiden ihre Produkte ins Blut aus, und deshalb brauchen sie auch keine Drüsengänge. Die Bauchspeicheldrüse hat also eine Doppelfunktion: Sie ist sowohl exokrin als auch endokrin. Den endokrinen Teil bezeichnet man mit einem sehr farbigen Begriff als *Langerhanssche Inseln*. Ohne exokrine Bauchspeicheldrüse verhungert man, es sei denn, man nimmt die Pankreasenzyme mit der Nahrung auf. Wer dagegen keine Langerhansschen Inseln mehr hat, bekommt Diabetes.

Die Drüsengänge der Bauchspeicheldrüse dienen aber nicht nur als Abfluss für die Enzyme, die von den exokrinen Zellen produziert werden. Sie haben auch selbst eine Ausscheidungsfunktion; die Zellen in den Drüsengängen geben jedoch keine Enzyme ab, sondern eine wässerige Flüssigkeit, die alkalisch ist und die Säure, die mit der Nahrung in den Zwölffingerdarm gelangt, neutralisiert. Die Funktionen der Bauchspeicheldrüse sind also auf ihre unterschiedlichen Zellen aufgeteilt. Die Zellen am Ende der Drüsengänge stellen Enzyme her, und die in den Wänden der Gänge steuern den Saft bei, der die richtige Umgebung für die Funktion der Enzyme bildet. Sowohl die Enzyme als auch die zugehörige Flüssigkeit werden in den Innenraum des Zwölffingerdarms entlassen und finden dort die teilweise verdaute Mahlzeit vor, die der Magen geliefert hat.

In ihrem Umgang mit der Magensäure erhält die Bauchspeicheldrüse Unterstützung: Die Wand des Zwölffingerdarms ist mit Drüsen eines weiteren Typs (den *Brunner-Drüsen*) ausgestattet, die ebenfalls einen alkalischen Saft abgeben. Derartige Drüsen findet man in keinem anderen Abschnitt des Dünndarms, aber es herrscht auch an keiner anderen Stelle eine vergleichbare Gefahr. Der Bauplan des Darms ist offenbar so angelegt, dass Schutzmechanismen doppelt vorhanden sind, wenn ein Versagen unerträgliche Folgen hätte. Dieses Prinzip wird an den Brunner-Drüsen deutlich. Der Darm ist wirklich klug konstruiert.

Die Koordination des Schutzes
für den Zwölffingerdarm

Damit die Säure unschädlich gemacht wird, reicht es nicht, einfach eine Base (auch Alkali genannt), den Gegenspieler der Säure, in den Darm zu leiten. Der Zwölffingerdarm braucht etwas Raffinierteres. Und tatsächlich geht er das Problem der Magenentleerung auf die gleiche Weise an wie Hegel die Philosophie. Zunächst ist da die These (die Säure), dann folgt die Antithese (die Base), und schließlich kommt es zur Synthese (Neutralität). Um neutrale Verhältnisse zu erreichen, muss man natürlich zunächst einmal wissen, wie viel Säure überhaupt vorhanden ist, damit dann genau die richtige Menge an Base ausgeschieden wird. Eine Flüssigkeit, die zu viel Alkali enthält, ist für das Gewebe ebenso schädlich wie eine zu starke Säure. Um die Magensäure unwirksam zu machen, könnte der Darm beispielsweise eine biologische Entsprechung zu chemischen Abflussreinigern ausscheiden, aber dann würde sich auch die Wand des Zwölffingerdarms auflösen. Deshalb besitzt der Darm ein System von Sensoren, die den Säure- oder Basengehalt (einen Wert, den man auch als *pH-Wert* bezeichnet) in seinem Innenraum messen. Die Sensoren stehen sowohl mit endokrinen Zellen als auch mit Nerven (innerhalb und außerhalb des Darms) in Kontakt, die ihrerseits die Säure- und Alkaliproduktion steuern. Steigt der Säuregehalt im Zwölffingerdarm an, wird Alkali hinzugefügt, und die weitere Magenentleerung wird gehemmt. Wird der Inhalt neutral oder alkalisch, kommt die Basenproduktion zum Stillstand, und die Hemmung der Magenentleerung wird wieder aufgehoben. Jetzt kann der Zwölffingerdarm eine weitere Ladung aus dem Magen entgegennehmen: Der Magenpförtner öffnet sich einen kurzen Augenblick lang und lässt wieder ein wenig säurehaltigen Magensaft durch. Das Wechselspiel wiederholt sich in kurzen Abständen, bis der Magen keinen Nachschub mehr liefern kann.

Die genaue Steuerung des pH-Wertes ist lebenswichtig, nicht nur weil dadurch die Wand des Zwölffingerdarms geschützt wird, sondern auch weil sie die Voraussetzungen für die Tätigkeit der Pankreasenzyme schafft. Im Gegensatz zum Pepsin, das im Magen produziert wird und für seine Tätigkeit eine stark säurehaltige Umgebung braucht, funktionieren die Pankreasenzyme nur bei nahezu neutralem oder leicht alkalischem pH. Kommen sie mit Säure in Kontakt, werden sie unwiderruflich geschädigt.

Wie der Zwölffingerdarm den pH in seinem Inneren wahrnimmt und die Alkaliproduktion koordiniert, ist in den Einzelheiten nicht völlig geklärt. Auf jeden Fall spielt dabei die Ausschüttung des Hormons *Secretin* eine Rolle – es war übrigens auch das erste Hormon, das man überhaupt entdeckte. Secretin wird von Zellen in der Schleimhaut des Zwölffingerdarms produziert und – wie das Gastrin im Bereich vor dem Magenpförtner – ins Blut abgegeben. Die Secretin produzierenden Zellen sprechen offenbar unmittelbar auf Säure an, die sie im Darminnenraum wahrnehmen. Der Bestimmungsort des Secretins, das sich im Blut befindet, sind die Zellen in den Drüsengängen des Pankreas: Sobald der Secretinspiegel im Blut ansteigt, fließt Alkali aus den Drüsengängen in den Zwölffingerdarm.

Secretin spielt also für die pH-Regulation im Innenraum des Zwölffingerdarms zweifellos eine wichtige Rolle und ist wegen dieser Funktion zu Recht sehr bekannt. Es ist aber auch nicht der einzige Musiker in dem Orchester. Die Aufgabe – Koordination der Säureproduktion im Magen, Öffnen des Magenpförtners, Weiterleitung des Mageninhalts, Steuerung der Bauchspeicheldrüse und der Brunner-Drüsen, die daraufhin genau die richtige Alkalimenge abgeben, um den pH-Wert des Darminhalts fast in den neutralen Bereich zu bringen – ist so kompliziert, dass weder Zellen eines einzigen Typs noch ein einziges Hormon sie erfüllen könnten. Bei einer solchen Tätigkeit muss das Nervensystem eingreifen. Das tut es ganz offenbar auch, aber wie das im Einzelnen geschieht, wissen wir bisher leider nicht genau. Das Gehirn wirkt mit, wenn sich der Magenpförtner öffnet. Macht man ihn aber durch eine kluge Operation überflüssig, wird auch das Gehirn zu diesem Zweck nicht mehr gebraucht. Selbst wenn das Gehirn aus dem Spiel ausgeschlossen wird, sorgt das enterale Nervensystem für eine reibungslose Regulation. Der aufmerksame Darm arbeitet weiter, aber wie seine Nerven funktionieren, wird jetzt gerade erst erforscht. Immerhin wissen wir mittlerweile, dass das enterale Nervensystem mitspielt und geradezu danach verlangt, verstanden zu werden. Auch das hat man erst in jüngster Zeit erkannt.

Galle

Die zweite wichtige Hilfsdrüse ist die Leber. Sie erfüllt für den Unterhalt des Organismus viele Aufgaben, und die meisten davon haben nicht unmittelbar mit der Verdauung zu tun. Eine ihrer auffälligsten Funktionen besteht darin, über ein System von Drüsengängen die *Galle* abzugeben. Die Produktion dieser Flüssigkeit ist nur eine von vielen lebenswichtigen Tätigkeiten der Leber, und sie wird ununterbrochen ausgeführt. Die Galle fließt ständig aus dem Organ. Das ist notwendig, weil die Gallenproduktion unter anderem auch der Ausscheidung dient – sie ist eine Form der Entsorgung. Wasserlösliche Abfallstoffe können von den Nieren ausgefiltert und mit dem Urin beseitigt werden. Lösen sie sich aber nicht in Wasser, muss der Organismus sich auf anderem Wege von ihnen befreien. Viele dieser Abfallstoffe befördert die Leber in die Gallenflüssigkeit, und dabei werden sie in Moleküle umgesetzt, die mehr oder weniger gut in gelöster Form erhalten bleiben. Die charakteristische grüne Farbe der Gallenflüssigkeit kommt beispielsweise durch Molekülbruchstücke zustande, die beim Abbau verbrauchter roter Blutzellen entstehen (eine Aufgabe, die die Leber gemeinsam mit der Milz erfüllt). Da die Galle in den Darm fließt, verlassen die Molekülabfälle, sofern sie nicht resorbiert werden, den Organismus schließlich mit dem Stuhl, der seine braune Farbe ebenfalls der Galle verdankt.

Gleichzeitig mit der Abfallentsorgung erfüllt die Leber ihre Funktion in der Verdauung: Sie liefert dem Darm die Detergentien, die er zum Abbau von Fetten braucht. Diese Verbindungen, auch *Gallensalze* genannt, werden in der Leber erzeugt und der Gallenflüssigkeit zugesetzt. Die Gallensalze sorgen dafür, dass

Fettsubstanzen aus der Nahrung eine Emulsion bilden, sodass die *Lipase*, Enzym aus dem Pankreas, das für die eigentliche Fettverdauung zuständig ist, an die Fettmoleküle herankommen und sie abbauen kann. Deshalb kann man die Fettverdauung verhindern, indem man entweder dem Darm die Galle vorenthält oder aber die Lipase aus dem Pankreas ausschaltet.

Dass ständig Galle produziert wird, ist aus der Sicht der Verdauung nicht besonders effizient. Gallensalze werden im Darm nur dann gebraucht, wenn fetthaltige Nahrung vorhanden ist und emulgiert werden muss. Die Bauchspeicheldrüse zum Beispiel schüttet nicht ununterbrochen Enzyme aus, sondern nur wenn Nerven und Hormone ihr einen entsprechenden Befehl geben. Etwas Ähnliches könnte man auch bei der Leber erwarten, aber leider geht das nicht. Da die Gallenflüssigkeit neben den Gallensalzen auch Abfallmoleküle enthält, würde eine nur gelegentliche Ausscheidung dazu führen, dass der Abfall sich in der übrigen Zeit im Blut anhäuft. Zur Ausscheidung käme es nur dann, wenn im Zwölffingerdarm Fett vorhanden ist. Das wäre eindeutig schädlich. Man braucht nur daran zu denken, was in den Städten geschieht, wenn die Müllabfuhr aus irgendeinem Grund nicht regelmäßig kommt. Weder von Gott noch von der Evolution würde man ein Konstruktionsprinzip erwarten, bei dem die Entsorgung möglicherweise giftiger Abfälle den Launen und Unwägbarkeiten des Nahrungsangebotes unterläge. Tiere können es lange ohne Nahrung aushalten.

Die Gallenblase

Die Alternative hat sich in der Evolution offensichtlich entwickelt, damit die Leber kontinuierlich Abfälle beseitigen kann, ohne allzu verschwenderisch mit den Gallensalzen umzugehen: Die Galle wird in der *Gallenblase* gespeichert, bis sie gebraucht wird. Die Gallenblase ist ein geschlossener Sack an einem Arm eines y-förmigen Drüsenganges. Durch den zweiten Arm des Y wird die Galle aus der Leber geleitet, und das gemeinsame untere Ende mündet in den Zwölffingerdarm.

Gallenblase

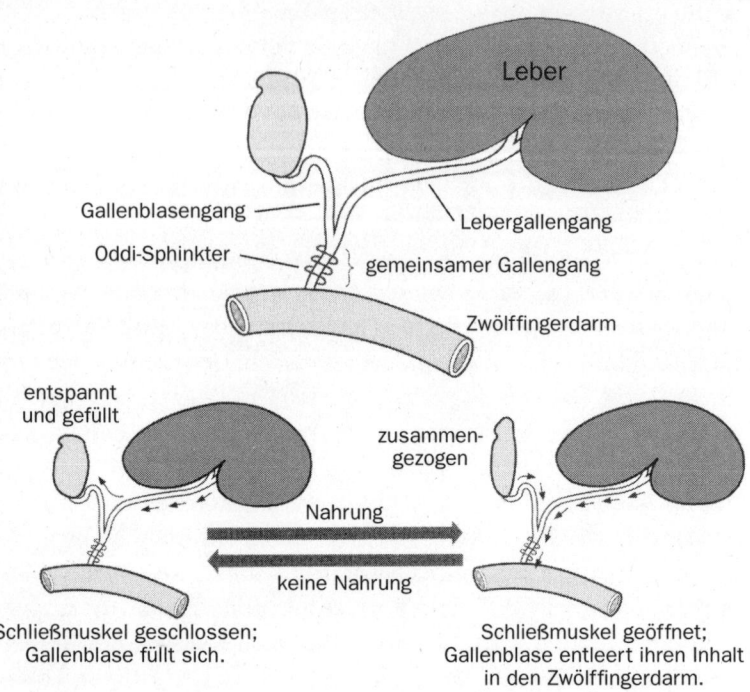

Leber

Gallenblasengang

Oddi-Sphinkter

Lebergallengang

gemeinsamer Gallengang

Zwölffingerdarm

entspannt und gefüllt

zusammen-gezogen

Nahrung

keine Nahrung

Schließmuskel geschlossen;
Gallenblase füllt sich.

Schließmuskel geöffnet;
Gallenblase entleert ihren Inhalt
in den Zwölffingerdarm.

Den mit der Gallenblase verbundenen Arm bezeichnet man als *Gallenblasengang*, der zur Leber führende heißt *Lebergallengang*, und der Stamm des Y ist der *gemeinsame Gallengang*. In den gemeinsamen Gallengang mündet auch der Hauptdrüsengang des Pankreas, und beide Gänge entleeren ihren Inhalt durch eine gemeinsame Öffnung in den Zwölffingerdarm. Diese Öffnung wird von einem Muskel, dem Oddi-Sphinkter, geöffnet und geschlossen. Er leistet für die Gallengänge das Gleiche, was der Magenpförtner für den Magen bewirkt.

Die Anatomie der Gallengänge ist wirklich nicht sonderlich kompliziert. Im Wesentlichen ist ein dehnbarer Behälter (die Gallenblase) mit einem Vorratsspeicher (der Leber) und einem Schlauch (dem Zwölffingerdarm) verbunden, und zwar über ein Dreiwegeventil zwischen Gallenblasen-, Gallenleber- und gemeinsamem Gallengang. Solange die Leber gesund ist, gibt sie ständig Gallensaft ab. Wohin er fließt, hängt von den Vorgängen am Oddi-Sphinkter ab. Ist er geschlossen, kann die Galle nicht in den Zwölffingerdarm gelangen, und dann fließt sie nur von einem Arm des y-förmigen Systems in den anderen und in die Gallenblase. Diese füllt sich, wird größer und hält die Flüssigkeit fest, bis sie im Darm gebraucht wird. Der Bedarf wird durch Hormone und Nervensignale sowohl an den Oddi-Sphinkter gemeldet, der sich daraufhin öffnet, als auch an die Gallenblase, die sich zusammenzieht. Nun fließt die Galle durch den gemeinsamen Gallengang in den Zwölffingerdarm. Dabei hilft die Gallenblase mit ihrer Kontraktion, sodass die Galle mit Sicherheit in den Darm gelangt. Die Gallenblase ist aber nicht nur ein passiver Behälter, der die Galle aufnimmt, bis sie gebraucht wird. Die Flüssigkeit wird vielmehr zwischen den Mahlzeiten in der Gallenblase auch konzentriert. Zu diesem Zweck werden Wasser und Salze aus der Gallenflüssigkeit durch die Wand der Gallenblase ins Blut befordert. Auf diese Weise kann Gallenflüssigkeit ständig produziert und nur vorübergehend abgegeben werden, und wenn sie schließlich in den Darm gelangt, ist sie sehr konzentriert und wirksam.

Gallensteine

Die Gänge, die den Abfluss von Leber und Gallenblase bilden, sind häufig ein Ort von Krankheitsbeschwerden. Die Patienten, bei denen diese Probleme auftreten, haben im typischen Fall vier Eigenschaften: Sie sind blond, übergewichtig, weiblich und etwa vierzig Jahre alt. Es ist also eine sexistische, rassistische und altersdiskriminierende Krankheit. Ein Gefühl für Anstand hat sie nicht. Gallenbeschwerden treten auf, wenn die Anreicherung der Gallenflüssigkeit dazu führt, dass einzelne Bestandteile in fester Form ausfallen und sich als *Gallensteine* in der Gallenblase oder ihren

Gängen ablagern. Es handelt sich ganz buchstäblich um richtige Steine, und sie können sehr lästig werden, selbst wenn sie in der Gallenblase bleiben. Sie reizen dort die Schleimhaut und stören unter Umständen den Abfluss der Gallenflüssigkeit. Deshalb sind Gallensteine häufig die Ursache recht schlimmer Infektionskrankheiten der Gallenblase, in der medizinischen Fachsprache *Cholezystitis* genannt.

Seltsamerweise verursachen große Steine nicht so häufig Beschwerden wie winzige Körner. Kleine Steine können viel eher in das System der Gallengänge gelangen und dort stecken bleiben. Ein solcher Stein kann den gemeinsamen Gallengang völlig verschließen. Da die Leber aber ständig Galle abgibt, steigt daraufhin der Druck im gesamten System der Gallengänge einschließlich der empfindlichen kleinen Gänge in der Leber selbst. Ein Überdruckventil gibt es nicht. Der Druck beschädigt die Leber und die kleinen Gallengänge, was schließlich dazu führt, dass Bestandteile der Gallenflüssigkeit ins Blut gelangen und eine Gelbfärbung der Haut *(Gelbsucht)* hervorrufen. Aber Patienten, die an Gelbsucht leiden, haben nicht nur kosmetische Probleme. Das veränderte Aussehen ist eine Kleinigkeit im Vergleich zu ständiger Übelkeit, Unwohlsein, Appetitlosigkeit und unaufhörlichem Juckreiz. Diese allgemeinen Symptome treten auf, weil die Leber ihre Aufgaben im Zucker-, Fett- und Proteinstoffwechsel nicht mehr erfüllen kann. Der Juckreiz entsteht durch Moleküle aus der Gallenflüssigkeit, die in die Haut gelangen. Bleibt ein Stein im gemeinsamen Gallengang stecken, müssen die Chirurgen eingreifen und ihn herausholen.

Gallensteine sind gefährlich. Die Litanei der Leiden, mit denen sie verbunden sind, hört sich an wie die Prüfungen Hiobs, die über ahnungslose Frauen und – seltener – Männer hereinbrechen. Anfangs liegen die Steine häufig lange Zeit in Wartestellung, heimtückisch versteckt in der Gallenblase, ohne auch nur die geringsten Symptome zu verursachen. Aber dann kommt es scheinbar aus heiterem Himmel zur Katastrophe, und zwar häufig wenn der Patient gerade unter Stress steht und sich nicht darauf einstellen kann.

Zunächst handelt es sich häufig um schleichende Symptome.

Die Steine beeinträchtigen beispielsweise den Fluss der Gallenflüssigkeit gerade so stark, dass der Darm nicht mehr die Gallensalze erhält, die er zur Herstellung der richtigen Fettemulsion
braucht, aber die Blockade ist nicht so vollständig, dass es zur
Gelbsucht käme. Dann werden Fette nicht mehr vollständig verdaut. Sie wandern unverarbeitet durch den Darm und werden im
Dickdarm von Bakterien vergoren, wobei Gase entstehen. Die Patienten bekommen Blähungen und sind regelrecht aufgeblasen.
Manche Betroffenen verlieren fast den Verstand, weil sie unkon-
trollierbar faulig riechende Gase abgeben, und zwar im schlimmsten Fall an beiden Enden des Verdauungskanals. Freunde, Bekannte und alle Umstehenden nehmen daran Anstoß, und da sie
nichts über die Erkrankung der betreffenden Person wissen, zeigen sie sich unter Umständen offen verärgert. Zu den körperlichen
Beschwerden durch die Gallenerkrankung kommen dann noch
peinliche Situationen und Traumata hinzu.

Wenn die Blockade des Gallenganges sich verschlimmert und
die Gallenfarbstoffe nicht mehr in den Darm gelangen, ändert sich
die Farbe des Stuhls: Er zeigt nicht mehr das übliche Braun, sondern wird blass und sieht aus wie Lehm. Außerdem ist er von Millionen Bakterien besiedelt, die nun mit Vergnügen das reichlich
enthaltene Fett verarbeiten und dabei schlechte Gerüche erzeugen. Durch das Fett und die vielen Bakterien wird der Stuhl umfangreich und schmierig; er riecht faulig und ist leichter als Wasser, sodass er in der Toilette schwimmt und sich kaum wegspülen
lässt. Nun wird selbst der altvertraute Stuhlgang zu einer Ursache
des Schreckens, was wiederum zur seelischen Beunruhigung des
Betroffenen beiträgt. Und als hätte die Krankheit alle diese Probleme nur verursacht, um ihr Opfer weich zu klopfen, kann es von
nun an zu weiterer Blockade oder zu Infektionen kommen: Der
Hauptteil der Erkrankung beginnt.

Das Signal für eine ernste Krankheit der Gallenblase sind starke
Schmerzen im rechten Oberbauch, die bis in den Rücken und die
Schulter ausstrahlen. Die Nerven von Gallenblase und rechter
Schulter treffen im Zentralnervensystem zusammen, sodass man
Schmerzen, die von der Gallenblase ausgehen, in der Schulter

wahrnimmt. Schüttelfrost und Fieber kündigen an, dass Gallenblase und/oder Gallengänge von einer Infektion erfasst wurden. Einen weiteren Hinweis auf die Schwere der Erkrankung liefern die Gelbsucht und die mit ihr verbundenen Symptome – Übelkeit, Erbrechen, Juckreiz und allgemeines Unwohlsein. Und da die Ausführungsgänge von Gallenblase und Pankreas gemeinsam in den Zwölffingerdarm münden, zieht eine Gallenkrankheit häufig auch eine Entzündung der Bauchspeicheldrüse (*Pankreatitis*) nach sich.

Pankreatitis

Erkrankungen von Gallenblase und Leber sind zwar schlimm, aber sie werden von dem, was eine Pankreatitis bedeuten kann, noch in den Schatten gestellt. Der exokrine Teil des Pankreas stellt Enzyme her, die fast alles, was wir essen, verdauen. Das Problem dabei: Was wir essen, unterscheidet sich nicht sonderlich von dem, was wir sind. Ein Steak zum Beispiel ist schlicht ein Stück Rindermuskel, und die Pankreasenzyme können es sehr schnell in Flüssigkeit verwandeln. Proteine und Fette, die den größten Teil des Steaks ausmachen, werden zu den kleinen, löslichen Molekülen abgebaut, die der Darm resorbieren kann. Was die Pankreasenzyme beim Steak bewirken, können sie natürlich auch dem eigenen Organismus antun. Bei einem gesunden Menschen, wo alles ordnungsgemäß klappt, beschränken die Enzyme ihre zerstörerische Tätigkeit auf die Nahrung im Innenraum des Darms. Mehrere Mechanismen verhindern, dass sie ihren Besitzer verdauen.

Erstens stellen die dafür zuständigen Zellen die meisten Enzyme in inaktiver Form her. Diese Enzymvorläufer (*Proenzyme*) sind selbst nicht gefährlich, werden aber dennoch schon im Rahmen ihrer Herstellung sofort in eine schützende Membran gehüllt. Verdauungsenzyme kommen also nie mit dem Innenleben der Zelle in Berührung, die sie produziert. Solange die Proenzyme in den exokrinen Zellen des Pankreas gespeichert werden, liegen sie in Membranbläschen und warten in diesen kleinen Päckchen, bis ein Nerv oder ein Hormon der Zelle die Anweisung gibt, sie auszuschütten. Wenn das geschieht und die Proenzyme abgegeben werden, fließen sie durch ein dicht abgeschlossenes System von Gängen. Die Zellen, die diese Gänge auskleiden, sind untereinander durch *Tight junctions* verknüpft, besondere Zellverbindungen, die den Zwischenraum zwischen benachbarten Zellen völlig abdichten. Die Proenzyme haben gar keine andere Wahl, als in den Zwölffingerdarm zu fließen. Dort angekommen, werden sie durch Darmenzyme *(Enterokinasen)* aktiviert, die einen ganz normalen Bestandteil der Membranen an der Oberfläche der Schleimhautzellen bilden. Deshalb werden die potenziell tödlichen Pankreasenzyme nur im Innenraum des Darms aktiv: Sie können ihre Wirkung nur in einem Hohlraum entfalten, der vom übrigen Körper abgeschlossen ist und selbst eine besondere Auskleidung aufweist, die sie nicht verdauen können.

Nehmen wir nun einmal an, ein Stein blockiert den Ausgang des Pankreas-Drüsenganges, und ein Signal gibt der Bauchspeicheldrüse die Anweisung, ihre Produkte auszuscheiden. Dann steigt in den Drüsengängen der Druck, und die Enzyme sickern in das umgebende Gewebe. Die Tight junctions können reißen, oder es geschieht irgendetwas anderes – letztlich führt es immer dazu, dass die Pankreasenzyme an Stellen geraten, an denen sie nichts zu suchen haben. Die schützenden Barrieren des Membran- und Drüsengangsystems sind durchbrochen. Anders als der Innenraum der Drüsengänge und des Darms selbst ist normales Gewebe nicht besser als ein durchgekautes Steak darauf eingestellt, als Behälter für Pankreasenzyme zu dienen.

Ein Sonderfall ist das Enzym, das Fett verdaut: Es wird nicht als Proenzym produziert, sondern ist von Anfang an aktiv. In einem Gewebe, in das es nicht gehört, wirkt dieses Enzym besonders zerstörerisch, denn es kann die Membranen der lebenden Körperzellen auflösen. Und die sterbenden Zellen im Umfeld der fehlgeleiteten Pankreas-Proenzyme setzen Substanzen frei, die zur Aktivierung der Proenzyme beitragen. Hat diese Umwandlung der Proenzyme in aktive Enzyme erst einmal begonnen, beschleunigt sich der ganze Ablauf erheblich, weil manche Pankreasenzyme weitere Enzyme aktivieren können. Was normalerweise dem Steak nach dem Essen widerfährt, geschieht jetzt dem Menschen selbst. Zur Pankreatitis gehört die schreckliche Selbstverdauung, der Kannibalismus des eigenen Körpers. Die Betroffenen haben in der Regel stechende, quälende Schmerzen in der Mitte des Bauches, die bis in den Rücken ausstrahlen. Häufig tritt schnell ein Schockzustand ein, und dann kann die Krankheit trotz angemessener Behandlung sehr schnell tödlich verlaufen.

Koordination und Regulation
der Hilfsdrüsen

Dass die Hilfsdrüsen mit ihrer Tätigkeit lebenswichtig sind, liegt auf der Hand, aber sie müssen vorsichtig behandelt werden. Ohne sie können wir nicht leben, aber wenn etwas schief geht, können wir auch mit ihnen nicht leben: Die Hilfsdrüsen können uns umbringen. Deshalb ist es äußerst wichtig, dass sie richtig kontrolliert und an der kurzen Leine geführt werden. Wie nicht anders zu erwarten, ist eine so bedeutende, komplizierte Aufgabe die Domäne des Nervensystems, das als einziger Körperbestandteil die notwendige Fähigkeit besitzt, Informationen zu integrieren und mit ihrer Hilfe die Aktivität der Drüsen zu koordinieren.

1981, als Jackie Wood, Marcello Costa, Alan North und ich über das Serotonin diskutierten, wusste man fast nichts über die Fähigkeit des enteralen Nervensystems, die Hilfsdrüsen zu beeinflussen. Wir betrachteten Bauchspeicheldrüse und Gallenblase mit gebührender Hochachtung und unterstellten einfach, Gott könne sie nicht ohne eine geeignete Steuerungszentrale geschaffen haben, die ihr Gefährdungspotenzial unter Kontrolle halte. Dennoch, trotz des damaligen Unwissens, fesselten die Hilfsdrüsen meine Phantasie. Ich wusste, dass wir mit Pankreas und Gallenblase ein wenig wie mit zwei kleinen Bomben im Bauch leben, und deshalb sagte mir meine Intuition, dass in diesen Organen ein Goldschatz von Erkenntnissen ruhte; eines Tages wollte ich ihn heben.

Gary und die Gallenblase

Vier Jahre nach der neurowissenschaftlichen Tagung erörterte ich das enterale Nervensystem mit Gary Mawe, einem jungen Wissenschaftler, der nach seiner Promotion bei mir arbeiten wollte. Zwei unterschiedlichere Menschen als Gary und mich konnte man sich nicht vorstellen. Als ich ihn kennen lernte, hatte ich den Eindruck, er müsse eher in der Galway Bay als in Manhattan zu Hause sein. Gary ist Ire, und im Einklang mit meiner Klischeevorstellung von dieser Nationalität strahlte er Liebenswürdigkeit, Erdverbundenheit und Humor aus. Mein eigener Humor geht weitaus mehr auf das jiddische Theater und jüdische Kabarett zurück als auf Sean O'Casey. Dennoch entwickelte sich schon nach wenigen Minuten des Gesprächs eine Freundschaft, die über Jahre hinweg bestehen blieb. Gary nahm die Stellung an und begann bei mir zu arbeiten.

In unserer ersten Unterhaltung hatte ich beiläufig die Gallenblase erwähnt. Warum sie mir in den Sinn kam, weiß ich nicht mehr genau. Vielleicht lag es daran, dass Garys irisch wirkendes Verhalten mich an grüne Gegenstände erinnerte. Aber das Gespräch führte damals zu nichts. Es war so schnell vorüber, dass ich meine Zweifel hatte, ob Gary sich heute überhaupt noch daran erinnerte. In meinem Labor liefen damals mehrere Projekte, von denen ich glaubte, sie könnten Garys Interesse wecken, und sie nahmen in unserer Unterhaltung, so weit sie sich um Wissenschaft drehte, den größten Raum ein. Die National Institutes of Health hatten mir Geld zur Erforschung des enteralen Nervensystems bewilligt, und ich hoffte, Gary würde mir bei meinen Untersuchungen helfen. Natürlich stand es mir frei, auch über andere Themen, wie beispielsweise die Gallenblase, nachzudenken, aber nur in meiner Freizeit. Glücklicherweise war Gary vom enteralen Nervensystem begeistert und wollte mehr darüber erfahren. Die Gallenblase schoben wir zunächst einmal beiseite; sie sollte wie ein verdrängter Gedanke an anderer Stelle wieder zum Vorschein kommen.

Im Labor ließ Gary großartige Fähigkeiten erkennen, und während er bei mir arbeitete, war ich auch selbst so produktiv wie nie zuvor. Er hatte die seltene Gabe, beim Lernen gleichzeitig auch zu lehren. Als er meine Arbeitsgruppe schließlich verließ, war ich durch seine Gegenwart klüger geworden. Viele gute Naturwissenschaftler sind außergewöhnlich intelligent, und Gary machte da keine Ausnahme. Was ihn jedoch besonders auszeichnet, ist seine Fähigkeit, sich viele verschiedene Methoden gleichzeitig anzueignen und sie zur Lösung biologischer Probleme einzusetzen. Kein Problem ist zu schwierig, als dass Gary es nicht anpacken würde, und keine Methode zu entlegen, als dass er sie nicht beherrschen könnte.

Nachdem wir ein paar Jahre angenehm und erfolgreich zusammengearbeitet hatten, kam der Zeitpunkt, an dem Gary seine Ausbildung beendet hatte und mit einem eigenen Forschungsprogramm beginnen wollte. Es wurde Zeit für ihn zu gehen. Eigentlich wollte ich einen Trauerflor aufhängen, aber dann schien es uns beiden sinnvoller, uns zusammenzusetzen und ein Projekt zu planen, das Gary mitnehmen konnte. Am geeignetsten war ein Vorhaben, das nahe genug an meinem eigenen Interessengebiet lag, sodass er mit den Arbeiten noch in meinem Institut beginnen konnte. Er musste anfangen, während er noch bei mir angestellt war, denn um selbst Erfolg zu haben, musste er ein Gutachtergremium der National Institutes of Health (NIH) überzeugen, dass er seriös war, und dazu musste er vorläufige Ergebnisse vorlegen.

Das NIH ist in den Vereinigten Staaten die wichtigste Institution, die Mittel für biologisch-medizinische Forschung vergibt. Private Spender, Stiftungen und die Industrie stellen ebenfalls Geld zur Verfügung, aber diese Beträge sind klein im Vergleich zu denen, die das NIH ausschüttet. Allerdings ist es schon seit langem sehr schwierig geworden, eine Finanzierung vom NIH zu bekommen, und die Gutachtergremien messen nur solchen Projekten hohe Priorität zu, bei denen sie den Erfolg für wahrscheinlich halten. Scherzhaft sage ich gern: Wenn man Mittel vom NIH bekommen will, muss man etwas beweisen wollen, das ohnehin jeder für wahr hält, aber man muss vorhaben, den Beweis mit neuesten Mitteln zu führen. Das ist natürlich eine Übertreibung, allerdings keine sehr starke. Hochintelligente junge Leute, die großartige Ideen vortragen, gehen mit Pauken und Trompeten unter, wenn diese Ideen nicht von genügend Daten begleitet sind, die den Gutachtern nahe legen, dass man ihnen die kostbaren Dollars anvertrauen kann. Neue Ideen sind etwas Großartiges, aber nur dann, wenn nicht die Gefahr eines Fehlschlages besteht. Mittel vom NIH sind nicht nur notwendig, wenn man überhaupt nennenswerte Arbeit leisten will, sondern man braucht sie auch, um in der wissenschaftlichen Welt respektiert zu werden. Ein Wissenschaftler ohne Forschungsmittel ist eine Unperson. Wir überstehen die Begutachtung, oder wir sind weg vom Fenster. Und da Gary im Begriff stand, einer meiner hervorragendsten Schüler zu werden, hatte ich ein Interesse daran, für seinen weiteren Erfolg zu sorgen. Andererseits musste jedes Forschungsvorhaben, mit dem Gary in meinem Labor begann, sich zumindest ein wenig von meiner eigenen Arbeit unterscheiden, damit ich das Projekt nach Garys Weggang nicht vermisste. Nichts zerstört eine Freundschaft so wirksam wie Konkurrenz.

Ich dachte noch einmal über die Gallenblase nach und machte Gary darauf aufmerksam. Das Gespräch ist mir als denkwürdiges Ereignis im Gedächtnis geblieben, denn es eröffnete einen Weg, den Gary seither mit Brillanz verfolgt hat. Es hätte eigentlich neben den lodernden Flammen eines alten Kamins stattfinden müssen, während wir am Portwein nippten oder zumindest Bier tranken. Geigen im Hintergrund wären auch nicht schlecht gewesen. Stattdessen begann unsere Unterhaltung an einem Tisch in meinem Labor, während ich mein übliches Mittagessen verzehrte: weißen Käse (mit Ananas), eine Tüte Rosinen und einen Apfel. Am Ende saßen wir vor dem Computer in meinem Büro, und unsere Gedanken drehten sich um die sinnvolle Planung von Experimenten.

Wir wussten, dass es in der Gallenblase Nerven und Nervenzellkörper gibt, aber was sie tun, konnten wir nicht mit Sicherheit sagen. Mir fiel ein, dass die Gallenblase in der Embryonalentwicklung wie Leber und Bauchspeicheldrüse aus einer Ausstülpung des Urdarms hervorgeht. Wäre es demnach möglich, dass Nerven und

Ganglien der Gallenblase zum enteralen Nervensystem gehören? Warum eigentlich nicht? Bayliss, Starling und Trendelenburg hatten nachgewiesen, dass das enterale Nervensystem selbstständig funktioniert. Wenn man einmal akzeptiert hat, dass es den Darm ohne Hilfe des Zentralnervensystems steuern kann, ist es nur noch ein kleiner Schritt bis zu der Überzeugung, dass es auch ein benachbartes Organ unter seiner Kontrolle hat, insbesondere wenn dieses Organ vom Urdarm abstammt. Außerdem wusste man bereits, dass das enterale Nervensystem des Dickdarms auch Axone in das Gebiet außerhalb der Verdauungsorgane entsendet. Diese Entdeckung, die zu jener Zeit verblüffend war, machte Joe Szurszewski, der Postdoc, der im Labor von Edith Bülbring in Oxford mein Nachfolger wurde und sogar meine alte Wohnung mietete. Joe, der heute an der Mayo University arbeitet, hatte schon 1971 gezeigt, dass Nervenzellen im Auerbach-Plexus des Dickdarms das *Ganglion mesentericum inferius* versorgen, das sympathische Nervenreize an das Ende des Dickdarms und den Enddarm leitet. Demnach, so konnte man aus Joes Beobachtung folgern, kann der Darm mit Hilfe des enteralen Nervensystems durchaus den Telefonhörer auflegen und Nachrichten aus dem Gehirn unwirksam machen, wenn es nicht will, dass die sympathischen Nerven sie an ihren Bestimmungsort transportieren. Joes ursprüngliche Arbeiten wurden seit ihrer ersten Veröffentlichung viele Male bestätigt, und 1988, als Gary und ich uns in unser Gespräch über die Gallenblase vertieften, waren sie allgemein anerkannt. Gary war von meinen Überlegungen über die Gallenblase angetan, und er machte sich daran, sie zu überprüfen.

Unsere Hypothese lautete: Die Nervenzellen in den Ganglien des Zwölffingerdarms sind mit Nervenzellen in der Wand der Gallenblase verbunden. Schon bald darauf wies Gary nach, dass diese Annahme zutrifft. Moleküle einer Nachweissubstanz, die man in die Gallenblase eines Meerschweinchens injiziert, tauchen wenig später in den Nervenzellen des Zwölffingerdarms auf. Dieses Phänomen, *retrograder Axontransport* genannt, sprach eindeutig dafür, dass die Nervenzellen der Zwölffingerdarmganglien ihre Axone tatsächlich in die Gallenblase entsenden, wie wir es postuliert hatten. Die Nachweissubstanz war in der umgekehrten Richtung gewandert und hatte durch die Axone die Nervenzellkörper im Darm erreicht.

Als Nächstes wollte Gary die Eigenschaften der Ganglien in der Gallenblase untersuchen. In dieser scheinbar einfachen Studie stellte sich heraus, dass die Ganglien der Gallenblase in Struktur und chemischen Eigenschaften stark denen des enteralen Nervensystems *ähneln*, während sie den Ganglien aus anderen Bereichen des peripheren Nervensystems *unähnlich* sind. Das war insbesondere deshalb von Bedeutung, weil man etwas Ähnliches an keiner anderen Stelle des peripheren Nervensystems außerhalb des Darms beobachtet. So fehlen zum Beispiel in den Ganglien von Darm und Gallenblase die Bindegewebsfasern, die in fast allen peripheren Nerven vorkommen und sie zusammenhalten. Als Bindematerial dient in den Ganglien von Darm und Gallenblase wie im Gehirn nicht das *Kollagen*, das im Bindegewebe die biologische Entsprechung zu Seilen darstellt, sondern es gibt zu diesem Zweck spezialisierte Zellen, die man als *Neuroglia* (»Nervenklebstoff«) bezeichnet. Diese Befunde sprachen nachhaltig für unsere Schlussfolgerung, dass die Ganglien der Gallenblase tatsächlich ein Teil des enteralen Nervensystems sind.

Die Untersuchungen, mit denen Gary in meinem Labor begonnen hatte, lieferten ihm die erforderlichen vorläufigen Daten. Sein Antrag wurde bewilligt, und er bekam eine gute Stellung an der University of Vermont, weit weg von der Betriebsamkeit New Yorks. Seit seinen ersten Forschungsarbeiten wurde Gary zum weltweit führenden Fachmann für die Nerven der Gallenblase. Man braucht nur einen auf diesem Gebiet tätigen Wissenschaftler auf eine Couch zu legen und »Gallenblase« zu sagen, dann besteht eine gute Chance, dass ihm beim freien Assoziieren als Erstes der Name »Gary Mawe« einfällt. Für mich wurde die Gallenblase zu einer Quelle teilnehmender Freude und kultureller Bereicherung. Ich lese, was darüber veröffentlicht wird, und bin stolz auf Garys Leistungen, aber ich betreibe selbst keine entsprechenden Forschungen.

Annette und die Bauchspeicheldrüse

Nachdem Gary und ich die ersten Daten gesammelt hatten, nach denen Nervenzellen aus dem Darm die Ganglien der Gallenblase versorgen, wandte ich meine Gedanken der Bauchspeicheldrüse zu. Die Entleerung der Gallenblase und die Anreicherung der Galle sind zwar komplizierte Vorgänge, aber noch schwieriger ist es, im Pankreas die Ausschüttung der Verdauungsenzyme und der Blutzuckerspiegel regulierenden Hormone, Insulin und Glucagon, zu steuern. In der Bauchspeicheldrüse spielen sich einerseits viel mehr Vorgänge ab als in der Gallenblase, aber andererseits ist die Koordination dieser Vorgänge mit dem, was sich im Darm selbst ereignet, auch noch weitaus wichtiger. Sobald ich erkannte, dass enterale Nervenzellen mit den Ganglien der Gallenblase in Verbindung stehen, war ich mir sicher, dass ihre Befehle auch im Pankreas nicht ungehört blieben.

Als Gary Mawe nach Vermont ging, arbeitete ich bereits mit einer anderen großartigen jungen Wissenschaftlerin zusammen. Annette Kirchgessner war durch eine glückliche Wendung des Schicksals in mein Institut gekommen. Ursprünglich war sie in Kolumbien angeworben worden, und zwar nicht von mir, sondern von dem Neurologen Gaj Nilaver. Aber bevor sie bei ihm nennenswerte Arbeit leisten konnte, wurde Gaj selbst abgeworben und ging in den Westen der Vereinigten Staaten. Annette konnte nicht mit ihm ziehen, und so fragte Gaj, ob ich sie übernehmen wolle. Für mich war das, als wäre der Weihnachtsmann gekommen. Ich sagte zu, und das führte zu einer langjährigen Zusammenarbeit mit Annette, aus der bisher siebenundzwanzig wissenschaftliche Veröffentlichungen hervorgegangen sind. Annette ist noch heute an der Columbia University, wo sie mittlerweile ein eigenes Labor hat und ein höchst erfolgreiches Forschungsprogramm leitet.

Promoviert hatte Annette zwar in experimenteller Psychologie, aber die Ähnlichkeiten zwischen enteralem und zentralem Nervensystem erkannte sie ohne weiteres. Der Wechsel von einem Gehirn zum anderen bereitete ihr keine große Mühe. Ob oben oder unten, es war kein grundsätzlicher Unterschied. In beiden Fällen handelte es sich um ein Nervensystem, das ein Verhalten steuert, und nichts anderes wollte sie untersuchen. Außerdem versprach das Gehirn im Darm schnellere Ergebnisse. So kompliziert das Verhalten des Darms auch sein mag, seine Komplexität verblasst im Vergleich zu der des ganzen Organismus.

Garys interessante Befunde über die Gallenblase waren für Annette und mich der Anlass zu untersuchen, ob das enterale Nervensystem auch die Bauchspeicheldrüse versorgt. Wir hatten damals bereits bei mehreren anderen wichtigen Studien zusammengearbeitet, und Annette war eine erfahrene Wissenschaftlerin. Wie ich war sie der Ansicht, das Pankreas könnte interessant sein, und außerdem konnte dieses Organ nach ihrer Überzeugung für sie das Gleiche bedeuten, was die Gallenblase für Gary Mawe bedeutet hatte. Wenn sie Anhaltspunkte dafür finden konnte, dass der Darm die Bauchspeicheldrüse mit Nerven versorgt, besäße sie ebenfalls solide vorläufige Daten, und damit hätte sie einen wichtigen Schritt auf dem Weg zu ihren ersten NIH-Forschungsmitteln getan. Zunächst untersuchte Annette die Bauchspeicheldrüse nach demselben Verfahren, mit dem Gary so erfolgreich die Nervenverbindungen zwischen Darm und Gallenblase erforscht hatte. Die Experimente klappten bei Annette genauso gut wie bei Gary. Sie brachte eine Nachweissubstanz in das Pankreas von Meerschweinchen und Ratten, und durch den retrograden Transport tauchte die Markierung bei beiden Tieren sowohl in den Nervenzellen des Auerbach-Plexus (also im Dünndarm) als auch im Magen auf. Nachdem Annette zu diesem Ergebnis gelangt war, ging sie umgekehrt vor: Sie brachte eine andere Nachweissubstanz, die sich durch *anterograden* Transport vom Nervenzellkörper in Richtung der Axonenden bewegt, in die Ganglien des Zwölffingerdarms. Diese Verbindung wanderte nach Annettes Befunden vom Darm zur Bauchspeicheldrüse und markierte dort die Axone und ihre Enden. Damit hatte sie zum ersten Mal eindeutig ein System von Nerven nachgewiesen, die Darm und Pankreas verbinden. Nun war geklärt, dass die Nervenzellen aus dem Auerbach-Plexus eines genau abgegrenzten Zwölffingerdarm- und Magenbereiches die

Bauchspeicheldrüse versorgen. In den Experimenten mit dem anterograden Transport hatte sich außerdem gezeigt, was das Ziel dieser Nervenzellen ist: Sie richten sich nicht auf die exokrinen Drüsenzellen des Pankreas oder auf die endokrinen Langerhansschen Inseln, sondern auf die Ganglien der Bauchspeicheldrüse.

Als Annette mir ihre Daten zeigte und wir die Ergebnisse gemeinsam analysierten, fragte ich mich, warum noch nie jemand bisher die Nervenverbindungen zwischen Darm und Pankreas beschrieben hatte. Schließlich mussten die Axone, die vom Darm in die Bauchspeicheldrüse verlaufen, doch zu sehen sein. Irgendjemand hätte bemerken müssen, wie sie vom Darm ausgehen. Dass man die Nerven vom Zwölffingerdarm zur Gallenblase übersehen hatte, konnte ich verstehen: Die verlaufen an den Gallengängen entlang im »Stiel« der Gallenblase, und durch bloßes Betrachten kann man nicht feststellen, woher sie kommen oder wohin sie führen. Enterale Nerven, die zur Gallenblase verlaufen, sind von allen anderen Nerven nicht zu unterscheiden, es sei denn, man macht gezielte Experimente mit einer Nachweissubstanz. Aber die Bauchspeicheldrüse ist viel größer als die Gallenblase. Deshalb hatten wir es nach meiner Überzeugung nicht nur mit einer geringen Zahl nicht beschriebener Axone zu tun, die als kleines Bündel neben dem Pankreasgang verlaufen. Außerdem kam es mir so vor, als wäre die Markierung der Nerven durch den anterograden und retrograden Transport in Annettes Experiment allzu einfach gewesen. Die Markierung von Nerven ähnelt der Suche nach Erdöl. Stößt man an jeder Bohrstelle auf Öl, muss eine Menge davon unter der Erde liegen. Deshalb konnte auch die Anzahl der zwischen Darm und Pankreas verlaufenden Nerven nicht klein sein. Ich hielt es für besser, in der Literatur nachzusehen, ob nicht schon irgendjemand vor uns diese Nerven gefunden hatte.

Also forsteten wir frühere Veröffentlichungen über die Bauchspeicheldrüse durch, und tatsächlich fanden wir, was ich vermutet hatte. Die Nerven zwischen Darm und Pankreas waren schon jemandem aufgefallen. Das salomonische Prinzip hatte wieder einmal Recht behalten: Es gibt nichts Neues unter der Sonne. Im Jahr 1977 war im *American Journal of Gastroenterology* ein ziemlich

rätselhafter Artikel erschienen. Er trug den Titel »Die Nervensteuerung von exokrinem und endokrinem Pankreas« und stammte
von O. Tiscornia, einem Autor, auf den ich noch nie zuvor gestoßen war. Er beschrieb in dem Aufsatz eine große Anzahl von Nervenfasern, die zwischen Darm und Pankreas verlaufen und die er
einfach durch makroskopisches Sezieren gefunden hatte; außerdem stellte er auch richtige Spekulationen über die Natur dieser
Nerven an. Tiscornia, den ich nie kennen gelernt habe, tat mir
wirklich Leid. Wir alle stehen auf den Schultern derer, die vor uns
da waren, aber wenn unsere Schultern die Last tragen, ist es uns
lieb, wenn es auch zur Kenntnis genommen wird. Was die Nervenverbindungen zwischen Darm und Pankreas anging, hatte Tiscornia Recht gehabt, aber das hatte er nicht besonderen Fähigkeiten
zu verdanken, sondern es war ein Glücksfall. Er hatte Vermutungen über die Funktion der Nerven angestellt, die nach seinen Feststellungen zwischen Darm und Pankreas verliefen, aber er wusste
nicht einmal, in welcher Richtung die Signale in den Nervenfasern
transportiert werden. Nach Tiscornias eigenen Befunden könnten
sie die Informationen nicht nur vom Darm zum Pankreas, sondern
ebenso gut auch umgekehrt übertragen. Recht zu haben, ist etwas
Schönes, aber noch besser ist es, wenn man die Grundlagen dafür
durch eigene Arbeiten gelegt hat.

Wegen der anatomischen Anordnung von Pankreas, Magen und
Zwölffingerdarm sind Nervenfasern, die diese Organe verbinden,
nur schwer zu finden. Bauchspeicheldrüse und Zwölffingerdarm
befinden sich eigentlich nicht in der Bauchhöhle, sondern sie sind
gemeinsam in dem Bindegewebe versteckt, das die Bauchhöhle
vom Rücken trennt. Deshalb sind die Nervenfasern zwischen
Darm und Pankreas nicht ohne weiteres zu erkennen, sodass sie
den sezierenden Anatomen von Vesalius bis zur Zeit Tiscornias
entgangen waren. Und auch Tiscornia konnte nicht mehr tun, als
Spekulationen über die Funktion der von ihm entdeckten Nerven
anzustellen. Im Jahr 1977 gab es leider noch nicht die Nachweissubstanzen für retrograden und anterograden Transport, die Annette 1989 zur Verfügung standen. Deshalb konnte Tiscornia auch
nicht beweisen, dass die von ihm entdeckten, zwischen Darm und

Bauchspeicheldrüse angeordneten Nerven auch tatsächlich Signale vom Darm zur Bauchspeicheldrüse transportieren. Seine Veröffentlichung eignete sich also nicht für kühne Spekulationen und blieb relativ unbemerkt. Auch ich hatte sie bei ihrem Erscheinen nicht zur Kenntnis genommen und entdeckte sie erst später, als sie für mich von Bedeutung war und ich ihre große Wichtigkeit erkannte.

Botschaften vom Darm zum Pankreas

Die Entdeckung, dass Nerven vom Darm zum Pankreas führen, ist nur der Anfang. Wenn solche Nerven existieren, liegt natürlich die Vermutung nahe, dass sie auch eine Funktion haben. Aber Vermutungen sind die Sünde, die schon unzählige Forscher begangen haben. Spekulieren ist einfach, aber die wissenschaftliche Welt gründet sich auf Daten. Ganz oben auf der Liste unserer Prioritäten stand deshalb der Nachweis, dass die Nerven zwischen Darm und Bauchspeicheldrüse tatsächlich eine Funktion erfüllen.

Zu einer Erkenntnis gelangten Annette und ich sehr schnell: Wenn wir vollständige Tiere untersuchten, konnten wir nicht ohne weiteres feststellen, ob die Nervenzellen im Darm tatsächlich einen Einfluss auf die Bauchspeicheldrüse ausüben. Einen kleinen Körperteil eines Tieres zu analysieren, während alle anderen Teile ebenfalls vorhanden sind und funktionieren, ist äußerst schwierig. Reizt man zum Beispiel den Darm eines lebenden Tieres, so kann sich dieser Eingriff auf viele verschiedene Arten am Pankreas bemerkbar machen. Sensorische Nerven laufen vom Darm zum Gehirn und Rückenmark, und von dort führen auch Leitungsbahnen zum Pankreas. Ein Ereignis im Darm könnte also die Bauchspeicheldrüse indirekt auf dem Umweg über das Zentralnervensystem betreffen. Auch dann wären Nerven für die Vorgänge im Pankreas verantwortlich, aber es würde sich nicht um die vom Darm kommenden Nerven handeln, mit denen wir uns befassen wollten.

Ein weiterer Weg, auf dem Signale vom Darm zum Pankreas gelangen könnten, ist das Blut. Die endokrinen Zellen in der

Schleimhaut des Zwölffingerdarms stellen die Hormone Secretin und Cholecystokinin her, und es ist bekannt, dass diese Signalsubstanzen die Bauchspeicheldrüse zur Ausscheidung ihrer Produkte anregen. Jeder Reiz, den man an einem vollständigen Tier auf den Darm ausübt, könnte deshalb dazu führen, dass diese oder andere Hormone ins Blut ausgeschüttet werden. Mit dem Blut würden sie dann in die Bauchspeicheldrüse gelangen, wo sie ihre Aufgabe erfüllen und alle Zellen aktivieren, die auf sie ansprechen. Deshalb könnte eine Reizung des Darms in der Bauchspeicheldrüse durchaus Vorgänge in Gang setzen, die nichts mit den Nerven zwischen den beiden Organen zu tun haben. Aus diesen Gründen, so unsere Erkenntnis, mussten wir alle Faktoren – Gehirn, Blut, ja den größten Teil des Tieres – ausschalten, die eine Interpretation unserer Ergebnisse erschweren würden. Wir verfolgten daher die Strategie, das System auf seine entscheidenden Teile zu reduzieren, also den Darm und die Bauchspeicheldrüse zu isolieren.

Sehr vorsichtig entnahm Annette mehreren Meerschweinchen die Bauchspeicheldrüse und den Zwölffingerdarm, ohne die Nervenfasern zwischen den beiden Organen zu verletzen. Diese Präparate brachte sie in ein Organbad, wo sie in einer geeigneten Nährlösung am Leben erhalten wurden. Ständig perlte Sauerstoff durch die Flüssigkeit, und sie wurde konstant bei 37 Grad gehalten, der normalen Temperatur im Körperinneren. Nachdem Annette sichergestellt hatte, dass das Gewebe sich in einem stabilen Zustand befand und in seiner künstlichen Umgebung am Leben blieb, stimulierte sie die Nerven im Zwölffingerdarm. Dabei beobachtete sie, was sich in der zugehörigen Bauchspeicheldrüse abspielte. Über den Befund war sie höchst erfreut: Wurden die Nerven im Zwölffingerdarm stimuliert, führte das auch zur Erregung der Nervenzellen in den Ganglien des damit verbundenen Pankreasabschnitts.

Annette konnte die angeregten Nervenzellen im Pankreas sogar sichtbar machen. Dazu beobachtete sie die Tätigkeit eines Gens namens *c-fos*, das in aktiven Nervenzellen angeschaltet wird. In jeder Körperzelle sind alle unsere Gene vorhanden. Wir besitzen nur eine genetische Ausstattung (Genom), und die liegt in ihrer ganzen Herrlichkeit im Kern jeder einzelnen Zelle. Die Unterschiede zwischen den Zellen – beispielsweise zwischen denen des Immun- und Nervensystems – entstehen also nicht durch eine unterschiedliche Genausstattung, sondern weil jeweils eine andere Genkombination ein- oder ausgeschaltet ist. In jeder Zelle sind manche Gene (die man als *konstitutiv* bezeichnet) ständig aktiv, andere sind ständig inaktiv. Das Genom im Zellkern ist eigentlich ein Buch mit Anweisungen, in dem manche Seiten gelesen und andere überschlagen werden.

Aber die Lebensbedingungen können sich ändern, und dann muss eine Zelle bestimmte Seiten in ihrem Buch aufschlagen und etwas nachsehen. Dieses Phänomen ist daran zu erkennen, dass bestimmte Gene in Verbindung mit bestimmten Tätigkeiten der Zellen eingeschaltet werden. Gene sind in der Sprache der DNA geschrieben – ihre Buchstaben heißen Basen. Der Apparat, der die in der DNA verschlüsselten Anweisungen ausführt, besteht jedoch aus Proteinen, und die sprechen die Sprache der Aminosäuren. Um die Anweisungen aus ihrem Buch in die Tat umzusetzen, schreibt die Zelle die DNA-Sprache zunächst in RNA-Sprache um, einen »komplementären« Dialekt, der sich immer noch der Basen als Buchstaben bedient; im Gegensatz zur DNA kann er aber auch in die Sprache der Aminosäuren übersetzt werden und so den Aufbau von Proteinen veranlassen. Das Gen *c-fos,* mit dem Annette sich befasste, wird als »sehr frühes« Gen bezeichnet, weil es angeschaltet (das heißt in RNA umgeschrieben) wird, sobald die Zelle neue Anweisungen aus ihrem Genom braucht. Das von dem Gen *c-fos* verschlüsselte Protein Fos blättert gewissermaßen die Seiten um: Es versetzt die Zelle in die Lage, weitere in ihrem Genom verschlüsselte Handlungsanweisungen zu verstehen.

Annette durchtrennte die vom Darm zum Pankreas führenden Nerven und lähmte sie mit einem Nervengift, oder sie blockierte die Übertragung an den Synapsen. In diesen Fällen hatte die Reizung der Nerven im Zwölffingerdarm keine Auswirkungen auf die Nervenzellen im Pankreas. Sie konnte die Nerven im benachbarten Zwölffingerdarm in gewaltigen Aufruhr versetzen, und wenn die Nervenleitung oder die synaptische Übertragung verhindert wurde, schlief das *c-fos* in den Nervenzellen des Pankreas selig weiter. Das heißt, das Gen wurde weder abgelesen noch umgeschrieben, und es wurde kein Fos-Protein produziert.

Da sich in dem Organband nur Pankreas und Zwölffingerdarm, aber weder das Gehirn noch das Rückenmark oder irgendein anderes Organ befanden, mussten die Nachrichten ganz offensichtlich über die direkte Verbindung zwischen den beiden Organen gelaufen sein. Die Wirkungen von Nervengiften und Synapsenblockade waren außerdem die Bestätigung, dass die Verbindung in diesem Fall aus Nerven und nicht aus Hormonen bestand. Selbst wenn in dem angeregten Darm Hormone ausgeschüttet wurden, hatten sie in Annettes Experimenten keinen Einfluss auf die Bauchspeicheldrüse. Diese Beobachtung ist auch durchaus verständlich: Hormone brauchen einen funktionierenden Blutkreislauf, um an ihr Ziel transportiert zu werden. Fehlt das Herz oder eine mechanische Pumpe – beides gab es in dem Organbad nicht –, kann das Blut nicht kreisen.

Nachdem Annette zur allgemeinen Zufriedenheit nachgewiesen hatte, dass es die vom Darm zum Pankreas führenden Nerven tatsächlich gibt und dass sie funktionieren, wollte sie als Nächstes herausfinden, was für Reize diese Nerven normalerweise stimulieren, und versuchen, im Zwölffingerdarm die Nervenzellen zu identifizieren, die ihre Axone zu den Zielen im Pankreas schicken. Diese Arbeiten sind noch nicht abgeschlossen, und nachdem Annette mein Institut inzwischen verlassen hat, stellen sie einen beträchtlichen Teil der Tätigkeit dar, mit der sie ihren Lebensunterhalt verdient. Bisher hat Annette nachgewiesen, dass die vom Darm zum Pankreas führenden Nervenzellen aktiviert werden, wenn man Glucose in den Innenraum des Zwölffingerdarms bringt oder den Druck in dem Organ steigert. Manche, vielleicht sogar alle sensorischen Nervenzellen, die diese Reize wahrnehmen, gehören zu dem Nervengeflecht des Plexus submucosus, während die Zellkörper der Nervenzellen, die ihre Axone tatsächlich in die Bauchspeicheldrüse entsenden, ausnahmslos im Auerbach-Plexus liegen. Mit ihrer Funktion richten sich die vom Darm zum Pankreas verlaufenden Nerven auf Nervenzellen in den Ganglien des

Pankreas, wie die Befunde mit den Nachweissubstanzen nahe legen. Das ist der Grund, warum die Blockade der synaptischen Übertragung dazu führt, dass der Darm die Bauchspeicheldrüse nicht mehr beeinflussen kann. Der erste Schritt in der Ausübung dieses Einflusses besteht darin, dass die vom Darm zum Pankreas führenden Nerven die Nervenzellen in der Bauchspeicheldrüse aktivieren. Als Nächstes regen die Nervenzellen des Pankreas die exokrinen Zellen dieses Organs zur Ausschüttung von Verdauungsenzymen an, oder die Inselzellen werden zur Insulinproduktion veranlasst. Diese gesamte Aktivierung kann in ungefähr einer Sekunde stattfinden. Nerven arbeiten schnell.

Aus den Experimenten mit *c-fos* wussten wir, dass der Darm tatsächlich mit dem Pankreas kommuniziert, aber sie hatten keine Aufschlüsse darüber geliefert, was der Darm mitzuteilen hat und wie er es mitteilt. In einem gewissen Sinn glichen wir den Siedlern im 19. Jahrhundert, die auf ihrem Weg durch den wilden Westen Rauchzeichen ausmachten. An den Zeichen konnten sie erkennen, dass Indianer in der Nähe waren und Nachrichten austauschen, aber damit erfuhren sie noch nicht, was sie eigentlich wissen mussten. Sie hätten sicher gern erfahren, welche Anweisungen in den Rauchwolken verschlüsselt waren – ob sie beispielsweise bedeuteten:»Lasst sie durch!« oder»Schießt sie ab!« Um den eigentlichen Sinn der Nachrichten zu verstehen, hätten die Siedler den Code der Rauchzeichen kennen müssen. Die Führer, die neue Siedler durch den Wilden Westen begleiteten und damit ihren Lebensunterhalt verdienten, gaben sich daher wahrscheinlich alle Mühe, den Inhalt der Rauchsignale zu verstehen. Ganz ähnlich mussten auch Annette und ich über die Entdeckung der Transkription von *c-fos* (unserer Rauchsignale) hinauskommen. Die nächste Frage lautete: Um welche Neurotransmitter handelt es sich, und was bewirken die Anweisungen des Darms an den Pankreas?

Um den Code der vom Darm zum Pankreas laufenden Signale zu entschlüsseln und seine Bedeutung kennen zu lernen, verwendete Annette weiterhin den isolierten Zwölffingerdarm mit einem daran hängenden Stück der Bauchspeicheldrüse. Dieses Präparat war für ihre Experimente das am besten geeignete Hilfsmittel. Sie stimulierte den Zwölffingerdarm, und wie sie schon bald bemerkte, führte das in der Bauchspeicheldrüse nicht nur zur Anregung von Nervenzellen, sondern das Organ schüttete auch Verdauungsenzyme aus. Die Signale bedeuten also, dass die Bauchspeicheldrüse sehr schnell die Enzyme ausschütten soll, die der Darm seiner eigenen Wahrnehmung nach braucht. Nach Annettes Feststellungen konnte man die Produktion dieser Enzyme am einfachsten verfolgen, wenn man die Freisetzung der *Amylase* beobachtete, eines Pankreasenzyms, das Stärke abbaut. Die Aktivität der Amylase lässt sich recht einfach messen. Als Annette die Amylaseausschüttung nach Stimulation des Zwölffingerdarms genauer untersuchte, stieß sie schon bald auf die chemischen Eigenschaften der Nervenzellen, die für das Phänomen verantwortlich sind. Sowohl Scopolamin, das pflanzliche Gift, das die muskarinischen Rezeptoren lahm legt, als auch der synthetische Wirkstoff Hexamethonium, der wie Curare wirkt und die nikotinischen Rezeptoren blockiert, brachten die von enteralen Nerven ausgelöste Amylaseausscheidung zum Erliegen. Hexamethonium – nicht aber Scopolamin – verhinderte auch, dass *c-fos* in den Nervenzellen des Pankreas nach einer Anregung des Zwölffingerdarms aktiviert wurde. Wie man aus diesen Beobachtungen schließen konnte, dient Acetylcholin als Neurotransmitter der vom Darm kommenden Nerven, die in der Bauchspeicheldrüse die Nervenzellen anregen, und die zugehörigen exzitatorischen Rezeptoren sind nikotinisch. Auch die Nervenzellen des Pankreas bedienen sich des Acetylcholins als Neurotransmitter, aber es regt auf den exokrinen Zellen des Pankreas muskarinische Rezeptoren an.

Damit hatte Annette die Signale identifiziert, mit denen der Darm die Bauchspeicheldrüse seinen Bedürfnissen entsprechend steuert, aber sie wusste auch, dass sie damit den Code für Darm und Pankreas erst zur Hälfte entschlüsselt hatte. Es gab noch ein weiteres rätselhaftes Rauchzeichen. Welche Neurotransmitter »einschalten« bedeuteten, hatte sie herausgefunden, aber immer noch war nicht bekannt, ob es auch Neurotransmitter gab, die für Ausschalten sorgten.

In ihren Untersuchungen zum retrograden Transport einer

Nachweissubstanz in der Bauchspeicheldrüse hatte Annette herausgefunden, dass manche Nervenzellen im Darm, die durch die Substanz markiert wurden, Serotonin enthielten. Demnach musste es neben den Nerven, die Acetylcholin zur Anregung der Nervenzellen im Pankreas benutzen, auch andere geben, in denen Serotonin vorkommt. Die Funktion der serotoninhaltigen Nerven war zunächst rätselhaft. Setzte Annette dem Organbad diesen Neurotransmitter zu, wurde die Amylaseausschüttung nicht angeregt, und es war auch keine andere Reaktion der Bauchspeicheldrüse zu erkennen. Daraufhin schlug ich Annette vor, sie solle die Nerven im Zwölffingerdarm stimulieren und darauf achten, was mit dem im Organbad vorhandenen Serotonin geschah. Dahinter stand der Gedanke, die Substanz könne die Reaktion der Pankreas-Nervenzellen auf das Acetylcholin abwandeln. Natürlich wollten wir sofort herausfinden, ob es tatsächlich so ist.

Die Kommunikation zwischen Darm und Pankreas mit der ganzen Bandbreite ihrer Signale zu kennen, ist äußerst wichtig. Die Zuckerkrankheit (Diabetes), die durch Insulinmangel entsteht, ist ein sehr häufiges und sehr schwer wiegendes Leiden. Anders als bei jugendlichen Diabetikern, deren Inselzellen meist durch einen Autoimmunprozess zerstört sind, besitzen die meisten erwachsenen Zuckerkranken noch ihre Inselzellen, aber sie scheiden nicht genügend Insulin aus und werden deshalb mit den vielen Fettzellen, die sich bei solchen Patienten im Laufe der Jahre angesammelt haben, nicht mehr fertig. Wenn man genau weiß, wie der Darm die Inselzellen zur Insulinausschüttung anregt, könnte man deshalb bei erwachsenen Diabetikern mit geeigneten Medikamenten dafür sorgen, dass die widerspenstigen Inselzellen ausreichende Insulinmengen abgeben. Außerdem könnte man mit solchen Befunden auch erklären, warum die Inselzellen erwachsener Diabetiker nicht mehr ausreichend auf große Glucosemengen ansprechen.

Ein weiteres drängendes Problem ist die Pankreatitis. Sie kann so schnell tödlich verlaufen, dass ich das Organ gern als P-Bombe bezeichne. Wenn seine Enzyme ihre Membranumgrenzung sprengen, kann ein Mensch ebenso schnell zu Grunde gehen wie Hiroshima im Jahr 1945. Diese verheerende Krankheit tritt manchmal als Folgeerscheinung von Gallensteinen auf, aber auch als tödliches Ereignis bei Alkoholikern oder als katastrophale Komplikation einer Operation. Manchmal kommt sie auch ohne Vorwarnung und ohne erkennbare Ursache bei scheinbar ganz gesunden Menschen vor. Wenn wir wissen, was der Darm der Bauchspeicheldrüse mitteilt, verstehen wir möglicherweise besser, warum die Pankreatitis auftritt, und unter Umständen eröffnen sich auch neue Wege zu ihrer Behandlung. Wenn der Darm zum Pankreas »einfach Nein sagen« kann, ist es für die Therapie der Pankreatitis sicher nützlich, diese Nachricht mit einem Medikament nachzuahmen.

Es kam, wie wir vermutet hatten: Als Annette den Zwölffingerdarm in Gegenwart von Serotonin stimulierte, wurde die normale Amylaseausschüttung gehemmt. Und wenn in dem Organbad gleichzeitig noch ein Serotoninantagonist vorhanden war (das heißt eine Substanz, die an den Rezeptoren die Wirkung des Serotonins blockiert), wurde wieder wesentlich mehr Amylase produziert als ohne den Antagonisten. Diese Befunde legten den Schluss nahe, dass die serotoninhaltigen Nerven inhibitorisch wirken. Stimulierte Annette alle Nerven im Zwölffingerdarm, wurden dadurch sowohl solche Nerven aktiv, die für die Amylaseausschüttung sorgen, als auch andere, die sie hemmen. Insgesamt, ohne künstlich zugesetzte Wirkstoffe, wird Amylase produziert, aber weniger als bei einer Hemmung der inhibitorischen Nerven. Der Serotonin-Antagonist blockierte die hemmende Wirkung der serotoninhaltigen Nerven, sodass das Acetylcholin unbeschränkt seine Wirkung entfalten konnte und die von ihm erzeugte Anregung in vollem Umfang sichtbar wurde. Die serotoninhaltigen, vom Darm zum Pankreas verlaufenden Nerven sind also nicht dazu da, um die Nervenzellen im Pankreas *einzuschalten,* sondern um ihrer Aktivierung durch Acetylcholin *entgegenzuwirken.* Und Annette konnte sogar feststellen, dass die Serotonin-Rezeptoren sich auf den acetylcholinhaltigen Nervenenden selbst befinden. Werden sie angeregt, sorgen die Serotonin-Rezeptoren für eine *Verminderung* der Acetylcholin-Ausschüttung, und damit schwächen sie die Wirkungen der exzitatorischen Nerven ab. Das Serotonin ist in der

Welt von Darm und Pankreas das Yang zum Ying des Acetylcholins. Es ist ein höchst kompliziertes System.

Die P-Bombe – mehrfach kontrolliert

Als ich mir zum ersten Mal Gedanken über die komplizierten Nervenverbindungen zwischen Darm und Pankreas machte, erschien mir die Wirkung des Serotonins ein wenig übertrieben. Warum sich in der Evolution ein System exzitatorischer Nervenfasern entwickelt hat, konnte ich durchaus verstehen. Der Zwölffingerdarm verfügt zwar über Hormone, mit denen er die Bauchspeicheldrüse anweisen kann, Enzyme und alkalische Flüssigkeit zur Weiterverarbeitung von Nahrung und Magensäure zu produzieren, aber Hormone wirken relativ langsam. Sie müssen zunächst den Weg ins Blut finden und dann zur Bauchspeicheldrüse gepumpt werden; dort müssen sie dann die Blutgefäße wieder verlassen und die Zellen erreichen, die sie anregen sollen. Hormone sickern langsam durch das Gewebe, wobei nur die unterschiedlichen Konzentrationen als Triebkraft wirken. Nerven dagegen arbeiten schnell. Sie transportieren ein Signal prompt und direkt zu ihrem Ziel. Wenn der Darm an Stelle der Hormone oder als Ergänzung zu ihrer Wirkung die Nerven einsetzt, kann er sich das Benötigte genau zum richtigen Zeitpunkt verschaffen.

Diese Logik versteht jeder, der schon einmal vor dem Computerbildschirm darauf gewartet hat, bis der Rechner hochgefahren ist. Man schaltet den Computer ein, aber zwischen dem Drücken des Knopfes und der ersten sinnvollen Reaktion des Gerätes erscheint eine Ewigkeit zu vergehen. Nerven sorgen dafür, dass praktisch ohne Verzögerung sofort etwas geschieht. Die Hormone stellen mit ihrer gemächlichen Wirkung eine Art Sicherheitsmechanismus für die Nerven dar: Sie gewährleisten, dass die Reaktion tatsächlich eintritt und weiterläuft. Wenn sowohl die Nerven als auch das endokrine System mit ihren unterschiedlichen zeitlichen Abläufen zusammenwirken, besteht eine größere Wahrscheinlichkeit, dass die Verdauungsenzyme des Pankreas zur rich-

216

tigen Zeit zur Verfügung stehen. Da sich manche vom Darm zum Pankreas verlaufenden Nervenzellen sogar im Magen befinden, weiß der Darm unter Umständen sogar im Voraus, wann ein entsprechender Bedarf vorhanden sein wird. Der Magen kann also die Bauchspeicheldrüse einschalten, *bevor* er Nahrung und Magensäure an den Zwölffingerdarm weitergibt, sodass dieser bereits im Voraus darauf eingestellt ist, das vom Magen angelieferte Material weiterzuverarbeiten. Dass die vom Darm zum Pankreas verlaufenden Nerven angeregt werden, erschien mir also äußerst vernünftig. Aber mit der Hemmung durch das Serotonin hatte ich nicht gerechnet.

Mehr Sinn konnte ich in der Hemmung durch das enterale Nervensystem erkennen, als ich mir ausmalte, auf wie vielfältige Weise die Enzymproduktion der Bauchspeicheldrüse gesteuert wird. In einem lebenden Tier oder Menschen sind Darm und Pankreas nicht isoliert wie in einem Organbad, sondern neben dem Darm kann auch das Gehirn auf die Bauchspeicheldrüse einwirken. Manche parasympathischen Axone in den Vagusnerven führen vom Gehirn zu denselben Ganglien im Pankreas, die auch Nervensignale aus dem Darm enthalten. Bevor Annette und ich in unserer wissenschaftlichen Veröffentlichung die Nervenverbindungen zwischen Darm und Pankreas beschrieben, hielt man die Vagusnerven sogar für die einzigen, die sich anregend auf die Bauchspeicheldrüse auswirken. Das Gehirn ist also ebenfalls durchaus in der Lage, die Enzymausscheidung des Pankreas anzuregen.

Wenn das Gehirn die Bauchspeicheldrüse stimuliert, tut es das zum Teil auf Grund von Informationen, die es durch sensorische Nerven aus dem Darm enthält, aber das Gehirn führt auch ein Eigenleben. Es bezieht die gesamte Umwelt mit ein – die erlegte Beute, die Düfte und Geräusche der Nahrung, den Geschmack, der sich beim Essen ergibt. Alle diese Eindrücke können im Kopf verarbeitet werden und mit darüber bestimmen, welche Anweisungen das Gehirn der Bauchspeicheldrüse gibt. Auch Lernen und Gedächtnis kann das Gehirn heranziehen, um die Verdauung zu fördern. Meist tut es dabei das Richtige. Im Kopf laufen aber auch komplizierte, häufig unbewusste und kaum verstandene Vorgänge ab.

Nicht alles, was das Gehirn tut, ist nützlich. Manche Gedanken würden besser ungedacht bleiben, und manches, was das Gehirn anderen Organen mitteilt, bliebe besser ungesagt. Wie nicht anders zu erwarten, kann der Darm deshalb manchmal mit dem Saft, den die Bauchspeicheldrüse auf eine Anweisung des Gehirns hin produziert, nichts anfangen. Der inhibitorische Teil des Nervensystems zwischen Darm und Pankreas verschafft dem Darm ein Mittel, mit solchen Situationen fertig zu werden. Mit seinen serotoninhaltigen inhibitorischen Nerven kann das enterale Nervensystem die Enzymproduktion der Bauchspeicheldrüse abschalten, wenn diese entweder durch das Gehirn, durch Hormone oder auch durch seine eigenen, acetylcholinhaltigen Nerven angeregt wurde. Das enterale Nervensystem verfügt also nicht nur über einen schnellen »Ein«-Schalter, sondern auch über einen ebenso rasch wirkenden Mechanismus zum Ausschalten. Wie bei den vom enteralen Nervensystem versorgten, vor den Wirbeln liegenden sympathischen Ganglien hat der Darm auch hier die Möglichkeit, den Telefonhörer aufzulegen, wenn die ankommenden Informationen aus dem Gehirn (die in diesem Fall über die Vagusnerven zum Pankreas transportiert werden) ihm nicht gefallen.

Wie man daran erkennt, ist Verdauung alles andere als ein einfacher Vorgang. Sie besteht aus einer sehr komplizierten Reihe organisch-chemischer Reaktionen, die höchst unwahrscheinlich wären, wenn nicht die richtigen Enzyme genau in der richtigen Menge zur Verfügung stünden und wenn nicht auch die Bedingungen, unter denen diese Enzyme wirken, sich ganz genau einstellen würden. Die Regulation der Enzymproduktion und die Aufrechterhaltung der geeigneten Bedingungen für ihre Tätigkeit erfordern deshalb ein raffiniertes System von Sensoren, Nerven, Hormonen und Drüsen. Wenn wir feststellen, dass die Steuerung der Verdauung kompliziert ist, sollten wir uns eigentlich nur darüber wundern, dass wir uns darüber wundern. Die Dinge sind immer komplizierter, als wir erwarten. Wenn es um das enterale Nervensystem und seine Wechselbeziehungen geht, sind unsere vorgefassten Meinungen schlicht und einfach falsch. Letztlich werden wir lernen müssen, dass wir im Darm niemals Einfachheit finden. Aber obwohl ich das weiß, bin ich immer wieder verblüfft, wenn wir im enteralen Nervensystem eine weitere Komplexitätsebene entdecken.

Der Höhepunkt: Resorption

Als ich 1981 auf der neurowissenschaftlichen Tagung in Cincinnati die Ansicht vertrat, Serotonin habe eine Funktion als enteraler Neurotransmitter, wusste ich noch nichts über die Nerven, die den Darm mit der Gallenblase und dem Pankreas verbinden. Wenn ich damals überhaupt über die Steuerung dieser Organe nachdachte, tat ich die Frage mit dem frommen Spruch ab, irgendjemand werde schon irgendwann herausfinden, wie sie funktionieren. Zwar stimmt es, dass wir bis heute nicht in allen Einzelheiten wissen, wie das enterale Nervensystem die Hilfsdrüsen kontrolliert, aber unsere Kenntnisse über seinen Einfluss stellen gegenüber dem Zustand des Gebietes, das ich in Cincinnati bekannt machen wollte, einen gewaltigen Fortschritt dar. Das ist eine der Schwierigkeiten in der modernen Naturwissenschaft: Wenn man nicht aufpasst, ist man im Handumdrehen hoffnungslos im Hintertreffen.

Fast alle bisher geschilderten Tätigkeiten des Darms sind eigentlich eine Art Vorspiel. Die aufgenommene Nahrung wurde zerkleinert, geknetet, mit Säure getränkt, in eine Emulsion verwandelt und verdaut. Damit wurden alle Voraussetzungen für den Höhepunkt des ganzen Ablaufs geschaffen: für die Resorption, den Übergang der Verdauungsprodukte in den Organismus selbst. Nachdem die von den Hilfsdrüsen ausgeschiedenen Gallensalze und Verdauungsenzyme ihre Tätigkeit vollbracht haben, ist die Verdauung zwar immer noch nicht zu Ende, aber die nächsten Vorgänge laufen schnell ab und haben mit der Resorption zu tun. Bisher gibt es keine Anhaltspunkte dafür, dass das enterale Nervensystem an den letzten Schritten der Verdauung oder an der Resorption unmittelbar beteiligt ist, aber über die Möglichkeit, dass es sich auf die Resorption auswirkt, sind zahlreiche Spekulationen angestellt worden. Salze und Ionen, insbesondere das Natrium aus den Salzen, haben viel mit der Resorption zu tun. Und über den Transport von Salzen aus den Körperflüssigkeiten in den Darminnenraum übt das enterale Nervensystem einen tief greifenden Einfluss aus; da es die Salzverteilung in der Darmwand verändert, dürfte es sich daher indirekt auch auf die Resorption auswirken. Ob es das tatsächlich tut, und wenn ja, wie und unter welchen Voraussetzungen, ist noch völlig unbekannt.

Nachdem die Nahrung von den Pankreasenzymen verdaut worden ist, wobei die Gallensalze beim Abbau der Fette geholfen haben, sind aus den großen, komplizierten Molekülen der ursprünglichen Mahlzeit im wesentlichen kleinere Bruchstücke geworden; aber auch diese Moleküle sind vielfach noch so groß, dass der Dünndarm sie nicht aufnehmen kann. Große Moleküle können die Zellmembranen nicht so ohne weiteres passieren, und der kleine Dünndarm ist ganz und gar von Zellen ausgekleidet. Diese Zellen trennen unser Inneres – in diesem Fall die Flüssigkeit in der Darmwand – von der Außenwelt, die hier durch den Darminnenraum repräsentiert ist. Die Zellen der Darmschleimhaut bilden die entscheidende Grenze, die verhindert, dass wir in unseren Darm auslaufen. Es liegt auf der Hand, dass eine solche Schranke nicht durchbrochen werden kann, um Moleküle einzulassen, ganz gleich, wie nötig wir sie brauchen. Damit die Moleküle in den Körper gelangen, müssen sie die *apikale* (dem Darminnenraum zugewandte) Membran der Darmwandzellen und ihr Cytoplasma durchqueren, um schließlich an der anderen, *basolateralen* Seite herauszukommen. Zwischen benachbarten Zellen der Darmschleimhaut kann nichts hindurchsickern, denn dieser Zwischenraum ist durch Zellverbindungen dicht verschlossen. Die Proteine benachbarter Zellmembranen lagern sich nebeneinander und berühren sich, sodass die sonst zwischen Zellen vorhandene Lücke nicht mehr existiert. Diese Proteine bilden unmittelbar hinter der Darminnenwand regelrechte Dichtungen. Deshalb wird bei der Resorption aufgenommen, was wir brauchen, und gleichzeitig kann nichts Lebenswichtiges den Organismus verlassen. Da der

Raum zwischen den einzelnen Schleimhautzellen durch die Zellverbindungen verschlossen ist, wandert das aufgenommene Material fast vollständig durch die Zellen hindurch, sodass diese die Resorption regulieren können.

Proteine werden nach dem Essen durch das Pepsin und dann durch die Pankreasenzyme zu kleinen Peptiden abgebaut. Stärken und andere *Polysaccharide* (lange Ketten aus Zuckermolekülen) werden in *Disaccharide* (Moleküle aus nur zwei Zuckerbausteinen) gespalten. Bevor die kleinen Peptide und Disaccharide resorbiert werden können, müssen sie von weiteren Enzymen des Darms in noch kleinere Teile zerlegt werden. Diese Enzyme befinden sich nicht frei im Darminnenraum, sondern sie sind ein fester Bestandteil in der apikalen Membran der Schleimhautzellen, die man auch als *Saumzellen* oder *Enterozyten* bezeichnet. Es sind die gleichen Zellen, die anschließend auch die Endprodukte der Verdauung aufnehmen.

Die Verankerung unentbehrlicher Enzyme ist nicht die einzige Aufgabe, die die apikale Membran der Saumzellen in der Verdauung erfüllt. Die gleichen Membranen enthalten auch die Enterokinasen, durch die inaktive Vorstufen der Pankreasenzyme in die aktive Form umgewandelt werden, die dann den größten Teil der Verdauung übernehmen. Diese räumliche Anordnung der Enzyme und des Resorptionsapparates an der Oberfläche der Schleimhautzellen ist äußerst sinnvoll. Die Endprodukte der Verdauung befinden sich sofort an der Membran, die sie aufnimmt und resorbiert. Die kleinen Moleküle haben keine Chance, in den Darminnenraum und damit aus dem Körper zu entkommen. Die Darmschleimhaut ist also der Ort, wo die Pankreasenzyme aktiviert, die Verdauungsvorgänge abgeschlossen und die Nährstoffe aufgenommen werden. Das ist eine lange Reihe von Aufgaben, und wie man sich ohne weiteres vorstellen kann, erfordern sie eine große Oberfläche. Gleichzeitig erleichtert eine große Fläche auch die Resorption nützlicher kleiner Moleküle wie beispielsweise des Vitamins C, die ohne weiteres die Zellmembranen durchdringen und einfach durch Diffusion in den Organismus gelangen.

Der Dünndarm hat eine gewaltige Oberfläche. Sie wird so groß, weil sie Falten bildet, die ihrerseits wieder gefaltet und dann noch einmal gefaltet sind. Zunächst einmal hat die oberste Schicht der Darmschleimhaut (Mucosa) grobe Falten, in deren Innerem sich das dichte Bindegewebe der nächsttieferen Schicht befindet. Diese großen »Ventile« bilden die erste Faltungsebene.

Die Falten der zweiten Ebene befinden sich innerhalb der Mukosa und sind viel feiner. Die Mukosa bildet fingerförmige Ausstülpungen, *Darmzotten* oder *Villi* (Einzahl Villus) genannt, die in den Darminnenraum ragen. Das Innere der Zotten besteht aus dem lockeren Bindegewebe der Mukosa.

Die dritte Ebene der Faltung schließlich betrifft die Saumzellen selbst. Ihre zum Darminnenraum gewandten Membranen bilden ihrerseits wieder lange Fortsätze, die aus der Vorderseite der Zellen herausragen und als *Mikrovilli* bezeichnet werden, weil sie kleinen Darmzotten ähneln. Beide sehen fingerförmig aus, aber die Zotten bestehen aus vielen Zellen, während die Mikrovilli eine Abwandlung der Oberfläche einzelner Zellen darstellen. Im Inneren der Mikrovilli befindet sich das *Zytoplasma* der Zellen, und dort wiederum liegen Bündel aus dünnen Fasern *(Mikrofilamenten)*, die zum Skelett der Zelle gehören. Die Mikrofilamente verleihen den Mikrovilli eine gewisse Festigkeit.

Durch diese mehrfache Faltung wird die Oberfläche der Darmschleimhaut so groß, dass man mit den Membranen aus einem einzigen Zentimeter des menschlichen Darms einen ganzen Tennisplatz abdecken könnte. Und wenn man nun berücksichtigt, dass der gesamte Dünndarm etwa sieben Meter lang ist, weist ein durchschnittlicher Mensch vermutlich so viel Schleimhautfläche auf, dass man damit ein ganzes Mietshaus tapezieren könnte; aber dass dieses Material als Tapete große Beliebtheit erlangt, ist eher unwahrscheinlich.

Der Darm ist ein einfaches Rohr...

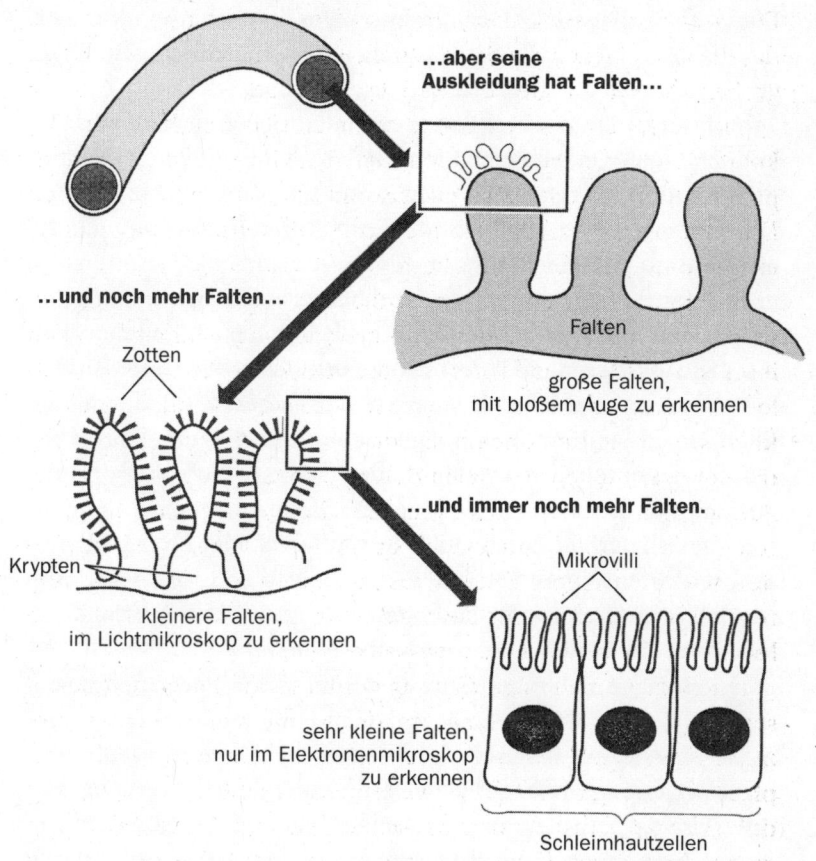

...aber seine
Auskleidung hat Falten...

...und noch mehr Falten...

Zotten

Falten

große Falten,
mit bloßem Auge zu erkennen

Krypten

...und immer noch mehr Falten.

Mikrovilli

kleinere Falten,
im Lichtmikroskop zu erkennen

sehr kleine Falten,
nur im Elektronenmikroskop
zu erkennen

Schleimhautzellen

Fettaufnahme

Für die Aufnahme von Fettsubstanzen sorgt ein Mechanismus, der noch weitaus verzwickter ist als der für die Resorption der Abbauprodukte von Proteinen und Zuckern. Die Schlüsselrolle bei der Fettverdauung spielt das Pankreasenzym *Lipase* – es wurde be-

223

reits im Zusammenhang mit der Pankreatitis erwähnt, wo es freigesetzt wird und dann durch die Zerstörung der Zellmembranen tödlich wirkt. Hier jedoch ist dieses Enzym nützlich, weil es an der Stelle tätig wird, die dafür vorgesehen ist: nicht in der Bauchhöhle, wo es während der Pankreatitis ausgeschüttet wird, sondern im Darminnenraum. In Gegenwart von Gallensalzen baut Lipase die Fette zu kleineren, einfachen Molekülen ab, die durch die Mikrovilli-Membranen der Saumzellen wandern können. Die meisten Fette, die wir essen, gehören zur Gruppe der *Triglyzeride*. Diese Verbindungen bestehen aus drei *Fettsäuren* (mit langen Ketten aus einer geraden Zahl von Kohlenstoffatomen), die an ein Rückgrat aus Glyzerin gekoppelt sind. Triglyzeride können die Zellmembranen nicht passieren, aber wenn die Fettsäuren durch die Lipase vom Glyzerin abgespalten wurden, diffundieren sie durch die Membranen der Mikrovilli ins Innere der Saumzellen. Dort werden sie wieder mit Glyzerin verbunden, sodass erneut Triglyzeride entstehen.

Dass nach der Verdauung und Resorption wieder Moleküle entstehen, die denen in der Nahrung sehr ähnlich sind oder sogar völlig gleichen, scheint auf den ersten Blick unnützer Aufwand zu sein. Aber die neuen Triglyzeride, die in den Saumzellen entstehen, werden in einem ganz besonderen, von Membranen abgetrennten Raum gebildet. So wie der Innenraum des Verdauungskanals eigentlich außerhalb des Körpers liegt, so entspricht auch dieser abgetrennte Raum, genau genommen, der Umgebung der Zelle. Um das zu verstehen, muss man sich die Evolution der Zellen vor Augen führen. Vor sehr langer Zeit, noch bevor die ersten vielzelligen Lebewesen die Erde bevölkerten, stülpte sich die Oberflächenmembran einer primitiven Zelle ein, und dann schnürte sie sich von der Oberfläche ab, sodass ein kleiner Beutel entstand, der im Zytoplasma schwamm. Dabei schloss der Beutel auch ein wenig Flüssigkeit aus der Umgebung der Zelle mit ein. Im weiteren Verlauf der Evolution blieb dieser innere Hohlraum erhalten und wurde zu einem dauerhaften Bestandteil, den man heute in fast allen Zellen findet. Er ist jetzt aber kein einfacher Beutel mehr, sondern in den meisten Zellen ist daraus ein kompliziertes System aus membranumhüllten Säckchen, Hohlräumen und Röhren geworden, das man auch als *vesikuläres Komparti-ment* bezeichnet. Zwischen seinen verschiedenen Elementen bilden sich vorübergehende Verbindungen aus, aber keines von ihnen öffnet sich zum eigentlichen Zytoplasma.

Die Bestandteile des vesikulären Kompartiments kann man mit Seifenblasen vergleichen. Sie können untereinander und mit der Außenmembran verschmelzen. Ihr Innenraum bleibt also seinem Ursprung entsprechend topologisch ein Teil der Außenwelt. Vereinigt sich ein Bläschen des vesikulären Kompartiments mit der Oberflächenmembran, entleert sich sein Inhalt in die Umgebung.

Die neuen Triglyzeride werden zwar scheinbar in den Saumzellen gebildet, in Wirklichkeit befinden sie sich aber im vesikulären Kompartiment, weil sie vom tatsächlichen Zellinneren durch eine Membran getrennt sind. Sie bleiben in diesem isolierten Raum und werden dort mit einer Proteinhülle versehen, die sie in Wasser in der Schwebe hält. Fett in Wasser in der Schwebe zu halten, ist für den Organismus keine einfache Aufgabe, aber es ist wichtig, weil alle Gewebeflüssigkeiten vorwiegend aus Wasser bestehen. Fett scheut das Wasser und löst sich nicht darin – ohne Spülmittel bleibt das Öl in der Bratpfanne. Fette, die nicht mehr gelöst sind, können sich in den Blutgefäßen ablagern und verursachen dann die Arteriosklerose (»Arterienverkalkung«); Herzinfarkt und Schlaganfall können die Folge sein.

Die neu synthetisierten Triglyzeride werden mit ihrer Proteinhülle durch die Saumzellen transportiert, bleiben dabei aber im vesikulären Kompartiment. Zuletzt werden sie in Bläschen verpackt, die an der Unterseite der Saumzellen mit der Oberflächenmembran verschmelzen, sodass die proteinumhüllten Triglyzeride aus den Zellen ausgeschieden werden. Die dabei entstehenden Körperchen, *Chylomikronen* genannt, reichern sich in dem Bindegewebe im Inneren der Darmzotten an. Sie sind aber so groß, dass sie nicht in die Blutgefäße eindringen können, und müssen das Bindegewebe deshalb über die *Lymphgefäße* verlassen; diese haben in ihren Wänden größere Öffnungen und können die Chylomikronen aufnehmen. In den Lymphgefäßen gelangen die Chylomikronen zur Leber, wo sie weiterverarbeitet werden. Das Fett wird also verdaut, resorbiert, neu synthetisiert, von den Zellen abgegeben und schließlich von der Lymphe abtransportiert. Die Lymphe wird nach einer Mahlzeit durch die vielen Chylomikronen milchigweiß. Und angesichts derart komplizierter Vorgänge ist es nicht verwunderlich, dass die Fettresorption meist als erstes zum Erliegen kommt, wenn der Darm krank ist und an Leistungsfähigkeit einbüßt. Fett im Stuhl ist eines der ersten und zuverlässigsten Anzeichen für Verdauungs- und Resorptionsstörungen.

Auch das enterale Nervensystem wird von Fett beeinflusst. Die Fettsäuren, die bei der Fettverdauung entstehen, regen sehr wirksam die sensorischen Rezeptoren an, die alle Vorgänge im Darminnenraum überwachen. Diese Rezeptoren aktivieren sensorische Nerven, die sowohl das Gehirn als auch das enterale Nervensystem auf dem Laufenden halten. Sind irgendwo im Darminnenraum Fettsäuren vorhanden, lösen sie einen interessanten Reflex aus: Der Transport des Darminhalts kommt im letzten Abschnitt des Dünndarms, dem Krummdarm oder Ileum, völlig zum Stillstand. Es ist, als wäre fetthaltiger Stuhl dem Nervensystem (und zwar dem zentralen wie auch dem enteralen) ebenso zuwider wie den Menschen. In Wirklichkeit hat sich der Reflex aber wahrscheinlich entwickelt, damit Nährstoffe den Dünndarm nicht verlassen, bevor Verdauung und Resorption abgeschlossen sind. Gehirn und enterales Nervensystem wollen schlicht und einfach sicherstellen, dass der von ihnen gesteuerte Vorgang richtig ausgeführt wird. Erst wenn die letzten Fettsäuren resorbiert sind, wird die »Bremse gelöst«, und der Darminhalt bewegt sich weiter, sodass der Dickdarm ihn aufnehmen kann.

Das Versagen dieses Reflexes ist wahrscheinlich auch der Grund, warum Olestra* (Saccharose-Polyester) manchmal Durchfall verursacht. Da Olestra nicht verdaut wird, liefert es auch keine

* Olestra: kalorienfreier Fettersatzstoff, der in den USA seit 1998 z. B. bei der Herstellung von Kartoffelchips verwendet wird. Ist wegen verschiedener Nebenwirkungen heftig umstritten und in Deutschland bisher nicht zugelassen (Anm. d. Übers.).

Fettsäuren, die auf die »Krummdarm-Bremse« treten könnten. Es widersteht auf seinem Weg durch Magen und Dünndarm allen Angriffen von Pankreas und Gallenblase, sodass es unverändert in den ahnungslosen Dickdarm gelangt.

7

Noch ist nicht
aller Tage Abend

Verdauung und Nährstoffresorption werden unter allen praktischen Gesichtspunkten im Dünndarm abgeschlossen. Der Dickdarm, auch Colon genannt, hat andere Aufgaben. An manche davon werden wir jeden Tag erinnert, an andere denken wir
vielleicht nie.

Der Dickdarm

Der Dickdarm ist in der Evolution offenbar entstanden, damit
Landtiere sparsamer mit Wasser umgehen können. Jedes Tier, das
an der Luft überleben muss, ist ständig von Austrocknung bedroht.
Ein wichtiges Mittel, dieser Gefahr zu begegnen, ist natürlich die
Haut, die eine wasserdichte Schranke darstellt. Aber die Darmschleimhaut muss Wasser und Nährstoffe aufnehmen, das heißt,
sie muss beiden den Durchtritt ermöglichen. Deshalb ist es auch
nicht verwunderlich, dass man durch die Darmschleimhaut tatsächlich Wasser verlieren kann. Da der Darminnenraum sich außerhalb des eigentlichen Organismus befindet, kann Wasser, das
durch die Darmschleimhaut dorthin gelangt ist, ohne weiteres verloren gehen. Deshalb musste die Evolution oder der Schöpfer
einen Weg finden, um Flüssigkeit aus dem Darm zurückzuholen.
Diese Wiedergewinnung von Wasser, das ansonsten mit den Exkrementen aus dem Organismus verschwinden würde, ist die Aufgabe des Dickdarms. Möglichst geringe Wasserverluste sind eine
unentbehrliche Voraussetzung für das Leben auf dem Trockenen.
   Der Darminhalt, der aus dem Dünn- in den Dickdarm gelangt,

ist so gut wie flüssig. Tatsächlich nimmt der Dickdarm eine recht beeindruckende Flüssigkeitsmenge auf. Ein Teil davon wurde mit der Nahrung geschluckt, aber wesentlich mehr Wasser gelangt während der Verdauung aus den verschiedenen Drüsen und Schleimhautzellen in den Darminnenraum. Pankreasenzyme, Säuren, Basen, Salze, Schleim und Galle – alle diese Substanzen befinden sich in wässerigen Lösungen. Beim Menschen gelangen jeden Tag fast neun Liter Wasser in den Dickdarm, aber nur ungefähr 100 Milliliter (sechs bis sieben Esslöffel) verlassen ihn normalerweise mit dem Stuhl. Den gesamten Rest von 8,9 Litern nimmt der Dickdarm wieder auf. Obwohl er also so gut wie nichts zur Verdauung beiträgt, hat er eine Menge zu tun.

Um das Wasser wieder zu gewinnen, pumpt der Dickdarm Salze aus seinem Innenraum zurück in den Organismus. Dieser Vorgang erfordert eine Menge Energie, denn die Salze werden von einem Bereich, in dem ihre Konzentration relativ gering ist, in ein Gebiet höherer Konzentration transportiert. Das Wasser folgt den Salzen dann von selbst. Der übrige Inhalt des Dickdarms wird durch den Wasserentzug angereichert und nimmt eine immer festere Konsistenz an.

Diese immer weniger flüssige Masse durch den Dickdarm zu schieben, ist gar nicht einfach. Stuhlklumpen in Richtung des Darmausgangs zu transportieren, erfordert wesentlich mehr Anstrengung als der Transport der Flüssigkeit, die durch den Dünndarm fließt. Deshalb ist auch die Ringmuskelschicht des Dickdarms wesentlich dicker und kräftiger als ihre Entsprechung im Dünndarm. Außerdem wird die Dickdarmschleimhaut besser geschmiert: Sie scheidet mehr Schleim aus als die Wand des Dünndarms, sodass der feste Inhalt besser hindurchgleiten kann.

Bakterielle Untermieter

Stuhl enthält durchaus nicht nur die unverdauten und nicht resorbierten Reste der Mahlzeiten, die nach dem Weg durch den Dünndarm übrig geblieben sind. Der Dickdarm beherbergt auch eine

Riesenzahl von Bakterien, von denen nur einige unsere Freunde sind. Andere sind entweder regelrechte Feinde oder heimtückische Bösewichter, die nur so lange gutartig bleiben, wie ihr Träger ein starkes Immunsystem hat. Sobald die Abwehrmechanismen des Dickdarms eine Lücke bekommen, offenbaren diese hinterhältigen Bakterien ihr wahres Wesen: Sie verursachen eine hässliche Infektion, die in vielen Fällen nicht auf die gebräuchlichen Antibiotika anspricht.

Normalerweise sind die Bakterien im Dickdarm in so großer Zahl vorhanden, dass sie in dem Stuhl, der letztlich ausgeschieden wird, einen beträchtlichen Anteil ausmachen.

Die Bakterienart, die im Dickdarm am häufigsten vorkommt, ist *Escherichia coli;* sie ist fast ausschließlich als *E. coli* bekannt, weil so gut wie niemand den ersten Namen aussprechen kann. Diese Bakterien sind ein derart fester Bestandteil des normalen menschlichen Darms, dass man mit ihrer Hilfe beurteilen kann, wie stark ein Gewässer durch menschliche Exkremente verschmutzt ist: Man entnimmt einfach einige Tropfen Wasser, beobachtet die darin schwimmenden Bakterien und bestimmt die Zahl derer, die wie *E. coli* aussehen und deshalb auch als *coliforme* Arten bezeichnet werden. Dazu braucht man weder komplizierte Geräte noch viel Detektivarbeit; ein Becher zum Sammeln der Wasserprobe, ein Objektträger zum Aufbringen des Tropfens und ein einfaches Mikroskop zum Betrachten der Bakterien reicht aus.

Unter normalen Umständen ist *E. coli* kein gefährlicher Mikroorganismus. Aber die Umstände sind nicht immer normal. Bei den Erregern, die Opfer von Krebs oder anderen immunschwächenden Krankheiten schließlich dahinraffen, handelt es sich in vielen Fällen um diese Darmbakterien. *E. coli* gehört also zu den hinterhältigen Bösewichtern unter den Dickdarmbewohnern. Da diese Art bei fast allen Menschen anzutreffen ist, hätte sich die Spezies des *Homo sapiens* in der Evolution sicher nicht entwickeln können, wenn *E. coli* in allen Fällen gefährlich wäre.

Die Evolution des Menschen erstreckte sich über viele Erdzeitalter. Bakterien dagegen befinden sich in der Evolution auf einer Überholspur und entwickeln sich mit beunruhigender Geschwindigkeit weiter. Unsere Verdopplungszeit (das heißt die Zeit, bis sich eine Gruppe von Menschen – beispielsweise eine Familie – in ihrer Zahl verdoppelt hat) bemisst sich nach Jahrzehnten. *E. coli* dagegen verdoppelt sich alle zwanzig Minuten. Es gibt nicht nur einen Typ dieses Bakteriums, sondern viele, und manche sind sehr nützlich. In der Molekularbiologie dienen sie zum Beispiel als winzig kleine Farmen, auf denen gentechnisch veränderte Gene gezüchtet und weiterentwickelt werden. Wissenschaftler schleusen die Gene, für die sie sich interessieren, in gezähmte *E. coli*-Stämme ein und nutzen die Vermehrungsfähigkeit der Bakterien, um genetisches Material in großen Mengen herzustellen oder um das Protein zu produzieren, das in den verpflanzten Genen codiert ist.

Andere Typen von *E. coli*, so zum Beispiel der Stamm 0157-H7, der eigentlich ein Übersiedler aus dem Kuhdarm ist, bleiben an unseren Zellen haften und scheiden ein übles Gift aus, das endlosen Kummer bereitet. Ihr Toxin kann Gehirn, Nerven und Blutzellen schädigen. Der Stamm 0157-H7 verunreinigt Fleisch und verursacht eine schwere, manchmal sogar lebensgefährliche Lebensmittelvergiftung. Schon eine einzige Bakterienzelle des Stammes reicht unter Umständen aus, damit eine ernsthafte Erkrankung eintritt. Wie sich in jüngster Zeit herausgestellt hat, war 0157-H7 die Ursache einiger Aufsehen erregender Epidemien. Am häufigsten sind Kinder und ältere Menschen betroffen, aber es werden noch viele weitere 0157-H7-Epidemien folgen müssen, bevor die allgemeine Begeisterung für halb gare Hamburger nachlässt.

Im Dickdarm der meisten Menschen ist *E. coli* nur die Spitze eines Eisberges von Mikroorganismen. Diese Bakterien teilen sich den Darm mit so vielen Vettern, dass ich sie nicht alle einzeln aufführen kann. Manche davon tun nützliche Dinge und produzieren beispielsweise Vitamin K, aber die meisten von ihnen sind ebenso unaussprechlich wie unausstehlich. Der Inhalt des Dickdarms, eine Mischung aus Abfall, Schleim und gärenden Keimen, ist also nicht nur abstoßend, sondern auch gefährlich. Aus gutem Grund bringt man uns schon in früher Kindheit bei, uns davon fern zu halten. Auch der Organismus muss mit dem Inhalt des Dickdarms vorsichtig umgehen. Der Stuhl muss weiterbewegt werden, aber gleichzeitig muss er unter Kontrolle bleiben.

Wenn alles gut funktioniert, hat der Dickdarm nur einen einzigen Ausgang. Alles, was diese Öffnung nicht passiert, bleibt im Dickdarm eingeschlossen. Der Transport erfolgt immer in Richtung des Darmausganges, eine Bewegung in umgekehrter Richtung gibt es nicht. Niemals wird etwas rückwärts in den Dünndarm befördert. Salze und Wasser wandern durch die Dickdarmschleimhaut, aber zwischen ihren Zellen kann nichts Schlimmes hindurchtreten und in den Organismus gelangen. Die infektiösen Substanzen im Dickdarminnenraum bleiben auch dort. Deshalb ist die Verbindung zwischen Dünn- und Dickdarm, *Ileozäkalklappe* genannt, eine wichtige Station. Oberhalb davon ist der Darminnenraum normalerweise keimfrei, darunter jedoch, im Dickdarm, befindet sich das Dorado der Bakterien.

Dass die Bakterien nicht aus dem Dickdarminnenraum ausbrechen und den ganzen Organismus infizieren, liegt unter anderem daran, dass sie untereinander Krieg führen. Kein einzelner Bakterientyp kann die Oberhand gewinnen und unbehelligt vom ganzen Darm Besitz ergreifen. Die ständige Konkurrenz zwischen den ansonsten unangenehmen Mikroorganismen trägt dazu bei, die Bakterienpopulation unter Kontrolle zu halten. Hier verwirklicht sich das alte Prinzip »der Feind meines Feindes ist mein Freund«. Unsere bakteriellen Untermieter im Dickdarm mögen abstoßend sein, aber wir müssen sie dennoch gut pflegen. Antibiotika einzunehmen, ist deshalb nicht ungefährlich. Wer die Keime im Dickdarm abtötet, spielt ein riskantes Spiel. Medikamente, die unsere Freunde im Verdauungskanal ausmerzen, können auch uns selbst sehr schnell in Schwierigkeiten bringen.

Antibiotika töten viele Bakterienarten, aber nicht alle. Die widerstandsfähigsten Typen bleiben am Leben. Wie Charles Darwin deutlich gemacht hat, ist natürliche Selektion eine starke Kraft. Wirkt sie auf Lebewesen, die sich in wenigen Minuten verdoppeln, ist sie nicht nur stark, sondern auch schnell. Die Selektion durch Antibiotika ist deshalb kein kluger Schachzug der modernen Medizin. Ein Medikament nach dem anderen hat seinen therapeutischen Nutzen eingebüßt, weil Bakterien dagegen resistent wurden und sich seiner Wirkung entziehen konnten.

Antibiotikaresistenz ist für Bakterien ein Lebensbestandteil, und durch den kritiklosen Einsatz der Medikamente stellt sie heute eine viel größere Schwierigkeit dar als früher. Nachdem es üblich geworden ist, dem Hühnerfutter und anderen landwirtschaftlichen Produkten Antibiotika zuzusetzen, nimmt der Anteil der resistenten Erreger von Jahr zu Jahr zu. Verstärkt wird dieses Problem noch durch die vielen Ärzte, die Antibiotika verschreiben, ohne zuvor festzustellen, ob die Krankheit überhaupt durch einen Erreger verursacht wurde, der darauf anspricht. Wenn man mit einem Antibiotikum einige Bakterien abtötet, andere aber nicht, beseitigt man möglicherweise die Konkurrenz zwischen den Keimen im Dickdarm, und dann kann ein Stamm, der zufällig resistent ist, die Vorherrschaft erlangen. Man selektiert mit dem Medikament einen Erreger. Resistente Stämme sind also aus zwei Gründen gefährlich. Erstens haben sie sich aus den Beschränkungen befreit, die ihnen normalerweise durch die Konkurrenz mit anderen Bakterien aufgezwungen werden, und zweitens lassen sie sich schlecht beseitigen, weil man kaum noch ein Medikament findet, das für den Menschen ungiftig ist und sie dennoch abtötet. Solche resistenten Mikroorganismen verursachen deshalb häufig eine kräftige *Colitis* (Dickdarmentzündung). Manchmal entweichen sie auch aus dem Dickdarm und dringen in den Körper ein. Einige gegen Antibiotika resistente Bakterienstämme, beispielsweise *Clostridium difficile*, stellen Giftstoffe her, welche die Darmschleimhaut »abblättern« lassen. Sie verursachen eine äußerst starke, verheerende und häufig tödliche Form des Durchfalls.

Das Immunsystem und der Darm

Wenn es im Innenraum des Dickdarms Lebewesen gibt, muss der Darm wirksame Abwehrmechanismen enthalten. Die Bakterien sind durch ihre gegenseitige Konkurrenz zwar abgelenkt, aber wir brauchen dennoch ein ganzes Spektrum gut ausgestatteter Beschützer, die bereit stehen und die Grenze überwachen. Die erste, offenkundigste Form des Schutzes bietet eine umfangreiche Ansammlung von Abwehrzellen, die in dem lockeren Bindegewebe unter der Darmschleimhaut angesiedelt sind. Diese Zellen verfügen über ein Verzeichnis der so genannten »normalen Darmflora«, das heißt der Bakterien, die wir normalerweise beherbergen. Das Verzeichnis besteht aus einer großer Zahl immun kompetenter Zellen, die in ihrer Gesamtheit alle potenziellen Bösewichter kennen gelernt haben und sich an sie erinnern können. Sie bereiten jedem üblichen Verdächtigen, der die Grenzen des Dickdarminnenraums und damit des ihm zugestandenen Gebietes überschreitet, einen tödlichen Empfang. Ebenso erkennen immun kompetente Zellen auch die Giftstoffe, die von den Darmbakterien produziert werden, und eine Untergruppe dieser Zellen behält solche Kenntnisse im Gedächtnis. Diese Giftstoffe werden auch neutralisiert, bevor sie Schaden anrichten können.

Da die immun kompetenten Zellen lernen und sich erinnern können, kommen sie mit dem Status quo ohne weiteres zurecht. Solange das Spektrum der Darmflora sich nicht ändert, bleibt das Nebeneinander mit unseren Keimen bestehen, und wir haben keine Beschwerden. Wir gehen unseren alltäglichen Beschäftigungen nach und bemerken nicht, welch gewaltige Armeen kämpfender Mikroorganismen mit uns durchs Leben gehen. Hier trifft der Satz »was ich nicht weiß, macht mich nicht heiß«, mit Sicherheit zu. Am besten ist ein Leben, in dem der Dickdarm »ganz im Hintergrund bleibt«, wie ein Politiker sagen würde. Von unserem Dickdarm wollen wir nur dann etwas merken, wenn er im Begriff steht, seinen Inhalt zu entleeren; und da wir uns meist wünschen, dass dieser Vorgang regelmäßig stattfindet, gibt es enge Grenzen für seine erträgliche Häufigkeit und Dringlichkeit. Schon eine kleine Nachricht aus dem Dickdarm bringt uns aus dem Gleichgewicht. Arbeitsberichte aus diesem Organ sind mit Sicherheit nicht nur unnötig, sondern auch unerwünscht.

Wir geraten häufig aus dem Gleichgewicht, wenn irgendein Einfluss dazu führt, dass sich die Zusammensetzung der normalen Darmflora ändert. Ein nahe liegender Störfaktor sind Antibiotika, aber auch etwas so Harmloses wie ein Urlaub in Ägypten (oder in einem anderen Land, in dem ein wenig andere Mikroorganismen zu Hause sind als in unserer Heimat) kann ebenso störend sein. Ein einfacher Wechsel bei den Stämmen scheinbar harmloser Bakterien, die unseren Dickdarm bevölkern, können ihn zu schlechtem Benehmen veranlassen. Um mit den neuen Bakterien fertig zu werden, braucht das Immunsystem eine gewisse Zeit. Es ist zwar darauf vorbereitet, sich unmittelbar mit den alten Bösewichtern und ihren Giftstoffen auseinander zu setzen, aber neue Eindringlinge muss es zunächst einmal kennen lernen, bevor es eine wirksame Reaktion in Gang setzen kann. Das Immunsystem erinnert sich an einen solchen Angriff und ist das nächste Mal besser darauf eingestellt, aber bis es seine Kräfte gesammelt hat, bestehen gute Aussichten auf die »Rache der Pharaonen«, »Montezumas Rache«, oder wie man den Reisedurchfall sonst nennen will. Je nachdem, was für Giftstoffe die eingedrungenen Bakterien produzieren, beschränken sich die Beschwerden unter Umständen nicht nur auf Durchfall. Man kann ziemlich krank werden.

Eine solche Durchfallerkrankung kann die schönsten Ferien zunichte machen, und häufig geschieht das in warmen, teuren, angenehmen Gegenden. Deshalb könnte man meinen, man sollte den Durchfall um jeden Preis zum Stillstand bringen. Aber der Versuch, ihn zu beseitigen, ist nicht immer klug. Neue Mikroorganismen kämpfen darum, im Darm Fuß zu fassen, und dabei scheiden sie Giftstoffe aus, die unter Umständen große Zerstörungen anrichten. Deshalb ist insbesondere wässeriger Durchfall eine logische und sogar nützliche Reaktion. Eigentlich wurde der Dickdarm verunreinigt, sodass er buchstäblich ausgewaschen werden muss. Zu diesem Zweck arbeitet das enterale Nervensystem mit den Immunzellen zusammen. Bei einer Infektion des Dickdarms werden Nervenreflexe ausgelöst, die für die Ausscheidung von Flüssigkeit sorgen. In den Ganglien der tieferen Darmwandschichten werden Nervenzellen aktiv und sorgen dafür, dass die Zellen in der Dickdarmschleimhaut Chloridionen aus der Gewebeflüssigkeit der Darmwand in den Darminnenraum transportieren. Dem Chlorid folgt das Natrium, und den Salzen folgt das Wasser. Die normale Wassersparfunktion des Dickdarms wird vorübergehend außer Kraft gesetzt, und das Organ verwandelt sich in einen Ausscheidungsapparat für Flüssigkeiten. Das führt zu einer reinigenden Spülung. Alle Erreger, die sich nicht durch eine ausreichend feste Anheftung an die Schleimhaut schützen können, werden abgewaschen, und auch die lauernden Giftstoffe werden weggeschwemmt.

Durch Einnahme von Opiaten wie Loperamid (Markennamen Imodium, Lopedium u.a.) kann man dem Dickdarm seine Beweglichkeit nehmen und dem Durchfall sehr wirksam sein Ende bereiten, aber gleichzeitig wird dann auch die Reinigung nicht fortgesetzt.

Was zuvor eine vielleicht unangenehme, aber relativ kurzfristige Episode war, kann sich durch solche Medikamente verlängern und verschlimmern. Besser lässt man der Natur ihren Lauf, bis alles ausgeschieden ist, was beseitigt werden muss. Ein hilfreiches Mittel ist dagegen manchmal die medizinische Kohle. Nimmt man sie in ausreichenden Mengen (dazu sollte man die Packungsbeilage lesen – man braucht wirklich viel), absorbiert sie die Giftstoffe, ohne aber auf das enterale Nervensystem oder die Flüssigkeitsausscheidung im Darm zu wirken. Deshalb können Kohletabletten den bakteriellen Giften entgegenwirken, ohne in die Selbstheilungsmechanismen des Darmes einzugreifen. Letztlich spielt es fast keine Rolle, was man unternimmt: Das Immunsystem fasst wieder Tritt, und der Reisedurchfall legt sich. Solange die Beschwerden nur auf einen Wechsel der Darmflora zurückzuführen sind, stellen sich die Immunzellen auf die neuen Keime ein und behandeln sie irgendwann genauso wie die alten.

Gemeinsam halten das enterale Nervensystem und die Immunzellen des Darms die mikrobiologische Welt in unserem Verdauungskanal sehr wirksam in Schach. Die Evolution hat uns mit den notwendigen Mitteln ausgestattet, sodass wir die schlimmsten Angriffe der allermeisten Bakterien und Viren, die uns begegnen, bewältigen können. Aber auch die Bakterien haben eine Evolution hinter sich. Wir haben uns an sie angepasst und die Fähigkeit erworben, sie zu unterdrücken. Aber manche Bakterien haben auch gelernt, mit unseren Gegenangriffen fertig zu werden oder unsere Abwehrmechanismen sogar gegen uns selbst zu richten. Als ganze Gruppe sind die Mikroorganismen großartige Zellbiologen. Sie haben gelernt, wie wir funktionieren. Wenn unsere Evolution diesen Organismen eine Zitrone anbietet, machen sie Limonade daraus.

Guten Appetit: die Gefahren von Lebensmitteln und Wasser

Eine Krankheit, die uns Menschen schon seit alter Zeit begleitet, ist die Cholera. Über viele Jahrhunderte wirkte sie der Überbevölkerung der Erde entgegen. Der Mikroorganismus *Vibrio cholerae* hat sich mit Sicherheit den Respekt – allerdings nicht die Liebe – unserer Spezies erworben. Wenn irgendwo die Cholera ausbricht, erregt sie immer Aufmerksamkeit.

Nun könnte man fragen: Warum befasse ich mich hier mit der Cholera? Sie mag eine tödliche Krankheit sein, aber im Großen und Ganzen ist sie doch sicher kein Thema der heutigen Zeit? Leider doch. Sie gehört wie die Pest zu jenen sagenumwobenen Krankheiten, die in der Menschheitsgeschichte immer wiedergekehrt sind und auch heute noch wiederkehren, und jedes Mal hat sie eine gewaltige Zahl von Opfern und großes Leid verursacht. Man darf sie ganz eindeutig nicht auf die leichte Schulter nehmen.

Die Cholera und andere Krankheiten, die durch Lebensmittel und Wasser übertragen werden, sind heute sehr wohl Besorgnis erregend, und die Besorgnis wird mit jedem Tag größer. Die Cholera ist nur deshalb das bekannteste Leiden dieser Gruppe, weil sie bei jedem Ausbruch zahllose Tote fordert, während die Epidemien der anderen Krankheiten in ihren Ausmaßen bescheidener sind. Aber in der Art, wie sie sich ausbreiten, sind sich alle diese Krankheiten beunruhigend ähnlich, und die Anfälligkeit für sie nimmt in der modernen Gesellschaft dramatisch zu. Die Globalisierung hat unter anderem die Nebenwirkung, dass keine Krankheit isoliert bleibt. Mit dem weltweiten Verkehr reisen auch die Mikroorganismen, und sie lassen sich von Zollbeamten nicht zurückhalten.

Das zweite Gehirn und das Immunsystem verteidigen die Grenze im Inneren unseres Körpers sehr wirkungsvoll. Jeder von uns beherbergt in seinem Dickdarm etwa 500 Arten von potenziell tödlichen Lebewesen. Das ist nur möglich, weil die Armeen von Nerven und Immunsystem so nachdrücklich die Schranke im Dickdarm aufrecht erhalten. Aber eine geringe Zahl von Mikroorganismen-Arten können es mit uns aufnehmen; lassen wir sie mit Nahrung oder Trinkwasser in unseren Darm, bekommen wir große Probleme.

Das moderne Leben hat aus den verschiedensten Gründen dazu geführt, dass aus unerwarteten Schlupfwinkeln neue Krankheiten aufgetaucht sind, und gleichzeitig konnten auch alte Leiden, denen sich nun neue Ausbreitungsmöglichkeiten boten, wieder häufiger werden. Wer in Entwicklungsländer – insbesondere in den Tropen – reist, hört von Ärzten und Reisebüros immer wieder den gleichen Rat: kochen, schälen oder verzichten. Mit anderen Worten: Man sollte darauf achten, dass die bösen Erreger, die angeblich an solchen Orten lauern, nicht in den Verdauungskanal gelangen. Viele Reisende aus den Industrieländern befolgen diesen Ratschlag in der Dritten Welt mit geradezu religiösem Eifer, aber auf der anderen Seite werden gerade aus solchen Gegenden große Mengen von Lebensmitteln importiert. So gehören beispielsweise Mexiko sowie Mittel- und Südamerika zu den größten Lebensmittellieferanten der Vereinigten Staaten. Manche Menschen, die in solchen Ländern Nahrungsmittel anbauen, sind noch nicht einmal an den Gebrauch von Toilettenpapier gewöhnt.

Wie nachhaltig die Globalisierung für die Verbreitung von Krankheitserregern sorgt, die wie das Cholerabakterium den menschlichen Darm besiedeln können, erkennt man beispielsweise an der Cyclosporiasis. Bis vor wenigen Jahren kamen Infektionen mit dem Erreger *Cyclospora* nur selten vor, und sie beschränkten sich meist auf Personen, die von Reisen in Entwicklungsländer zurückkehrten. Im Frühjahr 1996 gab es jedoch in den Vereinigten Staaten und Kanada eine größere Epidemie. Sie erzeugte zunächst eine ziemliche Panik, aber dann stellte man mit fabelhaften medizinischen Forschungsarbeiten fest, dass *Cyclospora* mit Lebensmitteln übertragen wird, Durchfall hervorruft und sich über Himbeeren aus Guatemala verbreitete. Als man den Import der Früchte aus dem mittelamerikanischen Land einstellte, verschwand die Epidemie, und das gleiche geschah 1997 bei einer zweiten Epidemie noch einmal. Derzeit importieren die Vereinigten Staaten keine Himbeeren mehr aus Guatemala, aber es kam dennoch zu weiteren *Cyclospora*-Epidemien. In einem Fall war Mesclunsalat verantwortlich, im anderen verbreitete sie sich über frisches Basilikum in einer Pestosauce. Wie man an diesen unterschiedlichen Lebensmitteln erkennt, kann jeder sich mit der Nahrung eine solche Krankheit zuziehen. Erstens überwinden die Erreger alle Staatsgrenzen, und zweitens finden sie ihren Weg auch auf die Tische der wohlhabendsten Schichten.

Verstärkt wird die Gefahr noch dadurch, dass es sich bei den Lebensmitteln aus Entwicklungsländern meist um Naturprodukte handelt. Michael Osterholm, der Leiter der Abteilung für die Epidemiologie akuter Krankheiten im Gesundheitsministerium von Minnesota und einer der weltweit führenden Experten für die Krankheitsübertragung durch Lebensmittel, wies auf Grund seiner eigenen Untersuchungen darauf hin, dass die zunehmend verzehrte herzgesunde Ernährung zwar gut für das Herz, aber schlecht für den Darm ist. In Amerika hat der Gemüseverbrauch gewaltig zugenommen. Das Grünzeug wird aber leicht verunreinigt und verbreitet sehr wirksam die kleine, aber hinterhältige Gruppe von Mikroorganismen, die es gelernt hat, die Abwehr des Darms zu überwinden.

Aber nicht nur die Art der Ernährung hat sich verändert; wir gehen auch häufiger auswärts essen. Die häusliche Zubereitung von Mahlzeiten wird immer stärker durch das Essen im Restaurant und »Gerichte zum Mitnehmen« verdrängt. Allein in den Vereinigten Staaten gehen deshalb über neun Millionen Menschen beruflich mit Lebensmitteln um. Solche Angestellten sind meist schlecht bezahlt, schlecht sozial abgesichert und ohne Aufstiegschancen. In der Regel haben sie kaum eine Ausbildung, und vielfach sprechen sie nicht einmal Englisch (was die Aufklärung über bessere Hygiene erschwert). Wer über eine elegante Salatbar begeistert ist, sollte sich auch einmal überlegen, wer den Salat zubereitet.

Nach Osterholms Angaben sind Magenkrämpfe, Bauchschmerzen und Durchfall die häufigsten Gründe, wenn Menschen in den Vereinigten Staaten die Notambulanzen der Krankenhäuser aufsuchen. Erst an zweiter Stelle folgen Herzbeschwerden. Durch Lebensmittel und Wasser übertragene Krankheiten sind mittlerweile so verbreitet, dass wir ihr gesamtes Ausmaß überhaupt nicht kennen. Die Gesundheitsbehörden können sie nur unter Schwierigkeiten definieren und dingfest machen. Die Überwachung ist lückenhaft, unter anderem weil medizinische Labors manche Mikroorganismen, die bekanntermaßen solche Krankheiten übertragen, nicht routinemäßig nachweisen, zum Teil aber auch, weil wir noch gar nicht alle verantwortlichen Erreger kennen. Die Schätzungen reichen für die Vereinigten Staaten von sechs Millionen bis 81 Millionen Fällen im Jahr. Osterholm ist überzeugt, dass man das Problem mit solchen Zahlen unterschätzt. In Minnesota, seinem – durchaus nicht untypischen – Bundesstaat gibt es jedes Jahr über sechs Millionen Durchfallerkrankungen, die zu fast einer halben Million Arztbesuchen führen. Das Zentrum für Seuchenbekämpfung, die Arzneimittelbehörde FDA und das US-Landwirtschaftsministerium haben ein neues Überwachungsprogramm namens FoodNet ins Leben gerufen, um Genaueres über die Häufigkeit und Verbreitung der durch Lebensmittel übertragenen Erkrankungen zu erfahren. Die Ergebnisse waren bedrückend. Trotz bester Absichten und aller Verbesserungen bei Überwachung und Lebensmittelverarbeitung ist das Essen in Amerika heute nicht ungefährlicher als in den fünfziger Jahren.

Magen-Darm-Krankheiten nehmen in Amerika zu. Natürlich werden diese neuen Erkrankungen nicht in allen Fällen durch Nahrung übertragen, aber veränderte Ernährung sowie die Herkunft und Behandlung unserer Lebensmittel haben ihren Anteil dazu beigetragen. Man kann solche Schwierigkeiten in den Industrieländern auch nicht ausschließlich der Dritten Welt anlasten. Schuld ist unter anderem auch die Massentierhaltung. Geflügel und Schweine werden in riesiger Zahl in enge Käfige gesperrt, sodass Krankheitsepidemien sich leicht ausbreiten können. Deshalb sind heute mehr als 80 Prozent der Hähnchen in amerikanischen Supermärkten mit *Campylobacter* verseucht, einem Erreger, der Durchfall, Erbrechen und bei Personen mit geschwächtem Immunsystem auch eine tödliche Blutvergiftung auslösen kann. Eier enthalten häufig *Salmonella enteridis* (der eine ähnliche Krankheit verursacht wie *Campylobacter*), und selbst in einem Prozent der pasteurisierten Eierprodukte, die man untersuchte, wurde dieser sehr widerstandsfähige Erreger in lebender Form gefunden. Mehr als die Hälfte aller Schweinebestände in den Vereinigten Staaten beherbergen heute *Toxoplasma gondii*, und wie sich in Übersichtsuntersuchungen gezeigt hat, haben über 40 Prozent aller erwachsenen Amerikaner Antikörper gegen diesen Mikroorganismus, das heißt, sie sind bereits mit ihm in Kontakt gekommen. Nachdem die Angst vor Trichinen geschwunden ist, wird immer mehr rohes oder nicht durchgegartes Schweinefleisch verzehrt. *Toxoplasma gondii* ist der Erreger der Toxoplasmose, einer Krankheit, die meist einen milden Verlauf nimmt und der infektiösen Mononucleose ähnelt. Bei Aids-Kranken kann sie jedoch tödliche Auswirkungen auf das Gehirn haben, und wenn der Erreger eine schwangere Frau infiziert, kann er beim Kind schwere Missbildungen hervorrufen.

Der gefürchtete *E. coli*-Stamm 0157-H7, der eine manchmal tödliche Kombination aus Nierenversagen und Blutvergiftung auslöst, ist nur einer von vielen krankheitserzeugenden Stämmen dieses Bakteriums, die normalerweise den Darm amerikanischer Fleischrinder besiedeln. Zwischen diesen Rinder-*E. coli* und den relativ harmlosen Organismen, die wir selbst beherbergen, liegen Welten. Wird Fleisch in einem Verarbeitungsbetrieb mit *E. coli* 0157-H7 infiziert, ist das eine ernste Angelegenheit. Als die Restaurants der Kette »Jack in the Box« in Seattle rohe Hamburger verkauften, die mit 0157-H7 verunreinigt waren, gab es 732 Krankheitsfälle; 195 Patienten mussten ins Krankenhaus, und vier starben. Aber *E. coli* 0157-H7 kommt nicht nur in Hamburgern vor. Man fand den Erreger auch in Salatbars und in nicht pasteurisiertem Cider aus Äpfeln, die von den Bäumen auf eine Kuhweide gefallen waren. Von den Kühen hat sich der Erreger sogar auf wilde Vögel ausgebreitet, die ihn in der Natur über große Entfernungen weitertragen.

Schon diese Beispiele mögen beängstigend erscheinen, aber sie sind nur die Spitze eines sehr großen Eisberges. Jeder von uns läuft Gefahr, sich mit der Nahrung Krankheiten zuzuziehen, und diese Gefahr nimmt immer mehr zu. Die Lebensmittelversorgung ist auch geradezu eine Einladung für »Bio-Terroristen«. Es wäre sicher nützlich, wenn man alle Lebensmittel mit Gammastrahlung keimfrei machen würde, wie man es bereits mit der Verpflegung der Astronauten tut. Aber die Angst vor Strahlung ist so stark, dass sie sich nicht mehr vernünftig erklären lässt, und deshalb wird es in absehbarer Zeit nicht dazu kommen.

Von den verbreiteten Mikroorganismen, die alle von enteralem Nervensystem und Immunabwehr aufgebauten Schranken überwinden, kommt keiner in seiner Bösartigkeit dem Cholera-Erreger gleich. Bei der derzeitigen Gefährdungslage wird es mit Sicherheit früher oder später zu einer Cholera-Katastrophe kommen. Im Jahr 1991 – also in der langen Beziehungsgeschichte zwischen Menschen und Cholera erst vor einem Augenblick – erreichte die Cholera in Peru epidemische Ausmaße. Im ersten Jahr der Epidemie wurden etwa 400 000 Fälle registriert, und 1994 nachdem die Krankheit von Peru aus weit nach Norden und Süden vorgerückt war, hatte sie fast eine Million Opfer gefordert. Elf Fälle, die mit dieser südamerikanischen Epidemie in Verbindung standen, beobachtete man in New York und New Jersey. Dorthin war der Erreger mit Krabbenfleisch aus Ecuador gelangt, das in Nordamerika verzehrt worden war. In der Welt der Boeing 747 ist kein Mensch und kein Ort vor der Cholera sicher. Während der südamerikanischen Cholera-Epidemie von 1991 erreichte die Sterblichkeit rund 30 Prozent, und das lag daran, dass die Ärzte die Krankheit nicht sofort erkannten. Ganz allgemein fällt die Diagnose umso leichter, je mehr man mit einer Krankheit rechnet. Und über die Cholera, so glaubten die Ärzte, liest man immer nur etwas, aber sie begegnet einem in Wirklichkeit nicht. Das ist eine bedauerliche und gleichzeitig gefährliche Einstellung, denn die Cholera gelangt im

Bauch von Reisenden allmählich auch in die Industrieländer. In den Vereinigten Staaten hat eine wissenschaftliche Untersuchung außerdem gezeigt, dass amerikanische Ärzte die Cholera häufig nicht richtig diagnostizieren, und wenn die Diagnose erstellt wird, erfolgt keine optimale Behandlung. Diese Situation ist traurig und zugleich beängstigend, denn man kann die Cholera behandeln, und wenn man das tut, erholen sich die Patienten auch wieder. Nachdem beispielsweise in der Öffentlichkeit über die Epidemie in Peru berichtet worden war, rechneten die Ärzte mit entsprechenden Fällen, und die Sterblichkeit sank auf unter ein Prozent. Da vor jeder Therapie die Diagnose stehen muss, ist die Cholera zu Beginn einer Epidemie, wenn man sie noch nicht erwartet, am tödlichsten. Und da man in Nordamerika und Nordeuropa nie auf sie gefasst ist, wird sie in diesen Gebieten auch am schlechtesten behandelt.

Von der Epidemie in Peru waren diejenigen Menschen am stärksten betroffen, die immer am meisten unter allen sozialen und politischen Problemen zu leiden haben: die Armen. In alten Zeiten war die Cholera viel gerechter verteilt. Als die Menschheit noch zum größten Teil in Unkenntnis befangen war, infizierte der Erreger den Darm der Wohlhabenden ebenso leicht wie den der Bedürftigen. Auch heute führt *Vibrio cholerae* keineswegs einen umgekehrt-marxistischen Krieg. Im Gegenteil: Der Erreger bietet Chancengleichheit. Er besiedelt mit Begeisterung jeden Darm, in den er gelangen kann. Dass arme Menschen mit der Cholera so große Probleme haben, liegt an etwas anderem: Die Bakterien bedienen sich des Abwassers, wie ein Politiker sich großer Menschenmengen bedient. Sie durchlaufen einen tödlichen Kreislauf aus dem Darm ihrer unglücklichen Opfer über jeden Ort, der mit ihren Exkrementen verunreinigt wird, bis zum Mund des nächsten Betroffenen. Aber die Reichen sollten sich deshalb nicht in Sicherheit wiegen: Ihre Nahrung wird heute von den Armen zubereitet.

Das beste Mittel, um Cholera-Epidemien zu verhindern, ist eine wirksame Entsorgung und Aufbereitung des Abwassers. Aber das ist eine banale und gleichzeitig teure Aufgabe. Kein Politiker kann mit der Forderung nach einer guten Kanalisation eine Wahl gewinnen. Schon die Erwähnung des Wortes »Abwasser« stößt manche Wähler ab und lässt die übrigen einschlafen. Wenn die Verantwortlichen in einer Demokratie dennoch Energie und politisches Kapital auf die Aufbereitung menschlicher Exkremente verwenden, ist das also ein Akt der Nächstenliebe. Da arme Menschen häufig übersehen werden und ohnehin meist nicht zur Wahl gehen, sind sie durch unbehandeltes Abwasser stärker gefährdet als der Bevölkerungsdurchschnitt.

Auch Krieg und Chaos nützen der Cholera und sind die Geißel der Armen. In den Flüchtlingslagern von Ruanda starben 1994 zigtausend Menschen an Cholera, und 1995 gab es in Rumänien sowie den früheren Sowjetrepubliken am Schwarzen Meer Hunderte von Krankheitsfällen. Wenn das öffentliche Gesundheitssystem nicht mehr funktioniert, wie es häufig der Fall ist, wenn eine alte Ordnung zusammenbricht, kann man mit einer Cholera-Epidemie rechnen.

Mit einer richtigen Cholera-Epidemie ändert sich natürlich alles. Nichts anderes richtet die Aufmerksamkeit von Wählern, der herrschenden Klasse oder von Diktatoren so wirksam auf die Versäumnisse vieler Jahre wie der Ausbruch einer tödlichen Krankheit. Und selbst wenn eine Cholera-Epidemie in irgendeinem Land nicht so viel Angst erzeugt, dass Taten folgen, hat doch allein der Name der Krankheit einen Klang, der auch die Nachbarstaaten aufmerksam macht. Die Cholera kommt und geht fast immer nach dem gleichen Muster. Zunächst schlägt sie zu, sodass entsprechend disponierte Menschen daran sterben. Aber es gibt auch Überlebende, die widerstandsfähig genug sind, um dem Feind zu begegnen und später darüber zu berichten. Das Immunsystem dieser Überlebenden hat gelernt, was der Cholera-Erreger ist und welche Giftstoffe er produziert. Bricht die Krankheit ein zweites Mal aus, sind sie darauf vorbereitet und bekommen keine Symptome mehr. Deshalb begrenzt sich die Epidemie letztlich selbst, vorausgesetzt, die betroffene Bevölkerungsgruppe bleibt am gleichen Ort. Der Anteil dieser Gruppe, der den Erreger noch beherbergen kann, wird immer kleiner. Die Betroffenen sterben, oder sie werden immun. In beiden Fällen gehen dem Erreger allmählich die Menschen aus, die er noch infizieren kann, und die Epidemie ist zu Ende. Wie ein Bauer, der sein Land nicht mehr bestellen kann, wenn es unfruchtbar geworden ist, so kann auch die Cholera sich nicht mehr ausbreiten, wenn es keine Menschen mehr gibt, bei denen eine Infektion möglich ist. Sie wird dann im Wesentlichen zu einer Kinderkrankheit. In Gebieten, wo die Cholera ständig zu Hause ist, sind neu geborene Kinder die einzigen, die sie zum ersten Mal bekommen können.

Die Cholera-Epidemie des Jahres 1991, die zunächst in Peru ausbrach, ging schließlich zu Ende, weil internationale Gesundheitsbehörden sich mit den entsetzten örtlichen Verantwortlichen zusammentaten. Die Krankheit war – wie heute offenbar die meisten Cholera-Epidemien – aus dem Meer gekommen. Abwässer werden in die Ozeane geleitet, denn diese galten häufig als unendlich große Senkgruben, die der Allmächtige den Menschen zu ihrer Bequemlichkeit zur Verfügung gestellt hat. Das Wasser, in dem die Meerestiere schwimmen, enthält dann Substanzen aus einer Riesenzahl menschlicher Dickdärme. Was für das bloße Auge wie das klare Wasser eines unberührten Meeres aussieht, kann unter dem Mikroskop eine wimmelnde Masse menschlicher Parasiten sein. Manche Meeresbewohner, beispielsweise Miesmuscheln und Austern, sind Filtrierer: Sie sieben Feststoffe aus dem Wasser und reichern deshalb auch die Erreger in ihrem Körper an, sodass sie eigentlich zu Paketen voller fester menschlicher Exkremente werden. Sie verwandeln sich in Sprengladungen, tödliche Minen, die jeden vergiften, der sie isst. Und was ebenso schlimm ist: Auch andere Meerestiere fressen die verseuchten Muscheln. Werden also Abwässer nicht aufbereitet, kann niemand sagen, welche Früchte sie in die Meere tragen werden. Als die Cholera-Epidemie von Peru aus nördlich bis in die Vereinigten Staaten und nach Süden bis Chile vordrang, gefährdete sie Länder mit einer großen Mittelschicht-Bevölkerung, die sich so etwas nicht gefallen lassen wollte. Deshalb fand man Mittel und Wege, um die Epidemie in Südamerika zu beseitigen, und wieder einmal verschwand die Cholera aus dem Blickfeld – zumindest in den Industrieländern.

Die Cholera und ähnliche Krankheiten lassen sich niemals ganz ausrotten. Wir dämmen Epidemien ein, wenn uns der Zeitpunkt und insbesondere der Ort gelegen kommen, aber in abgelegenen Winkeln der Erde schwelt die Krankheit weiter. In diesen benachteiligten Gebieten bleibt die Cholera unsichtbar – sie kann keine Epidemien verursachen, weil die örtliche Bevölkerung im Allgemeinen immun ist. An solchen Orten alt zu werden, heißt, widerstandsfähig gegen Cholera zu sein. Deshalb bleibt die Krankheit unterhalb der Wahrnehmungsebene, auf der sie die Besorgnis derer erregt, die Mittel und Kenntnisse zu ihrer Beseitigung besitzen. Es sind gerade so viele anfällige Menschen – vor allem Kinder – vorhanden, dass der Erreger in der Umwelt erhalten bleibt, aber ihre Zahl reicht nicht aus, damit eine Epidemie ausbrechen kann. Diese schwelende Krankheit bezeichnet man als *endemische* (im Gegensatz zur epidemischen) Cholera, und sie gilt für jene, die nicht das Glück hatten, anderswo geboren zu werden, als unvermeidlicher Teil des Lebens. Wenn es um das Elend jener Teile der Welt geht, die unser Wohlbefinden nach unserem eigenen Eindruck nicht unmittelbar bedrohen, praktizieren wir gern eine Art globalen Calvinismus. Die Sorgen dieser anderen Völker betrachten wir so, als wären sie die Folge der Prädestination, und deshalb überlassen wir sie sich selbst.

Wenn wir schon kaum einmal darüber nachdenken, wer unsere beliebten Salatbuffets zubereitet, dann verwenden wir noch weniger Gedanken auf die Frage, welche Besatzungen auf den Schiffen über die Meere fahren und was für Organismen ihren Weg in den Dickdarm dieser Menschen gefunden haben. Die Bürger von New Orleans wären vermutlich nicht nur beunruhigt, sondern regelrecht schockiert, wenn man ihnen sagte, dass die Cholera-Vibrionen (und viele andere Erreger, die sich genauso ausbreiten) regelmäßige Besucher ihrer Stadt sind. Durchfall hat einen schlechten Ruf, insbesondere wenn er ein Symptom der Cholera ist. Sicher wird keine Wirtschaftsbehörde diese Krankheit fördern. Deshalb erscheint der Ausbruch einer Cholera-Epidemie in New Orleans ebenso undenkbar wie eine Typhus-Epidemie in Zermatt. Aber Wirtschaftsbehörden haben nicht alles im Griff. Cholera kommt in New Orleans vor, und es gab auch schon Typhusfälle in Zermatt.

Die Ursache der Cholera ist in New Orleans die besondere Vorliebe in der Stadt und Umgebung für Austern aus dem Golf von Mexiko. Austern gehören dort einfach zum Leben, und deshalb ist die Cholera eine ständige Bedrohung. Da man weder die rohen Muscheln aus dem Golf sterilisieren noch die Hygienegewohnheiten der Menschen auf den Schiffen im Golf ausreichend kontrollieren kann, kommt die Cholera in New Orleans und an der gesamten Golfküste von Louisiana und Texas zumindest gelegentlich immer wieder vor.

Im Dezember 1996 entließ ein kranker Fischer im Golf von Mexiko seine Exkremente in internationale Gewässer. Die Menschen auf Booten und Schiffen glauben häufig, ihre Abfälle seien im Vergleich zum Ozean so klein, dass ihre Entsorgung, obwohl illegal, ungefährlich sei. Das genannte Ereignis spielte sich aber unmittelbar über einer Bank mit Austern ab, die kurz darauf geerntet und in New Orleans verkauft wurden. Bei dem Erreger, den die Austern ausgefiltert und angereichert hatten, handelte es sich dieses Mal glücklicherweise nicht um Cholera, sondern um *Calicivirus*. Dennoch hatten die Austern es in sich: Von einschlägigen Lokalen in New Orleans aus nahm die Katastrophe in Form von Fieber, Erbrechen, quälenden Bauchkrämpfen und Durchfall ihren Lauf. Schnell wurden auch diejenigen auf die Epidemie aufmerksam, die sich beruflich mit übertragbaren Krankheiten befassen und wissen, was man in solchen Fällen tut. Der Gesundheitsbehörde von Louisiana wurde eine Gruppe von sechs Personen gemeldet, die am 25. Dezember 1996 nach dem Genuss roher Austern erkrankt waren. Vom 30. Dezember 1996 bis zum 3. Januar 1997 wurde über drei weitere derartige Patientengruppen berichtet. Am 9. Januar waren es bereits 60 Gruppen mit insgesamt 493 Menschen. Der Erreger *Calicivirus* wurde sehr schnell isoliert, charakterisiert und dingfest gemacht. Bei seiner molekularen Untersuchung fand man eine Spur, auf der die Wissenschaftler nicht nur zu den verseuchten Austern gelangten, sondern auch zu den Märkten, wo sie gekauft worden waren, zu dem Fischdampfer, der sie geerntet hatte, und schließlich zu dem Fischer, dessen Fehlverhalten die Probleme ursprünglich verursacht hatte. Damit die Epidemie ausbrach, brauchte nur eine einzige Person an einer unglücklichen Stelle etwas zu tun, das sie eigentlich nicht hätte tun sollen. *Calicivirus* ist schlimm, aber, um eine Formulierung von Lloyd Bentsen abzuwandeln, es ist kein Cholera. Es gab eine Epidemie, aber es war keine Cholera-Epidemie... diesmal. Wir haben unseren Schuss vor den Bug erhalten; wenn wir ihn nicht zur Kenntnis nehmen, tun wir das auf eigene Gefahr. Cholera-Bakterien sind das eindrucksvollste Beispiel für einen Erreger, der sich in den Geheimnissen des enteralen Nervensystems auskennt. Er übernimmt unsere eigenen Abwehrmechanismen und wendet sich gegen uns selbst. Er bringt seine Opfer mit ihren eigenen, gegen Bakterien gerichteten Waffen um. Wie ein Judomeister fängt er den Angriff von enteralem Nervensystem und Darm ab, um daraus einen selbstmörderischen Impuls zu machen; und bevor das Immunsystem auch nur eine Chance hat, Hilfestellung zu leisten, ist die betroffene Person möglicherweise schon tot.

Wie der Cholera-Erreger die Menschen benutzt

Vibrio cholerae wird von der Magensäure nicht vollständig abgetötet, und die Keime, die es durch den Magen bis in den Dünndarm schaffen, werden nicht verdaut. Allerdings bildet die Magensäure durchaus eine gewisse Abwehr. In Europa stellte sich 1971 bei einer Choleraepidemie heraus, dass die Antazida und Antihistaminika, mit denen man Sodbrennen und Magengeschwüre behandelt, die Ausbreitung der Krankheit erleichterten. Im Dünndarm durchdringen die Bakterien den Schleim, und auf den Schleimhautzellen finden sie passende Rezeptoren, an die sie sich anheften. Sie richten sich für die Dauer der Erkrankung auf den Zellen häuslich ein. Auf diese Weise halten sie sich einerseits vom Bindegewebe mit seinen vielen Abwehrzellen fern, und andererseits brauchen sie sich nicht mit konkurrierenden Mikroorganismen im Darm selbst auseinander zu setzen. In ihrer neuen Umgebung sind die Cholera-Bakterien teilweise geschützt, und sie können sich dort so lange halten, bis sie ihr Toxin hergestellt haben, das dann großen Schaden anrichtet.

Das Cholera-Toxin kann die natürlichen Abwehrmechanismen des Organismus zu einer bizarren Selbstverstümmelung veranlassen. Der vom zweiten Gehirn ausgelöste Ausscheidungsprozess, durch den weniger gut angepassten Mikroorganismen und Toxine aus dem Dickdarm gespült werden, verwandelt sich durch das Cholera-Toxin in eine tödliche Sintflut. Wenn der Dickdarm so gut wie keinen Inhalt mehr hat, gehen auch Form und Farbe des Stuhls völlig verloren. Die Betroffenen scheiden eine farblose, leicht trübe Flüssigkeit aus, der man den euphemistischen Namen »Reiswasserstuhl« gegeben hat, weil er dem Wasser ähnelt, mit dem man Reispapier wäscht. Er enthält keine festen Stoffe mehr und hat sogar seinen charakteristischen Geruch verloren, sodass er nicht mehr sonderlich abstoßend wirkt. Er ist aber voller ansteckender Erreger. Der Cholera-Durchfall führt zu starkem Wasserverlust. Der Körper verliert die Flüssigkeit so schnell, dass man sie durch Trinken allein nicht mehr ersetzen kann.

In Gebieten, wo die Cholera häufig vorkommt und wo es auch Zentren zu ihrer Behandlung gibt, legt man die Patienten in speziell zu diesem Zweck konstruierte »Cholerabetten«, die ein Loch in der Mitte haben. Der Patient liegt so, dass sich der Darmausgang über dem Loch befindet, und darunter stellt man einen Messzylinder auf, mit dem man die fast ständig fließende Durchfallflüssigkeit auffängt. Auf diese Weise kann man genau feststellen, wie viel Wasser der Patient verliert. Die Therapie besteht darin, dass man die Flüssigkeit intravenös mit einer ausreichenden Menge an Infusionen ersetzt. Hält man dabei mit dem Flüssigkeitsverlust Schritt, sind keine Antibiotika erforderlich (sie können allerdings die Erkrankung abkürzen). Schließlich greifen dann die natürlichen Abwehrmechanismen ein, das Cholera-Toxin wird unschädlich gemacht, und der Patient wird wieder gesund. Entscheidend ist bei der Cholerabehandlung ganz einfach, dass man auf jede nur mögliche Weise den Flüssigkeitsverlust ausgleicht. Während einer Epidemie, wenn wahrscheinlich keine Durchfallerkrankung auf Cholera zurückzuführen ist, braucht man zur Behandlung nicht einmal einen Arzt. Erforderlich ist nur eine ausreichende Zahl von Pflegekräften, denen man schnell die notwendigen Maßnahmen beibringen kann, sowie ein Vorrat an sterilen Kanülen und eine große Menge an Infusionsflüssigkeit. Eine wirksame Cholerabehandlung kostet also nicht viel, was in armen Ländern ein großer Vorteil ist.

Um zu verstehen, wie die Cholera den Darm gegen uns selbst wendet, muss man den von ihr in Mitleidenschaft gezogenen Vorgang kennen: die Sekretion, jene von Nerven gesteuerte Unterstützung des Immunsystems, mit der die bösartigen Eindringlinge aus dem Darm gespült werden sollen. Ihr Mechanismus ist kompliziert, aber wenn ein einfaches Lebewesen wie der Cholera-Erreger ihn begreifen und ins Gegenteil verkehren kann, ist sicher auch ein höheres Lebewesen wie wir in der Lage, seine Grundprinzipien zu durchschauen.

Die Flüssigkeitsausscheidung im Dickdarm wird von Signalmolekülen angeregt, die sich auf der Oberfläche spezialisierter Schleimhautzellen an Rezeptoren heften und so gewissermaßen einen »Schalter umlegen«. Die Zellen, die normalerweise mit ihrer Flüssigkeitsausscheidung unerwünschte Mikroorganismen ausspülen, liegen in Falten der Darmschleimhaut, die man als *Krypten* bezeichnet. In den Krypten werden neue Zellen gebildet, der Zelltod dagegen erfolgt an anderen Stellen (nämlich an den Spitzen der Zotten im Dünndarm und an der Oberfläche der Dickdarmschleimhaut). Bei den Molekülen, die die Ausscheidung in Gang setzen, handelt es sich um Neurotransmitter oder Hormone. Unter diesen Substanzen, die bekanntermaßen von Nerven ausgeschüttet werden und die Flüssigkeitsausscheidung anregen, sind Acetylcholin und das *vasoaktive intestinale peptid*, abgekürzt VIP (sicher der schönste Spitzname für einen Neurotransmitter im Darm). Unabhängig von der Signalsubstanz läuft die Aktivierung immer gleich ab. Die Signalmoleküle binden an ihre Rezeptoren auf der Zelloberfläche. Dieses Ereignis ist der Beginn eines interessanten Ablaufs, denn es setzt den komplizierten Signalübertragungsapparat der Zellen in Gang. Entscheidend ist dabei die Bildung eines so genannten sekundären Botenstoffes (der primäre Botenstoff ist der Neurotransmitter bzw. das Hormon), der die

Nachricht von der Aktivierung der Rezeptoren in das Zellinnere weiterträgt. Deshalb wissen die Zellen, dass sie jetzt ihre Aufgabe erfüllen müssen. Der sekundäre Botenstoff aktiviert eine komplizierte Kaskade von Ereignissen, an deren Ende die Flüssigkeitsausscheidung steht. Pumpmoleküle werden aktiviert, andere Moleküle werden abgewandelt, Ionen werden von der Darmwand in den Darminnenraum transportiert, und den Ionen folgt schließlich das Wasser.

Einer der sekundären Botenstoffe in den sekretorischen Zellen der Dickdarmkrypten ist das *zyklische 3'– 5' – Adenosinmonophosphat;* dieser Name ist so kompliziert, dass selbst hart gesottene Wissenschaftler die Substanz nur mit ihrer Abkürzung als *cAMP* bezeichnen. Es entsteht, wenn ein aktivierter Rezeptor (der Schalter in der Membran, der in die Position »Ein« gebracht wurde) eine Kettenreaktion in Gang setzt. Im ersten Schritt dieser Kette sorgt der angeregte Rezeptor dafür, dass eine benachbarte Gruppe aus drei Proteinen sich trennt. Diese Moleküle bezeichnet man als *G-Proteine*, und ihre Bestandteile unterscheidet man mit den griechischen Buchstaben α (alpha), β (beta), und γ (gamma). Das G tragen die Proteine im Namen, weil einer ihrer Bestandteile die beiden energiereichen Moleküle *GDP* (Guanosindiphosphat) und *GTP* (Guanosintriphosphat) binden kann. GDP enthält zwei Phosphatgruppen, beim GTP sind es drei. Wenn der Komplex der G-Proteine sich im Ruhestand befindet (und nicht durch den Rezeptor aktiviert wurde), ist das GDP eng an das Protein α gebunden, das seinerseits an β und γ haftet. Nach der Aktivierung wirkt der Rezeptor auf α ein und sorgt dafür, dass es seine Bindekraft für GDP verliert. Daraufhin löst sich das GDP von dem Komplex, und ein Molekül GTP tritt an seine Stelle.

Durch diesen einfachen Vorgang, den Austausch von GDP gegen GTP, verwandelt sich α. Solange es das GDP gebunden hat, ist es ein angesehener Dr. Jekyll: Es liegt ruhig in der Membran und bildet mit seinen Partnern β und γ einen Komplex. Diese üben dabei auf α offenbar eine dämpfende Wirkung aus. Die Bindung von GTP dagegen wirkt wie eine Ladung Kokain: Das zuvor ruhige α wird zum wilden Mr. Hyde, einem energiegeladenen Räuber. Es löst sich von β und γ, schleicht an der Membran entlang und findet schließlich das Enzym *Adenylatcyclase*, das cAMP produziert.

Solange das GTP an α gebunden bleibt, ist dieses unersättlich und entlässt die Adenylatcyclase nicht aus seinem stimulierenden Griff. Das Enzym bleibt aktiv und kann sich nicht bremsen. Es wird durch das vom GTP besetzte α dazu angeregt, laufend cAMP zu produzieren. Und da der sekundäre Botenstoff ständig vorhanden ist, scheiden die Zellen dauernd Flüssigkeit aus. Normalerweise sind die Verhältnisse natürlich anders. Sekretorische Zellen dürften nicht ständig »eingeschaltet« sein, denn sonst wäre die Evolution des Organismus, zu dem sie gehören, sehr schnell zum Stillstand gekommen. Deshalb haben die Zellen nicht nur einen »Ein-«, sondern auch mindestens einen »Aus-Schalter« – in diesem Fall sind es sogar mehrere. Einer davon ist eine Eigenschaft von α: Er wird umgelegt, wenn ein Enzym vom GTP (das ohnehin nicht sehr stabil ist) eine der drei Phosphatgruppen abspaltet und es so in GDP verwandelt. Da das GTP zu dem Zeitpunkt, wenn es die Phosphatgruppe verliert, an α gebunden ist, bleibt dort nach der Umsetzung ein immer noch an α geheftetes GDP-Molekül zurück. Das GDP dämpft jedoch die Aktivität von α: Dieses löst sich von der Adenylatcyclase und verwandelt sich wieder in den freundlichen Dr. Jekyll, der sich mit β und γ zusammentut. Die cAMP-Produktion kommt zum Erliegen, und das verbliebene cAMP wird von einem Enzym abgebaut, das speziell zu diesem Zweck konstruiert wurde. (Es trägt den zungenbrecherischen Namen *Phosphodiesterase* und ist ein weiterer »Aus-Schalter«.) Damit endet die Ausscheidungstätigkeit der Zellen. Unter normalen Umständen initiiert die von den G-Proteinen angetriebene Reaktionsfolge zwar die Flüssigkeitsausscheidung, aber der Vorgang setzt sich seine eigenen Grenzen: Er dauert nur so lange wie die Aktivierung durch den Neurotransmitter oder das Hormon, die der Zelle anfangs die Anweisung für diese Tätigkeit gegeben haben. Der Cholera-Erreger nutzt die Signalfunktion der G-Proteine aus. Sein Toxin wurde von der Evolution so gestaltet, dass er in die Zellen eindringen und mit einem bestimmten G-Protein in Wech-

252

selwirkung treten kann. Dieses Protein, *Gs* genannt, hat mit der Aktivierung der Adenylatcyclase und der cAMP-Produktion zu tun. Die raffinierten Wirkungen des Cholera-Toxins verhalfen sogar dem Nobelpreisträger Alfred Gilman zu der Entdeckung, dass Gs nur eines von vielen G-Proteinen ist. Andere aktivieren weitere Signalübertragungswege oder hemmen sogar die Anregung der Adenylatcyclase durch Gs.

Das Molekül des Cholera-Toxins, mit dem *Vibrio cholerae* seine tödlichen Zwecke befolgt, besteht aus zwei *Untereinheiten*, getrennten Proteinmolekülen, die durch eine chemische Bindung verknüpft sind und deshalb als Gespann ihre Wirkung entfalten. Eine der beiden Untereinheiten ist eine Art Aufsichtskraft: Sie sorgt dafür, dass sowohl sie selbst als auch ihr Partner die Zellmembran durchdringen kann. Die andere, die auf diese Weise in die Zelle mitgenommen wird, ist ein Enzym und führt die eigentliche schmutzige Arbeit des Toxins aus. Diese Molekülkette des Toxins bewirkt, dass die Zelle das Molekül *ADP-Ribose* an den α von Gs heftet. Das wiederum nimmt α die Fähigkeit, GTP in GDP umzuwandeln. Die Folge: Sobald ein Neurotransmitter an seinen Rezeptor bindet und damit den α-Teil von Gs aktiviert, kann dieser nicht mehr ausgeschaltet werden. Letztlich veranlasst das Cholera-Toxin die Zellen also zur Herstellung einer molekularen Sperrklinke, die in den Schalter eingreift und ihn in der eingeschalteten Stellung festhält. Das Ergebnis ist eine fast endlose Flüssigkeitsausscheidung, die sich so lange fortsetzt, bis der Patient stirbt oder das Immunsystem den Cholera-Erreger samt seinem Protein kennt und einen lebensrettenden Gegenangriff startet.

Bevor ein solcher Gegenangriff beginnt, ist die betroffene Person unter Umständen schon ausgetrocknet und gestorben. Der sturzbachartige Durchfall dient den Cholera-Erregern noch auf andere Weise: Er sorgt dafür, dass sie kaum noch Konkurrenz haben. Alle anderen Mikroorganismen werden aus dem Darm gespült, und zwar so wirksam, dass der Reiswasserstuhl der Cholera-Patienten nicht einmal mehr den typischen Geruch hat, den der Stuhl sonst durch bakterielle Gärung annimmt. Die Cholera-Erreger selbst leben im Gegensatz zu den anderen Darmbewohnern nicht einfach im Darminnenraum. Sie sind vielmehr fest an die Dünndarmschleimhaut angeheftet und entgehen selbst den Wirkungen der von ihnen verursachten Flüssigkeitsausscheidung. Die Cholera zwingt also den menschlichen Organismus, gegen seine eigenen Interessen zu handeln und den eingedrungenen Erregern Schutz vor dem heranrauschenden – oder eigentlich hinausrauschenden – Wasser zu bieten.

Aber das Cholera-Toxin kann noch mehr. Es ist, als hätte ein böser Geist es so konstruiert, dass es keine Fehler macht und nichts dem Zufall überlässt. Auf Grund seiner Wirkungsweise kann das Toxin sein übles Werk nur dann tun, wenn Gs mit seinem aktivierten α-Bestandteil vorhanden ist. Indem das Toxin an diesen Bestandteil ein Molekül ADP-Ribose anheftet, verhindert es, dass das aktivierte α wieder ausgeschaltet wird: Das an α gebundene GTP wird weder gespalten noch wieder in GDP umgewandelt. Aber was geschieht, wenn GTP überhaupt nicht erst an α bindet? Dann könnten tatsächlich keine schlimmen Folgen eintreten. Wenn die Zelle niemals »einschaltet«, kann das Cholera-Toxin den betreffenden Mechanismus natürlich auch nicht in der eingeschalteten Position »verklemmen«. In der angeregten Zelle wird das von der ADP-Ribose vergiftete α-GTP endlos dazu angetrieben, die Adenylatcyclase zu binden und cAMP zu erzeugen, weil α das GTP nicht mehr los wird. In der nicht stimulierten Zelle dagegen bleibt das von der ADP-Ribose vergiftete α-GTP ganz ruhig im Griff von β und γ, weil es kein GTP gebunden hat, das sich lösen müsste. Das Cholera-Toxin ist also darauf angewiesen, dass ein Hormon oder Neurotransmitter den zugehörigen Rezeptor auf der Zelle stimuliert; nur dann kann es die Zelle vergiften. Durch die Aktivierung des Rezeptors löst sich der Gs-Komplex auf, und GTP tritt an die Stelle des GDP, das an den ruhenden α-Bestandteil gebunden ist. Geschieht das in Gegenwart des Cholera-Toxins, wird die Kaskade der Signalübertragung losgetreten. Der Rest ist bekannt.

Wird eine vergiftete Zelle nicht angeregt, könnte man sich vorstellen, dass sie den Fängen des Cholera-Toxins entgeht. Aber der Erreger hat auch für diesen Fall vorgesorgt. Sein Toxin vergiftet nicht nur die sekretorischen Zellen, sondern es wirkt auch auf die Darmnerven ein und sorgt so dafür, dass sie den geeigneten Neurotransmitter liefern und die Flüssigkeitsausscheidung anregen. Indem *Vibrio cholerae* die sekretorisch-motorischen Nerven dazu veranlasst, die Rezeptoren auf den sekretorischen Zellen anzuregen, stellt es sicher, dass sein Toxin die Zellen nicht vergeblich vergiftet.

Ein wichtiger Faktor für die Auslösung der sekretorischen Reflexe ist das Serotonin. Seine Funktion lässt sich an einem gesunden Stück Darm sehr einfach zeigen. Stößt man beispielsweise mechanisch an die Schleimhaut, die ein isoliertes Stück Dickdarm innen auskleidet, steigt in den Zellen der Krypten der cAMP-Spiegel, die Zellen scheiden Chloridionen aus, und das Wasser folgt dem Chlorid in den Darminnenraum. Die mechanische Reizung wirkt über die Stimulation von Nerven; betäubt man die Nervenzellen der Darmwand im Experiment mit Tetrodotoxin, dem Gift des Kugelfisches, kann man die Darmschleimhaut reizen, so viel man will, die Kryptenzellen werden nicht mehr zur Ausscheidung angeregt. Das Gleiche erreicht man, wenn man den Effekt des Serotonins blockiert. In Gegenwart eines geeigneten Serotonin-Antagonisten kommt es auch bei noch so vielen mechanischen Reizungen nicht zur Flüssigkeitsausscheidung. Normalerweise führt eine mechanische Reizung der Darmschleimhaut dazu, dass die *enterochromaffinen Zellen (EC-Zellen)* Serotonin ausschütten. Zusammen erzeugen und speichern diese Zellen 95 Prozent der gesamten Serotonin-Menge im Organismus. Der natürliche Auslöser der Serotonin-Ausschüttung ist eine Druckzunahme im Darminnenraum; sie ahmt man am isolierten Dickdarm mit der mechanischen Reizung nach.

Offenbar sind die EC-Zellen eigentlich Sinnesrezeptoren. Das ist eine relativ neue und sehr spannende Entdeckung. Mechanische Reizung durch Drücken oder Stoßen veranlasst die EC-Zellen, Serotonin zu produzieren. Derzeit versuche ich in langen Stunden im Labor, die molekularen Mechanismen zu entdecken, die in den EC-Zellen für die Kopplung zwischen mechanischer Reizung und Serotonin-Ausschüttung verantwortlich sind. Zurzeit weiß zwar das Cholera-Toxin, wie die EC-Zellen funktionieren, aber ich weiß es nicht. Jedenfalls sind die EC-Zellen endokrine Zellen wie die ganz ähnlich aussehenden G-Zellen des Magens, die das Gastrin produzieren. Sie setzen das Serotonin auch nicht in den Darminnenraum frei, sondern innerhalb der Darmwand. Der Neurotransmitter gelangt also in das Bindegewebe unter der Darmschleimhaut, wo sich viele Nervenfasern und Blutgefäße befinden.

Ein Teil des Serotonins im Bindegewebe gelangt wie das Gastrin ins Blut. Es wird dort schnell inaktiviert, entweder von den Blutzellen selbst oder von der Leber (in die das Blut vom Darm aus fließt). Aber im Bindegewebe des Darms kommt das Serotonin auch mit den dort verlaufenden Nervenfasern in Berührung. Manche dieser Nerven laufen natürlich auch zu den Zellen der Krypten und regen sie zur Flüssigkeitsausscheidung an. Bei anderen handelt es sich nicht um motorische, sondern, wie ich herausgefunden habe, um sensorische Nerven. Manche von ihnen sind intrinsisch, das heißt, sie stehen mit Nervenbahnen in Verbindung, die ausschließlich zum enteralen Nervensystem gehören. Andere laufen zum Zentralnervensystem und werden als extrinsisch bezeichnet. Beide Gruppen sensorischer Nerven besitzen Oberflächenrezeptoren, die auf Serotonin reagieren. Wirkt das von den EC-Zellen ausgeschüttete Serotonin auf diese Rezeptoren, werden die sensorischen Nerven angeregt. Die intrinsischen sensorischen Nerven setzen Ausscheidungs- und Peristaltikreflexe in Gang, die extrinsischen verursachen Übelkeit und – bei ausreichend starker Stimulation – Erbrechen und Krämpfe.

Das Cholera-Toxin dringt nicht nur in die Kryptenzellen ein, sondern auch in die EC-Zellen. Die Chlorid-Ausschüttung durch die Kryptenzellen ist deshalb nicht das Einzige, was das Cholera-Toxin im Darm bewirkt. Es sorgt vielmehr auch dafür, dass die EC-Zellen Serotonin ausscheiden. Diese Serotonin-Ausscheidung verschafft dem Cholera-Erreger den narrensicheren Mechanismus, durch den gewährleistet ist, dass die Rezeptoren auf den Kryptenzellen aktiv sind. Dabei wirkt das von den EC-Zellen ausgeschüttete Serotonin nicht unmittelbar auf die Kryptenzellen. Das ist nicht notwendig. Es aktiviert vielmehr Nervenbahnen, die in den sekretorisch-motorischen Nerven enden, und diese geben ihre Neurotransmitter dann an die Rezeptoren der Kryptenzellen weiter. Wie bereits erwähnt wurde, handelt es sich bei den Neurotransmittern der sekretorisch-motorischen Nerven entweder um Acetylcholin, das die muskarinischen Rezeptoren der Kryptenzellen stimuliert, oder um VIP, das seine eigenen Rezeptoren besitzt. Mit Wirkstoffen, welche die Serotonin-Rezeptoren blockieren, kann man also nach einer Vergiftung des Darms mit dem Cholera-Toxin die Flüssigkeitsausscheidung vermindern. Legt man die Wirkung des Serotonins lahm, nimmt man dem Toxin seinen Sicherheitsmechanismus in den Nerven. Wenn das Cholera-Toxin das zweite Gehirn nicht für seine Zwecke nutzen kann, verliert es einen Teil seiner Macht.

In gewisser Hinsicht bedient sich das Cholera-Toxin für seine hinterhältigen Zwecke der Mechanismen, die sich im Laufe der Jahrtausende zur Verteidigung des Organismus entwickelt haben. Die Flüssigkeitsausscheidung ist eigentlich ein Schutz. Der Darm ist eine schmutzige Umgebung, die einen Reinigungsmechanismus braucht. Die wichtigste Funktion des Dickdarms besteht darin, Wasser zurückzugewinnen, aber zu manchen Zeitpunkten ist es auch nützlich, wenn er ein wenig Wasser abgibt. Entscheidend sind dabei natürlich die Worte »ein wenig«. Die von der Cholera ausgelöste Flüssigkeitsausscheidung stellt den Zweck der Evolution auf den Kopf. Nun ist die Cholera eine relativ seltene Krankheit. Aber leider kann sogar die »normale«, allgemein übliche Aktivierung der Flüssigkeitsausscheidung im Dickdarm manchmal ebenso verheerende Folgen haben wie die schwere Seuche. Wenn der Dickdarm eines ansonsten gesunden Touristen viel Flüssigkeit ausscheidet und sich von den Giftstoffen befreit, die unbekannte neue Mikroorganismen mitgebracht haben, fühlt der Besitzer dieses Darms sich vorübergehend unwohl, aber er ist vor schwereren, langwierigeren Problemen geschützt. Hier ist die Flüssigkeitsausscheidung nützlich und letztlich ungefährlich. Läuft das Gleiche aber unter ähnlichen Umständen im Darm eines Säuglings ab, ist es alles andere als harmlos. Hier kann schon eine geringfügige Anregung der Flüssigkeitsausscheidung zu einer Krankheit führen, die der Cholera weit stärker ähnelt als dem Touristendurchfall.

Säuglinge, Kleinkinder und alte Menschen verfügen in ihrem Organismus nur über relativ wenig Wasservorräte. Einen stärkeren Flüssigkeitsverlust vertragen sie nicht – er kann bei ihnen schnell einen Schockzustand herbeiführen. Deshalb ist Durchfall bei Säuglingen wesentlich gefährlicher als bei Erwachsenen. Kommt dann noch Erbrechen hinzu, besteht sehr schnell Lebensgefahr. In den Industrieländern werden Kinder, die wegen Durchfall und Erbrechen an Flüssigkeitsverlust leiden, sofort mit einer oral oder intravenös verabreichten geeigneten Salzlösung behandelt. In Entwicklungsländern jedoch – nach meiner Definition also in Ländern, die wehrlosen Kindern keine ausreichende medizinische Versorgung bieten – ist der Durchfall mit oder ohne Erbrechen bei Säuglingen eine häufige Todesursache.

Solche weniger weit entwickelten Gesellschaften gibt es auf der Erde in Hülle und Fülle. Ihre Zahl ist so groß, dass einfacher Durchfall bei Säuglingen weltweit die zweithäufigste Todesursache darstellt. Fast drei Millionen Kinder werden jedes Jahr von Durchfallerkrankungen dahingerafft, nur die Lungenentzündung fordert noch mehr Opfer. Gesellschaften, die Kinder auf diese Weise sterben lassen, findet man in der Dritten Welt, wo Unkenntnis und mangelnde Mittel die medizinische Versorgung behindern. Man findet sie aber auch in ländlichen Gebieten und den Innenstädten der Vereinigten Staaten, wo eine andere Art der Unkenntnis und der gleiche Geldmangel den Kindern die Gesundheitsversorgung vorenthalten. In beiden Fällen – in den Entwicklungsländern und in rückständigen Teilen Amerikas – lassen sich der Durchfall und der nachfolgende Tod kleiner Kinder so leicht verhüten, dass der Grund, warum das nicht geschieht, nur der Geiz derer sein kann, die die Mittel dazu besitzen und nichts tun.

Der letzte Akt

Das Gute hat auch einmal ein Ende. Und so verhält es sich auch mit dem Weg des Darminhalts. Alles, was geschluckt wird und nicht verdaut und/oder resorbiert werden kann, wird zum Mastdarm transportiert, um ausgeschieden zu werden. Zum größten Teil besteht dieses Material aus den zellulosehaltigen Wänden der Pflanzenzellen, die wir mit Obst, Getreide und Gemüse zu uns nehmen. Diese Substanzen bezeichnen wir als Ballaststoffe, und sie werden von Ernährungsfachleuten häufig als besonders wertvoll gepriesen. Im Gegensatz zu Mäusen, Ratten und Kühen, bei denen Mikroorganismen in einer besonderen Abteilung des Magens die Zellulose verdauen, kann unser Darm diese Substanz nicht abbauen. Die Zellulose wandert also geradewegs durch uns hindurch, und von ein wenig Zerkleinerung und Vermischung abgesehen, verlässt sie unseren Darm am After praktisch in dem gleichen Zustand, in dem sie über den Mund hineingelangt ist. Salat mag zum Schluss nicht so appetitlich aussehen wie am Anfang, aber seine Ballaststoffe sind noch vollständig vorhanden.

Die Ballaststoffe vermitteln uns das Gefühl, dass wir eine Menge gegessen haben, aber sie liefern keine Kalorien. In einer Gesellschaft wie der unseren, in der Übergewicht die wichtigste ernährungsbedingte Krankheit ist, sollte man kalorienfreie Nahrung besonders hoch schätzen. Außerdem geben die Ballaststoffe dem Darm etwas, das er drücken kann, und das ist nützlich, weil das Organ auf diese Weise ständig trainiert wird. Ein Darm, dem diese Übung fehlt, kann träge und schwach werden. Nach vielen Jahren mit »den guten, altmodischen Mahlzeiten aus Fleisch und Kartoffeln«, einer ballaststoffarmen Ernährung, wird der Darm unter Umständen genauso schwabbelig wie sein Besitzer. Außerdem entstehen in einem Darm, der schwache Wände hat, häufig kleine Ausstülpungen, die man als *Divertikel* bezeichnet. Sie sind empfindliche Stellen, wo die Darmwand sich wegen ihrer Schwäche langsam »ausbeult« wie ein Autoreifen, dessen Seitenwand beschädigt ist. Die Krankheit, die durch viele Divertikel gekennzeichnet ist, nennt man *Divertikulose*. Die Divertikel werden zu kleinen Säcken, in denen der Darminhalt sich sammelt, sodass er nicht mehr weiter transportiert wird. Das beeinträchtigt die normalen Wechselbeziehungen zwischen enteralem Nervensystem und Immunsystem, weil der Darm sich nicht mehr richtig reinigen kann. Die Darmmuskulatur ist so ausgerichtet, dass sie den Inhalt in der Richtung Mund – Darmausgang weiterschiebt, aber seitliche Ausbeulungen kann sie nicht leeren. Wenn überhaupt, wirken die Darmmuskeln am Ausgang der Divertikel als Ventile: Wenn sie sich zusammenziehen, drücken sie den Inhalt nicht hinaus, sondern sie halten ihn fest.

Da die Divertikel sich so schwer reinigen lassen, werden sie oft von Krankheitserregern infiziert, was zu Schmerzen, Fieber und Darmverschluss führt. Tritt dieser Zustand ein, spricht man nicht mehr von Divertikulose, sondern von *Divertikulitis*. Häufig brechen die Divertikel sogar durch. Wenn das geschieht, befindet sich der Darminnenraum nicht mehr vollständig außerhalb des eigentlichen Organismus, sondern durch die Öffnung gelangt die gärende Masse aus Dickdarmbakterien in das Körperinnere. Hat man Glück, bildet sich ein Abszess und die Infektion bleibt örtlich begrenzt. Oder aber die Bakterien, die die Schranken des Darms überwunden haben, verursachen eine katastrophale Infektion der Bauchhöhle und – wenn sie ins Blut gelangen – des gesamten Körpers. Eine solche Krankheit, die man als *Peritonitis* (Bauchhöhlenentzündung) beziehungsweise *Sepsis* (Blutvergiftung) bezeichnet, muss sofort energisch behandelt werden. Dabei sind Antibiotika unentbehrlich, und man muss den Wirkstoff sorgfältig auswählen, damit er genau die verantwortlichen Bakterienarten bekämpft. Die Zeit ist dabei ein entscheidender Faktor. Bei einer Bauchhöhlenentzündung, die durch einen durchgebrochenen Divertikel entstanden ist, kann der Arzt nicht erst lange ausprobieren, welches Medikament das richtige ist. Wenn er also ein Antibiotikum wählt, gegen das die Erreger resistent sind, ist der Patient unter Umständen zu einem vorzeitigen Tod verurteilt.

Divertikel kommen bei älteren Menschen häufig vor (man findet sie fast bei der Hälfte aller Achtzigjährigen), aber man darf sie nicht auf die leichte Schulter nehmen. Sie sind lebensgefährlich. Es lohnt sich, schon ihrer Entstehung vorzubeugen. Eine Ernährung, die regelmäßig viele Ballaststoffe enthält, ähnelt deshalb ein wenig dem Joggen. Was das Laufen für den Organismus ist, ist ballaststoffreiche Ernährung für den Dickdarm.

Regelmäßigkeit erwünscht

Ballaststoffe nehmen Wasser auf und dehnen sich dabei aus; deshalb lassen sie den Druck im Darminnenraum ansteigen. Da eine solche Druckzunahme der Reiz ist, der den Peristaltikreflex auslöst, schiebt ein mit Ballaststoffen gefüllter Darm seinen Inhalt besonders schnell in Richtung Ausgang. Dass Zellulose die Passage des Darminhalts beschleunigt, wissen und schätzen diejenigen, die sich regelmäßigen Stuhlgang wünschen, schon seit Jahrhunderten. Backpflaumen sind in dieser Hinsicht besonders bekannt, und Weizenkleie verkauft sich gut. Betrachtet man regelmäßigen Stuhlgang als etwas Angenehmes – und der einträgliche Verkauf von Abführmitteln lässt vermuten, dass es so ist –, stellen Ballaststoffe einen natürlichen Weg dar, diesen Zustand zu erreichen.

Weizenkleie besteht fast ausschließlich aus Ballaststoffen, sodass der Dickdarm kräftig trainieren kann. Wenn man damit einen regelmäßigen Stuhlgang erreicht, ist die Anwendung kaum mit Nachteilen verbunden – es sei denn, man hat bereits papierdünne Divertikel. Dann kann der Darm, der mit Ballaststoffen gefüllt ist und sie mit voller Kraft durchknetet, unter Umständen leichter durchbrechen.

Andere Abführmittel sind nicht ganz so sicher. Einigermaßen wirksam ist Paraffinöl, auch Petroleum genannt. Es wirkt, weil es den Stuhl in so viel Schleim einhüllt, dass selbst ein träger Darm ihn nicht festhalten kann. Dahinter steht der Gedanke, die Stuhlbrocken im verstopften Darm so einzuölen, dass sie in jedem Fall ans Tageslicht finden, ganz gleich, was der Darm tut oder vielmehr nicht tut. Unter Umständen führt Paraffinöl als Abführmittel aber zu Problemen, unter anderem weil die Überraschung, die glitschiger, unkontrolliert aus dem After dringender Stuhl darstellt, gesellschaftlich nicht tragbar erscheint. Außerdem kann Paraffinöl auch fettlösliche Substanzen wie Vitamin K aufnehmen und wegtransportieren. Wenn Frauen sich des Paraffinöls bedienen, um die in der Schwangerschaft häufig auftretende Verstopfung zu lindern, besteht für das Kind die Gefahr der so genannten Neugeborenen-Hämorrhagie: Sie leiden an Vitamin-K-Mangel und bekommen Blutungen, weil sie die Blutgerinnungsproteine nicht in ausreichender Menge besitzen. In amerikanischen Krankenhäusern ist die Vitamin-K-Spritze nach der Geburt deshalb ebenso Routine wie der Klaps auf den Po.

Eine andere Methode besteht darin, den Darm so mit Salzen zu überfrachten, dass er sie nicht vollständig resorbieren kann. Abführmittel, die auf diese Weise wirken, bezeichnet man als Bittersalze – ein bekanntes Beispiel ist das Magnesiumsulfat, auch Epsomsalz genannt. Es bleibt im Darminnenraum und zieht durch Osmose Wasser an. Daraufhin steigt der Darminnendruck, und der Peristaltikreflex wird angeregt wie in dem Hundedarm, mit dem Bayliss und Starling 1899 experimentierten. Das enterale Nervensystem treibt den Darminhalt in Richtung Ausgang.

Bittersalze wirken zuverlässig und sind nicht allzu belastend, aber ihr Dauergebrauch ist nicht ohne Risiko. Offensichtlich gewöhnt sich der Darm an die Abführmittel und braucht dann immer mehr davon, um seine Aufgabe zu erfüllen. Der Missbrauch von Abführmitteln kann also zur Sucht führen, sodass die Betroffenen ohne Medikamente praktisch überhaupt keinen Stuhlgang mehr haben. Im Extremfall zeigt der Darm alle Symptome eines Darmverschlusses, obwohl der Weg durch seinen Innenraum völlig offen ist. Diesen Zustand bezeichnet man auch als *Pseudo-Darmverschluss* oder intestinale Pseudoobstruktion, aber an den Beschwerden, die damit verbunden sind, ist nichts »pseudo«. Um ihn zu beseitigen, kann eine Operation erforderlich sein, und unter Umständen muss dabei sogar der Dickdarm entfernt werden. Das enterale Nervensystem eines Menschen, der Abführmittel missbraucht hat, sieht bei der Obduktion häufig aus wie das Schlachtfeld von Agincourt nach dem Sieg Heinrichs V. über die französische Armee – wie eine Wiese, die mit den verwesenden Überresten toter Soldaten übersät ist. Die Soldaten im Darm sind natürlich abgetötete Nervenzellen, die für den »regelmäßigen« Stuhlgang geopfert wurden.

Warum die enteralen Nervenzellen bei Abführmittelmissbrauch zu Grunde gehen, ist nicht ganz geklärt, aber man weiß, dass Nervenzellen übermäßig angeregt werden können und unter Umständen daran sterben. Der Neurotransmitter Glutamat ist berühmt dafür, dass er die Nervenzellen im Gehirn zu Tode reizen kann, ein Phänomen, das man auch als *Exzitotoxizität* bezeichnet. Wie Annette Kirchgessner und ich kürzlich entdeckten, wirkt Glutamat nicht nur im Gehirn und Rückenmark, sondern auch im enteralen Nervensystem als Neurotransmitter. Ob die Nervenzellen auch in einem durch Abführmittel übermäßig gereizten Darm durch die vom Glutamat bewirkte Stimulation absterben, muss noch geklärt werden. Aber was die Ursache dieses durch Abführmittel ausgelösten Zelltodes auch sein mag: Bittersalze nimmt man wie einen guten Burgunder am besten nur in mäßigen Mengen zu sich.

In manchen Fällen reichen Ballaststoffe, Paraffinöl oder Bittersalze nicht aus, damit der Darm sich entleert. Soll beispielsweise der Darminnenraum mit einem optischen Gerät untersucht werden *(Darmspiegelung)*, darf nichts die Sicht behindern. Bei einer solchen Untersuchung muss der Dickdarm völlig leer sein. Als »Vorbereitung« gibt man dem Patienten deshalb häufig ein Medikament, das unmittelbar auf die für den Transport zuständigen Schaltkreise des enteralen Nervensystems wirkt. Ein Beispiel für ein natürliches »Medikament« dieses Typs ist das Rizinusöl, und ähnlich wirkt auch der künstlich hergestellte Wirkstoff Bisacodyl (Markenname Agaroletten, Dulcolax u. a.). Regt man die für den Transport zuständigen Nerven auf diese Weise an, laufen starke Kontraktionen wellenförmig am Darm entlang. Sie bewegen sich unerbittlich vorwärts und treiben alles, was sich im Verdauungskanal befindet, vor sich her. Derart starke Darmkontraktionen sind gefährlich, wenn Divertikel vorhanden sind, denn gegebenenfalls können sie dazu führen, dass der Dickdarm durchbricht. Und auch in einem Darm ohne Divertikel sind die starken Kontraktionen und der damit verbundene hohe Druck oft sehr schmerzhaft. Der Schmerz kann so heftig sein, dass er sogar die Aufmerksamkeit der Gestapo erregte: Rizinusöl wurde in der Nazizeit als Folterinstrument eingesetzt. Heute sind die Patienten von solchen Medikamenten nicht allzu begeistert.

Die modernere Methode zur »Vorbereitung« des Darms besteht darin, dass man den Patienten große Mengen einer glitschigen, nichtresorbierbaren Flüssigkeit trinken lässt. Sie regt den Peristaltikreflex an und gleichzeitig wirkt sie als Schmiermittel. Die Substanz, chemisch ein entfernter Verwandter der Frostschutzmittel für den Autokühler, ist beispielsweise in einem Produkt mit dem schönen Namen »Klean-Prep« enthalten, was auf Deutsch ungefähr »saubere Vorbereitung« bedeutet. Der Patient muss nur etwa vier Liter davon trinken, dann fließt alles von selbst heraus. Der schwierigste Teil besteht darin, das Zeug herunterzuschütten. Hat man das geschafft, kommt der Stuhl völlig schmerzlos.

In manchen Abführmitteln, die ihre Wirkung durch eine Stimulation der Darmnervenzellen entfalten, hat man mittlerweile eine Gefahr für das enterale Nervensystem erkannt. Diese Wirkstoffe lassen sofort an Exzitotoxizität denken, aber mit welchem Mechanismus sie den Darm tatsächlich schädigen, wurde bisher nicht herausgefunden. Einer davon, das *Phenolpthalein*, wurde kürzlich mit dem Einverständnis des Herstellers vom Markt genommen. Ein Naturprodukt, das in der Werbung als natürlicher Weg zu einer regelmäßigen Verdauung angepriesen wird, sind die Sennesblätter. Auch sie stimulieren die enteralen Nervenzellen. Wie ich bereits erwähnt habe, ist »natürlich« nicht immer gleich bedeutend mit »gut« oder auch nur mit »ungefährlich«. Pflanzen stellen alle möglichen ganz und gar natürlichen Substanzen her, die für Menschen und Tiere giftig sind. Solche Toxine haben sich in der Evolution wahrscheinlich entwickelt, um die Pflanzen vor dem Gefressenwerden zu schützen. Für die Unglücklichen, denen die Gestapo Rizinusöl verabreichte, war es mit Sicherheit kein Trost, dass sie mit einem reinen Naturprodukt gefoltert wurden. Aber Sennesblätter haben ihre Anhänger, und medizinisch ist nicht sonderlich viel über sie bekannt. Über ihre Wirkungen gibt es nur wenige Untersuchungen, aber an eine davon erinnere ich mich sehr gut. Sie wurde in England auf einer Tagung für Gastroenterologie vorgestellt, und dabei zeigte ein Dia nach dem anderen verformte, sterbende enterale Nervenzellen aus Biopsien des Darmgewebes von Patienten, die Sennesblätter genommen und danach einen Pseudo-Darmverschluss bekommen hatten. Zwar ist bisher nicht abschließend bewiesen, dass Sennesblätter tatsächlich Schaden anrichten. Aber wenn es um »regelmäßigen Stuhlgang« geht, ist nach meiner Überzeugung eine Schüssel mit Rohkost – oder, wenn es hart auf hart geht, mit Backpflaumen – viel empfehlenswerter.

Das Ende

Wenn der Darminhalt schließlich den Enddarm erreicht, sollte er durch die Wiedergewinnung (Rückresorption) des Wassers im Dickdarm eine ausreichend feste Konsistenz besitzen. Neben Ballaststoffen aus der Ernährung und anderen, eher ungewöhnlichen Substanzen, die wir essen, aber nicht resorbieren können, enthält der Stuhl auch die Bakterien, die im Dickdarm ihren Halt verloren haben, sowie den vom Darm ausgeschiedenen Schleim und die Gallenfarbstoffe, die ihm die richtige Farbe verleihen. Der Stuhl eines gesunden Menschen sollte nur sehr wenig Fett, kein Blut und keine Eier von Parasiten enthalten. Taucht eines davon auf, ist das ein sicheres Anzeichen für eine Darmerkrankung. Ein normal funktionierender Darm verdaut praktisch das gesamte Fett, das man essen kann; außerdem blutet er nicht und er ist parasitenfrei. Hat das enterale Nervensystem nicht optimal gearbeitet, sodass der Darminhalt nur langsam weiter geschoben wurde, kann der Stuhl zu trocken werden und die Konsistenz von Kaninchenkot annehmen. Das ist nicht normal: Die betroffene Person leidet an Verstopfung. Diese tritt auf, wenn das enterale Nervensystem in seiner Funktion gestört ist. Aber an einer solchen Funktionsstörung ist das enterale Nervensystem nicht immer allein schuld. Zur Verstopfung kann es auch kommen, wenn der Darm anormale Befehle vom Zentralnervensystem erhält, oder wenn zwischen enteralem und zentralem Nervensystem anormale Wechselwirkungen stattfinden. Aber ob der Stuhl nun normal ist oder aus kleinen Klumpen besteht: Wenn er in den Enddarm gelangt, hat er in jedem Fall ein beträchtliches Gewicht.

Sobald die Nahrung den Mund verlassen hat und ihren Weg hinunter in den Darm beginnt, verschwindet sie aus unserem Blickfeld. Die Wunder, die das enterale Nervensystem in Abstimmung mit den Nervenzellen von Gehirn und Rückenmark bewirkt, spielen sich normalerweise völlig außerhalb unseres Bewusstseins ab. Weinliebhaber genießen ihren guten Tropfen, Fleischliebhaber ihr Steak und Vegetarier ihre Auberginen, aber nur bis zum Eingang des Verdauungskanals. Lebensmittel können auf der Zunge einen Nachgeschmack hinterlassen, aber in der Regel kehren sie nicht mehr zurück. Geschieht das doch einmal, ist es niemals angenehm und niemals normal. Der Darm ist gewöhnlich eine Einbahnstraße, die lautlos durchlaufen wird. Solange kein anormal hoher Druck in seinem Inneren lästig und schmerzhaft wird, haben wir keine Ahnung, was sich in unseren Verdauungsorganen abspielt. Ins Bewusstsein kehrt ihr Inhalt aber in der Regel zurück, wenn er den Darm am unteren Ende wieder verlässt.

Die Wahrnehmung kehrt mit einem Gefühl der Dringlichkeit wieder, wenn der Stuhl im Enddarm ankommt. Ist er gefüllt, lässt er den »Stuhldrang« entstehen. Dieser ist gewöhnlich nicht mit Schmerzen verbunden, aber wenn er zu stark wird, kann er schmerzhaft werden. Wie dem auch sei, der Stuhldrang ist ein Gefühl, das man kaum ignorieren kann. Spürt man ihn, gibt man ihm in der Regel so schnell wie möglich nach. Zu dem Gefühl der Dringlichkeit trägt auch die abwärts gerichtete Biegung bei, die der Enddarm in Richtung des Darmausganges beschreibt. Die Schwerkraft wirkt also mit den treibenden Bewegungen der Enddarmmuskulatur zusammen und sorgt dafür, dass der Stuhl nach außen befördert wird.

Dennoch ist die Schwerkraft keine Gefahr für unsere Gesellschaftsfähigkeit. Der Enddarm ist anatomisch hervorragend dafür ausgestattet, Gewicht und Menge des in ihm enthaltenen Stuhls zu handhaben. Dieser kann für eine begrenzte Zeit im Enddarm gespeichert werden, und das ist natürlich auch unbedingt notwendig, damit die Tünche der Zivilisation erhalten bleibt. Die Schleimhaut des Enddarms ist zu drei waagrechten »Zwischenböden« gefaltet, sodass nicht das gesamte Gewicht seines Inhaltes auf den Schließmuskeln lastet, die den Anus normalerweise versperren. Und diese Muskeln sind auch keine Sklaven, die sich gehorsam öffnen, sobald der Stuhldrang auftritt. Sie können den Darminhalt bis zum richtigen Zeitpunkt zurückhalten. Dieses Prinzip bildet sogar eine der Grundlagen für das reibungslose Funktionieren unserer Gesellschaft: Die Darmschließmuskeln aller Menschen, die keine Kleinkinder mehr sind, halten den Stuhl zurück, bis der Augenblick des Öffnens gekommen ist.

Damit wir den Darmausgang gut unter Kontrolle halten können, hat die Evolution uns nicht nur mit einem, sondern mit zwei Schließmuskeln ausgestattet. Der erste – *innerer Darmschließmuskel* oder *Musculus sphincter ani internus* genannt – besteht aus glatter Muskulatur und wird ausschließlich vom enteralen und autonomen Nervensystem gesteuert, das heißt, er funktioniert automatisch und unterliegt nicht unserer willkürlichen Kontrolle. Er tut, was die Nerven ihm im Rahmen ihrer Reflexe befehlen. Eigentlich ist der innere Darmschließmuskel nur ein verdickter Teil der glatten Ringmuskulatur, die man im größten Teil des Darms findet.

Unterstützt und gesichert wird der innere Darmschließmuskel durch den *äußeren Darmschließmuskel (Musculus sphincter ani externus)*, der aus Skelettmuskulatur besteht und willkürlich gesteuert werden kann. Auch er reagiert zwar auf Reflexe, aber unser Gehirn lernt, diese zu unterdrücken und zu kontrollieren. Victor Marshall, ein Professor, bei dem ich während meines Studiums Urologie studierte, drückte einmal sehr schön aus, mit welcher Bewunderung die Chirurgen den äußeren Darmschließmuskel betrachten: »Gedichte werden von Idioten wie mir erschaffen, aber nur Gott kann einen Schließmuskel machen.«

Dass der äußere Schließmuskel so elegant und raffiniert gesteuert werden kann, erscheint fast unglaubwürdig. Man neigt zu der Annahme, er sei einfach ein Band, das sich zusammenziehen oder lockern kann. Aber wenn ein Band gelockert wird, kann es nicht Gas unter Druck herauslassen, während es gleichzeitig Flüssigkeiten und feste Substanzen zurückhält. Nur bei äußerster Anspannung kommt es vor, dass dieses vertraute, höchst zuverlässige und unentbehrliche Hilfsmittel versagt. Bei einer Infektion des Dickdarms oberhalb des Schließmuskels legen die Transportbewegungen unter Umständen einen zu schnellen Gang ein. Die beschleunigte Darmpassage ist ein Nebenprodukt bei der Abwehrreaktion des enteralen Nervensystems und der Immunzellen im Darm. Von den Nerven ausgelöst, wird eine große Menge der reinigenden Flüssigkeit produziert, und von den Immunzellen freigesetzte chemische Signale reizen die Nerven, sodass die Peristaltikbewegungen häufiger erfolgen. Wie die Stierherde, die jedes Jahr durch die Straßen von Pamplona stürmt, so kann auch der Darminhalt unwiderstehliche Kräfte entwickeln. Dann kommt unter Umständen der Zeitpunkt, an dem auch der beste Schließmuskel nicht mehr dicht halten kann.

Der starke Druck, den das enterale Nervensystem bei Infektionen erzeugt, ist nicht der einzige Faktor, der zum Versagen des Schließmuskels führen kann. Auch heftige Angst hat manchmal die gleiche Wirkung. Sie lenkt das Gehirn ab, sodass es sich nicht mehr auf den äußeren Schließmuskel konzentriert. Artilleriegranaten, die neben besetzten Schützenlöchern niedergehen, haben nachgewiesenermaßen diese Wirkung. »Vor Angst in die Hose machen« ist unter Soldaten eine stehende Redewendung. Auch wenn der äußere Schließmuskel selbst geschwächt ist – beispielsweise nach einer Infektion, einem Unfall, Dehnung und Reißen nach mehreren Schwangerschaften oder auch einfach wegen hohen Alters –, tritt unter Umständen Darminhalt aus. Da der Schließmuskel vom Zentralnervensystem gesteuert wird, geht die Kontrolle über ihn auch verloren, wenn das Gehirn durch degenerative Krankheiten geschädigt ist. Deshalb müssen viele Patienten, die an der Alzheimer-Krankheit und anderen Formen altersbedingter Demenz leiden, Windeln tragen.

Wenn ein Mensch geboren wird, weiß er noch nicht, wie man den Darmschließmuskel kontrolliert. Seine Steuerung muss erlernt werden, und wie allgemein bekannt ist, erfordert das eine gewissenhafte Unterweisung. Einem Kind beizubringen, wie man den Darmschließmuskel beherrscht, gehört für Eltern zu den spannendsten Aufgaben. Stuhlgang zu haben, ist zunächst einmal ein Reflex, der im Nervensystem »fest verdrahtet« ist und nicht erlernt werden muss. Zunächst wird der Stuhl dabei in den Enddarm gedrückt, ein Vorgang, an dem vor allem das enterale Nervensystem und die Muskulatur des Dickdarms beteiligt sind. Aber dass die Masse dort angekommen ist, nehmen extrinsische sensorische Nerven wahr, die diese Information an den unteren Teil des Rückenmarks weitergeben, und dort wird der Stuhlreflex koordiniert.

Am motorischen Teil des Reflexes sind unter anderem parasympathische Nerven des Rückenmarks beteiligt, die den Abwärtstransport des Stuhls innerhalb des Enddarms beschleunigen und den inneren Schließmuskel entspannen (sodass er sich öffnet). Hinzu kommt in Koordination mit den unwillkürlichen Vorgängen die Tätigkeit motorischer Skelettmuskelnerven, die für Entspannung und Öffnen des äußeren Schließmuskels sorgen. Auch die Muskeln des Beckenbodens ziehen sich zusammen und bringen den Enddarm in die richtige Position für die Entleerung seines Inhalts. Dieser ganze Sturm und Drang läuft ohne bewusste Gedanken ab und wird vom unteren Teil des Rückenmarks gesteuert. Den inneren Impuls, den Darminhalt nach unten zu drücken, kann man durch Kontraktionen von Bauchmuskeln und Zwerchfell ergänzen, die den Druck im Bauchraum steigen lassen. Diese allgemein bekannte Tätigkeit bezeichnen wir höflich als »Drücken«.

Das Gehirn ist in der Lage, die parasympathischen Reflexe aus dem unteren Teil des Rückenmarks zu hemmen. Wenn ein Kind den Gebrauch der absteigenden, vom Gehirn zum Rückenmark verlaufenden Nervenbahnen erlernt hat, kann es den Stuhlgang oder – im Zusammenhang mit der Blase – das Urinieren unterdrücken. Fehlt diese Hemmung durch die höheren Gehirnzentren, sind Enddarm und Blase nur noch dem Rückenmark untergeordnet, und dann arbeiten sie so, wie die Reflexe es befehlen. Der Stuhl im Enddarm löst einen Reflex aus und wird abgegeben. Das geschieht ganz von selbst, und die Windeln füllen sich. Bevor aber das Gehirn die Kontrolle übernehmen kann und auch nur die Möglichkeit hat, die Herrschaft über den unteren Teil des Rückenmarks zu erlangen, müssen die Nervenbahnen vom Gehirn zum Rückenmark heranreifen. Die fetthaltigen Isolierschichten (Myelinscheiden), die sie umgeben, sind erst im Laufe des zweiten Lebensjahres fertig ausgebildet. Bevor es so weit ist, reichen die Nervensignale vom Gehirn zum Rückenmark nicht für eine Sauberkeitserziehung aus. Ein Kind, das in dieser Hinsicht schon vor dem ersten Geburtstag erzogen ist, hat in Wirklichkeit seine Eltern erzogen. Diese haben gelernt, in welchen Abständen der Stuhl in den Enddarm des Kindes gelangt, und können deshalb den Stuhlreflex voraussehen. Wohlerzogene Eltern setzen ihr Kind dann im richtigen Augenblick auf den Topf, aber in diesem Fall hat nicht das Kind die »Sauberkeit erlernt«, sondern die Eltern.

Bei Erwachsenen, die aus irgendeinem Grund eine Verletzung des Rückenmarks erlitten haben, verliert das Gehirn seinen Einfluss auf Darm- und Blasenschließmuskel. Dann herrschen wieder die gleichen Verhältnisse wie bei einem Kleinkind, und die Reflexe des Rückenmarks wirken unkontrolliert. Die Betroffenen müssen Windeln oder andere geeignete Vorrichtungen benutzen. Bei diesen Patienten arbeitet das Zentrum im unteren Rückenmark, das normalerweise die Anweisungen des Gehirns befolgt, nur mit dem Dickdarm zusammen. Der Dickdarm spürt, dass er Stuhl enthält, und gibt diese Information an den unteren Teil des Rückenmarks weiter; dieses setzt daraufhin den Stuhlreflex in Gang, ob der Patient will oder nicht. Sind dagegen der untere Teil des Rückenmarks selbst oder die von dort zum Darm und zur Beckenbodenmuskulatur verlaufenden Nerven geschädigt, geht der Stuhlreflex völlig verloren. Dann sorgt nur noch das enterale Nervensystem dafür, dass der Darminhalt vorwärtsgetrieben wird: Entweder fließt er dann ständig aus dem erschlafften Darmausgang, der nicht mehr von dem – jetzt gelähmten – äußeren Schließmuskel bewacht wird, oder es bilden sich »Kotballen« aus trockenem Stuhl, die sich im Enddarm und/oder Darmausgang festsetzen. Sie wirken als Propfen und halten den Inhalt der höher gelegenen

Darmabschnitte zurück. Kotballen können so hart sein und sich so verklemmen, dass die Darmmuskulatur allein sie nicht mehr bewegen kann. Dann steigt der Druck im oberen Darm an, und es entstehen quälende Schmerzen, die erst aufhören, wenn eine Pflegekraft sich erbarmt und den Ballen mechanisch entfernt.

Ich werde nie einen Patienten vergessen, den ich im Sommer 1957 kennen lernte. Damals – es war noch vor meinem Medizinstudium – arbeitete ich als Krankenpfleger. Der Mann litt seit vielen Jahren an der Parkinson-Krankheit und war völlig auf Pflege angewiesen. Das Medikament L-Dopa, das später fast wie eine Wunderarznei vielen Parkinson-Kranken wieder funktionierende Bewegungen ermöglichte, gab es noch nicht. Man probierte zwar verschiedene Therapien aus, aber die waren unwirksam. Außerdem verfielen die Gehirnzellen des Patienten schon seit Jahren, sodass nur noch wenige verblieben waren. Er war steif wie ein Brett und geistig völlig verwirrt. Aus dem Bett konnte er nicht mehr aufstehen, ja er bewegte sich kaum noch. Die Lautstärke seines Stöhnens zeigte mir an, wann ich bei ihm einen Kotballen entfernen musste. Dazu zog ich einen Gummihandschuh ein, bestrich einen Finger mit Gleitmittel, und holte den Stuhl heraus. An guten Tagen ergoss sich daraufhin eine Flut flüssiger Exkremente in die Bettpfanne.

Im Rückblick und nachdem ich mehr über die Parkinson-Krankheit wusste, wunderte ich mich über die ständigen Stuhlballen dieses Patienten. Die Parkinson-Krankheit schädigt Gehirnzellen, die zur Koordination der Skelettmuskulatur beitragen. Durch das Absterben dieser Zellen entstehen die Symptome der Parkinson-Krankheit: Tremor (unwillkürliche Schüttelbewegungen), schleppender Gang, maskenartiger Gesichtsausdruck und eine Versteifung des Körpers. Die fortschreitende Zerstörung der Gehirnzellen führt nach einiger Zeit zu geistigem Verfall. Zwar konnte ich mir vorstellen, dass durch die Krankheit auch die absteigenden Nervenbahnen zur Steuerung der Rückenmarksreflexe geschädigt wurden, aber warum die Rückenmarksreflexe selbst versagten, war nicht zu erkennen. Rückenmark und periphere Nerven nehmen bei der Parkinson-Krankheit eigentlich keinen

Schaden. Ich hielt es für möglich, dass auch der äußere Schließmuskel wie die Gliedmaßen von der Versteifung betroffen war,
aber bei meinem Patienten waren offenbar sogar die Rückenmarksreflexe verloren gegangen, die normalerweise die Darmentleerung
steuern.

Erst vor kurzem hat man entdeckt, dass zumindest bei manchen
Patienten mit der Parkinson-Krankheit auch das enterale Nerven-
system in Mitleidenschaft gezogen ist. Man findet dort die gleichen
Gewebeschäden, die auch im Gehirn auftreten. Deshalb leuchtet
es durchaus ein, dass die von der Parkinson-Krankheit verursachte
Schädigung der Nervenzellen im Darm sich auf den Transport des
Darminhalts ganz ähnlich auswirkt wie auf die höheren Koordina-
tionsfunktionen im Gehirn. Wahrscheinlich führt die Parkinson-
Krankheit nicht nur im Gehirn, sondern auch im Darm zur Demenz.

Als ich erfuhr, dass die Parkinson-Krankheit nicht nur ein Ge-
hirnleiden, sondern auch eine Erkrankung des enteralen Nervensystems ist, hätte ich mich eigentlich nicht wundern sollen. Wie
viele Überraschungen, die im Rückblick und nach Überwindung
des ersten Schreckens überhaupt nicht mehr überraschend erscheinen, so hätte man auch diese voraussehen können. Immerhin
ist das enterale Nervensystem ein sehr enger Verwandter des Gehirns. Ich hatte es schon auf der Tagung für Neurowissenschaften
in Cincinnati erläutert: Das enterale Nervensystem hat chemisch
und in seinem Aufbau mit dem Gehirn viel mehr Gemeinsamkeiten als mit den übrigen peripheren Nerven. Es sieht aus wie ein
tiefer gerutschtes Gehirn. Deshalb war zu erwarten, dass die unterschiedlichen Gehirnerkrankungen sich auch im enteralen Nervensystem bemerkbar machen.

Ebenso deutlich wie durch Parkinson wird diese Theorie durch
die Alzheimer-Krankheit illustriert. Auch sie zieht das enterale
Nervensystem auf die gleiche Weise in Mitleidenschaft wie das
Gehirn. Und genau wie bei Parkinson findet man nicht nur im Gehirn, sondern auch im enteralen Nervensystem die charakteristischen Gewebeschäden, die den Pathologen zur Diagnose der Alzheimer-Krankheit dienen, und deshalb ist zumindest bei manchen

Patienten auch die Darmfunktion beeinträchtigt. Dennoch kenne ich keine einzige systematische Untersuchung über die Darmstörungen bei Alzheimer-Patienten. Nach meiner Vermutung liegt das daran, dass Verstopfung und sogar Kotballen gegenüber dem allgemeinen geistigen Verfall als medizinische Probleme in den Hintergrund treten. Wenn der Geist eines Patienten versagt, erscheint es vielleicht geradezu pervers, sich mit seinen Stuhlgewohnheiten zu befassen. Aber eines Tages, so sage ich mir immer wieder, sollte ich genau das tun. Indizien für die Entstehung der Alzheimer-Krankheit, ein Mittel zu einer sicheren Diagnose und ein Weg, den Therapieerfolg eindeutig zu überwachen – zu alledem könnten Untersuchungen am enteralen Nervensystem beitragen. So sind Biopsien am Darm zum Beispiel viel einfacher als am Gehirn. Wer weiß? Vielleicht wird man eines Tages den Enddarm, bei dem die Entnahme von Gewebeproben so einfach ist, als »Fenster zum Gehirn« bezeichnen?

8

Bauchgrimmen

Über die Vorgänge am Anfang und Ende des Verdauungstraktes bestimmt im Wesentlichen das Gehirn im Kopf. Input und Output werden vom Zentralnervensystem gesteuert. Es sind Tätigkeiten, die auch Aufmerksamkeit erheischen und einen ziemlich großen Teil des normalen menschlichen Lebens einnehmen. Manche Menschen leben, um zu essen, und andere beziehen – auch wenn sie es selten zugeben – aus dem Erlebnis des Stuhlgangs einen besonderen Kick. Aber zwischen Nahrungsaufnahme und Ausscheidung spielen sich im Darm zahlreiche Vorgänge ab, die das Gehirn nicht zur Kenntnis nimmt und die vor allem vom enteralen Nervensystem verwaltet werden. Da das zweite Gehirn im Geheimen arbeitet, übersieht man häufig, dass es auch eine Ursache von Krankheiten sein kann.

Der Darm ist gegen Geisteskrankheiten nicht immun

Die Abläufe, die von der Evolution zu den Hauptaufgaben des Gehirns bestimmt wurden, können eindeutig durch psychische Störungen beeinflusst werden. Deshalb sollte man damit rechnen, dass die am stärksten vom Zentralnervensystem beeinflussten Darmfunktionen bei einigen Formen von Geisteskrankheit in Mitleidenschaft gezogen werden. Dass psychische Störungen auch Symptome im Darm verursachen, sollte also niemanden verwundern. Solche Leiden, deren Ursache anerkanntermaßen eine Neurose oder sogar eine Psychose ist, sind beispielsweise Essstörungen wie *Anorexia nervosa* (Magersucht) oder Bulimie. Entsprechend machte man auch viele Jahre lang bestimmte Persönlichkeitsstörungen verantwortlich, wenn es nicht oder nur schwer gelang, den äußeren Afterschließmuskel unter eine gesellschaftlich tragbare Kontrolle zu bringen. Die auf die anale Stufe fixierte oder zwanghafte Persönlichkeit hat aus der medizinischen Fachsprache schon seit vielen Jahren Eingang in die populäre Literatur und in den allgemeinen Sprachgebrauch gefunden. Wir sind also allgemein an die Überzeugung gewöhnt, dass Gedanken – ob bewusst oder nicht – die Vorgänge im Darm beeinflussen können. Die Vorstellung, durch das Denken könne sich die Tätigkeit des Darms verändern, führt ganz leicht zu der Auffassung, neurotische oder psychotische Störungen im Kopf könnten zum Chaos im Darm führen. Die Theorie von den psychosomatischen Erkrankungen des Darms wurde deshalb immer ohne Schwierigkeit anerkannt.

Auch persönliche Erfahrungen sprechen dafür, dass das Zentralnervensystem eine Ursache von Funktionsstörungen des Darms sein kann. Übelkeit und Durchfall sind zum Beispiel häufige Begleiterscheinungen der Angst. Manche Menschen sind an die Begleitmusik ihres Darms so gewöhnt, dass sie sich der Angst nicht einmal richtig bewusst wären, wenn sie fehlte. Dass starke Gefühle sich auf den Darm auswirken, ist also für die meisten Menschen keine weit hergeholte oder theoretische Überlegung, sondern ein echtes, alltägliches Problem. Es scheint auf der Hand zu liegen, dass das Gehirn die Ursache von Darmbeschwerden sein kann. Für den psychosomatischen Ursprung von Darmkrankheiten gilt das Gleiche, was einer meiner früheren Mathematikdozenten gern sagte, nachdem er die ganze Tafel mit geheimnisvollen Gleichungen beschrieben hatte: Es ist »selbst für den oberflächlichen Betrachter intuitiv offensichtlich«. Aber was intuitiv offensichtlich ist, muss nicht unbedingt richtig sein. Sind Abläufe gestört, die im Wesentlichen im Darm selbst gesteuert werden, dann ist keineswegs klar, dass das enterale Nervensystem anormale Anweisungen gibt, *weil es vom Gehirn dazu veranlasst wurde.* Da das Gehirn im Kopf auch Auswirkungen auf das zweite Gehirn hat, kann man sich natürlich ohne weiteres vorstellen, dass ein gestörter

Geist seine Probleme auch an das enterale Nervensystem weitergibt und die von ihm delegierten Funktionen durcheinander bringt. Aber nichts hindert das enterale Nervensystem daran, ganz unabhängig von den Informationen, die es aus dem Kopf erhält, auch selbst Fehlfunktionen des Darms zu verursachen.

Die Theorie, das Gehirn müsse für fast alle Fehlfunktionen des Darms verantwortlich sein, die sich nicht durch anatomische Schäden erklären lassen, wurde allgemein begeistert unterstützt. Die Alternative, dass eine Anomalie im eigenen Nervensystem des Darms die Ursache der Beschwerden sein könnte, wurde bis vor kurzem nicht ernsthaft in Erwägung gezogen. Dass das enterale Nervensystem als Ursache von Darmkrankheiten in der medizinischen Welt nur so widerwillig anerkannt wurde, liegt zum Teil daran, dass es normalerweise eine Art graue Eminenz darstellt: Solange es reibungslos funktioniert, überschreitet es die Schwelle der Wahrnehmung nie. Wenn es seine Aufgabe erfüllt, ist die Welt in Ordnung; alles läuft gut, ohne dass wir wissen, warum – und in der Regel kümmert es uns auch nicht. Nach dem Prinzip »aus dem Auge, aus dem Sinn« fanden viele Ärzte es deshalb unvernünftig, nicht näher diagnostizierte Darmbeschwerden dem enteralen Nervensystem zuzuschreiben, obwohl es sich, was seine Lage im Körper angeht, im Brennpunkt des Geschehens befindet. Das Gehirn dagegen ist im Gegensatz zum enteralen Nervensystem alles andere als verborgen. Es mag zwar nicht in der Nähe der Stelle liegen, wo sich die Unannehmlichkeiten abspielen, aber dafür ist es keine graue Eminenz, sondern es ist eminent. Deshalb erschien es häufig logischer, das Gehirn verantwortlich zu machen, wenn es für eine Erkrankung des Darms keine näher liegende Erklärung gab. Naturvölker erklären das Unerklärliche mit verschiedenen Göttern, die modernen Menschen ziehen stattdessen psychische Erkrankungen heran. Wenn alles andere versagt, beruft man sich auf eine Psychoneurose.

Hypothesen über psychosomatische Krankheitsursachen lassen sich nur schwer überprüfen, und deshalb ist es einfach, jede Funktionsstörung des Darms auf unbewusste Denkvorgänge zurückzuführen. Nicht abgebauter Ärger wurde zum Beispiel häufig als Ursache für eine schlechte Darmfunktion angeführt. Nach dieser Ansicht werden unerträgliche Gefühle, die nicht ausgedrückt werden oder noch nicht einmal ins Bewusstsein dringen, internalisiert – und dann kommen sie als Darmbeschwerden ans Licht. Erst allmählich und manchmal widerwillig ziehen Ärzte ernsthaft die Möglichkeit in Betracht, dass man dem Gehirn im Laufe der Jahre mehr Schuld gegeben hat, als es verdient. Läuft bei einer Tätigkeit, die das Gehirn an das enterale Nervensystem delegiert hat, etwas schief, ist möglicherweise das enterale Nervensystem schuld und nicht das Gehirn.

Wenn ein Patient über Schmerzen und/oder Beschwerden im Bauchbereich klagt, können unerkannte körperliche oder chemische Unregelmäßigkeiten im Darm die Ursache sein. Diese Vorstellung erscheint mir keineswegs revolutionär, aber ich musste feststellen, dass sie das für andere durchaus ist. Erst kürzlich diskutierte ich mit einem Arzt aus Kanada, den ich im Urlaub kennen gelernt hatte, über das zweite Gehirn. Er war Spezialist für Infektionskrankheiten und erklärte mir, warum er nicht Gastroenterologe geworden sei: Als er während seines Studiums turnusgemäß in der Abteilung für Magen-Darm-Krankheiten arbeiten musste, wurde er zu vielen Patienten gerufen, die an Funktionsstörungen des Darms litten. Diese Patienten, so sagte er, habe er »gehasst«, weil sie so stark auf ihre Verdauungsorgane fixiert waren. Nach seiner Überzeugung waren sie neurotische, chronische Jammerlappen, die bei jedem kleinen Bauchschmerz aus einer Mücke einen Elefanten machten. Die Gastroenterologie, so behauptete er, sei doch sicher ein Fachgebiet, das vor allem psychisch gestörte Menschen anziehe. Auf meine Frage, woher er wisse, dass die Schmerzen seiner Patienten nur »gering« waren, wusste er keine Antwort, und sein Gesicht nahm einen überraschten Ausdruck an. Bei fehlenden gegenteiligen Befunden anzunehmen, die Schmerzen eines Patienten seien nur geringfügig und hätten psychische Ursachen, ist weder gerechtfertigt noch hilfreich.

Wenn die Patienten im Zusammenhang mit anderen Organen – beispielsweise dem Herzen – über Schmerzen klagen, glauben ihnen die Ärzte. Mir ist nicht klar, warum es beim Darm anders sein sollte. Ist dort eine Schädigung zu erkennen, zeigen die Ärzte Mitgefühl. Sie gestehen dem Patienten das Recht auf die Schmerzen zu und versuchen, die Störung zu beseitigen. Ist aber kein Schaden nachzuweisen, spielt man Schmerzen im Darm meist herunter und machte neurotische Gedanken dafür verantwortlich. Viele Ärzte haben sich bis heute nicht die Erkenntnis zu Eigen gemacht, die Hippokrates in seinem Buch *Über die heilige Krankheit* aus der Beobachtung der Epilepsie ableitete. Er hatte keine Ahnung, warum seine Patienten ihre epileptischen Anfälle bekamen, aber das spielte für ihn auch keine Rolle. Er war sicher, dass man die Ursache eines Tages finden würde, aber bis es so weit war, hielt er es für nutzlos, übernatürliche Kräfte für die Krankheit verantwortlich zu machen. Das Gleiche gilt auch für Schmerzen im Darm. Die Tatsache, dass man nicht immer die Ursache kennt, ist kein Grund, die Schmerzen für weniger schwer wiegend zu halten oder sie auf den modernen Ersatz für übernatürliche Gründe – die Psychoneurose – zurückzuführen. Höchstwahrscheinlich funktioniert das enterale Nervensystem nicht immer fehlerfrei. Das tut eigentlich kein System des Organismus. Diese Erkenntnis hatte ich schon ganz zu Beginn meiner medizinischen Berufslaufbahn: Wenn es einen Körperteil gibt, dann gibt es auch eine dazu gehörige Krankheit. Bei irgendeinem Menschen, zu irgendeinem Zeitpunkt und unter irgendwelchen Umständen wird er nicht richtig funktionieren.

Fehlt in einem Abschnitt des Darms das enterale Nervensystem – entweder weil ein unglücklicher Mensch ohne es geboren wurde oder weil es durch eine Krankheit zerstört ist –, kommt die Funktion des Darms praktisch zum Erliegen, weil seine Beweglichkeit entscheidend beeinträchtigt ist. Die allgemeine Regel im Darm lautet: keine Nerven, kein Transport. Ein Darmabschnitt, dem die Ganglien des enteralen Nervensystems fehlen, wird zu einer hinderlichen Schranke: Er blockiert den Weitertransport des Darminhalts ebenso wirksam wie ein Schnürsenkel oder ein Band, das man um den Darm knotet. Sind die Ganglien von Geburt an nicht vorhanden oder später abgestorben, liegt ohne Zweifel eine Schädigung des enteralen Nervensystems vor. Um diese Diagnose zu stellen, braucht man keine salomonische Weisheit; Schwierigkeiten treten erst dann auf, wenn die Darmfunktion gestört ist, obwohl enterale Ganglien, Muskeln und Schleimhaut völlig normal aussehen. Dann ist offensichtlich nicht die graue Eminenz am Werk, und wenn sie arbeitet, ist sie entweder selbst gestört, oder sie hat die Kontrolle über die ihr unterstellten Muskeln und Drüsen verloren.

Die funktionelle Darmkrankheit

Bis zu 20 Prozent der US-Bevölkerung fühlen sich ständig beeinträchtigt oder zumindest in ihrem Wohlbefinden eingeschränkt, weil sie an Darmbeschwerden leiden, ohne dass eine genau Ursache zu erkennen wäre. Die Ärzte können dieses Krankheitsbild nicht genau definieren, von einer Heilung ganz zu schweigen. Die häufigsten Formen sind die *funktionelle* oder *nichtulzeröse Dyspepsie* und vor allem das *Reizkolon*, volkstümlich auch *Reizdarm* genannt.

Erste amerikanische Untersuchungen am Reizdarm schienen darauf hinzuweisen, dass es sich vorwiegend um eine Erkrankung der weißen Mittelschicht handelt. Wahrscheinlich entstand dieser Eindruck aber nur deshalb, weil man die Versuchspersonen in ersten Häufigkeitsstudien nicht aus einem repräsentativen Querschnitt der Gesamtbevölkerung auswählte, sondern vorwiegend unter Weißen der Mittelschicht, denn diese Gruppe begab sich auch am häufigsten in Behandlung. Neuere Untersuchungen an Amerikanern spanischer und afrikanischer Herkunft sowie an Bevölkerungsgruppen in Japan und China ergaben ebenfalls eine Häufigkeit von etwa 20 Prozent, das heißt einen ähnlichen Wert wie bei der weißen amerikanischen Mittelschicht. Ob der Reizdarm auftritt, hängt also offenbar nicht von der ethnischen Zugehörigkeit ab, obwohl es Indizien dafür gibt, dass soziale Stellung und Geschlecht eine Rolle spielen. Ein Krankenhaus im Iran, das Nomaden und Industriearbeiter behandelt, berichtete bei diesem Personenkreis über eine viel geringere Häufigkeit (nämlich 3,5 Prozent) als in den untersuchten Mittelschichtgruppen. In den westlichen Industrieländern leiden Frauen häufiger am Reizdarm als Männer – das Verhältnis liegt ungefähr bei 2 zu 1. Interessanterweise ist das Verhältnis in Indien genau umgekehrt: Dort gehen Männer häufiger zum Arzt als Frauen, und sie klagen auch häufiger über den Reizdarm. Die Krankheitshäufigkeit nimmt mit dem Alter ab, und nach einer Untersuchung im Kreis Omstead in Minnesota kam der Reizdarm bei Menschen über 65 Jahren nur noch halb so häufig vor wie in der Altersgruppe zwischen 30 und 64. Nur in sehr seltenen Fällen wurde die Krankheit jenseits des sechzigsten Lebensjahres zum ersten Mal diagnostiziert. Das heißt nicht, dass es keine älteren Menschen mit Reizdarm gäbe; aber die Krankheit bricht in der Regel in jüngeren Jahren aus und bleibt dann bis ins hohe Alter erhalten.

Überraschenderweise gehen nur etwa zehn Prozent der Menschen, die am Reizdarm leiden, aus diesem Grund zum Arzt. Alle übrigen leiden schweigend: Vielfach ist es ihnen peinlich, über ihre Beschwerden zu sprechen, oder sie werden von den Angehörigen des medizinischen Berufsstandes nicht gerade freundlich aufgenommen. Andere haben die Krankheit schon so lange, dass sie sich ein beschwerdefreies Leben gar nicht mehr vorstellen können, oder sie glauben sogar, alle Menschen müssten die gleichen Symptome haben. Aber obwohl 90 Prozent der Patienten mit Reizdarm die Ärzte überhaupt nicht in Anspruch nehmen, ist die Krankheit in den Vereinigten Staaten jedes Jahr für dreieinhalb Millionen Praxisbesuche verantwortlich. Damit steht sie in der Liste der häufigsten Diagnosen an siebter Stelle, und in der Gastroenterologie ist sie das häufigste Syndrom überhaupt. Bei 25 Prozent aller Fälle, die von Fachärzten dieser Disziplin behandelt werden, geht es um den Reizdarm. Und wenn man annimmt, dass jeder derartige Arztbesuch etwa hundert Dollar kostet, beläuft sich der Aufwand für die Krankheit auf 350 Millionen. Und diese Summe ist trotz ihrer Höhe nur der Anfang. Für die Gesellschaft sind die Kosten noch viel größer. Erstens beziehen sich die 250 Millionen Dollar nur auf Arztbesuche wegen des Reizdarms; andere Funktionsstörungen des Darms sind darin noch nicht enthalten. Zweitens gibt es kein eindeutiges Diagnoseverfahren für den Reizdarm, sodass alle möglichen anderen Krankheiten ausgeschlossen werden müssen, bevor man von dieser Krankheit sprechen kann. Manche Symptome hat der Reizdarm nämlich mit anderen, häufig lebensgefährlichen Krankheiten gemeinsam. Deshalb müssen viele teure Laboruntersuchungen durchgeführt werden. Und drittens muss ein Patient, der wegen der Schwere seiner Erkrankung bereits zum Arzt gekommen ist, auch behandelt werden. Da die Therapie aber nur geringe Wirkung hat und nicht zur Heilung führt, muss sie über Jahre hinweg fortgesetzt werden. Nimmt man dann noch die Tatsache hinzu, dass Patienten mit Reizdarm viel häufiger krankgeschrieben werden müssen als der Bevölkerungsdurchschnitt, gilt für die funktionelle Darmkrankheit das Gleiche, was Everett McKinley Dicksen einmal über den Staatshaushalt sagte: »Eine Milliarde hier, eine Milliarde da, und schnell kostet es richtig Geld.«

Auf die funktionelle Darmkrankheit trifft das Gleiche zu, was Winston Churchill 1939 über die Sowjetunion sagte: Sie sind ein Rätsel, verpackt in ein Geheimnis, das in ein Mysterium gehüllt ist. Diese Krankheit umgibt eine so dicke Schicht medizinischer Rätsel, dass man auf internationalen Tagungen erst einmal Kriterien zu ihrer Erkennung festlegen muss. Solche Kriterien werden entweder nach dem Vorreiter benannt, der sie vorschlägt, oder aber nach der Tagung, auf der sie propagiert werden. Deshalb haben wir die »Manning-Kriterien« und die »Kriterien von Rom«. Sobald solche Maßstäbe veröffentlicht werden, bezeichnen zumindest ein paar »Fachleute« sie als unzureichend, und dann geht es in Forschung und Diskussionen nicht mehr um die Krankheit, sondern nur noch um die Kriterien. Eines zeigt das Fehlen einer eindeutigen Definition ganz deutlich: Auch heute, während ich diese Zeilen schreibe, weiß niemand genau, was die funktionelle Darmkrankheit wirklich ist. Ob es sich um eine Krankheit oder aber um mehrere handelt, bleibt in der Tat noch zu klären.

Eine funktionelle Darmkrankheit wird anhand von Krankheitszeichen diagnostiziert, die sich zum Teil gegenseitig widersprechen und auch nicht alle gleichzeitig vorhanden sein müssen. Wie bereits erwähnt, treten die gleichen Symptome auch bei anderen Krankheiten auf, und deshalb muss man diese Störungen – beispielsweise Dickdarmkrebs, Morbus Crohn, Colitis ulcerosa (die beiden letzten fasst man auch unter dem Begriff »entzündliche Darmkrankheiten« zusammen), Lactoseunverträglichkeit, Divertikulitis und ein ganzes Sammelsurium von Parasitenerkrankungen – zunächst eindeutig ausschließen. Erst dann kann man die funktionelle Darmkrankheit diagnostizieren. Adrian Manning nannte als Kriterien für die funktionelle Darmkrankheit unter anderem häufigeren und weicheren Stuhl zu Beginn einer Phase mit Bauchschmerzen, Linderung des Schmerzes nach dem Stuhlgang, ein Gefühl unvollständiger Stuhlentleerung, schleimigen Stuhl und ein Gefühl von Bauchblähungen. Die Kriterien von Rom umfassen zusätzlich auch die Bedingungen, dass Bauchschmerzen und veränderte Stuhlgewohnheiten ständig vorhanden sind und dass die Patienten in 25 Prozent der Fälle die übrigen Manning-Kriterien bemerken.

In der Praxis haben es die Ärzte nicht mit idealisierten Darstellungen, sondern mit wirklichen Menschen zu tun, und viele Patienten erfüllen die Kriterien von Rom nicht, leiden aber dennoch bekanntermaßen an einer funktionellen Darmerkrankung. Wenn jemand beispielsweise über schmerzlosen Durchfall klagt, ohne dass eine Ursache zu erkennen ist, sind die Kriterien von Rom nicht erfüllt, aber man kann dennoch mit Fug und Recht von einer funktionellen Darmerkrankung sprechen. Wir müssen also die Tagung Rom II abwarten, damit die als Ergebnis von Rom I veröffentlichten Diagnosekriterien weiter verfeinert werden.

Trotz aller Verwirrung wegen der Definitionen sind die Kriterien durchaus nützlich. Sie machen es einfacher, neue Medikamente an mehreren Stellen gleichzeitig zu erproben, und sie erleichtern die Kommunikation zwischen den Wissenschaftlern. Ganz gleich, als was sich die funktionelle Darmkrankheit letztlich erweist: Man wird es schneller wissen, wenn alle die gleiche Sprache sprechen.

Eine der Hauptschwierigkeiten, die bisher jede eingehende Untersuchung des Symptomkomplexes bei der funktionellen Darmkrankheit verhindert haben, liegt in den bisher völlig unzureichenden Methoden zur Erforschung des enteralen Nervensystems. Eine Krankheit wird als solche erkannt, wenn man die Symptome mit anatomischen und – in jüngerer Zeit – chemischen Befunden vergleicht, die man bei der Untersuchung erkrankter Gewebeproben gewinnt. Man will den Schaden identifizieren, der ganz bestimmte Funktionsstörungen und damit ein Krankheitsbild entstehen lässt. Pathologen verdienen sich damit ihren Lebensunterhalt, und in diesem Fachgebiet sind Neuropathologen die Spezialisten, die sich mit dem Nervensystem befassen. Sie sind hoch qualifiziert, wenn es um Gehirn, Rückenmark oder normale periphere Nerven geht, aber die meisten von ihnen haben keine Ahnung, wie man das enterale Nervensystem untersucht. Die makroskopische Betrachtung des Darms liefert keinerlei Ergebnisse; um möglichen Störungen auf die Spur zu kommen, muss man das enterale Nervensystem mikroskopisch untersuchen. Was das bedeutet, habe ich bereits erwähnt: Man muss das Gewebe in dünne Scheiben schneiden und diese färben, um den Kontrast zu verstärken. Die entscheidende Schwäche bei der neuropathologischen Untersuchung des Darms besteht darin, dass man durch die übliche Art, das Gewebe zu schneiden, kaum etwas über den Aufbau des enteralen Nervensystems erfährt; außerdem liefern auch die verwendeten Farbstoffe keinerlei Aufschlüsse über Form oder Identität der enteralen Nervenzellen. Kurz gesagt, haben sich die gewaltigen Fortschritte der Grundlagenforschung, was die Zusammensetzung des enteralen Nervensystems angeht, bisher nicht auf die neuropathologische Untersuchung des Darmes ausgewirkt.

Und was noch schlimmer ist: Selbst wenn die Pathologen sich auskennen würden, stünde ihnen nur in seltenen Fällen das Gewebe zur Verfügung, das sie zur Erforschung des Zusammenhangs zwischen enteralem Nervensystem und funktioneller Darmkrankheit brauchen. Solange ein Patient lebt, gibt er nur sehr ungern eine Probe seines enteralen Nervensystems ab. Zwar kann man aus der Darmschleimhaut mit einem biegsamen Faseroptik-Instrument recht einfach Proben für eine Biopsie entnehmen, aber diese enthalten keinen vollständigen Querschnitt durch die Darmwand.

Dringt man so tief ein, dass man auch die Ganglien des Auerbach-Plexus erfasst, läuft man Gefahr, den Darm zu durchlöchern. Manchmal entnimmt man Proben des Enddarms, weil man wissen will, ob Ganglien vorhanden sind und ob sie Anomalien zeigen, aber für einen solchen Eingriff muss es stichhaltige Gründe geben. Da reicht es nicht, dass man die funktionelle Darmkrankheit erforschen will.

So lästig die funktionelle Darmkrankheit auch sein mag, tödlich ist sie meist nicht. Obduktionsbefunde, nach denen eine solche Erkrankung die Todesursache darstellt, findet man, gelinde gesagt, nur selten. Wenn ein Patient, der zuvor an der funktionellen Darmkrankheit gelitten hat, an etwas anderem stirbt, ist sein Darm häufig alt und durch verschiedene ganz andere Einflüsse in Mitleidenschaft gezogen. Die Hypothese, dass das enterale Nervensystem bei der funktionellen Darmkrankheit nicht richtig funktioniert, wurde also aus guten Gründen noch nie dadurch überprüft, dass man an den Nervenzellen im Darm eingehend nach entsprechenden Defekten gesucht hatte.

Michael Shuffler, ein junger Neuropathologe an der University of Washington in Seattle, erkannte schon vor vielen Jahren die Schwächen in der neuropathologischen Erforschung des Darms und nahm sich vor, an diesem Zustand etwas zu ändern. Während die Mehrzahl der Pathologen dem Herdentrieb folgte und Dünnschnitte rechtwinklig zur Länge des Darms anfertigte, legte Shuffler sie entweder in die Ebene des Auerbach-Plexus, oder er zerteilte die Darmwand in ihre einzelnen Schichten und untersuchte die Ganglien dann im Gesamtzusammenhang ihrer Anordnung in den so entstandenen dünnen Scheiben. Querschnitte des Darms zeigen nämlich nicht das Muster der enteralen Ganglien, jenes enge Maschenwerk aus Nerven und Nervenzellen, das zwischen den Muskelschichten des Darms liegt. Schneidet man quer zum Darm, durchtrennt man immer die Verästelungen dieses Netzwerkes, sodass jeder einzelne Schnitt nur wenige Nervenzellen und ihre Fasern enthält. Außerdem sieht man die Nervenzellen nur in Seitenansicht. Deshalb erkennt man in Querschnitten, die noch nicht einmal vollständige Nervenzellen enthalten, so gut wie nichts von der tatsächlichen Anordnung. Stellen wir uns einmal ein Fischernetz vor, das auf einem Strand flach ausgebreitet ist, und darüber steht ein Kind mit einer scharfkantigen Glasscheibe. Würde das Kind die Scheibe senkrecht durch das Netz in den Sand drücken, ergäbe sich ein Querschnitt des Netzes. Blickt das Kind nun an der Schnittfläche durch das Glas, sieht es nur an den Stellen, wo die Fäden des Netzes durchtrennt wurden, eine Reihe von Punkten. Ein solches Bild vermittelt ihm keinerlei Eindruck davon, wie das Netz in Wirklichkeit aussieht oder wie die einzelnen Fäden an ihren Verbindungsstellen verknotet sind. Genau das gleiche Problem stellt sich auch für die Neuropathologen, die in Querschnitten durch das Gewebe nach den enteralen Nervenknoten suchen. Es ist so gut wie unmöglich. Shuffler umging also mit seinem Ansatz die Beschränkungen, denen die Methoden fast aller anderen Wissenschaftler unterlagen.

Aber Shuffler präparierte den Darm nicht nur anders als die Mehrzahl seiner Kollegen, sondern er färbte das Gewebe auch nicht ausschließlich mit den üblichen Farbstoffen, die den Strukturen im Mikroskop mehr Kontrast verleihen. Stattdessen benutzte er chemische Substanzen, die metallisches Silber auf den Bestandteilen der Nervenzellen ablagerten. Die Silberfärbung war eine alte Methode, die sich seit den ersten Jahren des 20. Jahrhundert kaum verändert hatte. Damals wies der große Neuroanatom Ramon y Cajal mit ihrer Hilfe nach, dass das Nervensystem aus einzelnen, abgegrenzten Nervenzellen besteht und nicht, wie es die konkurrierende Lehre von Camillio Golgi behauptete, aus einem Geflecht verschmolzener, nicht mehr abgegrenzter Zellen. Wie wir heute wissen, lagert sich das Silber aus den Farbstoffen an dem Faser»skelett« der Nervenzellen ab. Dieses recht widerstandsfähige Gerüst bezieht seine Stärke aus den *Neurofilamenten*, Fasern, die in den Zellen ein stützendes Geflecht bilden. Mit den Farbstoffen werden die Neurofilamente also gewissermaßen versilbert, sodass man die Form der enteralen Nervenzellen erkennen und ihre gefundenen Fortsätze über große Entfernungen durch das Labyrinth des Auerbach-Plexus verfolgen kann.

Mit diesem Ansatz, der für das Nervensystem als Ganzes geradezu primitiv wirkte, für seinen enteralen Teil aber eine revolutionäre Neuerung darstellte, brachte Shuffler Ordnung in das Chaos der enteralen Nervenerkrankungen. Leider kam er aber damit über die Anfänge nicht hinaus. Er konnte weder seine Arbeiten abschließen noch die Einteilung der Krankheiten enteraler Nervenzellen so weit vorantreiben, dass andere seine Ergebnisse hätten nachvollziehen können. Shufflers Forschungsfinanzierung verlief im Sande, und die Geldknappheit machte seinen Bemühungen ein Ende. Warum es so kam, ist nicht völlig geklärt, aber die Tatsache, dass die Wissenschaftlergemeinde seinen Ansatz nicht zu schätzen wusste und ihn nicht ausreichend unterstützte, könnte durchaus dazu beigetragen haben. Damals blickten viele Wissenschaftler auf Shuffler herab, weil sie seine Methoden nicht für »molekular« genug hielten. Unter manchen Biologen besteht die Neigung, den Wert jeder wissenschaftlichen Entdeckung unmittelbar an ihrer Nähe zur Genexpression zu messen. Nach dieser Vorstellung sind Arbeiten, durch die ein für eine Krankheit verantwortliches Gen identifiziert wird, weitaus wertvoller als eine einfache Beschreibung der anatomischen, chemischen oder auch funktionellen Defekte.

Shuffler hatte noch ein weiteres Problem. Seine Arbeiten waren nicht nur zu wenig molekular, sie waren auch deskriptiv. Er formulierte keine Hypothesen, um sie dann mit geeigneten Experimenten zu überprüfen, und das ist nun einmal die Vorgehensweise, die das Blut der Bewilligungskommissionen in Wallung bringt. Er nahm einfach erkranktes Gewebe und beschrieb es in der Hoffnung, dadurch werde sich eine Gesetzmäßigkeit zur Definition bestimmter Erkrankungen zeigen. Solche Untersuchungen, so notwendig sie auch sein mochten, hatten weder den elektrisierenden Reiz der Molekularbiologie, noch waren sie damit zu rechtfertigen, dass sie der Prüfung einer ehrgeizigen Hypothese dienten. Das Wort »deskriptiv« in der Beurteilung eines Finanzierungsantrages kommt in vielen wissenschaftlichen Kreisen einem Todesurteil gleich, insbesondere in den Gutachterkommissionen, die bei den National Institutes of Health für die Verteilung der Forschungsmittel zuständig sind. Vier Dinge sind der Tod eines wissenschaftlichen Projekts: wenn gesagt wird, es sei nicht gut, es beinhalte keine ausreichenden Kontrollen, es sei zu ehrgeizig, oder, es sei deskriptiv. Die Beurteilung einer Arbeit als deskriptiv hat auch heute auf ihre weitere Finanzierung den gleichen Effekt wie der nach unten gerichtete Daumen im Kolosseum des antiken Rom auf Leib und Leben der besiegten Gladiatoren.

In Fachkreisen geht das Gerücht um, Shuffler habe aufgegeben, nachdem die Finanzierung seiner Vorhaben nicht verlängert wurde. Was letztlich aus ihm geworden ist, weiß ich nicht. Er ist im Nebel der praktisch-klinischen Medizin verschwunden. Ich stelle mir gern vor, er habe sich aus der Forschung zurückgezogen und ein Vermögen verdient, indem er als Arzt die medizinische Versorgung wohlhabender Patienten übernahm. Wo schon die Silberfärbung fehlt, wäre das wenigstens ein Silberstreif am Horizont. Aber ganz gleich, ob Shuffler heute ein schönes oder ein schmerzliches Leben führt: Klar ist, dass sein Rückzug aus dem Gebiet der enteralen Neuropathologie eine große Lücke hinterließ, sodass höchst notwendige Arbeiten unterblieben. Das Vakuum, das durch den vorzeitigen Abbruch seiner Bemühungen entstand, ist nach wie vor zu spüren, und sein Schicksal hat alle anderen davon abgehalten, in diese Bresche zu springen. Deshalb gibt es bis heute keine eindeutige Einteilung für die Krankheiten des enteralen Nervensystems, und so weit ich weiß, versucht auch niemand, eine solche Einteilung zu schaffen.

Je mehr du weißt, desto mehr weißt du, wie wenig du weißt

Mittlerweile hat das enterale Nervensystem eine große Gefolgschaft engagierter, energischer Grundlagenforscher angezogen, die es mit sehr modernen Methoden untersuchen. Seine Anatomie, Chemie und Funktionen werden ausgezeichnet analysiert, und es entwickeln sich höchst nützliche »molekulare« Kenntnisse über seine Bestandteile. Internisten und Chirurgen kommen mit der Behandlung amerikanischer Krankheitsformen gut voran. Daraus ist mit der Neurogastroenterologie ein ganz neues Fachgebiet entstanden, aber in ihren Kenntnissen klafft nach wie vor eine entscheidende Lücke, und sie wird bestehen bleiben, bis irgendjemand die neuropathologischen Maßstäbe wieder aufgreift, die Michael Shuffler fallen lassen musste.

Die verpassten Gelegenheiten häufen sich, und das wird immer deutlicher. Als Michael Shuffler versuchte, die Erkrankungen des enteralen Nervensystems nach einem logischen System zu klassifizieren, standen ihm nur spärliche, unvollständige Grundkenntnisse zur Verfügung. Man könnte sogar behaupten, Shuffler sei seiner Zeit voraus gewesen und habe nicht über die Hilfsmittel verfügt, die er für sein Vorhaben gebraucht hätte. Damals, 1981, als Jackie Wood, Marcello Costa, Alan North und ich auf dem Workshop in Cincinnati über Serotonin als Neurotransmitter diskutierten, stellten wir vier ungefähr ein Viertel aller Fachleute auf diesem Gebiet dar. Außerdem war das Serotonin, das auf dieser Tagung in seiner Funktion anerkannt wurde, nur der erste in einer langen Reihe von Transmittern, die man später im Darm entdeckte. Heute hätte ich keine Chance mehr, alle Wissenschaftler zu nennen, die zur Neurogastroenterologie beitragen – dazu reicht mein Gedächtnis einfach nicht aus. Und wenn ich mir meine Kollegen auf diesem Fachgebiet ansehe, fühle ich mich selbst schon als einer der Älteren inmitten der intelligenten, energischen Gesichter der Jungen. Die Vorurteile und die entscheidenden Wissenslücken, die für meine und frühere Generationen ein Hindernis darstellten, gibt es nicht mehr. Aus der Arbeit dieser jungen, glänzenden Neurogastroenterologen erwachsen unglaublich viele neue Kenntnisse, und allein schon meine Bemühungen, auf dem Laufenden zu bleiben, halten mich ganz schön in Atem. Würde Michael Shuffler seine Arbeiten da wieder aufnehmen, wo er sie abgebrochen hat, stünden ihm endlich die molekularen Hilfsmittel zur Verfügung, deren Fehlen seine Kritiker ihm angelastet hatten.

Fortschritte

Um eine möglicherweise vorhandene Erkrankung des enteralen Nervensystems zu erkennen, muss man den Bestand der Nervenzellen in dem vermutlich erkrankten Darm mit den Verhältnissen in dem gesunden Organ vergleichen. Ebenso müssen die Unterschiede im Aussehen der verschiedenartigen enteralen Nervenzellen zwischen normalem und anormalem Darm festgestellt werden. Wenn Nervenzellen eines bestimmten Typs in zu großer oder zu geringer Zahl vorhanden sind oder eine verzerrte, bizarre Form annehmen, ist das ein Anzeichen für eine Erkrankung. Das ist der innerste Kern der Neuropathologie. Wir (und damit meine ich nicht nur mein Institut, sondern die gesamte Neurogastroenterologie) haben mittlerweile ein offensichtlich vollständiges Verzeichnis der Nervenzelltypen erstellt, die im enteralen Nervensystem des Meerschweinchens vorkommen. Diese Typen sind dadurch charakterisiert, dass jeder von ihnen eine einzigartige Kombination chemischer Substanzen wie Neurotransmitter oder Enzyme enthält. Auch die Form der Zellen ist mittlerweile bekannt, und zwar nicht nur durch elegante Experimente mit einzelnen Nervenzellen, die man angestochen und mit undurchsichtigen oder fluoreszierenden Markierungen gefüllt hat. Solche Markierungen machen die gesamten derart behandelten Zellen einschließlich ihrer Fortsätze sichtbar. Wie sich bei Arbeiten mit anderen Tieren herausstellte, gibt es zwischen den einzelnen biologischen Arten zwar gewisse Unterschiede, aber in ihrem grundlegenden Aufbau sind sich die enteralen Nervensysteme aller Säugetiere recht ähnlich.

Natürlich lassen sich Kenntnisse, die man am Darm des Meerschweinchens gewonnen hat, bestenfalls mit gewissen Einschränkungen auf den Menschen übertragen. Dennoch dürfte sich ein vollständiges Verzeichnis der Zelltypen in unserem eigenen enteralen Nervensystem vor dem Hintergrund der allgemeinen Kenntnisse, welche die Tierversuche erbracht haben, viel einfacher und schneller aufstellen lassen, als es bei der Gewinnung entsprechender Daten für Meerschweinchen möglich war. Wenn man erst einmal weiß, welche Nervenzellen zu einem gesunden enteralen Nervensystem des Menschen gehören und wie diese Zellen aussehen, kann man durch eine geeignete Untersuchung des erkrankten Darms zu der neuropathologischen Einteilung der Krankheit gelangen, um die Shuffler sich bemühte. Und die gezielte Identifizierung von Krankheiten ist der erste Schritt auf dem Weg zu einer wirksamen Therapie. Die Aufgabe, eine vollständige Liste der Nervenzellen im menschlichen Darm zu erstellen und die Krankheiten zu benennen, für die sie anfällig sind, erscheint heute durchaus lösbar. Das haben wir den Fortschritten zu verdanken, die das Gebiet seit seiner »Geburt« auf der Tagung der Gesellschaft für Neurowissenschaften im Jahr 1981 gemacht hat.

Heute ist die funktionelle Darmkrankheit ein Symptomenkomplex, dem bisher die Verbindung zur Pathologie fehlt. Morgen, da bin ich sicher, wird die Liste von Symptomen verschwinden, und an ihre Stelle wird eine ganze Reihe deutlicher Krankheitsbilder treten. Auch der Morbus Crohn galt früher als eine Form der funktionellen Darmkrankheit, aber als man seine Pathologie entdeckt hatte, wurde er aus dieser Kategorie herausgenommen. Auf die gleiche Weise wird man in der meines Erachtens großen Gruppe von Gesundheitsstörungen mit ähnlichen Symptomen weitere einzelne Krankheiten abgrenzen.

TEIL III

Die Entstehung des zweiten Gehirns und seiner Störungen

9

Das enterale
Nervensystem heute

In der Zeit seit 1981 hat sich das dynamische Australier-Duo John Furness und Marcello Costa getrennt. Als ich hörte, dass die beiden nicht mehr zusammen arbeiten, tat es mir ebenso Leid wie bei jedem Ehepaar, von dessen Scheidung ich erfahre. Dass so etwas geschehen würde, konnte ich mir ebenso wenig vorstellen wie ein Duell zwischen Batman und Robin. Aber sowohl John als auch Marcello fanden nach dem Bruch einen jüngeren Kollegen für die Zusammenarbeit. Deshalb gibt es heute in Australien nicht nur ein, sondern zwei dynamische Duos: eine Arbeitsgruppe in Melbourne unter Johns Leitung, und eine zweite in Adelaide, für die Marcello verantwortlich zeichnet. Sie stehen untereinander in mehr oder weniger freundschaftlicher Konkurrenz. Diesen beiden australischen Instituten und ihren vielen Helfern gebührt das größte Verdienst beim Aufbau des Katalogs für die Nervenzellen im Meerschweinchendarm.

John Furness arbeitet mit Joel Bornstein zusammen, einem scharfsinnigen jungen Wissenschaftler, der über große Kenntnisse in der Physiologie verfügt. Gemeinsam haben die beiden eine energische Arbeitsgruppe aufgebaut, und von ihr kommen neue Entdeckungen heute in so kurzen Abständen, dass sie die meisten anderen in dem Fachgebiet leicht in den Schatten stellen. Marcello Costa ist eine enge Verbindung mit Simon Brookes eingegangen, einem lebhaften englischen Auswanderer, dessen ganz normale Unterhaltungen sich anhören wie ein Divertimento von Mozart – elegant, pointiert und ein klein wenig altertümlich.

John Furness, Joel Bornstein und ihre Arbeitsgruppe konzentrieren sich derzeit darauf, die Eigenschaften einer Untergruppe intrinsischer sensorischer Nervenzellen im Auerbach-Plexus zu bestimmen und zu klären, was für Verbindungen die von ihnen identifizierten Zellen untereinander eingehen. Marcello Costa und Simon Brookes befassen sich stärker mit den Output-Einheiten, jenen exzitatorischen und inhibitorischen motorischen Nervenzellen, die ihre Anweisungen unmittelbar an die glatte Muskulatur weitergeben. Diese Muskeln sind natürlich die Effektoren, die den Darminhalt durchmischen und in Richtung After schieben. Um herauszufinden, welche der vielen unterschiedlichen Nervenzellen in den Ganglien motorische Zellen sind, wandelte Simon mit großem Erfolg die Methode der retrograden Markierung ab, die Gary Mawe, Annette Kirchgessner und ich erstmals zur Untersuchung des enteralen Nervensystems angewandt hatten. (Das Verfahren nutzt den retrograden Axontransport, jenen natürlichen Vorgang, durch den Substanzen vom Axonende zurück in den Nervenzellkörper befördert werden.)

Wie man an meiner Zusammenarbeit mit Gary Mawe und Annette Kirchgessner erkennt, hatte ich selbst während meiner Berufslaufbahn durchaus mit anatomischen Fragen zu tun. Im Laufe der Jahre befasste ich mich aber auch mit anderen Dingen, so mit der Entwicklung des enteralen Nervensystems beim Embryo und – ein Familienprojekt mit meiner Frau – mit den zellbiologischen Eigenschaften des Virus, das Windpocken und Gürtelrose auslöst. Dennoch ist mein anfängliches Interesse für das Serotonin nie versiegt. Über seine Bedeutung für die Reflexe des Magen-Darm-Traktes wissen wir heute erheblich mehr als damals in Cincinnati, als wir uns darauf einigten, dass Serotonin ein enteraler Neurotransmitter ist, aber auch heute kennen wir nicht alle Wirkungen, die das Serotonin im Darm ausübt.

Je mehr wir über die Funktionen des Serotonins im enteralen Nervensystem wissen, desto stärker rückt auch die medizinische

Anwendung diese Kenntnisse in greifbare Nähe. Der medikamentöse Eingriff in die Wirkung des Serotonins dürfte ein viel versprechendes Mittel sein, um die Beschwerden bei der funktionellen Darmkrankheit zu lindern. Derzeit entwickeln mehrere Pharmaunternehmen neue Wirkstoffe, die das Serotonin in diesem Sinne beeinflussen, und einige davon befinden sich bereits in der klinischen Prüfung. Deshalb hat die Zahl der Veröffentlichungen, in denen die Wirkungen des Serotonins und ihre Beeinflussung durch Medikamente beschrieben werden, in letzter Zeit stark zugenommen.

Die Aufsätze, in denen Marcello Costa und John Furness meine Vermutung bestätigten und Serotonin als enteralen Neurotransmitter bezeichneten, erschienen 1982. Ungefähr zur selben Zeit kam Terri Branchek in meine Arbeitsgruppe. Seit jener Zeit konnten wir und andere nachweisen, dass Serotonin nicht nur ein Neurotransmitter ist, sondern auch eine Signalsubstanz: Es wird von spezialisierten Zellen (die keine Nervenzellen sind) in der Darmschleimhaut abgegeben und regt dort die sensorischen Nerven an, die ihrerseits Peristaltik- und Sekretionsreflexe in Gang setzen. Darüber hinaus wirkt das Serotonin in der Embryonalentwicklung sogar als Wachstumsfaktor.

Nach heutiger Kenntnis gibt es im Darm mindestens sieben verschiedene Rezeptoren, die auf Serotonin ansprechen. Mit einer solchen Fülle verschiedener Moleküle hatte niemand gerechnet, und da jeder dieser Rezeptoren ein anderes Molekül ist und eigene Wirkungen entfaltet, kann das Serotonin über sie im Darm eine verwirrende Vielfalt von Reaktionen auslösen. Ich sage immer: An Serotonin, das man dem Darm gibt, ist noch kein Pharmazeut Pleite gegangen. Bringt man den Wirkstoff auf ein Stück Darm, ereignet sich immer etwas. Die Musik, die das Serotonin im Darm spielt, ist von Wagnerscher Natur: voller Leitmotive, Kontrapunkte und unerwarteter Tiefe.

Zusammen mit Terri Branchek machte ich mich an die Identifizierung der Rezeptoren, über die das Serotonin auf die enteralen Nervenzellen einwirkt. Ungefähr zur selben Zeit nahm ich auch zusammen mit dem Doktoranden Steve Erde ein weiteres Projekt in Angriff: Wir wollten die Nervenzellen sichtbar machen, die auf das zugesetzte Serotonin reagieren, und auf diese Weise feststellen, ob solche Zellen tatsächlich von serotoninhaltigen Nervenfasern versorgt werden. Wir wollten die gesamte Einheit der Serotonin-Nervenübertragung unmittelbar in Augenschein nehmen und auf diese Weise dem in Cincinnati errungenen Sieg an der Serotonin-Front noch das i-Tüpfelchen hinzufügen. Natürlich standen die beiden Projekte – Rezeptoren und Nervenübertragung – in einem engen Zusammenhang.

Noch einmal: Synapsen

Steve Erde war ein angenehmer, selbstbewusster junger Mann. Elektrische Ableitungen an enteralen Nervenzellen mit Hilfe spitzer Mikroelektroden waren damals eine relativ neue Methode, die nur wenige Wissenschaftler beherrschten. Dass ein Student wie Steve sagte: »Okay, kein Problem. Packen wir's an«, fand ich ganz außergewöhnlich. Aber das Problem, enterale Nervenzellen in meinem Labor anzustechen, war durch Steves Mut, Bereitwilligkeit und Selbstvertrauen nur teilweise zu lösen. Ich musste auch eine Möglichkeit finden, ihn alles Notwendige lernen zu lassen.

Dabei fiel mir Jack Wood ein. Da ich selbst nie Ableitungen an enteralen Nervenzellen vorgenommen hatte, wollte ich Steve an ein anderes Institut schicken, wo ein wirklicher Experte auf diesem Gebiet die Technik anwandte. Die am besten erreichbare derartige Person war Jack, auch wenn Reno, wo er die Abteilung für Physiologie an der medizinischen Fakultät der University of Nevada leitete, nicht gerade um die Ecke lag; außerdem gehörte Steve zu den Menschen, die sich kaum einmal in das Gebiet westlich des Hudson River wagten. Aber wie sich herausstellte, kam er im Westen erstaunlich gut zurecht. Als er zurückkehrte, bat mich Jack, ihm noch mehr solche Leute zu schicken, und Steve beherrschte das Anstechen enteraler Nervenzellen aus dem Effeff.

Nach seiner Rückkehr stellte Steve die notwendigen Apparate

zusammen, und dann brachte er mir eine Reihe neuer Methoden bei, die ich seither ständig benutze. Auch mit seinem eigenen Projekt kam er gut voran. Schnell fand er Nervenzellen, die sich so verhielten, als würden sie von Nervenimpulsen über den Neurotransmitter Serotonin angetrieben. Nachdem er die Reaktionen der angestochenen Zellen charakterisiert hatte, injizierte er ihnen Meerrettich-Peroxidase, ein Enzym, das eigentlich zum Weichmachen von Roastbeef dient; in der Wissenschaft benutzt man es, weil es ein undurchsichtiges Reaktionsprodukt erzeugt, das im Elektronenmikroskop leicht zu erkennen ist.

Bei den Synapsen zwischen den Nervenzellen handelt es sich um sehr enge Kontakte. Die Lücke, der so genannte synaptische Spalt zwischen den Zellen, ist so schmal, dass sie im Lichtmikroskop nicht einmal als Zwischenraum zu erkennen ist. Außerdem liegen die dünnen Fortsätze der Nervenzellen und der Zellen, die sie stützen, mit ihrer Größe unterhalb des Auflösungsvermögens eines Lichtmikroskops. Deshalb lässt man sich auf der lichtmikroskopischen Ebene leicht täuschen; viele enge Kontakte sehen zwar wie Synapsen aus, sind aber keine, und schon viele Wissenschaftler gerieten in Schwierigkeiten, weil sie auf Grund vermeintlicher Beobachtungen im Lichtmikroskop allgemeine Schlussfolgerungen zogen. Wenn man wirklich sicher sein will, dass es sich bei einer Struktur tatsächlich um eine Synapse handelt, muss man das Elektronenmikroskop benutzen.

Leider bringt aber die Elektronenmikroskopie für jedes Experiment gewaltige neue Schwierigkeiten mit sich. Sie ermöglicht zwar immer eine äußerst genaue Betrachtung des Untersuchungsgegenstandes, aber dafür ist das Gesichtsfeld sehr klein. Ein einziges Ganglion hat zum Beispiel im Elektronenmikroskop die Ausmaße eines Fußballfeldes. Außerdem muss man sehr dünne Schnitte herstellen, denn ein Elektronenstrahl durchdringt Materie nicht annähernd so leicht wie Licht. Schon eine einzige Nervenzelle ist in eine Serie von Tausenden solcher Scheiben zu zerlegen, und die Dicke eines einzelnen Schnittes bemisst sich nach Millionstelmillimetern. Und nachdem Steve einer Nervenzelle seine Substanzen injiziert hatte, zerteilte er sie vollständig in

Schnitte, damit er die vielen tausend Synapsen auf ihrer Oberfläche einzeln untersuchen konnte.

Während Steve seine Meerrettich-Peroxidase in die Zellen injizierte und sich dabei die Nervenenden ansah, musste er gleichzeitig auch feststellen können, in welchen der vielen Synapsen, die er beobachtete, Serotonin als Neurotransmitter fungierte. Diese Synapsen wollten wir mit Autoradiographie identifizieren. Da das Serotonin nach getaner Arbeit sehr gezielt wieder von denselben Nervenfasern, die es abgegeben haben, aufgenommen und auf diese Weise inaktiviert wird, kann man serotoninhaltige Nerven mit einer radioaktiven Form der Substanz markieren. Man setzt das radioaktive Serotonin in winzigen Mengen zu, die sich mit dem natürlichen Transmitter vermischen. Nachdem die Nervenzellen den radioaktiven Transmitter aufgenommen haben, werden sie selbst radioaktiv, und wenn man eine fotografische Emulsion auf das Gewebe bringt, entsteht dort ihr Bild (das Autoradiogramm). Diese Methode ähnelt der, mit der ich ursprünglich die serotoninhaltigen Nerven im Darm gefunden hatte (siehe Kapitel 1), nur hatte ich die Nerven damals mit einem radioaktiven Vorläufer des Serotonins (und nicht mit der Verbindung selbst) »gefüttert«, sodass sie selbst das radioaktive Serotonin hergestellt hatten.

Steve hatte sich also vorgenommen, elektrische Impulse an Nervenzellen abzuleiten, diejenigen zu identifizieren, die vermutlich von serotoninhaltigen Nerven aufgelöst wurden, und den betreffenden Zellen dann Meerrettich-Peroxidase zu injizieren. Anschließend wurde das Gewebe mit radioaktivem Serotonin inkubiert, fixiert und für die Elektronenmikroskopie präpariert. Das Enzym ließ ein elektronendichtes Reaktionsprodukt entstehen, die Zellen wurden in eine ausreichende Zahl von Ultradünnschnitten zerlegt, und dann wurde jeder Schnitt mit fotografischer Emulsion beschichtet. Nach einer »Belichtungszeit« von mehreren Wochen oder Monaten wurden die beschichteten Dünnschnitte entwickelt und schließlich im Elektronenmikroskop untersucht.

Diese Arbeiten dauerten Jahre, und Steve hätte sie nicht zu Ende führen können, wäre er nicht von Diane Sherman unterstützt worden, einer technischen Assistentin, die der Himmel mir viele Jahre zuvor geschickt hatte wie ein Geschenk – und das, obwohl ich mir keiner guten Tat bewusst war, für die ich eine Belohnung verdient hätte. Mit Dianas Hilfe fand Steve heraus, dass alle Zellen, deren Verhalten auf eine Reizung durch Serotonin schließen ließ, auch tatsächlich mit serotoninhaltigen Synapsen bedeckt waren.

Steve ging nun daran, seine Doktorarbeit zu schreiben, aber während dieser Zeit machte er eine unerwartete Krise durch. In meinem Institut ist es eine allgemeine Regel, dass die Bücher mit den Laboraufzeichnungen das Haus nie verlassen dürfen. Wenn es um experimentelle Daten geht, bin ich ein wenig ängstlich, denn sie sind in meinen Augen wertvoller als Edelsteine, Gold oder Geld. Steve hat viele guten Eigenschaften, aber der Respekt vor Regeln gehört nicht dazu. Er schrieb seine Doktorarbeit zu Hause und wollte die Aufzeichnungen zum Nachschlagen zur Hand haben. Also verstaute er sie im Kofferraum seines Autos und machte sich auf den Heimweg – einen Weg, der in die Katastrophe führen sollte. Die Laborbücher wurden zusammen mit Reservereifen, Wagenheber und anderen Werkzeugen gestohlen. Der Diebstahl seiner Daten war eine Katastrophe von fast unvorstellbarem Ausmaß. Glücklicherweise waren nur die normalen Aufzeichnungen betroffen. Steves elektrophysiologische Befunde waren auf Magnetband gespeichert, und alle anatomischen Präparate hatte er fotografiert. Aber da das Verzeichnis nicht mehr vorhanden war, musste er alle Experimente noch einmal nachvollziehen. Glücklicherweise tat er das, und die Ergebnisse wurden veröffentlicht.

Enterale Serotonin-Rezeptoren

Während Steve Erde nachwies, dass Serotonin in den Synapsen, in denen es wirken sollte, tatsächlich vorhanden ist, konnte Terri Branchek die Rezeptoren identifizieren, an denen es seine Effekte entfaltet. Terri entwickelte ein Nachweisverfahren, mit dem wir die Serotonin-Rezeptoren im Darm zum ersten Mal unmittelbar charakterisieren konnten. Zuvor hatte man die Neurotransmitter-Rezeptoren im Darm nach den gleichen Prinzipien studiert, die Sherlock Holmes in den Büchern von Sir Arthur Conan Doyle auch auf Verbrechen anwandte. Schlussfolgerungen (»mein lieber Watson«) waren das A und O. Mit Medikamenten veränderte man die Reaktionen des Darms auf einen Neurotransmitter, und dann zog man Rückschlüsse auf die Rezeptoren, die für die Wirkungen des Neurotransmitters verantwortlich waren. Solche Rückschlüsse stützten sich auf die Kenntnisse (oder Vermutungen) über die Wirkung von Medikamenten. Mit dieser Methode konnte man zwar Fortschritte erzielen, aber die damit erworbenen Kenntnisse beinhalteten wie die Quantenmechanik immer eine gewisse Unsicherheit. Annahmen über die Wirkung von Medikamenten mussten nicht in allen Fällen stimmen. Außerdem – darauf wies Sir Henry Dale hin – hat kein Medikament nur einen einzigen Effekt; neben seinen bekannten Wirkungen kann es auch noch andere entfalten. Und solche unbekannten Wirkungen von Medikamenten sind für die Interpretation von Befunden möglicherweise fatal.

Für diese Grenzen des Schlussfolgerns sind die Serotonin-Rezeptoren ein gutes Beispiel. J. H. Gaddum und Z. P. Picarelli berichteten 1957, es gebe im Darm zwei Rezeptoren für Serotonin, die sie als »M« und »D« bezeichneten. Die Buchstaben standen für die Wirkstoffe Morphin und Dibenzylin, auf die sich ihre Schlussfolgerungen gründeten. Die »M«-Rezeptoren sorgten nach der Definition von Gaddum und Picarelli für diejenigen Reaktionen des Darms auf Serotonin, die durch Morphin blockiert wurden, und »D«-Rezeptoren leiteten jene anderen Serotonin-Wirkungen weiter, die durch Dibenzylin ausgeschaltet wurden. Wie sich aber später herausstellte, übt weder Morphin noch Dibenzylin einen gezielten Effekt auf die Serotonin-Rezeptoren aus. Mit den Folgerungen, die Gaddum und Picarelli selbst über die Serotonin-Rezeptoren veröffentlichten, befanden sie sich also völlig im Irrtum.

An den Daten von Gaddum und Picarelli gab es nichts auszusetzen. Ihre Beobachtungen waren präzise ausgeführt und gut beschrieben. Aber das ganze System war weitaus komplizierter, als sie es sich vorgestellt hatten, und deshalb gingen sie bei ihren Schlussfolgerungen von falschen Voraussetzungen aus. Gaddum und Picarelli maßen die Kontraktionen des Darms. Regten sie die Darmvenen durch zugesetztes Serotonin an, überschwemmten diese die glatten Muskelzellen mit Acetylcholin, und der Darm zog sich zusammen. Morphin stört die Acetylcholin-Ausscheidung der Darmvenen, und deshalb fällt die Kontraktion des Darms unter dem Einfluss dieses Wirkstoffes schwächer aus. Die Nerven, die vom Serotonin angeregt werden, funktionieren nach Zusetzen von Morphin einfach nicht besonders gut. Morphin beeinflusst die vom Serotonin ausgelöste Kontraktion des Darmes also nicht dadurch, dass es auf die Serotoninrezeptoren wirkt. Es verhindert vielmehr die weiteren Auswirkungen der Rezeptorstimulation, die Gaddum und Picarelli untersuchten. Das Serotonin regte die Darmnerven auch in Gegenwart von Morphin weiterhin an, aber der Wirkstoff verhinderte, dass diese Stimulation erkennbar wurde. Anders als die beiden Wissenschaftler angenommen hatten, unterschied das Morphin also nicht zwischen verschiedenen Typen von Serotonin-Rezeptoren, sondern zwischen denjenigen Wirkungen des Serotonins, die von Nerven weitergeleitet werden, und jenen, die der Transmitter unmittelbar auf die glatte Muskulatur ausübt.

Viele Jahre nachdem Gaddum und Picarelli ihre Befunde veröffentlicht hatten, erzeugte ich zum ersten Mal mit Tetrodotoxin absichtlich genau den gleichen Effekt, den sie erzielt hatten, ohne es zu wissen. Wie Morphin, so hemmt auch Tetrodotoxin die vom Serotonin ausgelöste Kontraktion eines Meerschweinchendarms. Es unterbindet die Nervenleitung und ist demnach wie das Morphin (allerdings durch einen anderen Mechanismus) in der Lage, die Ausschüttung von Acetylcholin durch angeregte Darmnerven zu vermindern. Tetrodotoxin ist also in dem gleichen Sinn wie Morphin ein Antagonist der »M«-Rezeptoren. Ich benutzte das Tetrodotoxin aber nicht als Serotonin-Antagonisten (denn das ist es nicht), sondern als Wirkstoff, mit dem man zuverlässig zwischen indirekten, von Nerven vermittelten Wirkungen von Medikamenten in glatten Muskeln und den direkten Effekten der Medikamente auf die Muskeln selbst unterscheiden konnte. Morphin war also kein spezifischerer Antagonist für die rezeptorvermittelte Wirkung von Serotonin als das Tetrodotoxin. Ganz ähnlich verhält es sich auch beim Dibenzylin, einer höchst reaktionsfähigen Verbindung, die chemisch mit dem im Ersten Weltkrieg verwendeten Senfgas verwandt ist: Es legt fast alle Rezeptoren auf der glatten Muskulatur lahm. Bringt man Muskelzellen mit Dibenzylin in Kontakt, ist Serotonin nur eine von vielen Substanzen, auf die sie nicht mehr ansprechen.

Gaddum und Picarelli hatten also ihre Befunde falsch interpretiert; dennoch wurde ihr Aufsatz zu einem Klassiker des Fachgebietes. Sie waren zwar letztlich auf dem Holzweg, aber sie hatten als erste Autoren nachgewiesen, dass es im Darm mehrere Typen von Serotonin-Rezeptoren gibt. Deshalb zeigt diese historische Episode nicht nur, welche Gefahren mit Schlussfolgerungen verbunden sind, sondern sie macht auch deutlich, wie wichtig manchmal das Glück ist. Die richtige Behauptung kann selbst dann, wenn sie aus den falschen Gründen aufgestellt wird, zu dauerhaftem Ruhm führen.

Terri Branchek zog keine Schlussfolgerungen, sondern sie untersuchte die Serotonin-Rezeptoren mit radioaktivem Serotonin. Neurotransmitter koppeln buchstäblich an ihre Rezeptoren an und schalten sie dadurch ein. Verbindungen, die an Rezeptoren ankoppeln, bezeichnet man ganz allgemein als *Liganden*, und Liganden, die ihre Rezeptoren aktivieren, heißen, wie wir bereits erfahren haben, Agonisten. Dementsprechend sind Antagonisten ebenfalls Liganden, aber sie binden an den Rezeptor, ohne in dessen chemischer Anordnung die Veränderung herbeizuführen, die für seine Aktivierung notwendig ist. Die Bindung eines Antagonisten an seinen Rezeptor ist also ein unauffälliger Vorgang, aber da der Antagonist am Rezeptor hängen bleibt, stört er die Bindung des Agonisten.

Es gibt zwei Arten von Antagonisten: *kompetitive* und *nichtkompetitive*. *Kompetitive Antagonisten* heften sich an den Rezeptor, können aber vom Agonisten verdrängt werden, wenn dessen Konzentration hoch genug ist. Liegt der Antagonist in höherer Konzentration vor als der Agonist, hat der Antagonist gewonnen;

sind die Verhältnisse umgekehrt, bleibt der Agonist Sieger. Die Wirkung kompetitiver Antagonisten ist also überwindbar. Ein nichtkompetitiver Antagonist dagegen lässt sich nicht verdrängen. Sein Effekt ist nicht mehr rückgängig zu machen, ganz gleich, welche Menge des Agonisten man zusetzt. Ein Rezeptor, der von einem nichtkompetitiven Agonisten besetzt ist, hat seine Funktion ein für alle Mal eingebüßt. Eine Zelle, deren Rezeptoren vollständig von einem solchen Wirkstoff eingenommen werden, spricht auf den Agonisten nicht mehr an, es sei denn, sie bildet neue Rezeptormoleküle.

Die Liganden (Agonisten und Antagonisten) binden gewöhnlich nur in sehr geringer Menge an die Rezeptoren, sodass man sie mit rein chemischen Mitteln nicht nachweisen kann. Radioaktivität ist jedoch auch in sehr kleinen Mengen noch wahrzunehmen, und deshalb lässt sich ein stark radioaktiver, an einen Rezeptor angekoppelter Ligand sowohl nachweisen als auch messen. Mit einem sehr »heißen« Liganden kann man also nicht nur untersuchen, in welchen Mengen der Wirkstoff an den Rezeptor andockt, sondern man kann auch feststellen, wie lange die Bindung dauert und wie schnell er sich wieder löst. Weiterhin kann man unmittelbar beobachten, welche Auswirkungen die Agonisten und Antagonisten auf die Bindung des Liganden haben, und – am wichtigsten – welche chemischen Eigenschaften des Liganden darüber bestimmen, ob er sich an seinen Rezeptor heftet oder nicht. Durch Bindungsstudien mit radioaktiven Liganden kann man also die Rezeptoren charakterisieren, ohne dass man Schlussfolgerungen auf vermeintliche Kenntnisse über Medikamentenwirkungen gründen müsste. In Kombination mit der Autoradiographie kann man die Bindung eines radioaktiven Liganden an seinen Rezeptor sogar dazu verwenden, Rezeptoren am Ort ihrer Wirkung sichtbar zu machen.

Terri bestätigte durch ihre Bindungsstudien mit dem radioaktiven Serotonin, dass die aus enteralen Nervenzellen isolierten Membranen tatsächlich Serotonin-Rezeptoren enthalten, das heißt, es gibt in den Membranen eine begrenzte Zahl von Stellen, die Serotonin festhalten können. Sind alle diese Stellen mit der radioaktiven Substanz gesättigt, werden keine weiteren Mengen mehr gebunden. Die Konzentration, bei der eine solche Sättigung eintrat, und die Geschwindigkeit, mit der das Serotonin sich an die Stellen heftete und sich wieder löste, wiesen eindeutig darauf hin, dass der Rezeptor eine große Vorliebe – in der Fachsprache sagt man: eine hohe Affinität – für den Transmitter besitzt. Außerdem hatte der Rezeptor offenbar eine besondere Eigenart: Keine der Substanzen, die an anderen Serotonin-Rezeptoren bekanntermaßen als Agonisten oder Antagonisten wirken, konnte ihn dazu veranlassen, das Serotonin loszulassen. Mit anderen Worten: Keiner der »klassischen« Serotonin-Antagonisten konkurrierte mit dem Serotonin um die Bindung an diesen Rezeptor.

Dass die bekannten Serotonin-Antagonisten die Bindung des radioaktiven Serotonins nicht verhinderten, war zunächst entmutigend. Als Terri diese Ergebnisse erhielt, hatten wir noch keine Ahnung, dass es eine Riesenzahl verschiedener Serotonin-Rezeptoren gibt. Wenn es sich bei einem Wirkstoff um einen Antagonisten handelte, dann, so meine Erwartung, sollte er auch mit dem radioaktiven Serotonin um die Bindung an die mutmaßlichen Rezeptoren konkurrieren. Da das nicht zutraf, stellte ich mir die Frage, ob die von Terri beobachtete Bindung des radioaktiven Serotonins vielleicht gar nicht die natürlichen Verhältnisse widerspiegelte. Glücklicherweise war meine Mutlosigkeit verfrüht: Sie erwuchs aus dem gleichen Fehler, den auch Gaddum und Picarelli begangen hatten. Ich hatte aus dem, was ich über die Wirkstoffe zu wissen glaubte, falsche Schlussfolgerungen gezogen. Wie ich später erfuhr, haben die klassischen Serotonin-Antagonisten, die den Transmitter an anderen Stellen im Organismus unwirksam machen (zur Erinnerung: LSD und Rattendarm), keinen Einfluss auf die physiologischen Effekte des Serotonins in den enteralen Nervenzellen. Was die enteralen Serotonin-Rezeptoren betraf, waren die klassischen Serotonin-Rezeptoren also überhaupt keine. Die Natur hielt uns zum Narren, und wie so oft spielte sie dabei mit uns Verstecken. Die Befunde aus Rezeptor-Bindungsstudien und physiologischen Experimenten stimmten überein: Beide besagten, dass das Serotonin auf einen bis dahin unbekannten Rezeptor wirkt, der im Darm vorkommt, nicht aber an den anderen Stellen, wo man zuvor Serotonin-Rezeptoren gefunden und die klassischen Antagonisten definiert hatte. Wenn man einen Serotonin-Rezeptor gesehen hat, hat man also durchaus nicht alle gesehen.

Was wir jetzt brauchten, war klar: einen neuen Antagonisten, der unsere magische Kugel sein sollte, eine Verbindung, die unseren enteralen Serotonin-Rezeptor erkannte, alle anderen aber nicht beachtete. Die Aussichten, einen solchen Wirkstoff zu finden, erschienen gering. In den Pharmaunternehmen beschäftigen sich ganze Heerscharen von Chemikern mit der Herstellung neuer Verbindungen, die maßgeschneidert zu den Vorgaben der Pharmazeuten passen. Wenn man eine solche Armee chemischer Mitstreiter zur Verfügung hat, kann man zunächst den Zusammenhang zwischen Struktur und Funktion aufklären und dann wie ein Designer eine neue Verbindung entwerfen, mehrere neue Wirkstoffe synthetisieren lassen und dann vielleicht einen Antagonisten finden. Ich löste das Problem auf die altmodische Weise: mit einer Portion Glück.

Durch Terris Bindungsstudien waren wir auf einige Merkmale der Molekülstruktur aufmerksam geworden, die eine chemische Verbindung besitzen musste, damit sie an den von uns entdeckten Serotoninrezeptor binden könnte. Gerade malte ich mir verschiedene Möglichkeiten aus, an Chemiefirmen heranzutreten und sie dafür zu interessieren, für mich ein paar neue Substanzen zum Ausprobieren herzustellen, da rief meine Kollegin Hadassah Tamir an und bat mich um Rat: Sie untersuchte gerade ein seltsames Medikament, das ein Bekannter in Israel hergestellt hatte. Als der Anruf kam, war ich natürlich sehr beschäftigt und abgelenkt, aber wenn Hadassah am Apparat ist, lasse ich immer erst einmal sämtliche anderen Gedanken beiseite, weil ich weiß, dass ich ohnehin alles tun werde, was sie will. Hadassah hat für die Unabhängigkeit Israels gekämpft, und eine Frau, die mit Handgranaten unter dem Hemd um englische Soldaten herumschlich, lässt sich durch nichts mehr aus der Ruhe bringen. Aus Gründen, an die ich mich nicht mehr erinnern kann, studierte sie die schmerzstillende Wirkung der Substanz, aber ihre Moleküle hatten zufällig alle Eigenschaften, nach denen ich suchte.

Der Jerusalem-Saft

Zunächst bezeichnete ich Hadassahs Substanz wegen ihrer Herkunft als »Jerusalem-Saft«, aber nachdem ich mich eingehender damit befasst hatte, gab ich die profane Bezeichnung auf und taufte sie auf einen richtigen Namen. Die Verbindung war natürlich zumindest denen, die sie hergestellt hatten, bereits unter einer chemischen Bezeichnung bekannt, aber diese Bezeichnung war so lang, dass sie als allgemein gebräuchlicher Name nicht in Frage kam. Wenn es sich nicht gerade um ein Wortspiel handelt, kann niemand ernsthaft den Namen *N-Acetyl-5-Hydroxytryptophyl-5-Hydroxytryptophanamid* gebrauchen. Wir entschlossen uns, es bei den Anfangsbuchstaben bewenden zu lassen, die sich an der chemischen Struktur orientieren. Die Moleküle der aktiven Substanz entstehen, wenn sich zwei Moleküle des Serotonin-Vorläufers mit ihren Vorderenden zu einer *Dipeptid* genannten Struktur verbinden. Die Anfangsbuchstaben des Serotonin-Vorläufers (5-Hydroxytryptophan) lauten 5-HTP, und deshalb nannten wir den Wirkstoff 5-HTP-DP. Das kann man sich leicht merken. Vergisst man es, sagt man einfach »das Dipeptid« – dieser Sprachgebrauch erinnert mich immer wieder an die Journalisten, für die Donald Trump »der Donald« ist.

Der erste Hinweis, dass 5-HTP-DP interessant sein könnte, ergab sich aus Terris Beobachtung, dass es mit dem radioaktiven Serotonin sehr gut um die Bindung an den neuen enteralen Serotonin-Rezeptor konkurrierte. Das nächste Indiz kam von Miyako Takagi, einem quirligen Gast aus Japan, der ein Jahr in meinem Institut arbeitete und die Mikroelektroden von Steve Erde übernommen hatte. Miyako entdeckte, dass 5-HTP-DP die Wirkung des Serotonins an den enteralen Nervenzellen blockiert (es war also der Serotonin-Antagonist, den Jack Wood 1981 gebraucht hätte). Außerdem, und das war das Beste, blockierte 5-HTP-DP auch die Reaktion der enteralen Nervenzellen auf die Nervenstimulation, die nach unserer Überzeugung durch das Serotonin zustande kam. Damit hatten wir entdeckt, dass 5-HTP-DP ein Serotonin-Antagonist ist, aber das war noch nicht alles: Es war als einziger

Antagonist auch in der Lage, sich an Rezeptoren des neuen Typs 5-HT_{1P} zu heften, die wir im Darm gefunden hatten. Weitere Untersuchungen in meinem Labor und anderen Instituten zeigten, dass 5-HTP-DP sehr spezifisch wirkt. Sein Effekt beschränkt sich auf den 5-HT_{1P}-Rezeptor; Rezeptoren für andere Neurotransmitter und auch solche für Serotonin außerhalb des enteralen Nervensystems lässt es unbehelligt.

Trotz dieser Spezifität wirkte 5-HTP-DP nur dann, wenn man es in hoher Konzentration zusetzte. Außerdem war es schwer herzustellen und stand nur in winzigen Mengen zur Verfügung; deshalb würde 5-HTP-DP nie zur Bekämpfung von Krankheiten herangezogen werden, und kein Pharmaunternehmen interessierte sich dafür. Ein paar Firmen haben es zu Forschungszwecken synthetisiert, und Hadassah verteilt es an Wissenschaftler, die es brauchen, damit andere unsere Arbeiten nachvollziehen können. Aber trotz solcher Beschränkungen ist 5-HTP-DP bis heute der einzige spezifische 5-HT_{1P}-Antagonist, und mit seiner Hilfe konnte man den Rezeptor mit seiner besonderen Funktion definieren.

Ihr Verlust – unser Gewinn

Später erhielten wir noch weitere Wirkstoffe, die am 5-HT_{1P}-Rezeptor aktiv sind. Der eine stammte aus einem fehlgeschlagenen Großversuch in Europa, in dem man ein Medikament als Antidepressivum erprobt hatte. Die Verbindung mit dem Namen *Indalpin* gehört zur gleichen Substanzklasse wie das Fluoxetin (Markenname Fluctin), das die Wiederaufnahme des Serotonins nach der Freisetzung durch die Nervenfasern verhindert. Im Gehirn wirken diese Substanzen eindeutig so, dass Depressionen gelindert werden, und abgesehen von denen, die sich hauptberuflich über die »Nebenwirkungen« von Medikamenten aufregen, hatte sich noch nie jemand viele Gedanken darüber gemacht, welche Effekte Antidepressiva außerhalb des Gehirns haben könnten.

Indalpin hatte in allen vorklinischen Prüfungen den Eindruck erweckt, es sei ein sehr gutes, gezielt wirkendes Antidepressivum.

Die Erprobung an Tieren hatte es mit Glanz und Gloria absolviert, und man hatte keine nennenswerte Giftwirkung entdeckt. Außerdem hatten Ratten nach Gabe von Indalpin alles getan, was man von ihnen nach Aufnahme eines sehr wirksamen Antidepressivums erwartet. Man kann eine Ratte zwar nicht fragen, ob sie glücklich ist, aber bestimmte Verhaltensweisen stehen mit der depressionshemmenden Wirkung im Zusammenhang, und die Indalpin-behandelten Ratten zeigten sie ohne Ausnahme. Aber die ersten Patienten, denen man das Medikament gab, bekamen starken Durchfall, und damit war das Schicksal des Wirkstoffs als Antidepressivum sehr schnell besiegelt.

Dieser klinische Fehlschlag hätte vermutlich das Ende für Indalpin bedeutet, hätte ich nicht seine Molekülstruktur interessant gefunden. Die Verbindung selbst hatte zwar nicht die Eigenschaften, die sie nach meiner Überzeugung brauchte, um an den 5-HT_{1P}-Rezeptor zu binden, aber nach Anfügen einer einzigen chemischen Gruppe, die aus dem Indalpin das 5-Hydroxyindalpin machte, würde es nach meiner Ansicht sehr schön am Rezeptor hängen bleiben. Ich schrieb an Pharmuka, die Herstellerfirma von Indalpin (die später von Rhone-Poulenc übernommen wurde) und fragte an, ob man dort zum Nutzen der Wissenschaft ein wenig 5-Hydroxyindalpin produzieren würde. Wir sich herausstellte, hatte man das für Stoffwechseluntersuchungen bereits getan, und auch 6-Hydroxyindalpin stand zur Verfügung. Die Wissenschaftler bei Pharmuka waren sich sogar ziemlich sicher, dass das Problem Durchfall bei der klinischen Prüfung seine Ursache in dem 5-Hydroxyindalpin hatte, das im Organismus der Patienten aus dem Indalpin entstanden war. Der Bösewicht in der ganzen Geschichte, jedenfalls aus der Sicht von Pharmuka, war genau die Verbindung, mit der ich mich näher befassen wollte. Mit Vergnügen schickten die Kollegen aus der Firma uns ihre Vorräte, die ihnen nun wahrscheinlich völlig wertlos erschienen, und damit hatten wir zwei ausgezeichnete neue Verbindungen, die wir untersuchen konnten. Wir tauften das 5-Hydroxyindalpin nach seinen Initialen auf 5-O-HIP, das 6-Hydroxyindalpin nannten wir 6-OHIP, und dann gingen wir an die Arbeit.

Das Glück blieb uns treu. Terri Branchek fand heraus, dass sowohl 5- als auch 6-OHIP mit dem Serotonin um die Bindung an den 5-HT_{1P}-Rezeptor konkurriert. Pharmuka konnte die Europäische Atomenergie-Kommission sogar dazu bewegen, für uns radioaktives 5-OHIP herzustellen. Die so markierte Substanz koppelte tatsächlich an den 5-HT_{1P}-Rezeptor an und konnte dort sowohl von Serotonin als auch von 5-HTP-DP verdrängt werden. Diese Beobachtungen bestätigten, dass alle drei Verbindungen um die Bindung an denselben Rezeptor konkurrierten. Aber wie sich herausstellte, war 5-OHIP ganz etwas anderes als 5-HTP-DP.

Mittlerweile war Gary Mawe als neuer Mitarbeiter in mein Institut gekommen und hatte die Arbeit mit den Mikroelektroden von Miyako Takagi übernommen. Gary entdeckte schon bald, dass 5- und 6-OHIP an den Nervenzellen die Wirkung des Serotonins nachahmen – ganz anders als das 5-HTP-DP, das als »stummer« Antagonist überhaupt nichts bewirkt, wenn man es allein auf die Nervenzellen bringt. Die neuen Verbindungen heften sich also nicht als Antagonisten, sondern als Agonisten an den 5-HT_{1P}-Rezeptor. Garys Befunde lieferten auch die Erklärung, warum die klinische Prüfung fehlgeschlagen war: Das 5-OHIP, das sich im Organismus der Patienten aus dem Indalpin gebildet hatte, war für ihren Darm so etwas wie ein außer Kontrolle geratener Güterzug. Mit dem 5-OHIP hatten die Patienten einen reinrassigen 5-HT_{1P}-Agonisten im Körper, und der hatte in allen Teilen des Darms erbarmungslos die enteralen Nervenzellen angeregt, bis er schließlich ausgeschieden wurde.

Als ich über das Krankheitsbild nachdachte, das durch die Einnahme von Indalpin und seine Umsetzung zu 5-OHIP entsteht, kam mir das *maligne Karzinoid* in den Sinn, ein bösartiger Tumor der Verdauungsorgane, der Serotonin ausscheidet. Er entspringt in den enterochromaffinen Zellen (EC-Zellen) der Darmschleimhaut. Es sind dieselben Zellen, die auch auf die Reizung durch das Cholera-Toxin mit Serotoninausschüttung reagieren; sie gelten normalerweise als Sinnesrezeptoren, die Druck oder eine Verformung der Schleimhaut wahrnehmen. EC-Zellen findet man sowohl im Magen als auch im Dünn- und Dickdarm, und jede davon enthält eine gewaltige Serotoninmenge. Das Serotonin, das sich insgesamt in den EC-Zellen befindet, stellt alle anderen Vorräte des Transmitters im Organismus in den Schatten: Es macht 95 Prozent der Gesamtmenge aus.

Wenn EC-Zellen krebsartig entarten, scheiden sie das Serotonin unkontrolliert und häufig ohne erkennbaren Grund aus. Spielt sich diese fehlerhafte Ausschüttung in den Grenzen des Darms ab, geschieht nichts sonderlich Schlimmes. Das Serotonin, das ins Blut gelangt, fließt in die Leber, und die beseitigt es. Die Darmwand verhindert, dass die Signalsubstanz unmittelbar die Nervenzellen im Auerbach-Plexus erreicht. Wenn der Krebs sich aber durch Metastasenbildung in die Leber ausbreitet und sich in diesem Organ festsetzt, kommt das Serotonin, das er ausschüttet, von einer sicheren Stelle, an der die Leber es nicht mehr entsorgen kann. Über das Blut setzt der Tumor nun den ganzen Organismus einschließlich der Nervenzellen im Darm einer übergroßen Serotonin-Dosis aus. Das hat viele Folgen, und alle sind schlimm. An der rechten Herzhälfte bilden sich (aus immer noch nicht geklärten Gründen) Narben, und die Patienten werden rot im Gesicht und niesen. Noch schlimmer aber ist, dass der Darm zu einer stark beschleunigten Aktivität getrieben wird. Seine Bewegungen werden so schnell, dass man die Wellen der Peristaltik durch die Bauchdecke des Patienten sehen kann. Die Betroffenen magern durch Unterernährung ab, weil der Darm einfach nicht mehr die Zeit hat, die Nahrung zu verdauen und zu resorbieren. Bringt man den Tumor oder die Serotonin-Produktion nicht zum Stillstand, ist der Hungertod die unausweichliche Folge. Das Serotonin, das bei den Opfern der Krebsmetastasen auf die 5-HT_{1P}-Rezeptoren losgelassen wird, hatte sein Gegenstück in dem 5-OHIP, das auf die ahnungslosen Teilnehmer der unglückseligen Medikamenten-Erprobung losgelassen wurde. Manchmal ist es bei einer klinischen Prüfung wirklich besser, wenn man das Placebo bekommt.

Mit dem radioaktiven 5-OHIP, das Terri aus Europa erhalten hatte, lokalisierte sie durch Autoradiographie die 5-HT_{1P}-Rezeptoren. Sie fand die Moleküle auf Nervenzellen, und zwar insbesondere auf jenen im Auerbach-Plexus des Darms. Damit bestätigte sie sowohl unsere physiologischen Befunde als auch die Ergebnisse ihrer eigenen Bindungsstudien. Aber 5-HT$_{1P}$-Rezeptoren lagen auch in Nervenfasern, die offenbar zur Mucosa unmittelbar unter der Darmschleimhaut gehörten. Die Lage der 5-HT$_{1P}$-Rezeptoren in der Mukosa brachte mich auf den Gedanken, dieser Rezeptor könne nicht nur an der Nervenübertragung, sondern auch an der sensorischen Wahrnehmung im Darm beteiligt sein. Ein paar Jahre später sollte ich auf dieses Thema zurückkommen.

Das ist noch nicht alles

Während seiner Experimente mit 5- und 6-OHIP beobachtete Gary Mawe, dass die Wirkungen des Serotonins komplizierter sind, als er zunächst geglaubt hatte. In der exzitatorischen Reaktion auf das Serotonin waren mindestens zwei Bestandteile zu erkennen. Der erste zeigte sich sofort, war aber so kurzlebig, dass er kaum fassbar erschien. Dieser Teil der Reaktion war vorüber, bevor der zweite überhaupt einsetzte. Ähnliches hatte auch Jack Wood schon festgestellt, und wie ich bereits erwähnt habe, bezeichnete er die beiden Teile als »schnelle« und »langsame« Reaktion, um sie auseinander zu halten.

Zwischen der langsamen und der schnellen Reaktion auf Serotonin bestehen nicht nur im zeitlichen Ablauf, sondern auch in den elektrischen Eigenschaften große Unterschiede. Während der schnellen Reaktion steigt die elektrische Leitfähigkeit der betreffenden Nervenzellen – ein Indiz, dass sich Ionenkanäle öffnen und dass geladene Ionen durch die Kanäle wandern. Bei der langsamen Reaktion dagegen nimmt die Leitfähigkeit der Nervenzellmembran sogar ab, das heißt, die Ionenkanäle schließen sich, und der Ionenstrom wird unterbrochen. Was für Ionen sich bewegen und welche Art von Kanälen an den beiden Reaktionen beteiligt sind, wussten wir damals nicht, aber es war eindeutig zu erkennen, dass ein einziger Rezeptor nicht zwei derart unterschiedliche Reaktionen auslösen kann. Der zeitliche Verlauf der zweigeteilten Reaktion auf Serotonin und der höchst unterschiedliche Charakter der beiden Teile legten die Vermutung nahe, dass zwei getrennte Serotonin-Rezeptoren dafür verantwortlich sind.

Wie Gary schon bald feststellte, konnte er die schnelle und langsame Reaktion mit Hilfe der Wirkstoffe unterscheiden, die nach unseren Befunden an den $5\text{-}HT_{1P}$-Rezeptoren aktiv waren. Für uns war insbesonder die langsame Reaktion interessant, weil sie durch 6-OHIP genau nachgeahmt und durch 5-HTP-DP ausgeschaltet wurde. Demnach waren also die $5\text{-}HT_{1P}$-Rezeptoren für die langsame Reaktion auf Serotonin verantwortlich. Die schnelle Reaktion dagegen war gegenüber 5-HTP-DP völlig unempfindlich und wurde auch durch 6-OHIP nicht in Gang gesetzt. Sie hatte also mit den $5\text{-}HT_{1P}$-Rezeptoren nichts zu tun.

Auf den enteralen Nervenzellen gibt es demnach zwei völlig unterschiedliche Rezeptoren, die beide auf Serotonin ansprechen. Einer davon, der $5\text{-}HT_{1P}$-Rezeptor, bindet auch 6-OHIP, das ihn aktiviert, sowie 5-HTP-DP, das ihn abschaltet. Für die schnelle Reaktion sorgt ein ganz anderer Rezeptor, der ebenfalls Serotonin bindet, aber weder zu 6-OHIP noch zu 5-HTP-DP eine Affinität hat. (5-OHIP wirkt ein wenig anders als 6-OHIP: Es ist dem Serotonin ähnlicher und löst sowohl die schnelle als auch die langsame Reaktion aus.) Da wir bereits die Bezeichnung $5\text{-}HT_{1P}$ hatten, tauften wir den Rezeptor für die schnelle Reaktion nach der damaligen Nomenklatur für Serotonin-Rezeptoren auf den Namen »$5\text{-}HT_{2P}$«. Das P sollte darauf hinweisen, dass der Rezeptor nicht im zentralen, sondern im peripheren Nervensystem vorkommt. Leider war der Name falsch. Was wir zu der Zeit, als wir ihn entdeckten, nicht wussten: Den Rezeptor $5\text{-}HT_{2P}$ sollte eine andere Arbeitsgruppe später wieder entdecken, und sie gab ihm einen neuen, vermutlich besseren Namen, der sich dann auch durchsetzte.

Zwei Jahre nachdem Gary, Terri und ich unsere Arbeiten veröffentlicht hatten, fand man eine neue Gruppe von Wirkstoffen, welche die von Nerven vermittelten und vom Serotonin ausgelösten Kontraktionen des Darms blockierten. Wie wir schon bald herausfanden, ist eine dieser Verbindungen – sie heißt heute *Tropisetron* – ein Antagonist für den Rezeptor, den wir als $5\text{-}HT_{2P}$ bezeichnet hatten. Da die Zahl der bekannten Serotonin-Rezeptoren zu jener Zeit vor den Augen eines verblüfften wissenschaftlichen Publikums in ungeahnte Höhen schnellte, fanden sich eine ganze Reihe von Pharmakologen – darunter auch die Entdecker des Tropisetrons – zusammen, um ein ordentliches Einteilungsschema für diese Moleküle zu veröffentlichen. Sie entschlossen sich, den von Tropisetron und ähnlichen Antagonisten blockierten Rezeptor als »5-HT$_3$« zu bezeichnen. Das ist heute der offizielle Name, und 5-HT$_{2P}$ ist vergessene Vorgeschichte.

Auf den ersten Blick mag es seltsam erscheinen, dass das Serotonin zwei Rezeptormoleküle braucht, welche die enteralen Nervenzellen auf ganz unterschiedliche Weise anregen. Der 5-HT$_3$-Rezeptor ist übrigens vorwiegend für die von Nerven ausgelöste Kontraktion verantwortlich, die man nach Zugabe von Serotonin zu einem isolierten Stück Darm beobachtet. Was bleibt also für den 5-HT$_{1P}$-Rezeptor noch zu tun? Wenn man solche Fragen stellt, sollte man daran denken, dass Nerven ganz anders funktionieren als endokrine Drüsen. Sie spucken keinen Neurotransmitter aus, der dann auf jeden Rezeptor in ihrer Reichweite wirkt, sondern sie entsenden ihren Transmitter ganz gezielt zu bestimmten Synapsen an einzelnen Stellen auf der Oberfläche der Nervenzellen, wo sich Ansammlungen geeigneter Rezeptoren befinden.

Setzt man Serotonin einem Organbad zu, das einen Darmabschnitt enthält, kann man daraus keinen Vergleich mit der Anregung serotoninhaltiger Nerven ableiten. Die Wirkungen sind ganz und gar nicht die gleichen. Ein Organbad mit Serotonin ist etwas Künstliches, und der Neurotransmitter wirkt unter solchen Bedingungen wie ein Hormon. Das Serotonin schwimmt in der Lösung herum und heftet sich an jeden Rezeptor, auf den es trifft. Dabei regt es mit großer Wahrscheinlichkeit auch Rezeptoren an, die zu Lebzeiten eines Tieres niemals mit dem Serotonin aus einem Nerv in Kontakt kämen. So haben zum Beispiel die motorischen Nervenzellen, die letztlich für die Kontraktion der Darmmuskulatur sorgen, zufällig auch 5-HT$_3$-Rezeptoren, und deshalb werden sie im Organbad vom Serotonin angeregt, ganz gleich, ob sie von serotoninhaltigen Nerven versorgt werden oder nicht. Die so erzeugte Muskelkontraktion wird ausschließlich von 5-HT$_3$ in Gang gesetzt und von 5-HT$_3$-Antagonisten vollständig blockiert. Da die Nerven, die ihre Signale an die Muskeln abgeben, in diesem Beispiel unmittelbar stimuliert wurden, kann man nicht wissen, was in anderen, oberhalb der motorischen Zellen gelegenen Neuronen geschieht. Wenn man die letzten Zellen in der Kette anregt, schließt man das gesamte enterale Nervensystem kurz, und dann ist nicht mehr zu erkennen, was sich in seinen Ganglien abspielt.

Im Darm eines lebenden Menschen oder Tieres schwimmt das Serotonin nicht einfach herum. Wenn man wissen will, was es dort wirklich bewirkt, muss man eine andere Frage beantworten: Was geschieht, wenn man Serotonin gezielt an die Stellen bringt, die ihr Serotonin normalerweise von serotoninhaltigen Nerven- oder anderen Zellen erhalten? Ableitungen von einzelnen, mit einer Mikroelektrode angestochenen Nervenzellen kommen diesem Ideal wesentlich näher als die pauschale Aufzeichnung der Muskelkontraktion. In unseren Arbeiten und denen unserer australischen Kollegen stellte sich heraus, dass es sich bei den serotoninhaltigen Nervenzellen um Interneuronen handelt, das heißt, sie stehen sowohl als Empfänger als auch als Sender ausschließlich mit anderen Nervenzellen in Verbindung. Gibt man Serotonin in ein Organbad, übergeht und ignoriert man die Interneuronen.

Der wichtigste enterale Serotonin-Rezeptor

Wenn serotoninhaltige Nervenzellen stimuliert werden, kann man (durch Ableitung mit Mikroelektroden) sehen, dass die von ihnen hervorgerufene Reaktion der langsamen Reaktion auf zugesetztes Serotonin völlig gleicht. Die schnelle Reaktion dagegen wird durch das aus den Nerven freigesetzte Serotonin, anders als durch die im Experiment zugesetzte Substanz, meist nicht in Gang gesetzt. Wie ich bereits erwähnt habe, wird die schnelle Reaktion von den 5-HT$_3$-Rezeptoren ausgelöst, während die 5-HT$_{1P}$-Rezeptoren für die langsame Reaktion verantwortlich sind. Außerdem werden die Signale der serotoninhaltigen Nerven durch den 5-HT_{1P}-Antagonisten 5-HTP-DP blockiert. Das ist ein weiteres Indiz, dass nicht 5-HT_3, sondern 5-HT_{1P} der wichtigste Rezeptor ist, durch den Serotonin als enteraler Neurotransmitter wirkt. Der 5-HT_3-Rezeptor ist für den Darm zwar ebenfalls wichtig, aber er hat eine subtile Bedeutung (auf die ich später noch genauer zu sprechen komme). Die durch 5-HT_3-Rezeptoren vermittelte Nervenübertragung ist nur schwer nachzuweisen – wenn sie überhaupt vorkommt. Sie ist bestenfalls ein seltener Vorgang. Demnach ist 5-HT_{1P} im enteralen Nervensystem der wichtigste Serotonin-Rezeptor.

Leider gehört 5-HT_{1P} aber auch zu den wenigen Serotonin-Rezeptoren, deren Sequenz in der genetischen Information bis heute nicht bekannt ist. Ich habe versucht, sie festzustellen, aber wie sich herausstellte, waren meine molekularbiologischen Fähigkeiten dieser Aufgabe bisher nicht gewachsen. Mein Kollege Richard Axel von der Columbia University – er ist für die Molekularbiologie ungefähr das, was Beethoven für die Musik war – sagte mir vor fünf Jahren, er könne in etwa einem Monat die DNA klonieren, die den 5-HT_{1P}-Rezeptor codiert. Damit sagte er auch, ich würde dafür ungefähr vier Monate brauchen. In einem Finanzierungsantrag an die National Institutes of Health schlug ich die Klonierung der DNA für den Rezeptor vor. Meine übrigen Vorhaben fanden bei den zuständigen Gremien Anklang und wurden bewilligt, aber gleichzeitig sagte man mir, das Projekt zur Klonierung des Gens für den 5-HT_{1P}-Rezeptor solle ich besser vergessen. Obwohl ich an dem molekularbiologischen Institut in Cold Spring Harbor einen Kurs über die »Klonierung neuraler Gene« besucht und erfolgreich abgeschlossen hatte, nahm das Gremium meine Vorkenntnisse in Molekularbiologie nicht ernst. Ich kann mich darüber nicht beklagen, aber dass der genetische Code für diesen wichtigen Rezeptor immer noch nicht bestimmt wurde, ist eine Schande.

Der Antikörper gegen den Antikörper,
der Serotonin-Rezeptoren findet

In jüngerer Zeit stellte Hadassah Tamir einen ungewöhnlichen Antikörper her, der Serotonin-Rezeptoren erkennt. Um sich diese Moleküle zu beschaffen, konnte sie nicht den einfachen Weg wählen und ein Tier mit gereinigten Rezeptoren immunisieren: Mittlerweile hat man nämlich über 15 Serotonin-Rezeptoren kloniert und auf molekularer Ebene sequenziert, und es wäre viel zu arbeitsaufwändig gewesen, alle diese Proteine einzeln herzustellen und dann 15 verschiedene Antikörper zu erzeugen. Stattdessen entschloss sie sich, nur einen einzigen Antikörper zu produzieren, der an praktisch alle Serotonin-Rezeptoren bindet.

Um das Superreagens herzustellen, immunisierte Hadassah zunächst ein Kaninchen gegen das Serotonin selbst. (Das Verfahren – das Serotonin wird dabei an ein Trägerprotein gekoppelt – habe ich bereits in einem früheren Kapitel beschrieben.) Wie nicht anders zu erwarten, tat das Kaninchen seine Pflicht: Es produzierte sehr gute Antikörper, mit denen man Serotonin in allen seinen Schlupfwinkeln im Gewebe aufspüren konnte. Aber diese Antikörper waren für Hadassah nur eine Zwischenstation auf dem Weg zu der Nachweissubstanz, die sie eigentlich herstellen wollte. Sie nahm die Antiserotonin-Antikörper, die ihr Kaninchen gerade produziert hatte, und verwendete sie als Antigen zur Immunisierung einer zweiten Gruppe von Kaninchen. Diese neuen Tiere sollten nun Antikörper gegen den ersten Antikörper bilden. Was sie brauchte, war ein Anti-Antikörper, der genau die Stelle auf dem ersten gegen Serotonin gewichteten Antikörper erkannte, die für die Bindung des Neurotransmitters verantwortlich war.

Die Stelle, an der ein Antikörper sich mit einem Molekül wie dem Serotonin verbindet, erfüllt die gleiche Funktion wie die Bindungsstelle eines Serotonin-Rezeptors: An beiden bleibt das Serotonin hängen. Beide Moleküle – der Serotonin-Rezeptor und der Antikörper gegen Serotonin – besitzen also Serotonin bindende Domänen. Es gibt nur eine begrenzte Zahl von Molekülformen, die dem Serotonin die Bindung ermöglichen; deshalb erkennt ein Antikörper gegen eine serotoninbindende Domäne derartige Stellen in vielen verschiedenen Molekülen, unter anderem auch im Serotonin-Rezeptor. Hat man erst einmal eine solche Stelle mit einem geeigneten Antikörper nachgewiesen, kann man auch viele andere ausfindig machen. Derartige Nachweissubstanzen, die Rezeptoren erkennen, nennt man auch *Anti-Idiotyp-Antikörper*.

Die Produktion von Anti-Idiotyp-Antikörpern gleicht ein wenig der Suche nach den Leuten, die im politischen Washington die wirklichen Nachrichten kennen. Zunächst erfindet man eine Geschichte und veröffentlicht sie im Internet. Das entspricht der Produktion des ersten Antikörpers. Die Geschichte im Internet wird dann aufgegriffen und von der so genannten »seriösen« Presse als durchgesickerte Nachricht oder Gerücht bezeichnet – das Gegenstück ist die Herstellung der Anti-Idiotyp-Antikörper. Und die Verbreitung des durchgesickerten Gerüchts in den Medien ruft dann alle möglichen Regierungsvertreter auf den Plan, die Bescheid wissen und die wirkliche Nachricht verkünden. Sie kann man mit den Rezeptoren vergleichen, die wie Kletten an der seriösen Presse kleben bleiben. Hadassah hatte mit Antikörpern gegen Serotonin als Ausgangsmaterial einen Anti-Idiotyp-Antikörper hergestellt, und jetzt gab sie uns die Gelegenheit, ihr neuartiges Reagens zu testen und die Serotonin-Rezeptoren im Darm unmittelbar kennen zu lernen.

Als Hadassah mir ihren Anti-Idiotyp-Antikörper zur Prüfung gab, hatte Gary Mawe mein Institut bereits verlassen, um sich auf eigene Faust in Vermont der Gallenblase zu widmen. Auch Terri Branchek war nicht mehr bei uns: Sie leitete jetzt eine Arbeitsgruppe bei einer Biotechnologie-Firma und versuchte (mit beträchtlichem Erfolg), die genetische Information für alle verschiedenen Serotonin-Rezeptoren zu entschlüsseln. Als Gary ging, gab er die gläsernen Mikroelektroden an Paul Wade weiter, und der untersuchte mit ihnen Hadassahs Anti-Idiotyp-Antikörper. Paul war ein schmächtiger junger Mann, und er nahm schnell die Rolle dessen ein, an den sich alle wenden, wenn ein Apparat nicht wie erwartungsgemäß funktioniert. Er brachte alles in Ordnung und richtete allen die Computer ein. Schon bald nachdem Paul bei uns angefangen hatte, verließ auch ich mich darauf, dass er im Labor für einen reibungslosen Ablauf sorgte. Paul arbeitete langsam und überlegt. Außerdem ließ er sich häufig von anderen ablenken, die ihn um Hilfe baten. Aber wenn er schließlich Befunde hatte, waren sie immer ausgezeichnet. Sobald Paul sprach, hörten alle zu.

Hadassahs Anti-Idiotyp-Antikörper zeigten in Pauls Untersuchungen ein überraschendes Verhalten. Als er ein wenig davon auf eine enterale Nervenzelle brachte, erschrak er geradezu über das Ergebnis: Der Antikörper löste als Erstes die gleiche Reaktion aus wie das Serotonin. Der von Natur aus skeptische Paul hatte damit gerechnet, dass die Antikörper eigentlich gar nichts bewirken würden, und wenn überhaupt, sollten sie nach seiner Ansicht der Reaktion auf Serotonin entgegenwirken. Stattdessen stellte er fest, dass die Anti-Idiotyp-Antikörper eine exzitatorische Reaktion auslösten, die genau wie die Reaktion auf Serotonin einen schnellen und einen langsamen Teil hatte. Andere Antikörper, die sich gegen bedeutungslose Moleküle richteten, hatten keinen Effekt. Der schnelle Anteil der Reaktion auf den Anti-Idiotyp-Antikörper wurde wie die schnelle Reaktion auf Serotonin durch Tropisetron gehemmt, das heißt, sie beruhte auf einer Aktivierung der 5-HT_3-Rezeptoren. Der langsame Anteil wurde durch 5-HTP-DP blockiert und war demnach auf die Simulation der 5-HT_{1P}-Rezeptoren zurückzuführen.

Rückblickend betrachtet, hätten wir uns über die Wirkungen der Antikörper eigentlich nicht zu wundern brauchen. Da die Anti-Idiotyp-Antikörper wie das Serotonin an die Bindungsdomäne der Serotonin-Rezeptoren ankoppeln, gibt es keinen Grund zu der Annahme, die Bindung des Antikörpers würde auf den Rezeptor anders wirken als die Bindung von Serotonin. Tropisetron schützte die 5-HT_3- und 5-HTP-DP die 5-HT_{1P}-Rezeptoren vor den Antikörpern: Beide Antagonisten besetzten die Bindungsstelle der jeweiligen Rezeptoren und verwehrten den Antikörpern den Zugang.

Aber die Agonistenwirkung der Anti-Idiotyp-Antikörper blieb nicht lange erhalten. Die von ihnen verursachte Anregung verlor sich recht schnell, und danach waren die Rezeptoren stundenlang nicht mehr ansprechbar. Die Anti-Idiotyp-Antikörper hatten den Rezeptor behandelt wie die Schaben ein billiges Motel: Nachdem sie einmal eingezogen waren, zogen sie nie wieder aus. Sie hefteten sich an die Serotonin-Rezeptoren und blieben dort hängen. Daraufhin ließ die Empfindlichkeit der Rezeptoren nach, und nun wirkten die gebundenen Antikörper nicht mehr als Agonisten, sondern als Antagonisten; dieser Effekt war praktisch nicht mehr rückgängig zu machen. Nachdem die Rezeptoren die Anti-Idiotyp-Antikörper gebunden hatten und desensibilisiert waren, blieb nicht nur die Reaktion der enteralen Nervenzellen auf das Serotonin aus, das Paul ihnen zusetzte, sondern sie sprachen auch auf die Reizung durch serotoninhaltige Nerven nicht mehr an. Mit der hervorragenden Spezifität des Immunsystems hatten die Anti-Idiotyp-Antikörper also den Beweis erbracht, dass Serotonin im Darm tatsächlich ein Neurotransmitter ist.

Nachdem Paul nachgewiesen hatte, dass die Anti-Idiotyp-Antikörper im Gewebe an die Serotonin-Rezeptoren binden, wollte er mit ihrer Hilfe die Rezeptoren auch in Präparaten markieren, die er mikroskopisch untersuchen konnte. Die angekoppelten Antikörper zu finden, war kein Problem. Die Methoden der Immunzytochemie sind genau auf diesen Zweck zugeschnitten und ließen sich ohne weiteres auf die Stellen anwenden, an denen die Anti-Idiotyp-Antikörper angedockt hatten. Schwierig wurde es nur, weil sich die Antikörper an viele verschiedene Serotonin-Rezeptoren hefteten. Paul hatte also zu viel des Guten. Sein Reagens markierte alle Serotonin-Rezeptoren, die es überhaupt gab – woher sollte er wissen, welches der gesuchte war?

Die Lösung ergab sich aus Pauls physiologischen Experimenten. Die Antagonisten hatten bestimmte Rezeptortypen vor den Anti-Idiotyp-Antikörpern geschützt. Paul konnte also Tropisetron und 5-HTP-DP einsetzen, um die 5-HT_3- und 5-HT_{1P}-Rezeptoren zu finden. Bei Stellen, die den Antikörper in Abwesenheit von Tropisetron fest hielten, nicht aber in seiner Gegenwart, handelte es sich um 5-HT_3-Rezeptoren, verhinderte dagegen 5-HTP-DP die Bindung, hatte er es mit 5-HT_{1P}-Rezeptoren zu tun. Beide Rezeptortypen waren nur auf Nerven und Nervenzellen anzutreffen, und beide Typen kamen offenbar häufig an den gleichen Stellen vor. Die Lage der 5-HT$_{1P}$-Rezeptoren stimmte auch mit den Orten überein, an denen Terri Branchek mit der Autoradiographie eine starke Bindung von Serotonin nachgewiesen hatte. Wieder hatten wir die Bindungsstellen auf den Nerven der Mukosa an einer hoch interessanten Stelle lokalisiert.

Rezeptor-Überlastung

Die Serotonin-Rezeptoren im Darm haben ein wenig Ähnlichkeit mit Ameisen beim Picknick. Erst kommt nur eine, und bevor man sich versieht, wimmelt es überall. Nachdem wir uns mit der Erkenntnis angefreundet hatten, dass es zwei Serotonin-Rezeptoren auf den enteralen Nerven und einen weiteren in den Muskeln gibt, machten wir erst richtig die Augen auf, und da waren es sieben. Als Nächstes wurde der 5-HT$_{1A}$-Rezeptor gefunden. Er befindet sich wie 5-HT$_3$ und 5-HT$_{1P}$ auf Nerven, aber im Gegensatz zu den beiden anderen wirkt er hemmend. Da manche enteralen Nervenzellen alle drei Rezeptoren produzieren, sieht die elektrische Aufzeichnung von einer solchen Zelle nach Einwirkung von Serotonin ein wenig so aus wie eine altmodische Achterbahn: Zunächst kommt ein Berg der Anregung (5-HT$_3$), dann ein tiefes Tal der Hemmung (5-HT$_{1A}$), und schließlich ein langer, allmählicher Anstieg mit einem nachfolgenden, noch langsameren Abfall zum Ende hin (5-HT$_{1P}$).

Nach 5-HT$_{1A}$ kam der 5-HT$_4$-Rezeptor hinzu. Er erschien denen, die Nervenzellen mit ihren Elektroden anstachen, zunächst rätselhaft und widersinnig. Sie wussten, dass der 5-HT$_4$-Rezeptor vorhanden war, aber trotz aller Bemühungen fanden sie keine Nervenzelle, die nach dem Einstechen mit der Elektrode so auf Serotonin reagierte, wie man es bei einem 5-HT$_4$ vermittelten Ablauf erwartet hätte. Dagegen fanden diejenigen, die ein Stück Darm in einem Organbad mit Serotonin und anderen Wirkstoffen behandelten, die 5-HT$_4$-Rezeptoren ohne weiteres. Wenn sie Darmnerven elektrisch reizten, sorgte zugesetztes Serotonin für eine Verstärkung der Muskelkontraktion. In pharmakologischen Untersuchungen stellte sich heraus, dass der $5\text{-}HT_4$-Rezeptor für diese Reaktion verantwortlich war.

Die ersten Wirkstoffe, mit denen Joel Bockaert, der Entdecker des $5\text{-}HT_4$-Rezeptors, diesen charakterisierte, waren relativ unspezifisch. Die entscheidende Substanz, die eine Identifizierung von $5\text{-}HT_4$ überhaupt ermöglichte, war beispielsweise der $5\text{-}HT_3$-Antagonist Tropisetron; er wurde dabei in einer Konzentration eingesetzt, die mindestens zehnmal höher lag als die Menge, die zur Blockierung von $5\text{-}HT_3$ notwendig war. Später wurde der $5\text{-}HT_4$-Rezeptor sauber herausgearbeitet. Man entwickelte spezifische Agonisten und Antagonisten, und auch seine genetische Information wurde entschlüsselt. Wie er im Darm funktioniert, ist mittlerweile ebenfalls bekannt.

Die Nerven, die die Darmmuskulatur zur Kontraktion anregen, tun das durch Ausschüttung von Acetylcholin. Wenn die $5\text{-}HT_4$-Rezeptoren dafür sorgen, dass sich die Muskeln noch stärker zusammenziehen, steigern sie also die Acetylcholinmenge, die aus den stimulierten Nervenfasern freigesetzt wird. Wie man später feststellte, steigert $5\text{-}HT_4$ auch die Acetylcholin-Ausschüttung durch die Nerven, welche die Zellen in den enteralen Ganglien stimulieren. Der $5\text{-}HT_4$-Rezeptor kommt offenbar ausschließlich in Nervenenden vor, und das ist auch die Erklärung, warum er nicht dazu beiträgt, die Wirkung des Serotonins auf die Nervenzellkörper zu übertragen.

Die anderen Serotonin-Rezeptoren, die man im Darm gefunden hat, tragen die Bezeichnungen $5\text{-}HT_{2A}$, $5\text{-}HT_{2B}$ und $5\text{-}HT_7$. Anfangs glaubte man, die beiden enteralen Rezeptoren der $5\text{-}HT_2$-Familie kämen ausschließlich in Muskeln vor, aber in jüngerer Zeit hat man entdeckt, dass sie auch von Nervenzellen produziert werden. Der Rezeptor $5\text{-}HT_7$ wirkt ähnlich wie $5\text{-}HT_{1A}$. Derzeit kennt man im Darm mehr Serotonin-Rezeptoren, als das Serotonin Funktionen zu haben scheint. Ganz offensichtlich haben wir bei den meisten Serotonin-Rezeptoren noch keine Ahnung von ihrer Funktion. Das ist für Wissenschaftler wie mich sehr angenehm. Es gibt noch eine Menge zu erforschen, und das ist der Grund, warum wir überhaupt diesem Beruf nachgehen.

Edith Bülbring
und der peristaltische Reflex

Dass Serotonin-Rezeptoren in der Mukosa liegen, erregte jedes Mal meine Aufmerksamkeit, wenn wir es feststellten. Jetzt, nachdem auch Paul wieder zu diesem Befund gelangt war, wollte ich herausfinden, welche Aufgabe die Rezeptoren dort erfüllen. Eigentlich war ich überzeugt, ich hätte eine recht gute Erklärung dafür, dass die Mukosa Serotonin-Rezeptoren enthält. Schon lange vorher, zwischen 1957 und 1959, hatte Edith Bülbring, meine alte Lehrerin in Oxford, in einer ganzen Reihe von Fachartikeln die Vermutung geäußert, Serotonin sei möglicherweise der Auslöser des peristaltischen Reflexes. Wir ich bereits erwähnt habe, waren diese Veröffentlichungen für mich der Anlass, nach Oxford zu Edith zu gehen. Ihre Experimente hatten damals bei vielen Fachleuten einen bleibenden Eindruck hinterlassen, aber dann kam es wie so oft: Die Revisionisten stürzten sich auf Ediths Hypothese, und ihre Arbeiten gerieten mehr oder weniger in Vergessenheit. Ich allerdings vergaß sie nicht, und auf einmal waren sie wieder hochaktuell.

Edith war als Erste auf die Idee gekommen, die EC-Zellen der Mukosa könnten im Darm als Druckrezeptoren dienen, die auf einen entsprechenden Reiz hin Serotonin ausschütten. Das von den EC-Zellen freigesetzte Serotonin sollte nach Ediths Vorstellung die intrinsischen sensorischen Darmnervenzellen stimulieren, die dann den peristaltischen Reflex auslösen. Schon als ich 1965 nach Oxford ging, hielt ich die Belege, die Edith zu Gunsten ihrer Hypothese erarbeitet hatte, für stichhaltig und völlig überzeugend. Daran hat sich auch jetzt, da ich aus heutiger Sicht zurückblicke, nichts geändert.

Edith hatte mit einem isolierten Stück Meerschweinchendarm gearbeitet, das in einem Organbad am Leben erhalten wurde.

Wenn sie die Mukosa von der Sauerstoffversorgung abschnitt oder narkotisierte, konnte sie den peristaltischen Reflex nicht mehr auslösen. Diese einfache Beobachtung zeigte, dass die Mukosa für die durch Druck ausgelöste peristaltische Reaktion von entscheidender Bedeutung war. Anschließend wies Edith nach, dass Serotonin den peristaltischen Reflex anregte, wenn sie es in den Innenraum eines isolierten Darmabschnitts brachte. Auch diese Reaktion konnte sie unterbinden, wenn sie der Mukosa den Sauerstoff entzog oder sie narkotisierte.

Eine ganz andere Reaktion beobachtete sie, wenn sie das Serotonin auf die Außenseite des Darms brachte: Jetzt wurde der peristaltische Reflex unterdrückt. Diesen Experimenten zufolge musste das Serotonin, das nicht außen, sondern innen wirkt, der Mukosa irgendein Signal geben, das den peristaltischen Reflex hervorruft. Außerdem zeigten sie, dass das Serotonin im Darminnenraum nicht an die gleichen Stellen gelangt wie das, was von außen aufgebracht wird. Weiter konnte Edith nachweisen, dass Druck in der Mukosa tatsächlich zur Freisetzung von Serotonin führt, und wenn sie die Serotonin-Rezeptoren im Darm mit einer übergroßen Menge des Transmitters unempfindlich machte, wirkte das auch dem peristaltischen Reflex entgegen. Anatomische Untersuchungen, die Edith zusammen mit dem australischen Mikroskopie-Experten Graeme Schofield vornahm, legten schließlich die Vermutung nahe, dass es im Plexus submucosus eigene sensorische Nervenzellen gibt. Möglicherweise, so Ediths Annahme, stimuliert das Serotonin aus der Mukosa diese sensorischen Nervenzellen, und die sensorischen Nerven geben das Signal dann an den Auerbach-Plexus weiter, vom dem die Muskulatur gesteuert wird.

Eine gute wissenschaftliche Theorie wird fast nie sofort anerkannt, sondern sie muss eigentlich immer zunächst die Angriffe der Ewiggestrigen überstehen, die sie zu widerlegen versuchen. Grundlage der Kritik an Ediths Vorstellungen waren Experimente mit Tieren, die man relativ lange mit einer Tryptophan-Mangeldiät ernährt hatte. Ich weiß noch, wie entsetzt ich war, als ich von diesen Versuchen las – sie erschienen mir sehr grausam. Tryptophan ist eine lebenswichtige Aminosäure, und wenn es in der Nahrung fehlt, kann das Tier nicht in ausreichendem Maße Proteine produzieren. Deshalb hat eine Tryptophan-Mangeldiät auf ein Tier vielfältige, schlimme Auswirkungen. Ich unterstellte, dass die betroffenen Tiere sich zumindest unwohl fühlten, und so etwas ist nicht zu rechtfertigen. Hinter den Experimenten stand die Überlegung, dass Tryptophan im Organismus der unmittelbare chemische Vorläufer des Serotonins ist, und diese Tatsache sollte man ausnutzen. Ohne Tryptophan kann ein Tier kein Serotonin bilden. Man rechnete damit, dass der Serotoninvorrat im Darm der Tiere zur Neige gehen würde, weil er nicht mehr aufgefüllt wurde. Die Kritiker glaubten, man könne Ediths Hypothese mit der Tryptophan-Mangelernährung überprüfen, denn nach ihrer stark vereinfachenden Sichtweise postulierte Edith, dass sich in einem Tier ohne Serotonin auch kein peristaltischer Reflex mehr abspielen würde.

Als die Gegner nachwiesen, dass sie trotz des Tryptophanmangels im Darm der Tiere den peristaltischen Reflex auslösen konnten, lenkte Edith großzügig ein. Sie gab ihre Hypothese auf und bezeichnete das Serotonin nun nicht mehr als Auslöser, sondern als »Modulator« des peristaltischen Reflexes, was immer das auch bedeuten mag. Damit unterwarf sie sich, obwohl es nicht nötig gewesen wäre. Eigentlich hätte sie nicht aufgeben sollen. Die Angriffe der Kritiker auf Ediths Theorie hatten viele Schwachpunkte; ungerechtfertigte Grausamkeit gegenüber Tieren war nur einer davon.

Durch die Tryptophan-Mangelernährung war die Serotonin-Konzentration im Darm gesunken, aber sie fiel nicht bis auf null. Immer noch war Serotonin vorhanden, allerdings in deutlich geringerer Menge. Wenn Tiere (oder Menschen) aus den aufgenommenen Aminosäuren keine Proteine mehr produzieren können, bauen sie bereits vorhandene Proteine ab. Eigentlich verwenden die Tiere wie Kannibalen verfügbare Stücke von sich selbst, um das zu erhalten, was sie nicht entbehren können. Das Prinzip des Recycling wurde von der Evolution entdeckt und von den Tieren angewandt, lange bevor es bei den Umweltschützern populär wurde. So könnte der Proteinabbau die Tiere trotz des Tryptophanmangels mit der unentbehrlichen Mindestmenge an enteralem Serotonin versorgt haben. Solange die Substanz auch nur in geringer Menge im Darm vorhanden ist, kann man nicht ausschließen, dass sie dort auch ihre Funktion erfüllt. Wie viel Serotonin notwendig ist, um den peristaltischen Reflex auszulösen, weiß niemand, und ebenso wenig ist bekannt, ob die normalerweise im Darm vorhandene Menge eine Reserve beinhaltet. Tryptophanmangel ist in Mittel- und Südamerika ein wenig verbreitetes Gesundheitsproblem, denn der Mais, der dort das Grundnahrungsmittel der Armen darstellt, enthält die Aminosäure nur in sehr geringer Konzentration. Eine tryptophanarme Ernährung dürfte also nicht nur für unsere Vorfahren, sondern auch für die vielen Tiere eine ständige Gefahr gewesen sein. Deshalb könnte man sich vorstellen, dass die Evolution den Darm mit der Fähigkeit ausgestattet hat, mit Tryptophanmangel fertig zu werden, und mit dieser Ausstattung kann er dann auch gerade solche Experimente durchkreuzen.

Außerdem muss die Hypothese, dass Serotonin den peristaltischen Reflex auslöst, nicht unbedingt bedeuten, dass es als *einzige* Substanz diese Wirkung hat. Die Möglichkeit, dass Serotonin nur eine von vielen Verbindungen ist, die den Reflex in Gang setzen können, war von den Kritikern völlig ausgeschlossen worden, und damit hatten sie einen Papiertiger aufgebaut, den man leicht zu Fall bringen konnte. Aber wenn man die übervereinfachte Version eines differenzierten Konzeptes zerstört, wird damit das Konzept als solches nicht wertlos. Die Tierversuche mit dem Tryptophanmangel waren keine quantitativen Untersuchungen. Man interpretierte sie nach dem Alles-oder-Nichts-Prinzip: Serotonin sollte nur dann eine Bedeutung haben, wenn der Reflex im Darm der Tiere bei Tryptophanmangel völlig verschwand. Und da man ihn – wenn auch unter Schwierigkeiten und nicht bei jedem an Tryptophanmangel leidenden Tier – noch hervorrufen konnte, zog man den Schluss, das Serotonin könne keine Bedeutung habe. Die Kritiker zogen nie die Möglichkeit in Betracht, Serotonin könne der normale Auslöser des peristaltischen Reflexes sein, und nur wenn es seine normale Funktion nicht erfüllt, könne eine andere Substanz in die Bresche springen und die Aufgabe übernehmen. Vielleicht waren ohne Serotonin beispielsweise stärkere Reize erforderlich, damit der peristaltische Reflex einsetzte, weil zur Freisetzung einer solchen Reservesubstanz eine höhere Intensität erforderlich ist. Im Organismus gibt es viele solche Reservemechanismen. Eigentlich ist es sogar höchst unwahrscheinlich, dass die Evolution für einen so grundlegenden Vorgang wie den peristaltischen Reflex nur ein einziges Mittel entwickelt haben soll.

Noch einmal: EC-Zellen, peristaltischer Reflex und der Prediger Salomo

Viele Jahre nach meinem Aufenthalt in Oxford wollte ich Ediths Hypothese noch einmal überprüfen, diesmal mit modernen Methoden. Die ersten Versuche machte ich in Zusammenarbeit mit Annette Kirchgessner. Mit neu entwickelten histologischen Reagenzien identifizierten wir die Nervenzellen, die im Darm aktiv wurden, nachdem wir diesen auf verschiedene Arten stimuliert hatten. Eines unserer Verfahren bestand darin, die Menge des Enzyms *Cytochromoxidase* zu messen, das in den aktivierten Nervenzellen zur Deckung des Energiebedarfs beiträgt. Ein zweites habe ich bereits beschrieben: den Nachweis von Transkription und Translation des Gens *c-fos*, das in aktivierten Zellen eingeschaltet wird. Wir setzten in der Mukosa des Darms einen so starken Reiz, dass der peristaltische Reflex ausgelöst wurde. Aber dann untersuchten wir nicht den Reflex selbst, sondern wir stellten an den Nervenzellen, die dabei aktiv geworden waren, quantitative Messungen an.

Es kam, wie wir erwartet hatten: Durch die Stimulation der Mukosa wurden die Nervenzellen sowohl im Plexus submucosus als auch im Auerbach-Plexus aktiv, genau wie man es nach den Erkenntnissen von Edith Bülbring vorausgesagt hätte. Und als Annette die Übertragung in den Synapsen der Ganglien blockierte, beschränkte sich die Zahl der aktivierten Nervenzellen auf eine kleine Gruppe im Plexus submucosus ganz in der Nähe der Stelle, wo wir den Reiz angebracht hatten. Nachdem wir also die Weiterleitung von Zelle zu Zelle verhindert hatten, nahmen nur die intrinsischen sensorischen Zellen selbst den Reiz wahr. Damit hatte Annette eigenständige sensorische Darmnervenzellen nachgewiesen, und sie lagen genau da, wo schon Edith Bülbring sie vermutet hatte: im Plexus submucosus. Zum ersten Mal hatten wir intrinsische sensorische Nervenzellen des Darms unmittelbar sichtbar gemacht.

Anschließend bediente Annette sich eines Hilfsmittels, das Edith Bülbring noch nicht besaß: 5-HTP-DP. Damit nutzte sie die vielen neuen Kenntnisse über Serotonin-Rezeptoren, die man seit Ediths Arbeiten gewonnen hatte. Mittlerweile stand eine Fülle von Serotonin-Antagonisten zur Verfügung, die Edith noch nicht kannte. Insbesondere 5-HTP-DP war ein Geschenk von Hadassah Tamir, und nachdem Terri Branchek, Miyako Takagi, Gary Mawe und ich damit so viele Untersuchungen am $5-HT_{1P}$-Rezeptor angestellt hatten, konnte man es sinnvoll einsetzen. Wenn Annette in der Mukosa einen Reiz setzte, wurde die Aktivierung der enteralen Nervenzellen durch 5-HTP-DP vollständig blockiert. Einige Jahre später wiederholte Annette ihre Experimente, aber diesmal identifizierte sie mit noch moderneren Reagenzien die aktivierten Neuronen auch in lebenden Präparaten. Wieder konnte sie bestätigen, dass 5-HTP-DP die Aktivierung der intrinsischen sensorischen Nervenzellen hemmt, aber außerdem stellte sie jetzt fest, dass eine stärkere Stimulation die sensorischen Nervenzellen sowohl im Auerbach-Plexus als auch im Plexus submucosus aktiviert. Darauf zogen Annette und ich den Schluss, dass eine Reizung der Mukosa tatsächlich zur Freisetzung von Serotonin führt, das dann die intrinsischen sensorischen Nervenzellen aktiviert. Wieder einmal hatte sich das Prinzip des Predigers Salomo bestätigt: Es gibt nichts Neues unter der Sonne.

Die Befunde, die Annette und ich beschrieben hatten, wurden später von anderen Wissenschaftlern bestätigt und erweitert. Die Idee, dass das enterale Nervensystem einige sensorische Nervenzellen besitzt, wird heute von niemandem mehr in Frage gestellt. Die Australier John Furness, Joel Bernstein und ihr junger Mitarbeiter Wolf Kunze fanden im Auerbach-Plexus eine weitere

Gruppe sensorischer Nervenzellen, auf deren Untersuchung sie heute den größten Teil ihrer Arbeitszeit verwenden. Wolf Kunze stach solche sensorischen Nervenzellen mit Mikroelektroden an und konnte sie durch die Aufzeichnung ihrer elektrischen Reaktionen auf verschiedene Reize gewissermaßen *in flagranti* beobachten.

Auch Jack Grider, ein junger Wissenschaftler in Virginia (nicht zu verwechseln mit Jack Wood), befasste sich mit den inneren sensorischen Darmnervenzellen, aber eher mit indirekten Methoden: Er maß vor allem die Ausschüttung ihres Neurotransmitters und zog Rückschlüsse aus den Effekten verschiedener Wirkstoffe. Jack Grider macht äußerst kluge Experimente. Er führt komplizierte Untersuchungen durch, aber die Befunde sind stets unangreifbar und sprechen ganz eindeutig für seine Ideen. Er lässt keine Unwägbarkeit unberücksichtigt und schafft es, die zufällige Streuung der Messwerte, mit der wir alle zu kämpfen haben, so gering wie möglich zu halten. Auf diese Weise bestätigte er, dass Serotonin nach mechanischer Reizung der Mukosa ausgeschüttet wird, dass es tatsächlich den peristaltischen Reflex in Gang setzt und dass es dabei in der Mukosa die Fortsätze der sensorischen Nervenzellen aus der Submukosa stimuliert. Diese grundlegenden Erkenntnisse sind allgemein anerkannt, und Edith Bülbrings Ideen sind wieder sehr modern. Aber eine Welt ohne Meinungsverschiedenheiten zwischen Wissenschaftlern kann man sich unmöglich vorstellen. Leider ist das ebenfalls eine Regel der Naturwissenschaft, und sie gilt auch für uns, die wir uns mit dem Darm befassen.

Mit manchen Schlussfolgerungen, zu denen John Furness und seine Kollegen gelangt sind, ist Jack Grider nicht einverstanden. Nach seiner Ansicht reagieren die inneren sensorischen Nervenzellen des Darms nur auf schwache Reize in der Mukosa, wie Annette und ich sie angewandt hatten, nicht aber auf eine Dehnung der Darmwand, den Reiz, dessen sich die Arbeitsgruppe von Furness häufig bedient hatte. Wie Jack zeigen konnte, verschwindet die Reaktion des Darms auf eine Dehnung seiner Wand, wenn man die von außen zum Darm führenden Nerven durchtrennt. Diese Beobachtung legt die Vermutung nahe, dass äußere sensorische Nerven für die Reaktion auf eine Dehnung sorgen und nicht die inneren Nerven, wie die australische Gruppe angenommen hatte. Nach Jacks Ansicht verfügt der Darm also über zwei Wege, um auf sensorische Reize zu reagieren. Eine Stimulation der Mukosa wird anders wahrgenommen als eine Dehnung des Darms. Damit könnte er durchaus Recht haben, aber die Reaktion des Darms auf die Dehnung erscheint mir ein wenig zu theoretisch. Ich vermute, ein gesundes Tier oder ein Mensch würde einen solchen Stimulus nur höchst selten erleben. Wahrscheinlich dehnt sich nur ein verschlossener oder entzündeter Darm so stark, wie es dem von verschiedenen Arbeitsgruppen angewandten Reiz entspricht.

Auch Jack Grider und ich haben unsere speziellen Meinungsverschiedenheiten. Natürlich bin ich überzeugt, dass er Unrecht hat und dass meine Befunde es belegen. Grundsätzlich ist Jack wie Annette und ich überzeugt, dass Serotonin die sensorischen Nervenzellen anregt und so den peristaltischen Reflex in Gang setzt. Uneins sind wir aber bei der Bestimmung des Rezeptors, der dafür verantwortlich ist. Unsere grundlegenden Beobachtungen sind die gleichen, aber Jack – er arbeitet selbst nicht mit Mikroelektroden – ist überzeugt, dass es sich bei $5\text{-}HT_{1P}$ und $5\text{-}HT_4$ in Wirklichkeit um denselben Rezeptor handelt, der nur mit zwei verschiedenen Namen belegt wurde.

Jack Grider stützt sich dabei auf seine eigenen Untersuchungen an Rezeptoren, die er auf einzelnen, isolierten glatten Muskelzellen entdeckt hat. Es handelt sich also nicht um Rezeptoren, die von Nerven produziert werden. Nach seinen Feststellungen hemmen sowohl 5-HTP-DP als auch spezifische $5\text{-}HT_4$-Antagonisten die Kontraktion der Muskelzellen, die vom $5\text{-}HT_4$-Rezeptor in Gang gesetzt wird. Da Jack selbst keine Nervenzellen untersucht hat, beeindruckt ihn auch der Befund vieler anderer Wissenschaftler nicht, wonach man Nervenzellen buchstäblich in Kristalle verschiedener $5\text{-}HT_4$-Antagonisten verpacken kann, ohne die (von $5\text{-}HT_{1P}$ vermittelte) Reaktion auf Serotonin zu beeinträchtigen. $5\text{-}HT_4$-Antagonisten beeinträchtigen keine einzige enterale Nervenzelle in ihrer Reaktion auf Serotonin. Außerdem kann man die langsame Reaktion auf Serotonin auch nicht mit einem $5\text{-}HT_4\text{-}An$-

tagonisten nachahmen, und ebenso wenig wird die enge Bindung des Serotonins durch einen 5-HT$_4$-Agonisten oder -Antagonisten beeinflusst. Das alles sind charakteristische Merkmale des 5-HT$_{1P}$-Rezeptors. Ich für mein Teil halte die Belege für schlüssig: Nach meiner Überzeugung beweisen sie, dass 5-HT$_{1P}$ und 5-HT$_4$ unterschiedliche Rezeptoren sind. Aber wer würde mich schließlich noch für voll nehmen, wenn ich nicht an meine eigenen Befunde glaubte?

Signale in der Mukosa

Die Übereinstimmung in der Frage, wie Serotonin die peristaltischen Reflexe in Gang setzt, war sehr befriedigend. Sie ist mir viel lieber als die frühere Häme gegenüber meiner Vermutung, Serotonin könne ein enteraler Neurotransmitter sein. In jüngerer Zeit diente die Auslösung peristaltischer Reflexe durch das Serotonin sogar als Modell, das sich vielen Befunden zufolge auch auf andere Reflexe anwenden lässt. Helen Cooke von der Ohio State University fand beispielsweise heraus, dass die Mukosa des Darms durch Stöße zur Produktion ihres Sekrets angeregt wird, Ursache ist ein Reflex, in dessen Verlauf die inneren sensorischen Nervenzellen des Plexus submucosus stimuliert werden. Die sensorischen Nervenzellen leiten das Signal an sekretorisch-motorische Zellen weiter, und diese veranlassen ihrerseits die Zellen in den Krypten der Darmschleimhaut, Chlorid und Wasser in den Darminnenraum auszuscheiden.

Wie Helen außerdem entdeckte, wird der sekretorische Reflex genau wie der peristaltische durch 5-HTP-DP blockiert, das heißt, er läuft über die 5-HT$_{1P}$-Rezeptoren. Der Transmitter der sekretorisch-motorischen Nerven ist aber nicht Serotonin, sondern Acetylcholin oder das bereits erwähnte vasoaktive intestinale Peptid (VIP), und 5-HTP-DP hat keinerlei Einfluss auf die Fähigkeit der sekretorisch-motorischen Nerven, Signale an die Zellen in den Krypten zu senden. Auch die Übertragung an den Synapsen in den enteralen Ganglien wird von 5-HTP-DP nicht beeinträchtigt. 5-

HTP-DP unterbindet den sekretorischen Reflex also nur deshalb, weil die Stöße an der Mukosa zur Ausschüttung von Serotonin führen, das dann die 5-HT_{1P}-Rezeptoren auf den intrinsischen sensorischen Nerven stimuliert.

In jüngster Zeit wurden Berichte über eine sehr wichtige Versuchsreihe veröffentlicht, die ebenfalls stark für die Bedeutung des Serotonins in der Mukosa spricht. David Grundy, der Hauptautor, ist ein wortkarger Brite, der in den rußigen englischen Midlands arbeitet. David ist ein ungewöhnlicher Mensch: Hinter seinem leisen Auftreten und traurigen Gesichtsausdruck verbergen sich ein feiner Sinn für Humor und eine Vorliebe für überschäumendes Vergnügen. Er arbeitete viele Jahre lang an der Universität in Sheffield, einer Stadt, die eher wegen ihrer Bestecke bekannt ist als wegen ihrer Errungenschaften in Wissenschaften und Lehre. Die geringe Wertschätzung, die David von seiner Universität erfuhr, lässt leider die Vermutung zu, dass Sheffield auch in Zukunft nur wegen der Bestecke bekannt sein wird. Derzeit siedelt er nach Deutschland über, wo Forschung und wissenschaftlicher Fortschritt in höherem Ansehen stehen. Eine Auswanderung in diese Richtung hätte ich niemals für möglich gehalten, aber den Weg eröffnete die jahrelange Vernachlässigung der Förderung der biologisch-medizinischen Forschung in Großbritannien durch die Thatcher-Regierung, und auch Tony Blair hat noch nicht für eine Kehrtwende gesorgt. Nach meiner Überzeugung beweist die Emigration britischer Intelligenz nach Deutschland, dass der Zweite Weltkrieg endgültig vorbei ist.

Davids neue Untersuchungen zeigen, dass die Serotonin-Ausschüttung in der Mukosa nicht nur für die Signalübertragung im Darm und die Auslösung des peristaltischen und sekretorischen Reflexes von großer Bedeutung ist, sondern auch für die Nachrichtenübermittlung vom Darm zum Gehirn. David zeichnet die elektrischen Impulse von sensorischen Nervenfasern in den Vagusnerven auf, die er als Träger der vom Darm kommenden Signale identifiziert hat. Er kann die Nachrichten aus dem Darm in Form kleiner elektrischer Störungen nachweisen, die in den Nerven an seinen Messelektroden vorüberlaufen. Mit komplizierten Computeranalysen unterscheidet er zwischen Signalen, die von einzelnen Axonen in einem Nervenstrang ausgehen. Davids Arbeiten zeigen eindeutig, dass die Serotonin-Ausschüttung im Darm die sensorischen Nervenfasern der Vagusnerven aktiviert und dass das Serotonin dabei die 5-HT_3-Rezeptoren stimuliert. Ein einzelner Reiz, der die EC-Zellen zur Serotonin-Ausschüttung veranlasst, kann deshalb zwei unterschiedliche Nachrichten zu zwei ganz verschiedenen Empfängern laufen lassen, weil er auf Nerven mit unterschiedlichen Rezeptoren wirkt. Signale, die intern für den Darm bestimmt sind, werden von 5-HT_{1P}-Rezeptoren aufgenommen, solche für das Gehirn leiten die 5-HT_3-Rezeptoren weiter.

Der 5-HT_3-Rezeptor: ein Paradox und ein Nutzen für die Therapie

Der Inhalt der Nachrichten, die vom Darm zum Gehirn laufen, entzieht sich unserer genauen Kenntnis. Darunter dürften aber Signale sein, die anfangs für leichtes Unwohlsein sorgen und den Zustand später bis zu schwerer Übelkeit steigern können. Früher hatten solche Nachrichten vermutlich einen Überlebenswert, und in manchen Fällen dürfte das noch heute der Fall sein. Einen Darm, in dem eine Entzündung wütet, verschont man am besten mit Nahrung. Tiere und Menschen, die grün vor Übelkeit sind, essen in der Regel nicht viel. Andererseits verursachen aber auch manche Verfahren der modernen Medizin eine so starke äußere Stimulation der Darmnerven, dass zahlreichen Patienten furchtbar übel wird. Zwei Beispiele sind Bestrahlungen und Chemotherapie bei Krebs. Übelkeit und Erbrechen können bei einer solchen Behandlung so stark werden, dass eine Fortsetzung der Therapie unerträglich wird. Eine Patientin, über die einmal auf einer Tagung der FDA berichtet wurde, litt durch solche Medikamente unter derart starker Übelkeit, dass sie sich schon vor der Behandlung, auf dem Parkplatz des Krankenhauses, erbrach. Hier war in der Krebstherapie ganz offensichtlich eine Verbesserung erforderlich.

In die Übertragung übelkeitserzeugender Signale vom Darm

kann man glücklicherweise eingreifen, ohne den peristaltischen oder sekretorischen Reflex zu beeinträchtigen. Das ist der Verlauf, wenn es auf den einzelnen Nerven unterschiedliche Serotonin-Rezeptoren gibt – vorausgesetzt, man hat sie erkannt und weiß über sie Bescheid. Mit einem 5-HT_3-Antagonisten kann man bei einem Krebspatienten während der Strahlen- oder Chemotherapie die Übelkeit unterdrücken, sodass eine Fortsetzung der Behandlung möglich ist. Mehrere derartige Wirkstoffe, beispielsweise *Ondanstron* und *Granisetron* wurden mit Erfolg klinisch erprobt und sind mittlerweile allgemein zugelassen. Die 5-HT_3-Antagonisten sind ungefährlich, weil ihre Rezeptoren in der normalen Bewegungs- und Sekretionssteuerung des Darms keine lebenswichtigen Aufgaben erfüllen.

In jüngster Zeit wurden noch wirksamere 5-HT_3-Antagonisten entwickelt, beispielsweise *Alosetron* (von Glaxo); sie befinden sich derzeit in der klinischen Erprobung für die Behandlung der funktionellen Darmkrankheit und insbesondere ihrer häufigsten Form, des Reizdarms. Auf die normale Beweglichkeit des Darms haben 5-HT_3-Antagonisten bei Menschen oder Tieren offenbar keine nennenswerten Auswirkungen. Wie ich gerade erwähnt habe, nehmen manche Krebspatienten sie jahrelang gegen die Übelkeit, an der sie sonst während der Therapie leiden würden, und Nebenwirkungen, die den Einsatz einschränken würden, erleben sie nicht. Demnach sind 5-HT_3-Antagonisten völlig ungefährlich. Von Bedeutung könnten die 5-HT_3-Rezeptoren allerdings für komplizierte oder anormale Formen der Darmbeweglichkeit sein, die man noch nicht genau kennt; und möglicherweise erleichtern sie auch die Wahrnehmung von Bauchschmerzen. Wenn das stimmt, haben die 5-HT_3-Rezeptoren vielleicht Wirkungen, die unter normalen Umständen kaum zu belegen sind, die aber einen Vorteil darstellen, wenn im Darm – wie bei Patienten mit Reizdarm – etwas nicht stimmt. Aus Tierversuchen gibt es Anhaltspunkte, dass die 5-HT_3-Rezeptoren für die Darmbeweglichkeit eine Rolle spielen, aber was das im Einzelnen für eine Rolle ist, lässt sich nicht ohne weiteres feststellen.

Wie komplex die Verhältnisse bei den 5-HT_3-Antagonisten sind, zeigt sich an meinen eigenen Erfahrungen mit diesen Wirkstoffen. Ich hatte natürlich beobachtet, dass sie die schnelle Reaktion auf Serotonin blockieren, das man von außen auf enterale Nervenzellen bringt. Andererseits hatte ich aber nie gesehen, wie ein serotoninhaltiger enteraler Nerv die schnelle Reaktion in Gang setzte, und ebenso wenig hatte ich beobachtet, dass seine Wirkung von einem 5-HT_3-Antagonisten modifiziert wurde. Wie wir bereits erfahren haben, lässt sich dieser kleine Widerspruch mit der Annahme erklären, dass es bei den Enden der von uns stimulierten serotoninhaltigen Nerven keine 5-HT_3-Rezeptoren gibt. Damit sind unsere Beobachtungen erklärt, aber gleichzeitig erhebt sich eine neue interessante Frage: Warum hat sich der Darm in der Evolution die Mühe gemacht, 5-HT_3-Rezeptoren zu entwickeln, wenn er sie dann nur an Stellen anbringt, wo das Serotonin sie nicht erreichen kann? Die Evolution (oder der Allmächtige, wenn man das bevorzugt) macht keine Witze. Die Möglichkeit, dass die 5-HT_3-Rezeptoren auf den enteralen Nervensystemen nur zum Spaß oder zur Verzierung vorhanden sind, können wir nach meiner Überzeugung getrost zu den Akten legen. Ich nehme deshalb vorläufig an, dass es weitere serotoninhaltige Nerven gibt, die wir noch nicht stimuliert haben, und dass wir manche Wirkungen des Serotonins noch nicht kennen.

Jim Galligan, ein Wissenschaftler an der Michigan State University, entdeckte einige Reaktionen auf Nervenreizungen, bei denen es sich vermutlich um Effekte von 5-HT_3 handelt, aber es waren so wenige, dass er sie nicht eingehend untersuchen konnte. David Grundy hatte mit seinen Arbeiten nachgewiesen, dass die 5-HT_3-Rezeptoren entscheidend wichtig sind, damit Signale – vielleicht über Darmbeschwerden – zum Gehirn geleitet werden, aber diese 5-HT_3-Rezeptoren liegen auf den Fasern äußerer sensorischer Nerven. Welche Funktion die 5-HT_3-Rezeptoren auf den inneren Nervenzellen des Darmes haben und ob ihre Inaktivierung bei der funktionellen Darmkrankheit von Nutzen sein kann, ist nach wie vor nicht geklärt.

Um mögliche Wirkungen von Rezeptoren aufzuspüren, die ich mit elektrophysiologischen Methoden nicht finden konnte, machte ich es bei meinen Untersuchungen zunächst den Pharmafirmen nach, die ihre Wirkstoffe charakterisieren: Ich setzte Serotonin ein und blockierte seine Wirkung mit einem 5-HT_3-Antagonisten. Zwar hatte ich keine Zweifel an dem, was ich in der Fachliteratur gelesen hatte, aber ich wollte selbst sehen, worauf ein großer Teil der Pharmakologengemeinde starrte. Die Experimente hinterließen bei mir den gleichen Eindruck, den die Wissenschaftler in der Industrie von den 5-HT_3-Antagonisten haben: Es sind starke Wirkstoffe, die den Effekt des von außen zugesetzten Serotonins im Darm praktisch völlig auslöschen. Betrachtete ich dagegen nicht das Serotonin, das ich von *außen* aus einer Flasche einem im Organbad aufgespannten Stück Darm zusetzte, sondern die von *innen* kommende Substanz, die Reflexe in Gang setzte und als Neurotransmitter diente, schienen die 5-HT_3-Rezeptoren überhaupt nichts zu bewirken. Der Widerspruch war wieder da. Mir wurde klar, dass wir den peristaltischen Reflex noch viel genauer untersuchen mussten.

Ein »Uhrwerk-Dickdarm«

Vor ein paar Jahren entwickelten Paul Wade und ich eine Methode zur Herstellung eines einfachen kleinen Präparats aus dem Enddarm des Meerschweinchens, an dem wir den peristaltischen Reflex in diesem Darmabschnitt genauer studieren konnten. Wir interessierten uns damals für den Reizdarm, und da schien sich dieser Teil des Verdauungskanals am besten für Untersuchungen zu eignen. Wenn der Stuhl des Meerschweinchens den Enddarm erreicht, ist er durch Wasserentzug zu harten kleinen Kügelchen geworden, ganz ähnlich wie bei einem Menschen, der an Verstopfung leidet. Paul entnahm den Enddarm des Tieres, hielt ihn in einem Organbad am Leben und ließ ihn die Stuhlkügelchen mit seiner eigenen Geschwindigkeit ausstoßen. Dann führte er in das offene Vorderende ein Stück künstlichen Stuhl ein, das er aus Kunststoff geformt hatte. Das Kügelchen wurde durch die Darmtätigkeit zum Analende transportiert und dort wieder ausgestoßen. Paul nahm es und steckte es erneut in das Vorderende des Darms. Sobald der Darm das spürte, schob er das Kügelchen ein zweites Mal zum Ausgang und setzte es dort frei. Das Unglaubliche an diesem Transportvorgang war seine Zuverlässigkeit. Die Kügelchen wanderten mit völlig konstanter Geschwindigkeit, die während des ganzen Versuches über Stunden hinweg gleich blieb. Das Präparat erinnerte mich an eine kleine Maschine in einem Gemälde von Fernand Léger – es war ein »Uhrwerk-Darm«, die biologische Entsprechung zur Industrialisierung.

Paul analysierte die Tätigkeit des isolierten Dickdarmabschnitts genauer und fand dabei heraus, dass der Transport der Kügelchen durch Nerven in Gang gesetzt wurde. Er kam sofort zum Stillstand, wenn man die Leitungsbahnen im Darm mit Tetrodotoxin lähmte. Auch mit 5-HTP-DP konnte Paul die Wanderung der Kügelchen hemmen, insbesondere wenn er den 5-HT_{1P}-Antagonisten in den Darminnenraum brachte. Aus diesen und anderen Versuchsergebnissen zog Paul den Schluss, dass das künstliche Kügelchen sich durch den Darm bewege, weil es Druck auf seine Wand ausübe: dadurch angeregt, setzten die EC-Zellen Serotonin frei, das die 5-HT_{1P}-Rezeptoren der intrinsischen sensorischen Nerven aktivierte, und diese Nerven lösten dann den peristaltischen Reflex aus, der die Kügelchen vorwärtsschob. Damit hatten wir unseren eigenen, künstlichen peristaltischen Reflex entwickelt, den wir nun studieren konnten. Um eine allzu wissenschaftliche Benennung zu vermeiden, bezeichneten wir das Präparat als in-vitro-Darm oder kurz IVD.

Als wir das IVD-Präparat fertig hatten, kam Makoto Kadowaki zu uns, ein Wissenschaftler des japanischen Pharmaunternehmens Fujisawa. Eigentlich wollte er lernen, wie man mit Mikroelektroden die elektrischen Impulse enteraler Nervenzellen aufzeichnet, aber er konnte nicht widerstehen und experimentierte auch mit den IVD-Präparaten. Es ist ein verblüffender Anblick, wie das Kügelchen im Inneren des Enddarms vorangetrieben wird. Bei Fujisawa hatte man ein Medikament entwickelt – wir kannten es nur unter einem Zahlencode –, das angeblich sowohl an 5-HT_3- als auch an 5-HT_{1P}-Rezeptoren als Antagonist wirken sollte. Bei der

Firma war man der Ansicht, der Wirkstoff werde für die Behandlung des Reizdarms zu einem Wundermittel werden, und man hörte, er befinde sich in Japan zu diesem Zweck bereits in der klinischen Erprobung. Da man noch mehr über das Medikament wissen wollte, schloss die Firma mit mir einen Vertrag über entsprechende Forschungsarbeiten.

Makoto behandelte den isolierten Meerschweinchendarm mit drei verschiedenen 5-HT_3-Antagonisten. Zu seiner Überraschung musste er feststellen, dass keiner davon den Transport der Kügelchen auch nur im geringsten beeinflusste: Sie wanderten weder langsamer noch schneller, ja eigentlich schien sich überhaupt nichts zu verändern. Das gleiche Ergebnis erbrachten auch Experimente mit drei verschiedenen 5-HT_4-Antagonisten. Erst als Makoto entweder den Wirkstoff von Fujisawa oder einen 5-HT_3- und einen 5-HT_4-Antagonisten gemeinsam zusetzte, kam die Wanderung der Kügelchen zum Stillstand. Spülte er die Wirkstoffe weg, setzte der Transport durch den Darm wieder ein.

Makotos Befunde legten die Vermutung nahe, dass sowohl die 5-HT_3- als auch die 5-HT_4-Rezeptoren tatsächlich an der Bewegung des Darms beteiligt sind, dass aber der eine den Verlust des anderen ausgleichen kann. Wir stellten uns die Anordnung der Rezeptoren im Darm ganz ähnlich vor wie die Verdrahtung von Glühbirnen in einem Haus: Sie sind nicht »in Serie«, sondern »parallel« geschaltet, das heißt, der Strom muss nicht durch die erste Birne fließen, um zu der zweiten zu gelangen. Würde man Glühlampen in Serie schalten, wäre schon beim Herausschrauben einer einzigen Lampe der ganze Stromkreis unterbrochen, und das Haus läge im Dunkeln. Ganz ähnlich würde es sich mit den 5-HT_3- und 5-HT_4-Rezeptoren im Darm verhalten: Wären sie in dem Schaltkreis, der den peristaltischen Reflex in Gang setzt, in Serie geschaltet, würde schon ein Antagonist gegen einen der beiden den gesamten Reflex lahm legen. Da aber nur bei gleichzeitiger Hemmung beider Rezeptoren eine Wirkung zu erkennen war, musste es parallele Schaltkreise geben, in denen jeweils einer der beiden Rezeptoren die entscheidende Rolle spielte. Um den peristaltischen Reflex lahm zu legen, musste man beide Schaltkreise gleichzeitig unwirksam machen.

Makoto hatte also nachgewiesen, dass sowohl die 5-HT_3- als auch die 5-HT_4-Rezeptoren tatsächlich an den reflexhaften Darmbewegungen mitwirken, aber das erforderte ziemlich viel Arbeitsaufwand. Der Effekt eröffnete neue Aussichten für die Therapie: Blockierte man den 5-HT_3- oder 5-HT_4-Rezeptor, konnte man möglicherweise eine anormal starke Reizbarkeit des Darms vermindern. Es erschien durchaus vorstellbar, dass die übermäßige Darmbeweglichkeit (die bei manchen Patienten sogar zu Krämpfen führte) auf die Aktivität in dem doppelt vorhandenen Schaltkreis zurückzuführen sei. Sie zu dämpfen, war demnach sehr wünschenswert. Da in den beiden Schaltkreisen unterschiedliche Rezeptoren aktiv sind, konnte nichts allzu Schlimmes geschehen, wenn man einen davon hemmte. Legte man dagegen beide lahm oder verabreichte man einen 5-HT_{1P}-Antagonisten in ausreichend hoher Dosierung, musste man mit dem völligen Ausbleiben des peristaltischen Reflexes rechnen. Und das wäre unter therapeutischen Gesichtspunkten zu viel des Guten, selbst bei einem Reizdarm, dessen vorherrschendes Symptom der Durchfall ist.

Die Moral von der Geschichte, dass die Pharmafirmen sich so stark für die 5-HT_3- und in jüngerer Zeit für die 5-HT_4-Antagonisten interessieren, ist folgende: Diejenigen, die auf Grund ihres Berufs in der Lage sind, etwas gegen die funktionelle Darmkrankheit zu unternehmen, freunden sich langsam mit der Vorstellung an, dass die Probleme mancher Menschen *mit* ihrem Darm eine Folge der Probleme *in* ihrem Darm sind. Die leichtfertige Annahme, solche Menschen müssten nur eine vernünftige innere Einstellung annehmen, dann würden die Darmbeschwerden schon verschwinden, macht dem Bestreben Platz, eine echte, wirksame Therapie zu finden. Pharmafirmen haben nur begrenzt Geduld mit Theorien, aus denen keine sicheren, wirksamen Medikamente hervorgehen. Die vielen Millionen Menschen mit einer behandlungsbedürftigen funktionellen Darmkrankheit stellen einen großen potenziellen Markt dar, und diese Realität nehmen sie zur Kenntnis. Ebenso erkennen sie, dass »psychische Erleichterung« und Beruhigungsmittel auf die Dauer nicht dazu taugen, den Krankheitsverlauf zu beeinflussen. Deshalb tun sie, was vernünftig ist. Da es nicht hilfreich war, das Gehirn im Kopf in Ordnung zu bringen, versuchen sie es nun mit dem Gehirn im Darm. Dazu nutzen sie die ständig wachsenden Kenntnisse über das enterale Nervensystem, und da sie in der Lage sind, interessante neue Wirkstoffe herzustellen, spielen die Pharmafirmen hier wirklich eine führende Rolle.

Die 5-HT_3- und 5-HT_4-Antagonisten sind wahrscheinlich nur die Spitze eines Eisberges. Es sind die Wirkstoffe, die wir heute kennen. Unter der Oberfläche liegen noch zahlreiche weitere Verbindungen – sie finden sich in Medikamenten, die zur Beeinflussung der Stimmungslage dienen. Als man diese Produkte entwickelte, dachte niemand an das enterale Nervensystem, und deshalb waren ihre Wirkungen auf Magen und Darm immer eine unangenehme Überraschung. Heute jedoch, wo die Pharmaindustrie das zweite Gehirn entdeckt hat, kann sie sich noch einmal mit der Liste dieser Überraschungen befassen und überlegen, ob man die eine oder andere davon vielleicht nicht mehr unter »unangenehm«, sondern unter »nützlich« (das heißt wirksam gegen die funktionelle Darmkrankheit) einordnen kann. Wenn man Geld damit verdienen kann, dass man die Stimmungslage des Gehirns im Kopf mit Medikamenten verändert, sollte das Gleiche vielleicht auch bei dem Gehirn im Darm möglich sein.

Abschalten

Wenn also die vielen Befunde stimmen und Serotonin in der Mukosa des Darmes tatsächlich eine wichtige Signalsubstanz ist, die eigenständige Nervenreflexe in Gang setzt und Nachrichten zum Gehirn laufen lässt, muss der Organismus es auch unwirksam machen können, nachdem es seine Aufgabe erfüllt hat. Wie wir bereits erfahren haben, wird das Serotonin im zentralen und enteralen Nervensystem inaktiviert, indem es von den Nerven, die es ausgeschüttet haben, wieder aufgenommen wird. Dieser Mechanismus ist der Traum aller Umweltschützer. Nicht Verschwendung, sondern Recycling ist das Grundprinzip. In den Ganglien des enteralen Nervensystems mit ihren vielen serotoninhaltigen Nervenfasern kann man in einem Gewebe, dem man radioaktives Serotonin zugesetzt hat, die fraglichen Nerven durch Autoradiographie sichtbar machen. Aber in der Mukosa des Darms gibt es keine serotoninhaltigen Fasern. Hier werden die intrinsischen und extrinsischen sensorischen Nerven vom Serotonin beeinflusst, weil sie über Serotonin-Rezeptoren verfügen, aber sie nehmen den Transmitter nicht auf. Deshalb wurde ich unsicher, ob ich mich Edith Bülbrings Hypothese anschließen sollte, und ich machte mich daran, in der Mukosa einen Inaktivierungsmechanismus für das Serotonin zu suchen.

Während ich mir über diese Frage Gedanken machte, hatten Beth Hoffman von den National Institutes of Health und Randy Blakely, der damals an der Emory University in Atlanta arbeitete (heute ist er an der Vanderbilt University) unabhängig voneinander den *Serotonin-Transporter* kloniert und die Sequenz des zugehörigen Gens ermittelt. Dieses Protein liegt in der Plasmamembran der serotoninhaltigen Nerven und sorgt für die Wiederaufnahme des Transmitters. Der Serotonin-Transporter ist ein äußerst wichtiges Molekül, denn er spielt bei der Inaktivierung des Serotonins die Schlüsselrolle. Außerdem ist er das Ziel der wirksamsten jemals entwickelten Antidepressiva, und damit ist er unter den vielen Molekülen im Gehirn, an denen man pharmakologisch ansetzt, die Nummer eins. Der bekannteste Wirkstoff, der den Serotonin-Transporter hemmt, ist das Fluoxetin (Markenname Fluctin). Es ist die erste in einer ganzen Reihe von Substanzen, die man als *selektive Serotonin-Wiederaufnahmehemmer* oder nach ihrem englischen Namen als SSRIs bezeichnet. In den USA steht die Zulassung weiterer derartiger Wirkstoffe als Arzneimittel kurz bevor.

Da die Nerven das Serotonin durch die Wiederaufnahme unwirksam machen, führt die Hemmung dieses Mechanismus dazu, dass die Inaktivierung nicht mehr gut funktioniert. Das hat zunächst zur Folge, dass sich die Wirkung des Neurotransmitters verstärkt: Die serotoninhaltigen Nerven reagieren auf eine Stimulation heftiger, und die Reaktion hält länger an. Später setzen sehr komplizierte Kompensationseffekte ein, die sich aus der anfänglichen Wirkung der SSRIs ergeben. Bei langfristiger Therapie mit einem SSRI werden manche Serotonin-Rezeptoren so unempfindlich, dass sie überhaupt nicht mehr reagieren, andere sprechen auf die Stimulation durch Serotonin weniger stark an. Außerdem produzieren die Nervenzellen unter dem Einfluss von SSRIs von vornherein weniger Serotonin. Wegen dieser komplizierten Vorgänge, die man alle als verschiedene Formen der *Herabregulation* ansehen kann, weiß bis heute niemand genau, warum SSRIs wie Fluoxetin Depressionen lindern.

Vielleicht steigern sie die Wirkung des Serotonins im Gehirn, aber ebenso könnten sie diese Wirkung auch (durch Herabregulation) abschwächen. Wie die SSRIs für eine Linderung von Depressionen sorgen, ist also schwer zu sagen; dass sie aber tatsächlich diesen Effekt haben, steht außer Zweifel.

Auf die Stimmung können SSRIs also wunderbar erhebend wirken, aber im Darm haben sie unter Umständen einen wirklich schrecklichen Effekt. Wer zum ersten Mal ein solches Präparat nimmt, leidet höchstwahrscheinlich unter Übelkeit oder sogar Erbrechen. Häufig finden die von den SSRIs ausgelösten Verdauungsstörungen ihre Fortsetzung in Durchfall, und am Ende folgt die Verstopfung. Es ist, als würden die Medikamente dafür sorgen, dass der arme Darm sich zuerst windet, dann seinen Inhalt ausstößt und schließlich seine Bewegungen einstellt. Hartnäckige Patienten können mit ein wenig Glück warten, bis sich der Aufstand der Verdauungsorgane gegen die SSRIs gelegt hat, und sich dann über die Linderung der Depressionen freuen. Andere kommen nie über die »Nebenwirkungen« im Darm hinaus und empfinden sie als deprimierende Folge der Antidepressiva. Die Chemiker haben deshalb – allerdings ohne durchschlagenden Erfolg – große Anstrengungen darauf verwendet, die »Nebenwirkungen« im Darm von der stimmungsaufhellenden »Hauptwirkung« der SSRIs zu trennen.

Die unerwünschten »Nebenwirkungen« der SSRIs sind keineswegs selten: In bis zu 25 Prozent der Fälle sind ihretwegen Unterbrechungen, Einschränkungen oder Verzögerungen der Therapie notwendig. Ihre Häufigkeit weckte bei mir den Verdacht, dass der Serotonin-Transporter im Darm möglicherweise eine sehr wichtige Funktion erfüllt und dass die »Nebenwirkungen« von Fluoxetin und anderen SSRIs entstehen, weil die Medikamente diese Funktion beeinträchtigen. Mit anderen Worten: Der Ausdruck »Nebenwirkungen« war vielleicht verfehlt – möglicherweise hatten die Wirkungen der SSRIs im Darm durchaus nichts »Nebensächliches«. Die Darmbeschwerden, die nach der Einnahme der Medikamente auftraten, konnten durchaus auf die Hauptwirkung (die Hemmung der Serotoninaufnahme im Darm) zurückzuführen sein. Das wäre für die Hersteller der Präparate sehr unangenehm, denn diese hätten natürlich am liebsten, wenn es die Nebenwirkungen nicht gäbe. Aber die Gewissheit, dass es vergeblich ist, die Wirkungen der SSRIs im Darm zu beseitigen, würde der Industrie wenigstens eine Menge Geld sparen, denn dann könnte man den Versuch aufgeben, die depressionslindernde Wirkung von Effekten im Darm zu trennen. Spekulieren macht immer Spaß, aber ich musste ernsthaft erforschen, welche Funktion der Serotonin-Transporter im Darm hat. Ich hatte den Verdacht, dass ich dabei auch interessante Dinge über die Inaktivierung des Serotonins in der Mukosa erfahren würde.

Freundlicherweise schickten uns sowohl Randy Blakely als auch Beth Hoffman molekularbiologische Reagenzien, mit denen wir den Serotonin-Transporter im Darm aufspüren konnten. Als Erstes wollten wir in Erfahrung bringen, ob es die gleichen Moleküle sind, die in Darm und Gehirn diese Funktion erfüllen. Mit den Reagenzien – man spricht auch von »Sonden« – konnten wir die RNA nachweisen, die den Serotonin-Transporter codiert. Dabei zeigte sich, dass diese RNA im Darm vorhanden ist, und zwar in genau der gleichen Form wie im Gehirn. Als Nächstes stellte sich die Frage, welche Zellen im Darm den Serotonin-Transporter produzieren. Wir rechneten damit, dass wir ihn in den serotoninhaltigen Zellen des Auerbach-Plexus finden würden, aber wenn das unser einziges Ergebnis wäre, wüssten wir immer noch nichts darüber, wie das Serotonin-Signal in der Mukosa inaktiviert wird. Um die Zellen zu finden, welche die RNA für die Synthese des Serotonin-Transporters enthalten, bedienten wir uns der Technik der *in-situ-Hybridisierung.* Dabei präpariert man zunächst Dünnschnitte oder vollständige Teile von Gewebe, als wollte man sie färben oder mit einem markierten Antikörper behandeln. Statt Farbstoff oder Antikörper bringt man dann aber eine radioaktiv markierte RNA- oder DNA-Sonde auf die Präparate, die zu der gesuchten RNA komplementär ist. Die vier Basen, die den genetischen Code bilden, sind paarweise komplementär, das heißt, sie binden nur ihren jeweiligen Partner. Deshalb bleiben komplementäre RNA- oder DNA-Moleküle aneinander hängen – ein Vorgang, den man als *Hybridisierung* bezeichnet. Bei der Transkription der DNA entsteht beispielsweise ein komplementärer RNA-Strang. Die komplementäre RNA bindet an die zugehörige DNA, das heißt, die beiden Moleküle *hybridisieren.*

Eine markierte DNA- oder RNA-Sonde kann mit RNA oder DNA hybridisieren, die aus Zellen gewonnen und auf einem Trägermaterial fixiert wurde. Eine solche fixierte RNA- oder DNA-Anordnung nennt man *Blot.* Enthält sie DNA, spricht man von *Southern Blot,* mit RNA heißt sie *Northern Blot.* Der *Western Blot* entspricht den beiden anderen, nur enthält er weder DNA noch RNA, sondern Proteine, und als Sonde dienen Antikörper.

Die *in-situ-Hybridisierung* ähnelt im Prinzip dem Southern oder Northern Blot. Der Unterschied besteht nur darin, dass man die Sonde nicht auf ein Trägermaterial mit einem Blot bringt, sondern unmittelbar auf Zellen oder ihre Teile. Wir hatten mit Northern Blots nachgewiesen, dass RNA-Moleküle, die den Serotonin-Transporter codieren, im Darm vorhanden sind. Jetzt wollten wir mit der *in-situ-Hybridisierung* herausfinden, wo diese RNA-Moleküle gebildet werden.

Mit diesem Projekt befasste sich mein Mitarbeiter Paul Wade, aber er brauchte Hilfe. Paul war ein ausgezeichneter Histologe und konnte sehr gut Nervenzellen mit Elektroden anstechen, aber Molekularbiologie war für ihn etwas völlig Neues. Er erinnerte mich an eine Geschichte, die David Tucker zugeschrieben wird, dem Sohn des großen Tenors Richard Tucker. David studierte Medizin. Als Richard Tucker gefragt wurde, welche Aussichten sein Sohn wohl als Sänger habe, antwortete er angeblich, er habe David geraten, sich beim Medizinstudium große Mühe zu geben. Wäre Paul nicht in der Lage gewesen, sich die Unterstützung eines echten Molekularbiologen zu sichern, hätte ich ihm geraten, bei seinen Mikroelektroden zu bleiben. Aber wie das Leben so spielt: Wir hatten Glück, und die Hilfe stand zur Verfügung.

Es war die Folge einer Freundschaft, die sich zwischen mir und Elvin Kabat entwickelt hatte, einem Kollegen an der Columbia University. Elvin war eine der großen Gestalten in der Immunologie, aber jetzt stand er kurz vor der Pensionierung. Und wie es der Zufall wollte, suchte ich gerade jemanden mit einer Ausbildung in Immunologie und Molekularbiologie, während Elvin einen geeigneten Arbeitsplatz für den jungen Wissenschaftler Jingxian Chen suchte. Elvin rief mich an, versicherte mir, Jingxian sei qualifiziert, und empfahl mir, ihn einzustellen. Ich habe zu Elvin das gleiche Vertrauen wie zu meinem Rabbi und befolgte seinen Rat sofort. Wie nicht anders zu erwarten, hatte er Recht gehabt: Jingxian, der sehr begabt ist, wurde zu einem engen Freund und unentbehrlichen Mitarbeiter. Er arbeitete mit Paul zusammen und trug die molekularbiologischen Fachkenntnisse bei, die diesem fehlten.

Paul und Jingxian arbeiteten mit Ratten. Der Grund: Die Sonden, die Randy und Beth geschickt hatten, waren gezielt auf diese Tiere zugeschnitten und hybridisierten mit Meerschweinchen-RNA nur schlecht. Als Paul und Jingxian mit der *in-situ-Hybridisierung* nach den Darmzellen suchten, die den Serotonin-Transporter produzieren, erlebten sie eine Überraschung. Die RNA, die den Serotonin-Transporter codierte, war tatsächlich vorhanden – und zwar nicht nur in den Nervenzellen, wo man mit ihr gerechnet hatte, sondern auch in den Schleimhautzellen der Darmkrypten.

Als Nächstes schickte Randy Blakely uns von ihm hergestellte Antikörper gegen den Serotonin-Transporter der Ratte. Diese Antikörper waren für uns sehr wichtig, denn wir mussten wissen, ob die Schleimhautzellen, die kein Serotonin produzieren, die Information in der RNA umsetzen und den Serotonin-Transporter herstellen. Wie sich in immunzytochemischen Untersuchungen mit den Antikörpern schon bald herausstellte, setzen die Zellen in den Krypten tatsächlich die Information um und bilden das Protein.

Überraschenderweise zeigte sich auch, dass es sich bei den Schleimhautzellen, die den Transporter bilden, nicht um die Serotonin produzierenden EC-Zellen handelt, sondern um ihre Nachbarn.

Experimente mit radioaktivem Serotonin führten zu dem Ergebnis, dass der Transporter in den Schleimhautzellen der Darmkrypten in jeder Hinsicht ebenso funktionsfähig ist wie in den Nervenzellen von Gehirn und Darm. Wie nicht anders zu erwarten, versetzt er die Schleimhautzellen in die Lage, Serotonin aufzunehmen. Als Paul und Jingxiang die Aufnahme des Serotonins im Einzelnen untersuchten, stellten sie außerdem fest, dass sie ganz und gar die gleichen Merkmale aufweist wie in den Nervenzellen. Insbesondere wird der Vorgang auch in den Darmkrypten von Fluoxetin und anderen SSRIs blockiert.

Da ich nun wusste, dass SSRIs die Serotonin-Aufnahme in den Zellen der Darmschleimhaut hemmen, fielen mir sofort zwei interessante Hypothesen ein. Erstens konnte man sich durchaus vorstellen, dass die Aufnahme durch die Schleimhautzellen der Darmkrypten der Inaktivierungsmechanismus für das Serotonin in der Mukosa war. Und zweitens entstanden die unerwünschten Nebenwirkungen der SSRIs möglicherweise dadurch, dass die Inaktivierung des Serotonins in der Mukosa durch die Wirkstoffe gehemmt wurde. Beide Ideen konnte man überprüfen. Allerdings stellte sich bei den Untersuchungen ein kleines Problem: Alle physiologischen Erkenntnisse über die Funktion des Serotonins als Signalmolekül in der Mukosa stammten aus Experimenten mit Meerschweinchen, und die Sonden für den Serotonin-Transporter erkannten das Molekül nur bei Ratten. Wir hatten also die Wahl, die physiologischen Arbeiten mehrerer Jahrzehnte an Ratten noch einmal nachzuvollziehen oder uns eine Sonde zu beschaffen, die auf Meerschweinchen ansprach, und dazu mussten wir das Meerschweinchen-Gen für den Serotonin-Rezeptor klonieren und sequenzieren. Für Jingxian stellte sich die Frage, was zu tun war, überhaupt nicht.

Nach ein paar Monaten hatte er den Serotonin-Transporter des Meerschweinchens kloniert und sequenziert. Bei seinen Arbeiten stellte sich heraus, dass zwischen den betreffenden Genen von Meerschweinchen, Ratte, Maus und Mensch nur geringfügige Unterschiede bestehen. Die Evolution war bei der Gestaltung dieses Moleküls sehr konservativ. Und was aus unserer Sicht am wichtigsten war: Jingxian verfügte jetzt über eine Sonde, mit der er den Serotonin-Transporter beim Meerschweinchen aufspüren konnte. Bedeutsam war vor allem die Frage, ob er ihn auch im Darm dieser Tiere finden würde. Er war tatsächlich vorhanden. Die Darmschleimhaut des Meerschweinchens übertraf in dieser Hinsicht sogar die der Ratte: Alle Zellen vom Boden der Krypten bis zu den Spitzen der Zotten stellten den Serotonin-Transporter her. Nachdem nun nachgewiesen war, dass der Serotonin-Transporter auch in der Darmschleimhaut des Meerschweinchens vorkommt, konnten wir darangehen, seine Rolle bei der Signalübertragung durch Serotonin zu erforschen.

Der Darm unter Fluoxetin

Wir machten zweierlei Experimente. Zunächst studierte Paul Wade die Wirkungen von Fluoxetin auf den peristaltischen Reflex im Enddarm. Dazu bediente er sich des isolierten Präparats, das er zu diesem Zweck entwickelt hatte. Anfangs sorgte der Wirkstoff dafür, dass sich der Transport der künstlichen Kotkügelchen beschleunigte. Diesen Effekt hatte keine andere Substanz, die Paul ausprobierte. Als er aber die Fluoxetin-Konzentration steigerte, wurden die Kügelchen immer langsamer, und schließlich kam der Transport völlig zum Stillstand. Auf Acetylcholin und elektrische Reizung reagierte der Darm nach wie vor, nur auf Serotonin sprach er nicht mehr an. Als das Fluoxetin die Inaktivierung des Serotonins (das heißt seine Aufnahme in die Schleimhautzellen) hemmte, wurde die Wirkung des Transmitters also offensichtlich zunächst einmal stärker. Der Darm konnte das ausgeschüttete Serotonin nicht mehr unwirksam machen, und deshalb wurde die

Mukosa durch das Kügelchen stärker stimuliert als vor der Behandlung mit Fluoxetin. Die Serotonin-Rezeptoren waren aber einer größeren Serotoninmenge ausgesetzt, als sie bewältigen konnten. Das führte dazu, dass sie unempfindlicher wurden (Desensibilisierung). Damit war der Darm nun für Serotonin – und zwar nur für Serotonin – nicht mehr ansprechbar. Andere Reize konnten ihn nach wie vor zur Bewegung veranlassen. Der Darm war nicht gelähmt, aber da er nicht mehr auf Serotonin ansprach, wurde auch der peristaltische Reflex nicht mehr ausgelöst. Das Fluoxetin hatte durch die Desensibilisierung der Serotonin-Rezeptoren den gleichen Effekt erzielt wie ein Serotonin-Antagonist.

Die Experimente des zweiten Typs machte Jingxian zusammen mit Hui Pan, die vor ein paar Jahren als Postdoc in mein Institut kam. Hui war in China Ärztin gewesen, aber die Umstände zwangen sie, als Wissenschaftlerin zu arbeiten. Das Medizinexamen aus ihrer Heimat wurde in den Vereinigten Staaten nicht anerkannt, und Hui machte das Beste daraus. Bei Jim Galligan an der Michigan State University lernte sie, wie man Nervenzellen mit Elektroden ansticht. Glücklicherweise hatte sie damit die richtige Richtung eingeschlagen, und die Zellen waren ihr gewogen.

Hui stach Nervenzellen in der Submukosa mit einer Mikroelektrode an, reizte die Mukosa durch Druck und zeichnete dann die elektrischen Reaktionen der Nervenzellen auf. Mit 5-HTP-DP ließ sich die Reaktion unterdrücken, aber wie sich herausstellte, wirkte die Verbindung nicht an den Nervenzellen der Submukosa, sondern in der Mukosa selbst. Die von Hui beobachtete Reaktion der Submukosa war also offensichtlich darauf zurückzuführen, dass die Nerven in der Mukosa durch dort ausgeschüttetes Serotonin angeregt wurden. Und wenn Hui Fluoxetin zusetzte, beobachtete sie eine Verstärkung der Signale, die von der Mukosa zu den Zellen liefen. Damit war gezeigt, dass der Serotonin-Transporter in der Mukosa für die Inaktivierung des Serotonins tatsächlich von Bedeutung ist. Zu der von Hui nachgewiesenen verstärkten Reaktion kam es, weil nach der Stimulation der Mukosa in Gegenwart von Fluoxetin eine größere Zahl sensorischer Nervenfasern aktiviert wurden.

Als Nächstes bestätigte Hui die an einzelnen Nervenzellen gewonnenen Befunde mit einem fluoreszierenden Reagens, das die Nervenzellen aufnehmen, wenn sie aktiv werden. In einem geöffneten Darmpräparat versetzte sie der Mukosa auf einer Seite sanfte Stöße, und dann verglich sie die Zahl der aktivierten Nervenzellen auf der stimulierten und der gegenüberliegenden Seite. Natürlich war es kein gleichberechtigter Wettbewerb: Auf der stimulierten Seite befanden sich weit mehr aktivierte Zellen. Auf der anderen Seite war so gut wie keine Aktivierung zu beobachten. Der eigentlich interessante Befund ergab sich, als Hui das Experiment in Gegenwart von Fluoxetin wiederholte. Auf der nicht stimulierten Seite wurden wiederum so gut wie keine Nervenzellen aktiviert, aber auf der stimulierten Seite war ihre Zahl *acht- bis zehnmal größer* als ohne den Wirkstoff. Fluoxetin als solches regt die Nervenzellen also nicht an (das zeigte die nicht stimulierte Seite), sondern es verstärkt die Signale, die das Serotonin aus der Mukosa übermittelt.

Insgesamt lassen die Befunde von Paul, Jingxian und Hui sehr stark vermuten, dass die Produktion des Serotonin-Transporters das Mittel ist, mit dem die Zellen der Darmschleimhaut das Serotonin aus der Mukosa inaktivieren. Auf der Grundlage dieser Ergebnisse und älterer Befunde, die bis zu Edith Bülbring zurückreichen, vertreten wir derzeit folgende Hypothese: Wenn die EC-Zellen durch Druck oder eine andere Störung stimuliert werden, schütten sie Serotonin aus, das dann die intrinsischen sensorischen Nervenzellen des Darms veranlasst, Reflexe in Gang zu setzen. Nachdem das Serotonin diese Aufgabe erfüllt hat, nehmen die benachbarten Schleimhautzellen, die den Serotonin-Transporter produzieren, es wieder auf, sodass seine Konzentration im Umfeld der Serotonin-Rezeptoren sinkt. Das verschafft den Rezeptoren sozusagen eine Atempause, und sie erholen sich wieder. Deshalb werden die Rezeptoren nicht desensibilisiert, sodass sie auch beim nächsten Mal wieder auf das ausgeschüttete Serotonin ansprechen.

Kommt Fluoxetin oder ein anderer SSRI hinzu, führen Druck oder andere Reize immer noch zur Serotonin-Ausschüttung, und auch die Rezeptoren der sensorischen Nerven werden nach wie vor stimuliert. Der Serotonin-Transporter ist jedoch gehemmt, sodass die Schleimhautzellen den Transmitter nicht mehr aufnehmen können. Die Folge: Das Serotonin wirkt länger auf die Rezeptoren ein und wandert von seiner Quelle aus über größere Entfernungen. Deshalb sprechen mehr sensorische Nerven darauf an, und die Stimulation der Mukosa verstärkt sich. Gleichzeitig können die Rezeptoren sich aber nicht mehr erholen, weil das auf sie wirkende Serotonin nicht schnell genug beseitigt wird. Deshalb kommt es zur Desensibilisierung der Rezeptoren: Der Darm spricht auf Serotonin nicht mehr an und verliert damit auch die Fähigkeit zur Reaktion auf Reize, die von einem serotoninabhängigen Mechanismus wahrgenommen werden.

Diese Hypothese bietet eine Erklärung für die unangenehmen Nebenwirkungen der SSRIs in Magen und Darm. Die anfängliche Übelkeit ist demnach darauf zurückzuführen, dass das Serotonin stärker auf die 5-HT_3-Rezeptoren der äußeren sensorischen Nerven wirkt. Dieser erste Effekt legt sich jedoch, obwohl die SSRIs weiterhin eingenommen werden, weil die 5-HT_3-Rezeptoren relativ schnell desensibilisiert werden. Der Durchfall hat seine Ursache in einer Verstärkung des durch die 5-HT_{1P}- (und möglicherweise auch 5-HT_4-)Rezeptoren angeregten peristaltischen Reflexes mit seiner Beschleunigung der Darmbewegungen. Auch die verstärkte Wirkung des Serotonins als exzitatorischer Neurotransmitter des enteralen Nervensystems dürfte zu diesem Effekt beitragen. Wenn schließlich alle Serotonin-Rezeptoren desensibilisiert sind, tritt Verstopfung ein. Und letzten Endes bewältigt der Organismus die von den SSRIs ausgelösten Beschwerden wahrscheinlich mit bisher unbekannten Kompensationsmechanismen. Diese Erklärung harrt noch der Bestätigung, aber sie ist eine gute Arbeitshypothese.

Ein neuer Mitspieler
tritt auf den Plan

Vor vielen Jahren, als noch Pferde die Milchkarren durch die Städte zogen, um die Bedürfnisse einer früheren Generation von Babys und Kaffeetassen zu befriedigen, nahm der spanische Forscher Ramon y Cajal – derselbe Neuroanatom, der, wie bereits erwähnt, auch die Silberfärbung anwandte – eine Zeit lang Abschied von der Neurowissenschaft, deren Vater er war, und wandte sich dem Darm zu. Natürlich bediente er sich dabei ähnlicher Methoden wie bei seinen früheren, erfolgreichen Untersuchungen am Gehirn. (Sein Motto: Bewährtes soll man nicht ändern.) Die Silberfärbung – heute eine altehrwürdige, überholte Methode, die damals aber völlig neu war – funktionierte aus Gründen, die Cajal selbst nie verstand und die auch später nicht hinreichend erklärt wurden. Viele Färbemethoden Cajals wurden in Wirklichkeit von seinem Erzrivalen Camillo Golgi entwickelt, aber Cajal scheute sich nicht, alle allgemein zugänglichen Hilfsmittel zu nutzen.

Im Gehirn hatte Cajal mit seinem Verfahren einzelne Nervenzellen vollständig und in all ihrer Schönheit sichtbar gemacht. Als er aber die gleichen Methoden auf den Darm anwandte, fand er ein unglaubliches Geflecht aus seltsam geformten Zellen, die ganz anders aussahen als alles, was er oder sonst jemand bis dahin zu Gesicht bekommen hatte. Cajals Zeichnungen des Beobachteten erscheinen dem heutigen Betrachter wie ein Korallengarten, den man durch die Schnorchelmaske sieht. Jede Zelle hat Fortsätze und zerklüftete Ränder. Vom Innenleben der Zellen sieht man nichts, denn bei Cajals Färbemethode lagert sich Metall auf der Zelloberfläche ab, sodass ihre Form nur in Umrissen zu erkennen ist, und in seinen Zeichnungen ist das Zellinnere einfach schwarz. Die einzelnen Zellen scheinen einander in den Zeichnungen nur an den Enden so sanft und vorsichtig zu berühren, als wagten sie nur den Kontakt mit einem vorläufig angebotenen Zellfortsatz. Die eigenartig geformten Zellen scheinen die Ganglien des Auerbach-Plexus zu umgeben und die Lücken zu füllen, die sich sonst zwischen Nerven und Muskeln auftäten. Wegen der Lage dieser Zellen spekulierte Cajal, es könne sich um Zwischenstationen handeln, die Anweisungen von den Nerven an die Darmmuskulatur weitergeben. Später gingen sowohl die Lage der von ihm entdeckten Zellen als auch er selbst in einen neuen Fachausdruck ein: Man bezeichnete sie als *interstitielle Cajal-Zellen.*

Wenn diese Zellen Cajal zugeschrieben wurden – und das wurde nie vergessen, wenn jemand die interstitiellen Zellen erwähnte –, geschah das nach meiner Überzeugung mit einem gewissen Augenzwinkern. Cajals Nachfolger nahmen die interstitiellen Zelle lange Zeit nicht sonderlich ernst. Hätte ein weniger ehrwürdiger Wissenschaftler sie entdeckt, wären sie vermutlich ebenso im Mülleimer der Weltgeschichte verschwunden wie Hula-Hoop-Reifen und weiße Hemden. Aber Angriffen auf Cajals Beobachtungen war nie eine große Zukunft beschieden. Wer so etwas versuchte, hatte später fast immer das Nachsehen. Der Spanier sah, was mit den von ihm verwendeten Methoden eigentlich unmöglich zu sehen war, und er deutete seine Beobachtungen richtig.

Bis 1982 glaubten nur wenige Fachleute daran, dass es die von Cajal beschriebenen interstitiellen Zellen tatsächlich gab. Allgemein herrschte die Ansicht, hier habe der große Wissenschaftler sich wirklich getäuscht. Seine Färbemethoden, so sagte man, seien nie für die Anwendung im Darm mit seinem vielen Bindegewebe entwickelt worden. Außerdem hatte nie jemand davon gehört, dass an anderer Stelle ein Nerv durch eine Zelle von seinem Effektor getrennt ist. Man brauchte die interstitiellen Zellen nicht. Meine Lehrer erklärten mir, es handele sich wahrscheinlich um Artefakte, gefärbte Bindegewebs- oder Muskelzellen, und ihre Abbildungen seien vermutlich entstanden, weil das Verfahren auf ein Organ angewandt wurde, für das es sich nicht eignete. Aber die Beobachtung stammte von Cajal, und deshalb erinnerte man sich daran, aber in die Bezeichnung wurde sein Name aufgenommen, als ob kein anderer etwas damit zu tun haben wollte. Man traute den interstitiellen Zellen nicht, und deshalb waren es seine, wie der Kauf Alaskas in anderem Zusammenhang Sewards Torheit war. Der Vergleich passt. Die Torheit bei Cajals Nachweis der interstitiellen Zellen war von der gleichen Qualität wie die bei Sewards Alaska-Kauf.

Im Jahr 1982 veröffentlichte der schwedische Anatom Lars Thuneberg eine neue Untersuchung der interstitiellen Cajal-Zellen. Die Arbeit wurde zu einem Klassiker. Thuneberg hatte den Vorteil, dass er sich der Elektronenmikroskopie bedienen konnte, und nun zeigte sich, dass es die von Cajal beobachteten Zellen tatsächlich gab: Sie waren sehr real und lagen genau da, wo der Spanier sie gesehen hatte. Thuneberg kann scharf beobachten, und für ihn lag es auf der Hand, dass sich bestimmte Zellen des Darms in ihrem Aussehen völlig von Bindegewebs-, Muskel- oder Nervenzellen unterscheiden. Deshalb stand es in seiner Vorstellung (und in seinem Artikel) außer Zweifel, dass Cajal tatsächlich Zellen eines neuen Typs identifiziert hatte, die es nur im Darm gibt und sonst nirgendwo.

Außerdem bemerkte Thuneberg, dass die interstitiellen Cajal-Zellen besondere Verbindungen mit ihren alltäglichen Nachbarzellen in der glatten Muskulatur eingehen. Wegen dieser Kontakte wagte er die Vermutung, die interstitiellen Cajal-Zellen könnten Schrittmacher sein, die den charakteristischen, langsamen elektrischen Rhythmus der glatten Darmmuskulatur vorgeben.

Nachdem Thunebergs Arbeiten bekannt geworden waren, gewannen die interstitiellen Cajal-Zellen in der Fachwelt an Ansehen. Man spürte nicht mehr das Bedürfnis, sie von sich zu weisen und auf Cajal zu schieben. Nun wurde der lange Name zu den Anfangsbuchstaben *ICC (interstitial cells of Cajal)* abgekürzt, und in dieser Form setzte er sich durch. Cajal blieb verborgen, und wer die Abkürzung benutzte, wies sich als moderner Eingeweihter der Neurowissenschaft aus. Thuneberg wies die ICCs noch mit anderen Methoden nach und lieferte damit eine Bestätigung nach der anderen für eine Erkenntnis, die mittlerweile allgemein anerkannt war. Und ein anderer Wissenschaftler hatte mittlerweile eine Arbeitsgruppe zusammengestellt und erbrachte mit höchst einfallsreichen Untersuchungen den letzten Beweis, dass Thuneberg und vor ihm Cajal mit ihren Spekulationen Recht gehabt hatten.

Wenn Kenton Sanders auf einer wissenschaftlichen Tagung erscheint und vor seinem Vortrag die Golfhandschuhe ablegt, würde niemand, der ihn nicht kennt, erraten, womit er seinen Lebensunterhalt verdient. Kent leitet die Abteilung für Physiologie an der University of Nevada in Reno. Obwohl er Wissenschaftler, Dozent und Verwaltungsfachmann ist, sieht er aus wie der Rhett Butler von Reno, der gerade eine Rolle ohne Scarlett O'Hara spielt. Er hat das Auftreten eines Filmstars, und seine Haare sind stets unglaublich ordentlich gekämmt. Anders als mein Schopf, der immer wie ein Rasen gemäht wird, wenn er zu lang ist, sieht Kents Frisur aus wie eine teutonische Armee: Kein Härchen wagt es, seinen Platz zu verlassen und aus der Reihe zu tanzen.

Aber das Äußere kann täuschen. Wenn es Kent Sanders um die Arbeit geht, hat er nichts Theatralisches, und seine Arbeit sind die ICCs. Es ist ein Gebiet, auf dem eine ganze Reihe von Leuten mit eifersüchtigen Behauptungen und Gegenbehauptungen um Erstlingsrechte streiten. Angesichts der Tatsache, dass die ICCs von Cajal entdeckt wurden (und ihn sogar in ihrem Namen tragen), habe ich nie verstanden, warum ihre heutigen Kenner untereinander so feindliche Gefühle hegen. Das Erstlingsrecht kann keiner von ihnen für sich beanspruchen. Sie alle kämpfen um die Krumen, die von Cajals Tisch gefallen sind, und dennoch kämpfen sie. Die Namen, mit denen sie einander bezeichnen, sind wahrlich bemerkenswert – das Spektrum reicht vom wirklich Unwiederholbaren bis zum »Fürst der Finsternis«. Kent ist kein Schauspieler; er kuscht vor niemandem, und seine Befunde sind sehr real.

Kent hatte sich mit den langsamen elektrischen Wellen in der Darmmuskulatur befasst und versuchte, die Schrittmacherzellen zu lokalisieren. Für seine Forschungsarbeiten hatte er eine hochkarätige Arbeitsgruppe zusammengestellt, zu der unter anderem auch Sean Ward gehörte, ein fröhlicher, unkomplizierter irischer Wissenschaftler, der mit so breitem Akzent spricht, dass ich in der Regel jedes dritte Wort nicht verstehe. Glücklicherweise spricht Sam auch mit Händen und Blicken, und während der Unterhaltung übersieht er meine verständnislosen Blicke bereitwillig. Sean und Kent schnitten eine Muskelschicht nach der anderen weg, bis nur noch die Schrittmacherzellen selbst übrig blieben. Je näher sie der Schicht der Darmwand kamen, in der die ICCs liegen, desto stärker wurden die Schrittmacherimpulse, und als sie an der entscheidenden Schicht angelangt waren, stellten sie fest, dass diese vorwiegend aus ICCs bestand. Entfernten sie diese Zellen, waren in den verbliebenen Muskelschichten keine langsamen Wellen mehr nachzuweisen. Damit hatten Sean und Kent einen stichhaltigen, aber noch nicht schlüssigen Beleg, dass es sich bei den Schrittmacherzellen um die ICCs handelt.

Im weiteren Verlauf hatte Kent Glück. Als er gerade in Japan unterwegs war, hörte er von einer dortigen Arbeitsgruppe (H. Maeda, A. Yamagata, S. Nishikawa, K. Yoshinaga, S. Koboyashi, K. Nishi, K. und S.-I. Nishikawa), die Antikörper gegen einen Rezeptor hergestellt habe, den bisher niemand mit dem Darm in Verbindung gebracht hatte. Der Rezeptor mit der Bezeichnung *Kit* (der von einem Gen namens *c-kit* codiert wird) war nach bisheriger Kenntnis von entscheidender Bedeutung für die Entwicklung von Pigmentzellen *(Melanocyten)*, *Keimzellen* in den Geschlechtsdrüsen) und *Stammzellen*, aus denen die verschiedenen Blutzellen hervorgehen. Kurz zuvor hatte man nachgewiesen, dass Kit auch im Darm – und zwar sogar in der Umgebung der Ganglien – gebildet wird, aber die japanischen Wissenschaftler hatten Antikörper gegen Kit erstmals Mäusen injiziert. Das erwies sich für die Tiere als tödlich: Ihr Darm war gefüllt und erweitert, als habe er seine Beweglichkeit eingebüßt. Bei der Sektion der Mäuse stellte sich heraus, dass die Antikörper die ICCs zerstört hatten.

Kent hatte Glück, dass er sich zu jener Zeit gerade in Japan aufhielt, und für die japanischen Wissenschaftler war es ebenso eine glückliche Fügung, dass er sich dort befand. Er konnte den Kollegen dringend benötigte Ratschläge geben, und das war der Anfang einer langjährigen, kontinentübergreifenden Zusammenarbeit. Wie Kent, Sean und die Japaner schon bald herausfanden, ist Kit ein entscheidendes Kennzeichen (»Marker«) der ICCs und für ihre Entwicklung unentbehrlich. Mit Antikörpern gegen Kit kann man auch das Geflecht der ICCs in allen histologischen Einzelheiten ausgezeichnet charakterisieren. Aufnahmen von Präparaten, die mit fluoreszierenden Antikörpern gegen Kit immuncytochemisch angefärbt wurden, sehen aus wie glühende Technicolor-Versionen der Zeichnungen von Ramon y Cajal.

Mäuse paaren sich in kurzen Abständen, und mit einer gewissen Häufigkeit mutieren dabei auch ihre Gene. Jede derartige Genveränderung ist ein natürliches Experiment, das man im Labor nur schwer nachvollziehen könnte. Das Jackson Laboratory in Bar Harbor sammelt Mäusemutanten und unterhält eine Bank solcher Tiere. Sein Mäusekatalog ist sehr umfangreich, und die Ideen für viele großartige Experimente sind einfach aus dem Durchblättern dieses Nachschlagewerkes entstanden. Die Mäusebank ist auf diese Weise ein phantastisches Hilfsmittel. In dem Katalog finden sich sowohl Stämme mit Mutationen in *c-kit* als auch solche, bei denen das Gen für den Steel-Faktor verändert ist.

Wenn eine Maus wegen einer Mutation überhaupt kein Kit mehr aufweist, stirbt sie schon vor der Geburt, sodass man den Darm nicht untersuchen kann. Die Tiere müssen so lange leben, dass sich die Bewegungsfähigkeit des Darms entwickeln kann, denn vorher lässt sich natürlich nicht feststellen, ob das mutierte Gen diese Beweglichkeit beeinflusst. Mäuse ohne Kit liefern so gut wie keine Aufschlüsse darüber, welche Rolle Kit oder die ICCs für die Entwicklung der Schrittmacherzellen im Darm spielen. Der Jackson-Mauskatalog enthält aber auch schwächere Mutationen von *c-kit*, und diese Stämme waren sehr nützlich. Die betreffenden Mäuse produzieren eine defekte Form des Proteins, die zwar kein normales Signal übermittelt, die Tiere aber überleben lässt. Die mutierten Tiere sind unfruchtbar, leiden an Anämie und haben Flecken, ein Hinweis auf Defekte in Keim-, Stamm- und Pigmentzellen. Als erste Arbeitsgruppe entdeckten Ward, Sanders und ihre japanischen Kollegen aber auch, dass der Darm von Mäusen mit einer relativ schwachen Mutation von *c-kit* ein anormales ICC-Geflecht enthält und dass ihm die langsamen Wellen fehlen. Später berichteten auch Thuneberg und sein kanadischer Kollege Jan Huizinga über die Auswirkungen derartiger Mutationen. Ähnliche Effekte beobachtet man bei Mäusen, deren Gen für den Steel-Faktor mutiert ist. Alle diese Befunde bestätigen, dass die

ICCs nicht nur Kit produzieren, sondern dass dieses Kit auch vom Steel-Faktor stimuliert werden muss, damit sie sich normal entwickeln. Wird entweder Kit oder sein Ligand durch eine Mutation unwirksam, bekommt das ICC-Geflecht einen Defekt, und ohne das intakte Geflecht gehen die langsamen Wellen der glatten Muskulatur verloren. Die ICCs sind also tatsächlich die Schrittmacher.

In allerjüngster Zeit lassen Befunde von Sean Ward darauf schließen, dass sich die Rolle der ICCs in den Muskeln nicht in ihrer Schrittmacherfunktion erschöpft. Sie empfangen offensichtlich auch Signale von den Nerven und leiten sie an die Muskulatur weiter, ganz so, wie Cajal postuliert hatte. Und was den inhibitorischen Neurotransmitter betrifft, der für die Entspannung der Muskeln sorgt, wirken die ICCs anscheinend nicht nur für Überträger, sondern auch als Verstärker der Nachrichten aus den Nerven.

Eine der wichtigsten Verbindungen, mit denen Nerven für die Entspannung der Darmmuskulatur sorgen, ist das Gas Stickoxid. Das ist nicht unproblematisch, denn die Nervenzellen sind keine Ballons oder Tanks, die sich mit einem Gas füllen und es bereithalten können, bis es gebraucht wird. Außerdem halten Muskelzellen nicht still wie der Patient im Zahnarztstuhl, sodass die Nerven ihnen ein Beatmungsgerät anlegen und ihnen das Gas verabreichen könnten. Deshalb stellen die Nervenzellen das Stickoxid immer bei Bedarf neu her. Es diffundiert dann von ihnen weg und veranlasst die ICCs, es den Nerven gleichzutun und weiteres Stickoxid zu bilden. Auch andere Neurotransmitter, beispielsweise VIP, können die ICCs zur Produktion von Stickoxid anregen. Das gesamte im Umfeld der glatten Muskulatur erzeugte Stickoxid und die elektrischen Signale, die von den ICCs an die Muskelzellen weitergeleitet werden, übertragen die Hemmwirkung auf den größten Teil der Muskulatur. Wenn die Nerven entscheiden, dass die Muskeln sich jetzt entspannen sollen, sorgen die Nerven mit den ICCs als Helfern dafür, dass es auch geschieht.

Wenn man die Steuerung der glatten Darmmuskulatur verstehen will, ist eine Schafherde ein guter Vergleich. Die einzelnen Muskelschichten bleiben wie Schafe zusammen, können sich aber auch allein bewegen; zum Nutzen des Ganzen ist es jedoch besser, wenn eine wohlwollende Macht ihre Bewegungen kontrolliert und für sie die Entscheidungen trifft. Diese wohlwollende Macht ist bei den Schafen der Schäfer, der die Herde beaufsichtigt und die Richtung ihrer Wanderung bestimmt. Ist die Herde groß, braucht er dabei Hilfe. Man könnte zu diesem Zweck mehrere Schäfer einstellen, aber wirtschaftlicher ist es, wenn man die Zahl der Hirten so gering wie möglich hält und sich stattdessen eines Schäferhundes bedient. Der Schäfer gibt dem Hund seine Anweisungen, damit dieser sie an die Schafe weiterleitet und für Ordnung sorgt. Der Befehl des Schäfers wird dabei sowohl übermittelt als auch in seiner Wirkung verstärkt, weil der Hund ihn allgemein bekannt macht. Im Darm nimmt die glatte Muskulatur den Platz der Schafe ein, die Nervenzellen sind die Schäfer, und die ICCs fungieren als Schäferhunde. Die Nerven treffen die großen Entscheidungen darüber, was die einzelnen Muskelschichten letztlich tun; die ICCs nehmen diese Anweisungen auf, verstärken sie und tragen dazu bei, die Muskeln unter Kontrolle zu halten. In der Evolution war die Entwicklung zwischengeschalteter Zellen (die sich vermehren und ersetzt werden können) vermutlich ökonomischer als die Vermehrung der Nervenzellen, die unersetzlich sind.

Welche Bedeutung die ICCs für den Darm haben, weiß man seit 1992, als die Untersuchungen über die Wirkungen der Kit-Antikörper veröffentlicht wurden. Über die Effekte der Mutationen von Kit wurde 1995 berichtet, und Befunde, wonach die ICCs Zwischenstationen auf dem Weg der Nachrichten von den Nerven zu den Muskeln darstellen, sind ganz neuen Datums. Über die Krankheiten, die durch Fehler im ICC-Geflecht entstehen, weiß man bisher nur wenig, aber diese Kenntnisse werden nicht mehr lange auf sich warten lassen. Die Bedeutung der ICCs für die Entstehung zahlreicher Darmkrankheiten wird derzeit in vielen Labors eingehend erforscht. Zu den Leiden, die mit großer Wahrscheinlichkeit auf Anomalien bei den ICCs zurückzuführen sind, gehören verschiedene Formen des Pseudo-Darmverschlusses, bei denen der Darm sich verhält wie bei Mäusen nach Injektion der Antikörper gegen Kit. Manchmal schiebt der Darm seinen Inhalt selbst dann nicht mehr weiter, wenn Nervenzellen vorhanden sind und die glatte Muskulatur ganz normal aussieht. In solchen Fällen liegt es nahe, sich die ICCs genauer anzusehen, aber es besteht kein Grund zu der Annahme, diese Zellen könnten nicht auch zu anderen, komplizierten Gesundheitsstörungen beitragen.

Wenn man weiß, dass Krankheiten auf Defekte der ICCs zurückzuführen sind, heißt das noch nicht, dass man sie heilen kann. Andererseits sind die ICCs aber keine Nervenzellen, die nach ihrer Zerstörung ein für allemal verloren sind. Man könnte sich durchaus vorstellen, dass vielleicht durch die Stimulation von Kit ein Mittel gefunden wird, geschädigte oder durch einen Krankheitsprozess verloren gegangene ICCs zu regenerieren. Wie immer in der Medizin, so bringt der Fortschritt auch hier neue Deutungen von Krankheiten und neue Hoffnung auf eine Therapie.

Die Zukunft sehen
heißt die Jungen beneiden

Nachdem sich in jüngster Zeit so viele erste Gehirne auf das zweite Gehirn konzentriert haben, sind spannende Fortschritte zu verzeichnen. Ich habe das System wie einen Phönix aus der Asche aufsteigen sehen. Als ich mich mit dem zweiten Gehirn zu beschäftigen begann, betrat ich ein Gebiet, das so verlassen war wie eine Szene in einem Gemälde von Edward Hopper. Und ich arbeitete immer noch daran, als es plötzlich so viele Leser gab, dass ein *Journal of Neurogastroenterology* erscheinen konnte. Ich habe miterlebt, wie sich ein neues Fachgebiet durchsetzte, weil ein uraltes System in neuer Zeit wieder entdeckt wurde. Der gegenwärtige Zeitpunkt ist ideal, um das enterale Nervensystem zu erforschen.

Wir haben gerade erst begonnen, zu verstehen wie das enterale Nervensystem das Verhalten des Darms und seiner Hilfsorgane steuert. Schon die einfachen Fragen, von denen ich ursprünglich ausging, waren faszinierend, und heute stehe ich voller Staunen vor den komplizierten Phänomenen, die es noch zu erforschen gilt. Neue Kolleginnen und Kollegen so auszubilden, dass sie das zweite Gehirn untersuchen können, ist mir ein Vergnügen. Ich weiß genau: Die wissenschaftlichen Fragen, die auf ihren Forschergeist warten, werden ihr Leben mindestens ebenso bereichern, wie das enterale Nervensystem das meine bereichert hat. Große Fortschritte stehen uns noch bevor. Wir werden erfahren, woher der Darm weiß, wann er seinen Inhalt mischen und wann er ihn vorwärts schieben muss, wie Gehirn und enterales Nervensystem ihre Tätigkeiten koordinieren und was all die Nachrichten bedeuten, die diese beiden Systeme austauschen. Wir werden den Ärzten ungefährliche, wirksame Medikamente an die Hand geben können, die einen gereizten Darm beruhigen, einen regelmäßigen Stuhlgang herstellen oder eine brennende Speiseröhre kühlen. Wir werden lernen, wie man das zweite Gehirn dazu veranlasst, in Zusammenarbeit mit dem umfangreichen Immunsystem des Darms die Widerstandsfähigkeit gegen Infektionen zu verstärken und sogar entzündliche Darmerkrankungen unter Kontrolle zu bringen. Und das Beste von allem: Wir werden den vielen Millionen Menschen mit funktioneller Darmkrankheit wieder zu einem lächelnden, sorgenfreien Gesicht verhelfen. Ich weiß, dass alle diese Dinge, die ich mir wünsche, geschehen werden. Ich spüre es im Bauch.

10

Einwanderer im Darm

Als ich klein war, nervte ich meine Mutter mit der ständigen Frage, woher ich komme. Das Problem, das mich als Kind umtrieb, war nicht das menschliche Tun, durch das ein neuer Mensch sich entwickelt, sondern wie ein neuer Mensch (und insbesondere ich) entsteht, wenn dieser Vorgang einmal begonnen hat. Mit den einfachen Worten, die ich zu jener Zeit benutzte, konnte ich meiner Mutter den wahren Inhalt meiner Frage nicht begreiflich machen. Ich wollte eine einfache Belehrung, aber nicht über Sex – seine Einzelheiten wären mir seltsam und unglaublich vorgekommen und hätten mich abgestoßen –, sondern über die Entwicklung des Embryos und Fötus. Sie ist natürlich bis heute eines der großen ungelösten Rätsel der Biologie, aber dass es darauf keine Antwort gibt, war mir damals nicht klar. Bis noch vor relativ kurzer Zeit konnte man die Entwicklung nur beschreiben, aber über ihre Mechanismen wusste man nichts. Die Vorgänge von der Befruchtung der Eizelle bis zur Geburt wurden mit großer Genauigkeit aufgezeichnet. Warum sie sich abspielen, ist eine ganz andere Frage. Was geschieht, weiß man also schon seit langem. Was es geschehen lässt, wird erst jetzt eigentlich erforscht.

Wer die Entwicklung erklären will, steht immer vor dem gleichen Problem: Jede Körperzelle ist mit den gleichen Genen ausgestattet; alle Zellen arbeiten also mit dem gleichen Bauplan. Keine Zelle besitzt genetische Anweisungen, die nicht auch in jeder anderen Zelle vorhanden wären. Und dennoch kann dieser immer gleiche Plan so gelesen werden, dass unzählige verschiedene Zelltypen entstehen. Die einzelnen Zellen befolgen nämlich nicht sämtliche Anweisungen, die in ihrem Zellkern enthalten sind (das ganze Genom), sondern manche Gene werden angeschaltet *(exprimiert)*, während andere untätig *(reprimiert)* bleiben. Über die Gestalt jeder einzelnen Zelle bestimmt also die Teilmenge der Gene, die in dieser Zelle exprimiert wird. Entwicklung ist also ein unglaublich komplizierter Vorgang. Für jede einzelne Körperzelle wird festgelegt, welche Gene ein- oder ausgeschaltet sind und wann, wo und in welcher Reihenfolge die genetischen Schalter umgelegt werden. Um die Entwicklung zu verstehen, muss man wissen, wie Genexpressionen in den einzelnen Zellen, Geweben und Organen des Körpers so unterschiedlich gesteuert werden. Kein Wunder, dass meine Mutter mir die Sache nicht erklären konnte. Die Antwort ist alles andere als ein Kinderspiel.

Viele Jahre später, zu Beginn meiner wissenschaftlichen Laufbahn, hatte ich noch einmal Anlass, die Frage nach meiner Herkunft zu stellen. Der Hintergrund war diesmal die Absicht, Erkenntnisse über den entstehenden Darm zu sammeln, und die lassen sich durch die Untersuchung eines ausgewachsenen Darms nicht leicht gewinnen.

Rätsel des Erwachsenseins: Anhaltspunkte in der Entwicklung

Meine alte Lehrmeisterin Edith Bülbring und ihr Plagegeist, Graeme Campbell, hatten unabhängig voneinander entdeckt, dass der Darm eigene inhibitorische Nerven besitzt. Sie gehören offensichtlich nicht zum sympathischen System, sorgen aber für die Entspannung des Darms und üben damit eine ganz ähnliche Wirkung aus wie die Reizung sympathischer Nerven. Graemes Chef, Geoffrey Burnstock, ein englischer Wissenschaftler, der damals im von ihm so bezeichneten selbst gewählten Exil (nämlich in Australien) arbeitete, hatte schon früher die Vermutung geäußert, die inneren inhibitorischen Nerven des Darms enthielten weder Noradrenalin noch Acetylcholin. Geoff wandte sich sogar radikal von der herrschenden Lehrmeinung ab und meinte, der inhibitorische Transmitter dieser Nerven sei das ATP, die gleiche Verbindung, aus der

Zellen die Energie für ihre aufwändigen chemischen Reaktionen beziehen. Geoffs Vermutung wurde von der wissenschaftlichen Welt mit der gleichen Begeisterung aufgenommen wie mein früherer Vorschlag, Serotonin sei ein Neurotransmitter des Darms. Für Geoff wie für mich waren zwei Neurotransmitter (Acetylcholin und Noradrenalin) eine gute Gesellschaft, aber drei (wobei der dritte offenbar jede beliebige Substanz sein konnte) waren etwas Unerhörtes.

Vermutlich litt Geoff noch mehr als ich unter den Knüppeln, die ihm erboste Kollegen zwischen die Beine warfen. Am Ende nützte es ihm natürlich, dass er Recht hatte: Die intrinsischen inhibitorischen Nerven gehören nicht zum sympathischen System, und ATP ist ein Neurotransmitter. Heute ist Geoff der große alte Mann des autonomen Nervensystems, und er konnte sogar im Triumph nach England zurückkehren, aber der Weg zu seiner Rehabilitierung war alles andere als glatt.

Da Geoff seine Laufbahn als Berufsboxer im Osten Londons begonnen hat, spricht er nicht gerade reines Oxford-Englisch. Leider gibt es aber in Großbritannien Kreise, in denen Sprache und Benehmen (Kinderstube) mehr zählen als innere Substanz. Diese Kreise nahmen Geoff und seine radikalen Ideen nicht gerade freundlich auf, und wenn es um Verweise geht, sind solche Leute Weltmeister. Geoff wurde schließlich bis nach Australien verwiesen, aber als er zurückkehrte, hatte man ihn zum Professor für Anatomie am Londoner University College ernannt, und damit besetzte er einen der angesehensten Lehrstühle der Welt.*

---

* Geoffs Erzählungen über die Anfänge seiner Laufbahn in England erinnern mich an die amerikanische Revolution. Auf Seiten Englands war eine Menge Snobismus notwendig, bevor die amerikanischen Kolonien verloren gingen, aber wie ich schon sagte: Wenn irregeleitete britische Snobs zur Bestform auflaufen, sind sie nicht zu übertreffen. Über ein Gespräch, das er nach der britischen Niederlage bei Yorktown mit einem Abgesandten (der noch nicht einmal ein richtiger Minister war) der Gegenseite geführt hatte, schrieb John Adams: »Stolz und Eitelkeit dieser Nation sind eine Krankheit; es ist ein Fieberwahn; sie selbst und andere haben ihnen solange geschmeichelt, bis sich alles ins Gegenteil verkehrt.« Die Briten konnten sich nie dazu durchringen, George Washington als General Washington zu bezeichnen. Er

Was mich bei der Entwicklung anzog, war die Möglichkeit, dass die intrinsischen Nerven im Darm des Fetus entstehen, bevor die extrinsischen Nerven in die Verdauungsorgane einwachsen. Ich wusste, dass alle sympathischen Nervenzellen in einer gewissen Entfernung von der Darmwand liegen. Bevor ihre Fasern den Darm erreichen können, muss also eine ganze Menge geschehen. Die sympathischen Nervenzellen müssen zum Beispiel erst einmal entstehen, Ganglien bilden und ihre Axone aussenden. Dann müssen die sympathischen Axone den Darm finden und in ihn einwandern. Das alles braucht Zeit, wie ich vermutete, deshalb, so mein Gedanke, konnten wir vielleicht die kurze Entwicklungsphase nutzen, in der dem Darm noch die sympathischen Nerven fehlten. Das Entscheidende dabei war: Wir mussten herausfinden, ob die intrinsischen Nervenzellen während dieser Zeit allein dafür sorgen können, dass der fetale Darm sich entspannt.

Über solche Ideen sprach ich mit Elizabeth (Tiz) Thompson, meiner zweiten Doktorandin, und sie war begierig, es auszuprobieren. Tiz war unglaublich intelligent, war aber oft deprimiert. Sie wollte Wissenschaftlerin und gleichzeitig Mutter sein, und die beiden Ziele standen in ihren Augen in einem unlösbaren Konflikt. Heute kann man sich kaum noch vorstellen, dass in früheren Zeiten von Frauen erwartet wurde, die berufliche Laufbahn aufzugeben und sich nur noch um die Kinder zu kümmern, sobald sie welche hatten. Tiz war in dem Glauben erzogen worden, der Platz einer Frau sei nicht im Labor, eine Ansicht, auf deren Beseitigung ich große Mühe verwendete. Tiz arbeitete also nicht reibungslos und ununterbrochen an dem Projekt, aber was sie tat, war gut. Schließlich schloss sie ihre Untersuchungen ab, schrieb eine schöne Doktorarbeit, erhielt den akademischen Titel und lud mich zur Feier des Tages bei Lutéce* zum Abendessen ein.

---

blieb immer nur Minister. Und Washington nahm bei Yorktown natürlich Rache; er ritt sogar darauf herum und ließ bei der Kapitulationszeremonie von Yorktown ein Musikstück mit dem Titel »The World Turned Upside Down« [Die Welt, auf den Kopf gestellt] spielen.
* Lutéce: Feinschmeckerrestaurant in New York (Anm. d. Übers.)

Zunächst wollte Tiz den frühesten Zeitpunkt ermitteln, zu dem die glatte Muskulatur des entstehenden Maus- oder Rattendarms die Bewegungsfähigkeit erlangt und durch elektrisch stimulierte enterale Nerven angeregt werden kann. Es waren äußerst heikle Untersuchungen, und sie erforderten ein höchst empfindliches Instrument, das die Bewegungen der wachsenden Muskeln wahrnehmen konnte. Wenn ein fetaler glatter Muskel sich erstmals zusammenzieht, tut er das nur schwach. Mit einer Analysenwaage zeichneten wir die Kraft der Muskelkontraktion auf, die sich im Bereich von Millionstelgramm bewegte. Sowohl die spontane Muskeltätigkeit als auch ihre Anregung durch Nerven waren schon in einem erfreulich frühen Entwicklungsstadium zu beobachten. Außerdem konnten die primitiven Nervenfasern entweder die glatte Muskulatur anregen und zur Kontraktion veranlassen, oder aber – was aus unserer Sicht noch wichtiger war – die Muskulatur hemmen, sodass sie sich entspannte.

Wie Tiz recht schnell bemerkte, diente in den Nerven, welche die glatte Muskulatur anregten, Acetylcholin als Neurotransmitter, aber diejenigen, die hemmend wirkten, konnten sich dazu eindeutig nicht des sympathischen Neurotransmitters Noradrenalin bedienen. Die inhibitorischen Nerven sorgen nämlich bereits für die Entspannung des entstehenden Darms, bevor dieser Noradrenalin enthält oder auch nur produzieren kann. Außerdem bestätigte sich in histologischen Studien, dass die sympathischen Nerven noch nicht in den Darm eingewachsen waren, wenn Nerven ihn zum ersten Mal zur Entspannung veranlassten. Demnach konnte es sich bei diesen Nerven nicht um solche aus dem sympathischen System handeln. Tiz identifizierte selbst nicht die inhibitorischen Neurotransmitter (es sind, wie wir heute wissen, je nach dem Ort ATP, Stickoxid und VIP), aber ihre Arbeiten waren dennoch von großer Bedeutung: Sie wies eindeutig nach, dass der Darm tatsächlich intrinsische inhibitorische Nerven enthält, in denen weder Acetylcholin noch Noradrenalin als Neurotransmitter dient. Damit trug Tiz dazu bei, die alte Vorstellung zu begraben, wonach es nur zwei periphere Neurotransmitter gab, und gleichzeitig lieferte sie eine schöne Bestätigung für einen wichtigen Teil der Hypothese von Geoffrey Burnstock. Seit Tiz' Arbeiten veröffentlicht wurden, mag Geoff mich.

Die Kritiker irrten sich

Ich hatte gerade die Betreuung der Forschungsarbeiten von Tiz Thomson abgeschlossen, da kam mir der Gedanke, ich könne mit Hilfe der Embryonalentwicklung auch meine eigene Hypothese, nach der Serotonin im Darm als Neurotransmitter wirkt, einer kritischen Prüfung unterziehen. Wie ich bereits erwähnt habe, zweifelten Marcello Costa und John Furness an der Signifikanz meiner Beobachtung, dass in enteralen Nerven radioaktives Serotonin entstand, wenn ich Mäusen den radioaktiven Vorläufer 5-HTP injizierte. Marcello und John hielten es für möglich, dass die Darmnerven, in denen ich das radioaktive Serotonin gefunden hatte, diese Substanz normalerweise überhaupt nicht enthielten. Vielleicht, so ihre Vermutung, wurde sie auch unspezifisch in sympathischen Nervenfasern gebildet, weil diese opportunistisch das 5-HTP aufgenommen hatten, das ich ihnen unter den unphysiologischen Bedingungen meines Experimentes anbot. Deshalb glaubten sie, das radioaktive Serotonin, das ich im enteralen Nervensystem gefunden hatte, sei vielleicht ein falscher Neurotransmitter sympathischer Nerven. Das war ganz offensichtlich ein ernst zu nehmender Einwand. Wenn die beiden Recht hatten, war meine Hypothese aller Wahrscheinlichkeit nach falsch, und meine Experimente hatten keinerlei Aussagekraft.

Wie konnte ich feststellen, ob die Nerven im Darm, die durch das radioaktive Serotonin markiert werden, zum sympathischen System gehören? Dazu überlegte ich mir verschiedene Wege. Ich konnte sympathische Nerven zum Beispiel mit bestimmten Wirkstoffen zerstören oder ihre Fähigkeit zur Aufnahme von Neurotransmittern blockieren. Am Ende tat ich beides; die Anreicherung radioaktiven Serotonins in den Darmnervfasern wurde dadurch nicht beeinträchtigt. Aber chemische Wirkstoffe lassen Raum für Unsicherheiten, denn sie haben unter Umständen unbekannte Nebenwirkungen. Sauberer war ein Experiment, das ohne solche Substanzen auskam, und dazu konnte ich die Tatsache nutzen, dass die sympathischen Nerven im Darm des Fetus erst recht spät auftauchen. Die intrinsischen Nervenzellen dagegen entwickeln sich im Darm selbst, und wie ich gerade zusammen mit Tiz Thompson entdeckt hatte, differenzieren sich zumindest einige davon schon, bevor der entstehende Darm mit sympathischen Nerven versorgt wird. Damals wusste ich noch nicht, wie früh in der Entwicklung die serotoninhaltigen Nervenzellen entstehen, aber meine Befunde ließen bereits den Schluss zu, dass sie zum Darm selbst gehören. Deshalb war ich überzeugt, sie könnten den sympathischen Nerven im Entwicklungswettlauf durchaus voraus sein. Wurde radioaktives Serotonin in den entstehenden Darmnerven bereits gebildet, bevor die allerersten sympathischen Nerven in den Darm des Fetus einwanderten, konnte ich die Kritik von Marcello und John an meinen früheren Arbeiten entkräften.

In Gedanken an Tiz' Befund begann ich zusammen mit Taube Rothman, einer weiteren Doktorandin, die Entwicklung der Serotonin produzierenden Darmnerven zu untersuchen. Taube hatte den Konflikt zwischen Wissenschaft und Familie gelöst, indem sie früh heiratete, die Kinder großzog und dann ihre Forscherlaufbahn in Angriff nahm. Außerdem arbeitete sie nicht nur, um sich ihren Lebensunterhalt zu verdienen, sondern aus reinem Spaß an der Sache. Ihr wichtigstes Motiv war das Bestreben, Antworten auf wissenschaftliche Fragen zu finden, und ihre Begeisterung steckte an. Die US-Armee hätte Offiziere wie Taube Rothman einstellen sollen.

Wie Taube schon bald entdeckte, ist die Entwicklung kein Wettrennen. Mit Autoradiographie wies sie nach, dass die Darmnerven sich mit radioaktivem Serotonin füllen; entweder synthetisieren sie es aus dem radioaktiven 5-HTP, oder sie nehmen es aus der umgebenden Flüssigkeit auf, und zwar lange bevor die ersten sympathischen Nerven den Weg in den Darm finden. Die einwachsenden sympathischen Fasern wies Taube anhand des von ihnen aufgenommenen radioaktiven Noradrenalins nach, sodass deren Abgrenzung gegen die mit radioaktivem Serotonin markierten

Nerven keinerlei Schwierigkeiten bereitete. Mit ihren Experimenten konnte Taube zeigen, dass die Einwände von Marcello Costa und John Furness nicht stichhaltig waren: Das radioaktive Serotonin drang nicht rein willkürlich in sympathische Nerven ein. Schon allein aus diesem Grund waren ihre Beobachtungen von großer Bedeutung, aber sie veranlassten mich auch, die Entwicklung eingehender zu studieren. Eine neue Frage drängte sich auf: Woher stammt das enterale Nervensystem?

Die Quelle

Die Ersten, die sich mit der Herkunft des enteralen Nervensystems in der Embryonalentwicklung befassten, kamen nicht weit. Frühe Theorien zu diesem Thema sind eigentlich nur peinlich. Nach meiner Überzeugung standen alle, die sich dem Thema widmeten, dem gleichen Problem gegenüber: Die tatsächliche Herkunft des enteralen Nervensystems wirkt so unwahrscheinlich, dass man sehr lange brauchte, um die Wahrheit herauszufinden. Die Zellen, aus denen das enterale Nervensystem hervorgeht, gehören anfangs noch nicht einmal zum entstehenden Darm. Und was noch schlimmer ist: Säugetiere machen ihre Embryonalentwicklung in einer abgeschlossenen Gebärmutter durch, wo sie bis vor recht kurzer Zeit für die Wissenschaft kaum zugänglich waren.

Den großen Fortschritt gab es 1954/55: Damals fanden Yntema und Hammond an Hühnerembryonen die ersten stichhaltigen Indizien, dass die Darmnerven wie der größte Teil des übrigen peripheren Nervensystems aus einer Struktur des Embryos hervorgehen, die man als *Neuralleiste* bezeichnet. Die Neuralleiste ist eine vorübergehende Zellansammlung und taucht in der Nähe der Struktur auf, die bei allen Wirbeltier-Embryonen zu Gehirn und Rückenmark wird. Später verschwindet sie wieder, weil ihre Zellen sehr wanderlustig sind und im Embryo unterschiedliche Wege einschlagen. Beim Menschen bildet sich die Neuralleiste am Ende der dritten Schwangerschaftswoche (bei Hühnern am zweiten und dritten Tag nach der Befruchtung). Der Embryo ist zu diesem Zeitpunkt noch sehr klein und besitzt weder Arme und Beine noch erkennbare Organe. Er ist nur eine flache Scheibe aus drei Schichten (siehe Abbildung): Oben liegt das *Ektoderm*, in der Mitte folgt das *Mesoderm*, und unten befindet sich das *Entoderm*. Es mag kaum glaublich erscheinen, aber diese einfache Scheibe macht in der weiteren Entwicklung eine komplizierte Folge von Faltungsvorgängen durch, um auf diese Weise die Körperform zu bilden, den Darm aufzubauen und das Nervensystem ins Leben zu rufen.

Das Ektoderm sieht aus wie eine einfache Zellschicht, und wenn die Embryonalscheibe sich so weit gefaltet hat, dass man Innen und Außen unterscheiden kann, bildet es die Umhüllung. Aber seine Zellen sind in der Entwicklung zu weit mehr bestimmt als nur zur Bildung der Haut. Werden sie durch die richtigen, von ihren Nachbarzellen abgegebenen *Moleküle induziert*, machen sie

Die Neurulation

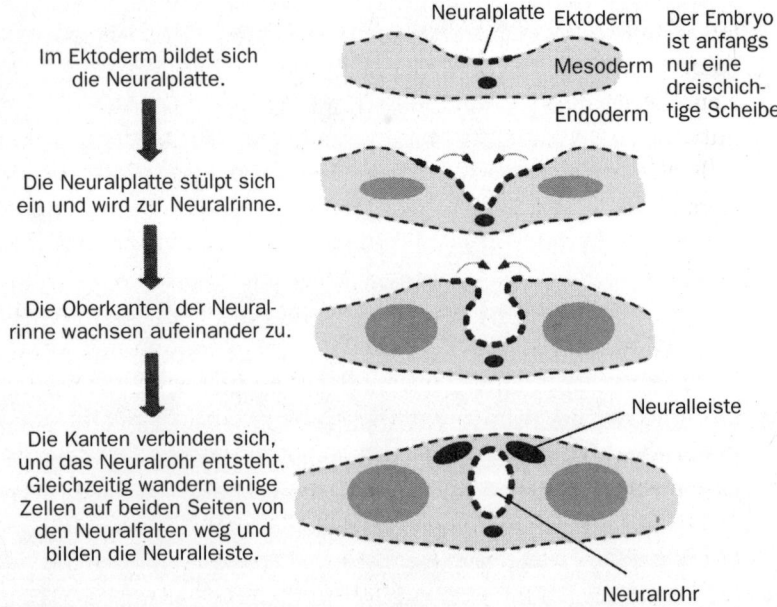

Im Ektoderm bildet sich die Neuralplatte.

Die Neuralplatte stülpt sich ein und wird zur Neuralrinne.

Die Oberkanten der Neuralrinne wachsen aufeinander zu.

Die Kanten verbinden sich, und das Neuralrohr entsteht. Gleichzeitig wandern einige Zellen auf beiden Seiten von den Neuralfalten weg und bilden die Neuralleiste.

Neuralplatte Ektoderm

Mesoderm

Endoderm

Der Embryo ist anfangs nur eine dreischichtige Scheibe.

Neuralleiste

Neuralrohr

einen Vorgang durch, den man als *Neurulation* bezeichnet: Jetzt entstehen Gehirn, Rückenmark und peripheres Nervensystem (und auch einige Drüsen sowie viele Gesichtsknochen und -muskeln). Aus meiner Sicht ist die Neurulation das wichtigste Ereignis im Leben eines Menschen.

Zu Beginn der Neurulation – der Embryo ist noch eine Scheibe – bildet sich in der Mitte des Ektoderms eine Verdickung, die *Neuralplatte*. Sie faltet sich nach innen und wird zur *Neuralrinne*, deren Kanten sich als *Neuralfalten* immer weiter einander annähern, bis sie sich schließlich verbinden. Jetzt ist aus der Neuralrinne das *Neuralrohr* geworden. Diese Struktur trennt sich nun von dem profanen Ektoderm und bringt Gehirn und Rückenmark hervor. Kurz bevor die Neuralfalten zum Neuralrohr verschmelzen, lösen sich ein paar Zellen von ihren Kanten und wandern ein Stück weiter, sodass sie beiderseits des entstehenden Neuralrohrs einen Zellfächer bilden. Diese Ansammlungen losgelöster Zellen, die einen unstillbaren Drang zum Wandern haben, bilden die *Neuralleiste*.

Wenn man mit Hühnerembryonen experimentiert, hat man unter anderem den Vorteil, dass man chirurgisch Änderungen vornehmen kann. Um herauszufinden, welche Strukturen aus der Neuralleiste hervorgehen, kann man die Leiste in einem frühen Entwicklungsstadium entfernen und dann beobachten, welche Teile des Embryos später fehlen. Genau das taten Yntema und Hammond. Sie nahmen einen großen Teil der Neuralleiste heraus, hielten den Embryo so lange am Leben, bis sich der Darm bildete, und stellten dann fest, dass er wenige oder gar keine enteralen Ganglien enthielt. Dieses einfache Experiment war ein überzeugender Beweis, dass das enterale Nervensystem von der Neuralleiste abstammt. Aber die Entfernung großer Teile der Neuralleiste ist für den Embryo ein schwer wiegender Eingriff. Man könnte sich deshalb vorstellen, dass auch andere Strukturen des Embryos sich anschließend anormal entwickeln, selbst wenn die Neuralleiste nicht unmittelbar an ihrer Entstehung mitwirkt. Nach einer Entfernung der Neuralleiste kann man also mit zweierlei Ergebnissen rechnen. Die ersten liegen auf der Hand: Manche Strukturen entstehen nicht, weil sie normalerweise aus den Zellen hervorgehen, die chirurgisch entfernt wurden. Die anderen sind nicht weniger offensichtlich. Einige Teile des Embryos werden unter Umständen beeinträchtigt, nicht weil sie von der Neuralleiste abstammen, sondern weil ihre Entwicklung ein Signal erfordert, das eine andere, neutrale von der Neuralleiste stammende Struktur liefert. Die Schlussfolgerungen von Yntema und Hammond mussten also mit einem Verfahren bestätigt werden, das ohne eine solche tief greifende Verletzung des Embryos auskam.

Diese Bestätigung, dass das enterale Nervensystem tatsächlich aus der Neuralleiste hervorgeht, ergab sich durch eine Reihe ungewöhnlicher Beobachtungen, die das gesamte Bild der Entwicklungsbiologie veränderten. Sie stammten von der französischen Wissenschaftlerin Nicole Le Douarin, die nicht nur an Lösungen von Entwicklungsproblemen arbeitete, sondern auch an der Überwindung des männlichen Chauvinismus in der Wissenschaftsgemeinschaft Frankreichs. Ich kenne Nicole mittlerweile sehr gut und hatte Gelegenheit, mit ihr zusammenzuarbeiten. Sie ist eine höchst charmante Frau und so elegant, wie nur eine Französin sein kann. Aber ihre außerordentliche Freundlichkeit ist mit eiserner Entschlossenheit gepaart, die man klugerweise ernst nehmen sollte. Nicole hat eine hervorragende Beobachtungsgabe, weiß Details zu schätzen, die andere übersehen, und plant auf erstaunliche Weise immer genau das richtige Experiment, um damit wichtige Fragen zu beantworten. Viele Untersuchungen enden mit faszinierenden Vermutungen; bei Nicole steht am Ende in der Regel eine definitive Lösung. Ihr ist kaum eine wissenschaftliche Ehrung vorenthalten geblieben. Nicole wurde mit der Kyoto-Medaille und dem Gross-Hurwitz-Preis ausgezeichnet, und wenn es nach mir ginge, hätte sie auch den Nobelpreis bekommen. Das Labor und die wissenschaftliche Tradition hat sie von Marie Curie geerbt, aber im Gegensatz zu der großen Physikerin hat Nicole das Spießrutenlaufen unter den Männer überstanden, die nach alter Tradition die Tore der französischen Wissenschaftsakademie bewachen – sie wurde Mitglied. Auch die amerikanische Akademie nahm sie auf.

Schon zu Beginn ihrer Laufbahn bemerkte Nicole, dass sie Wachtel- und Hühnerzellen unterscheiden konnte. In den Zellkernen der Wachtel ist die DNA seltsam verteilt. Die Zellen sehen aus wie Darts-Zielscheiben, die sich auf dem Weg in die Kneipe verlaufen haben. Für sich betrachtet, scheint das eine banale Entwicklung zu sein, aber Nicole machte sie sich zu Nutze. Sie stellte fest: In der frühen Embryonalphase, bevor sich das Immunsystem entwickelt, kann man Zellen einer Spezies gegen solche einer anderen austauschen, vorausgesetzt, die beiden Arten sind in ihrer biologischen Verwandtschaft nicht allzu weit voneinander entfernt. Da man Wachtelzellen mit ihrem charakteristischen Aussehen auch unter einem Haufen Hühnerzellen leicht erkennen kann, stellten sie eine ideale Markierung dar: Man kann mit ihrer Hilfe das Schicksal von Zellen verfolgen, die im Embryo von einer Stelle zur anderen wandern. Nicole beobachtete die Wege der Wachtelzellen durch den Hühnerembryo und sorgte damit auf vielen Gebieten für neue Erkenntnisse, so auch im Hinblick auf die Entwicklung von Nerven- und Immunsystem. Am bekanntesten wurde sie jedoch mit ihren Arbeiten über die Neuralleiste.

Nicole entfernte die Neuralleiste in verschiedenen Entwicklungsstadien aus den Hühnerembryonen und ersetzte sie durch die entsprechenden Strukturen aus Wachteln. Die verpflanzten Wachtelzellen fühlen sich offenbar an ihrem neuen Ort recht wohl und wanderten durch den Hühnerembryo, als hätte man sie ungestört in ihrer normalen Position belassen. Ein Tier, das aus Zellen zweier biologischer Arten entsteht, nennt man *Chimäre* – in diesem Fall war es halb Wachtel, halb Huhn. Das Schöne an diesem Tier war, dass alle seine Wachtel-Teile von der Neuralleiste abstammten, und außerdem waren diese Strukturen so eindeutig gekennzeichnet, als hätte ein himmlischer Zollbeamter darauf geschrieben: »Hergestellt durch die Neuralleiste in der Wachtel.«

Mit ihrer Methode zur Herstellung von Huhn/Wachtel-Chimären stellte Nicole eine vollständige Determinationskarte der Neuralleiste auf. Darin vermerkte sie peinlich genau, was aus jedem einzelnen Teil der Neuralleiste wird. Wie sich in den Untersuchungen herausstellte, geht das enterale Nervensystem aus Zellen hervor, die aus nur drei ganz genau festgelegten Abschnitten der Neuralleiste in den Darm wandern. Die Darmnervenzellen und das Gerüst ihrer Stützzellen stammen vorwiegend von einem Bereich der Leiste, der knapp unterhalb der entstehenden Ohren liegt. Dieser Bereich, der auch den Vorläufern des Nachhirns (das aus dem Neuralrohr entsteht) benachbart ist, wird als *Vagusregion der Neuralleiste* bezeichnet. Von dort wandern die Zellen zum Darm, und zwar auf einem Weg, den später auch die Vagusnerven einschlagen. Die Zellen aus der Vagusregion besiedeln die gesamte Länge des Verdauungskanals vom Mund bis zum Darmausgang. Eine zweite Gruppe von Neuralleistenzellen wandert aus der *Sakralregion* der Leiste, die sich unmittelbar über dem Schwanz des Embryos befindet, ebenfalls in den Darm, aber diese Zellen besiedeln nur den Darmabschnitt unterhalb des Nabels. Der *Enddarm* (das heißt der letzte Darmabschnitt) enthält am Ende also Zellen aus dem Vagus- und Sakralbereich der Neuralleiste. Die dritte

Die Besiedlung des Darms durch ausgewanderte Zellen aus der Neuralleiste

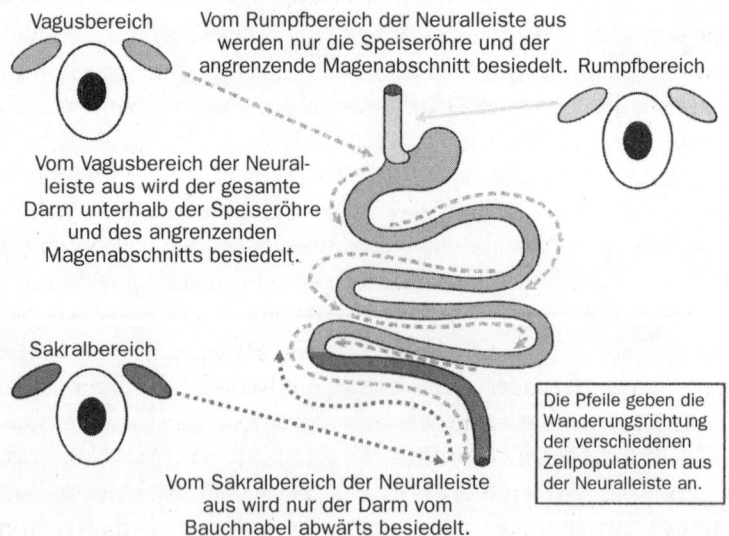

Vagusbereich

Vom Rumpfbereich der Neuralleiste aus werden nur die Speiseröhre und der angrenzende Magenabschnitt besiedelt. Rumpfbereich

Vom Vagusbereich der Neuralleiste aus wird der gesamte Darm unterhalb der Speiseröhre und des angrenzenden Magenabschnitts besiedelt.

Sakralbereich

Die Pfeile geben die Wanderungsrichtung der verschiedenen Zellpopulationen aus der Neuralleiste an.

Vom Sakralbereich der Neuralleiste aus wird nur der Darm vom Bauchnabel abwärts besiedelt.

Zellgruppe aus der Neuralleiste hat die Speiseröhre zum Ziel; diese Zellen stammen aus dem Abschnitt unmittelbar unterhalb der Vagusregion (siehe Abbildung S. 372).

Potenziale

Die Nervenzellen des zweiten Gehirns haben also viel mit den meisten Amerikanern gemeinsam, mich selbst eingeschlossen. Wie wir sind auch die Darmnervenzellen die Nachkommen von Einwanderern. Ihr Herkunftsland ist die Neuralleiste. Sobald das bekannt war, erhob sich die Frage, was für die Neuralleisten-Auswanderer die Funktion der Freiheitsstatue erfüllt. Was zieht die furchtlos wandernden Zellen in das gelobte Land des Darms? Denken sie einfach »Darm«, um dann auf der Suche nach ihrem Idealbild durch die Wildnis des Embryos zu wandern, oder funktioniert alles ganz anders? Da die Darmnervenzellen nur von wenigen Stellen in der Neuralleiste stammen, könnte man sich vorstellen, dass die Zellen an diesen Orten gar nicht anders können, als zum Darm zu wandern. Wenn das stimmt, verfügen die anderen Zellen in der Neuralleiste nicht über die erforderliche »Zielanweisung« für den Darm, sodass sie sich in andere Richtungen bewegen. Aber die Vorstellung, »intelligente«, mit Richtungsinformationen ausgestattete Zellen würden ihr Ziel »anpeilen« wie die Bomben im Golfkrieg, ist falsch. Als Nicole die Wanderungen der Wachtelzellen in den Hühnerembryonen verfolgte, konnte sie auch die Hypothese überprüfen, dass die Zellen aus der Neuralleiste in den Darm wandern, weil sie nicht anders können und den Weg kennen. Die Hypothese bestand die Prüfung nicht.

Nicole verpflanzte Neuralleistenzellen aus einem Bereich, aus dem sie in der Wachtel, ihrem Ursprungsorganismus, nie in den Darm wandern würden, sondern in die Nebennieren. Aus einem Hühnerembryo entfernte sie die Vagusregion der Leiste (sodass keine Hühnerzellen in den Darmabschnitt oberhalb des Nabels gelangen konnten) und ersetzte sie durch den »Nebennierenabschnitt« aus der Neuralleiste der Wachtel. Hätte das weitere

Schicksal der Neuralleistenzellen schon vor der Wanderung fest-
gestanden, hätten die verpflanzten Zellen sich auch im Hühnerembryo einen Platz suchen müssen, an dem sie eine Nebenniere bilden konnten, aber man hätte nicht damit gerechnet, dass sie in den
Darm wandern. Außerdem hätten die Wachtelzellen dann kein enterales Nervensystem entstehen lassen, ganz gleich, wohin sie
wanderten. In Wirklichkeit konnte Nicole aber beobachten, dass
sich die verpflanzten Wachtelzellen zum Darm des Hühnerembryos bewegten. Sie fanden ihn von selbst, und nachdem sie dort
angelangt waren, bildeten sie enterale Ganglien. Entsprechende
Ergebnisse lieferte auch das umgekehrte Experiment: Als Nicole
die Vagusregion aus einem Wachtelembryo in den »Nebennierenbereich« des Huhns verpflanzte, wanderten die Zellen nicht zum
Darm des neuen Wirtes (was für Zellen aus der Vagusregion eigentlich charakteristisch ist), sondern zu der Stelle, wo sich die Nebenniere entwickelt. Und nachdem sie dort angekommen waren,
bildeten sie eine normale Nebenniere.

In weiteren Experimenten konnten Taube Rothman und ich in
Zusammenarbeit mit Nicole nachweisen, dass die Ganglien, die im
Darm der Vogelchimäre aus der »Nebennierenregion« der Wachtel entstehen, offensichtlich nach Art eines ganz normalen enteralen Nervensystems organisiert sind. Im Elektronenmikroskop
zeigten sie beispielsweise die typische gehirnähnliche Struktur des
enteralen Nervensystems und nicht den Aufbau peripherer Nerven. Außerdem entdeckten wir in den Darmganglien der Vogelchimären auch serotoninhaltige Nervenzellen. Bei diesen handelte es
sich ausschließlich um Wachtelzellen, das heißt, sie stammten aus
dem »Nebennierenbereich« der Neuralleiste. Normalerweise gehen aus diesem Gewebe keine serotoninhaltigen Zellen hervor,
denn solche Zellen gibt es nur im Gehirn und im Darm.

Wie man an diesen Beobachtungen erkennt, besiedeln die Zellen der Neuralleiste den Darm nicht deshalb, weil ihr Ziel schon
vor der Wanderung festlegt wäre, sondern sie schlagen im Embryo
vorbestimmte Wege ein, die von einzelnen Abschnitten der Neuralleiste zum Darm führen. Auf diesen Weg kann man fast jede
Zelle der Neuralleiste schicken, und immer gelangt sie schließlich

in den Darm. Die gleichen Experimente sprechen auch dafür, dass die aus der Neuralleiste stammenden Zellen ein großes Entwicklungspotenzial besitzen, das heißt, sie sind *multipotent*. Ihr Schicksal ist nicht festgelegt, bevor sie die Neuralleiste verlassen, sondern es hängt von Signalen ab, welche die Zellen von ihrer unmittelbaren Umgebung entlang der Wanderungsstrecke oder in dem letzlich besiedelten Organ erhalten.

Die Pionierarbeiten von Nicole und ihren Mitarbeitern führten zu der Erkenntnis, dass die Zellpopulation aus der Neuralleiste, die den Darm besiedelt, multipotent ist. Aber damit war noch nicht gesagt, warum. Es konnte daran liegen, dass die einzelnen Zellen multipotent waren, oder aber die Population konnte aus unterschiedlich determinierten Zellen bestehen, die jeweils nur reife Zellen eines einzigen Typs hervorbringen konnten. Wenn die zweite Möglichkeit zutraf, musste es zahlreiche Typen unterschiedlich festgelegter Vorläuferzellen geben, sodass die Gruppe insgesamt multipotent wirkte. Es ist sehr wichtig, zwischen den beiden Alternativen zu unterscheiden. Wenn jede einzelne Zelle aus der Neuralleiste multipotent ist, müssen Signale aus der unmittelbar umgebenden Darmwand ihr mitteilen, was sie zu tun hat. Der Darm müsste also mit Anweisungen Einfluss nehmen. Wird der Darm dagegen von zahlreichen unterschiedlichen Typen unwiderruflich determinierter Neuralleistenzellen besiedelt, muss er die richtigen Vorläuferzellen für das enterale Nervensystem auswählen. Dann bestünde der Einfluss des Darms nicht aus Anweisungen, sondern aus der Auswahl. Aber in beiden Fällen spielen sowohl die unmittelbare Umgebung im Darm als auch die Neuralleiste ganz offensichtlich eine wichtige Rolle für die Entwicklung des enteralen Nervensystems.

Um herauszufinden, ob einzelne Zellen multipotent oder auf ein ganz bestimmtes Schicksal festgelegt sind, muss man natürlich zunächst einmal wissen, was die Zellen aus der Neuralleiste eigentlich tun. Einzelne derartige Zellen wurden nicht nur von Nicole Le Douarin untersucht, sondern auch von vielen anderen Wissenschaftlern, so von Maya Sieber-Blum, David Anderson, Marianne Bronner-Fraser und ihrem Mann Scott Fraser. In den Arbeiten stellte sich klar heraus, dass die einzelnen Zellen der Neuralleiste tatsächlich multipotent sind, nicht nur vor ihrem Weggang aus der Neuralleiste, sondern auch während ihrer Wanderung durch den Embryo. Anschließend konnten Nicole, Taube Rothman und ich auch nachweisen, dass die aus der Neuralleiste stammenden Zellen selbst dann noch multipotent bleiben, wenn sie ihre Wanderung beendet und in den entstehenden Darm Einzug gehalten haben.

Dass der Darm von multipotenten Vorläuferzellen besiedelt wird, zeigten wir mit der Methode der *Rücktransplantation*. Nicole hatte sie zunächst in einem anderen Zusammenhang angewendet, und wir übernahmen für sie den entstehenden Darm. Man entnimmt ein Organ – in unserem Fall den Darm –, das bereits von Zellen aus der Neuralleiste besiedelt wurde, und verpflanzt es in einen jüngeren Wirtsembryo. Damit kann man feststellen, welches Entwicklungspotenzial die Neuralleistenzellen nach ihrer Wanderung noch besitzen. Ist ihr Schicksal nach Abschluss der Wanderung festgelegt, und verlieren sie ihre Wanderlust? Oder stehen ihnen noch alle Möglichkeiten offen – können sie sich wieder auf den Weg machen und weiterwandern?

In ihren früheren Experimenten hatte Nicole nachgewiesen, dass manche Neuralleistenzellen nach der Rücktransplantation in ein Organ des älteren Spenders ihren Bewegungsdrang wieder erlangen und ein zweites Mal durch das Gewebe des Wirtsembryos wandern. Dieses Potenzial entsteht durch die Umgebung im jüngeren Wirtsembryo. Wir selbst verpflanzten Darmabschnitte aus einer Wachtel (Spender) zurück in ein Huhn (Wirt). In manchen Versuchen benutzten wir sogar den Darm einer Chimäre, in dem nur die aus der Neuralleiste stammenden Zelle zur Wachtel gehörten, während alle anderen Hühnerzellen waren. Das Experiment war so angelegt, dass wir die Neuralleistenzellen aus dem Spenderdarm erkennen konnten, ganz gleich, wohin sie wanderten oder wozu sie im Wirtsembryo wurden.

Taube brachte das zurückverpflanzte Gewebe in der Nähe des Neuralrohrs an, sodass die Neuralleistenzellen des älteren Darms sich auf einem Wanderungsweg für die Neuralleiste des jüngeren

Embryos befanden. Nicole war bereit, sich an unseren Arbeiten zu beteiligen. Sie war gespannt, was geschehen würde, rechnete aber nicht damit, dass die aus der Neuralleiste stammenden Zellen, die im Wachteldarm bereits Ganglien hervorgebracht hatten, in dem neuen Embryo nach der Rücktransplantation noch viel bewirken würden. Was sich dann abspielte, wäre eines Sciencefiction-Romans würdig gewesen: Die Neuralleistenzellen, die zuvor bereits den Darm der Wachtel besiedelt hatten, verließen ihn nach der Rücktransplantation wieder und gingen in dem Hühnerembryo auf die Wanderschaft. Wohin sie sich bewegten, hing davon ab, wo wir den Wachteldarm einpflanzten. Wurde er in der Vagus- oder Sakralregion des Wirtsembryos untergebracht, schlugen die aus dem Darm kommenden Neuralleistenzellen den richtigen Weg ein und besiedelten den Darm des Huhns. Wurde der Darm dagegen an eine andere Stelle des Embryos verpflanzt, wanderte von seinen Neuralleistenzellen keine einzige zu dem Darm des neuen Embryos. Stattdessen bewegten sie sich auf Routen, die dem jeweiligen Bereich des Embryos entsprachen, in dem sie sich befanden. Je nachdem, wo wir den zurückverpflanzten Darm unterbrachten, konnten wir die Neuralleistenzellen also dazu veranlassen, von dem transplantierten Gewebe in sensorische oder sympathische Ganglien, periphere Nerven oder Nebennieren des Empfängers zu wandern. Mit anderen Worten: Die Neuralleistenzellen, die den Darm besiedeln, lernen dabei offensichtlich nichts dazu. Sie bleiben multipotent und können viele verschiedene Typen von Nervenzellen hervorbringen, sogar solche die sie nicht produzieren, wenn sie im Darm bleiben.

Die Experimente, mit denen ich in Zusammenarbeit mit Taube Rothman und Nicole Le Douarin das Entwicklungspotenzial der enteralen Nervenzellen erforschte, waren in Planung, Ausführung und Auswertung ein großes Vergnügen. Aber der Fachartikel, in dem wir die Ergebnisse beschrieben, war vermutlich schwieriger zu verfassen als jeder andere, an dem ich jemals als Autor mitwirkte. Wie bei transatlantischen Gemeinschaftsprojekten vor dem Zeitalter der E-mail üblich, schickten wir viele Manuskriptentwürfe über den Ozean hin und her. Als wir uns schließlich einer Fassung näherten, die allen Beteiligten zusagte, wurde ich zufällig zu einer Tagung nach Europa eingeladen. Das verschaffte mir die Gelegenheit, Nicole in ihrem Institut aufzusuchen und mit ihr dem Artikel den letzten Schliff zu geben. Anfangs lief alles hervorragend. Nicole und ich setzten uns zusammen, einigten uns in einem kurzen Gespräch, und ich ging daran, die letzte Version zu verfassen. Aber das Schreiben erwies sich als Problem.

Sowohl Nicole als auch ich arbeiteten mit Macintosh-Computern. Aber ihr Rechner hatte eine französische Tastatur, auf der die Buchstaben für mich an der falschen Stelle standen. Die Lösung bestand darin, dass ich mich an einen amerikanischen Macintosh setzte, den einer ihrer Postdocs mit nach Frankreich gebracht hatte. Dieses Gerät stand in dem Raum mit den Versuchstieren und zeichnete die Geräusche einer seltsamen Population von Vogelchimären auf, die Nicole und ihr Postdoc hergestellt hatten. Sie beschäftigten sich mit der Herkunft der Nervenzellen, die für den Gesang der Vögel verantwortlich sind. Die beiden hatten Teile des entstehenden Gehirns aus Wachteln in Hühner verpflanzt, sodass sie die Wanderungen der Nervenzellvorläufer verfolgen konnten. In diesem Fall ließen sie die Vögel schlüpfen. Diese sahen wie Hühner aus, zwitscherten aber wie Wachteln. Nach einiger Zeit stieß das Immunsystem der Hühner die Wachtelzellen ab. Im Gegensatz zu den meisten anderen ausgereiften Nervenzellen sind jene, die für den Gesang sorgen, zu ersetzen. An die Stelle der abgestoßenen Wachtelzellen traten daher andere, die jedoch alle von dem Huhn selbst stammten. Während die bei der Geburt vorhandenen Wachtelzellen nach und nach abgestoßen wurden, ließen die Vögel abwechselnd ein wachtelähnliches Zwitschern und das typische Gegacker von Hühnern hören. Schließlich waren alle Wachtelzellen zerstört, und die Vögel machten Geräusche, wie man sie auf jedem Bauernhof vernehmen kann.

Als ich in dem Raum mit den Vögeln am Macintosh arbeiten wollte, stellte sich ein neues Problem. Ich bin entsetzlich allergisch gegen Hühner. Man hat mich oft gefragt, wie ich bei meiner ethnischen Herkunft und mit einer solchen Allergie überhaupt bis zum Erwachsenenalter überleben konnte. Aber Hühner hin oder her, ich hatte eine Aufgabe zu erledigen, und ich wollte sie erledigen, selbst wenn ich dabei umgekommen wäre – was um ein Haar tatsächlich geschah. Ich fühlte mich wie in einer Vogelhölle, und als ich es geschafft hatte, war ich kaum wieder zu erkennen. Der Artikel selbst jedoch war bedeutsam und wurde ohne Schwierigkeiten zur Veröffentlichung angenommen.

Wenn das enterale Nervensystem aus multipotenten Neuralleistenzellen hervorgeht, wie wir es nachgewiesen haben, muss der Darm selbst entscheidend darüber mitbestimmen, was aus den entsprechenden Zellen in seiner Wand wird.

Eigentlich ähneln die Neuralleistenzellen den Studienanfängern in Medizin, die ich an der Columbia University unterrichte. Wie die aus der Neuralleiste ausgewanderten Zellen im Darm, sind auch diese Studenten zu allem Möglichen fähig. Aus ihnen werden sowohl die verschiedensten medizinischen Spezialisten als auch Hausärzte, aber fast die gesamte Studentenpopulation wird zu Ärzten. Ganz ähnlich die Neuralleistenzellen, die den Darm besiedeln: Obwohl sie multipotent sind, ist ihr Entwicklungshorizont auf das Nervensystem beschränkt.

Beispielsweise besitzen sie offenbar nicht mehr die in anderen Neuralleistenzellen anzutreffende Fähigkeit, Pigment- oder Knochenzellen hervorzubringen; aber wie ich erläutert habe, können sich aus der Auswandererpopulation im Darm verschiedenartige Nervenzellen entwickeln, darunter sogar solche, die eigentlich nicht in den Darm gehören.

Für Medizinstudenten werden die Wahlmöglichkeiten zwischen den verschiedenen Fachgebieten im Laufe der Ausbildung immer geringer: Manche Disziplinen fesseln ihre Aufmerksamkeit, und sie studieren in dieser Richtung weiter, während andere, die ihnen abstoßend erscheinen, übergangen werden. Wofür die Studenten sich entscheiden, hängt stark von den jeweiligen Dozenten ab, aber auch von älteren Kommilitonen, die ihnen als Vorbild dienen. Ganz ähnlich wird auch die Zahl der Neuralleistenzellen im Darm von »Dozenten« und »anderen Studenten« beeinflusst. Die »Dozenten« sind in diesem Fall die nicht von der Neuralleiste stammenden Darmzellen, die ihnen chemische Anweisungen in Form der *Wachstumsfaktoren* geben. Wachstumsfaktoren sind für die Entwicklung und sogar für das Überleben der enteralen Nervenzellen und der Glia (der klebrigen Zellen, die für die Nervenzellen in Gehirn und Darm als Stütze dienen) von entscheidender Bedeutung. Auch die Gerüstsubstanz (auch *extrazelluläre Matrix* genannt), in der die Zellen im Darm des Fetus leben, wirkt an den Anweisungen für die von der Neuralleiste stammenden Zellen mit. Und wenn die von den »Dozenten« des Darms gelieferten Befehle vollständig und nicht durch einen angeborenen Defekt verfälscht sind, beginnt in der Darmwand schließlich die Differenzierung der enteralen Nervenzellen. Diese bereits gereiften Nervenzellen leisten wie die fortgeschrittenen Medizinstudenten wichtige Beiträge zur Entwicklung der Nachzügler. Durch ihre Aktivität und die Tätigkeit ihrer Neurotransmitter üben die früh entwickelten Nervenzellen einen gewaltigen Einfluss auf die Entwicklungsentscheidungen der Zellen aus, die in ihrem Kielwasser schwimmen.

Revisionismus

Eines ist in der Wissenschaft absolut sicher: Jeder große Fortschritt wird erst einmal von Revisionisten in Frage gestellt. Das ist eigentlich ein positives Phänomen, denn es gewährleistet, dass alle neuen Ideen streng geprüft werden und erst dann in den allgemeinen Wissenskanon eingehen. Der Glaube hat im wissenschaftlichen Fortschritt keinen Platz. Auch Nicole Le Douarins Entdeckungen zur Herkunft des enteralen Nervensystems machten da keine Ausnahme. Ihre Beobachtungen wurden schon sehr bald nach der Veröffentlichung von den australischen Wissenschaftlern Allen und Newgreen in Frage gestellt. Die beiden wiesen darauf hin, dass es in Nicoles Experimenten mit Wachtel/Huhn-Chimären keine Kontrollen gegeben habe. Nicole konnte zwar sehen, wohin die Wachtelzellen in den Hühnerembryonen wanderten und wohin die Hühnerzellen in Wachtelembryonen wanderten. Aber sie konnte nicht zur Kontrolle untersuchen, wohin sich Hühnerzellen in Hühnerembryonen und Wachtelzellen in Wachtelembryonen bewegen. Ihre Arbeit gründete sich also auf die unbewiesene Annahme, dass eine fremde Neuralleiste in einem Wirtsorganismus den gleichen Weg einschlägt wie dessen eigene Zellen, wenn man diese nicht entfernt hätte. Besonders kritisch waren Allen und Newgreen gegenüber Nicoles Behauptung, die Vorläufer der enteralen Nervenzellen stammten aus dem Sakralbereich der Neuralleiste. In ihren eigenen Arbeiten hatte sich nämlich gezeigt, dass man bei den enteralen Nervenzellen ein ununterbrochenes Fortschreiten vom Mund zum Anus beobachten kann, und das hatten sie auf die Zellwanderung aus dem Vagusbereich der Leiste zurückgeführt. Seit einigen Jahren greift Don Newgreen die These, der Sakralbereich trage zur Bildung des enteralen Nervensystems bei, erbarmungslos an.

Die Frage nach der Bedeutung der Sakralregion ist von großer Bedeutung, denn der Enddarm, zu dessen Besiedelung diese Zellen beitragen, ist von allen Darmabschnitten am häufigsten durch angeborene Defekte des enteralen Nervensystems in Mitleidenschaft gezogen. Bei der Hirschsprung-Krankheit zum Beispiel, einem recht häufig angeborenen Leiden, enthält der Enddarm überhaupt keine enteralen Ganglien. Die Hirschsprung-Krankheit tritt bei einem von 5000 lebend geborenen Kindern auf. Von den vier Millionen Kindern, die allein in den Vereinigten Staaten jedes Jahr zur Welt kommen, haben also 800 die lebensbedrohliche Krankheit. Da der Enddarm dieser Kinder keine intrinsischen Nervenzellen enthält, fehlt dort auch die schiebende Bewegung, die durch diese Zellen ausgelöst wird. Die Folgen sind eine Blockierung des Colons und eine starke Ausdehnung des Darms oberhalb des ganglienfreien Bereiches. Deshalb bezeichnet man die Hirschsprung-Krankheit auch als *kongenitales* oder *angeborenes Megaklon*. Unbehandelt (und manchmal auch trotz Therapie) ist die Krankheit tödlich. Der gedehnte Darm kann durchbrechen, sodass eine Infektion sich auf den ganzen Organismus ausbreitet. Die Therapie besteht darin, dass man den Darmabschnitt mit den fehlenden Ganglien chirurgisch entfernt – was man nur tun kann, wenn der betreffende Bereich nicht zu lang ist – und den verbliebenen Teil des Darms mit dem Anus verbindet. Um herauszufinden, warum der Enddarm bei der Hirschsprung-Krankheit keine Ganglien enthält, möchte man natürlich wissen, ob die Zellen aus dem Sakralbereich normalerweise zur Besiedelung dieses Darmabschnittes beitragen.

Um zu prüfen, ob Don Newgreens Einwände stichhaltig sind, muss man die Wanderung der Zellen aus der Neuralleiste mit einer Methode verfolgen, die ohne Wachtel/Huhn-Chimären auskommt. An diese Aufgabe machte ich mich zusammen mit Howard Pomeranz, einem Studenten in dem naturwissenschaftlich-medizinischen Graduiertenprogramm der Columbia University, der bei mir promovierte. Howard war ein sensibler Mensch mit einer Neigung zur Literatur und der furchtlosen Bereitschaft für fast jedes Experiment, ganz gleich, wie schwierig es aussah. Unsere Bekanntschaft verdanken wir Bob Payette, einem anerkannten Neurologen und erfahrenen Forscher, der zuvor an der University of Pennsylvania tätig gewesen war. Bob hatte das Leben in Philadelphia unerträglich langweilig gefunden. Er sagte immer, er sei an mein Institut gekommen, weil ihm unsere Forschung gefiel, aber ich hatte den Verdacht, dass der Standort New York mindestens ebenso wichtig war. Bob trug erheblich zu Howards wissenschaftlicher Ausbildung bei, aber leider starb er frühzeitig, sodass er den Abschluss des Projektes nicht mehr erlebte. An Bobs Stelle trat Taube Rothman und sie machte die entscheidenden Experimente mit den Hühnerembryonen.

Wir verfolgten die Wanderung der Zellen aus der Neuralleiste mit drei verschiedenen Methoden. Die erste bestand einfach darin, dass wir Neuralleistenzellen mit spezifischen Antikörpern immuncytochemisch markierten und dann ihre Bewegungen beobachteten. In Folgeexperimenten injizierten wir einen Fluoreszenzfarbstoff namens *DiI* in den Vagus- und Sakralbereich der Neuralleiste von Hühnerembryonen. DiI wird in die Plasmamembran der Zellen eingebaut und bildet dann eine bequeme Markierung. Und schließlich schleusten wir ein gentechnisch verändertes Retrovirus in die Neuralleiste ein. Das Virus war so gestaltet, dass es in die Zellen eindringen konnte, ohne sich dort jedoch zu vermehren oder wieder herauszukommen. Außerdem enthielt es das Gen für ein Bakterienenzym namens *Beta-Galactosidase*, das wir in Gewebeschnitten nachweisen konnten. An der Beta-Galactosidase waren die virushaltigen Zellen also eindeutig zu erkennen. Da das Virus in den Sakralbereich der Leiste gebracht wurde und sich nicht ausbreiten konnte, waren infizierte Zellen im Darm ein Beweis, dass die Zellen aus dem Sakralbereich dorthin wandern.

Wir konnten mit allen drei Methoden bestätigen, dass Nicole Recht hatte. Die Zellen wandern tatsächlich aus dem Sakralbereich der Neuralleiste in den Darm. Die immunzytochemische Markierung ließ eine Kette von Zellen zwischen Neuralleiste und Enddarm erkennen, und wenn wir DiI oder das Retrovirus injizierten, fanden wir im Enddarm immer markierte Zellen. Bestätigt und auf Mäuse ausgedehnt wurden unsere Untersuchungen von Marianne Bronner-Frazer, die ebenfalls DiI in den Sakralbereich der Neuralleiste spritzte. In jüngster Zeit befassten sich Nicole Le Douarin und ihr Postdoc, der junge nordirische Auswanderer Alan Burns, noch einmal mit der Zellwanderung aus der Neuralleiste. Diesmal stellten sie fest, dass sogar eine sehr große Zahl von Zellen aus dem Sakralbereich an der Bildung des enteralen Nervensystems im Enddarm beteiligt ist. Allerdings kommen die Zellen aus dem Sakralbereich erst in einem relativ späten Entwicklungsstadium dort an. Sie lassen ihre Kollegen aus dem Vagusbereich zunächst den gesamten Darm durchwandern, sodass diese im Enddarm als erste eintreffen. Das ist der Grund, warum Don Newgreen und andere den sakralen Anteil des enteralen Nervensystems zunächst nicht gefunden hatten. Die einwandernden Zellen aus dem Sakralbereich waren wegen der bereits vorhandenen Zellen aus dem Vagusabschnitt nicht zu erkennen. Man kann Zellen aus Vagus- und Sakralbereich der Neuralleiste nur dann unterscheiden, wenn man sie markiert hat, bevor sie sich mischen.

Die neuen Untersuchungen zur Bedeutung der Neuralleiste für das enterale Nervensystem waren in gewisser Hinsicht eine Neuerfindung des Rades. Die entscheidenden Beobachtungen hatte Nicole Le Douarin schon gemacht, bevor alle diese Untersuchungen stattfanden. Aber auch im Rückblick bin ich überzeugt, dass es wichtig war, ihre Befunde zu bestätigen. Hätte man dieses spezielle Rad nicht wieder entdeckt, wären wir niemals zu einer molekularbiologischen Erklärung für die Entstehung der Hirschsprung-Krankheit gelangt. Das ist eine andere Geschichte, auf die ich noch kommen werde, aber da der letzte Darmabschnitt bei dieser Erkrankung keinerlei Ganglien enthält, ist eines ohne weiteres zu erkennen: Das Leiden kann nur dann entstehen, wenn nicht nur einer, sondern zwei Auswandererströme aus der Neuralleiste ausbleiben. Wenn man der Hirschsprung-Krankheit auf die Spur kommen will, muss man die Zellen aus dem Vagus- und Sakralbereich in die Rechnung einbeziehen.

Nachahmung

Nachdem ich mich davon überzeugt hatte, dass die unmittelbare Zellumgebung im Darm für die Entstehung des enteralen Nervensystems von entscheidender Bedeutung ist, dachte ich nicht mehr weiter darüber nach, ob auch andere Faktoren wichtig sein könnten. Das erwies sich als Fehler. In der Biologie ist nichts einfach, und bei etwas so Kompliziertem wie dem zweiten Gehirn muss man immer damit rechnen, dass es nicht nur auf Faktoren eines einzigen Typs beruht. Das erste Indiz, dass die Entwicklung des enteralen Nervensystems nicht allein von Einflüssen aus dem Darm abhängt, lieferten unabhängige Beobachtungen von Gladys Teitelman, einer aus Argentinien emigrierten Wissenschaftlerin, die früher einmal ein Jahr in meinem Labor gearbeitet hatte, und von Philippe Cochar, einem französischen Kollegen von Nicole Le Douarin, der damals als Gastwissenschaftler an der Cornell University tätig war. Wie die beiden entdeckten, enthält der entstehende Darm des Rattenembryos für kurze Zeit Zellen, die eindeutig so aussehen, als gehörten sie zum sympathischen Nervensystem. Sie enthalten den sympathischen postganglionären Neurotransmitter Noradrenalin. Da Noradrenalin zur Gruppe der *Katecholamine* gehört, wurden die betreffenden Zellen des entstehenden Darms als »vorübergehend katecholaminhaltige Zellen« oder kurz TC-Zellen (für das englische *transiently catechol-amine-containing cells*) bezeichnet. Im ausgewachsenen Darm gibt es keine Zellen, in denen Katecholamine vorkommen. Woher die TC-Zellen kommen und warum sie später wieder verschwinden, war zur Zeit ihrer Entdeckung ein völliges Rätsel.

Wieder machten Gladys Teitelman und ich uns gemeinsam an die Arbeit, um herauszufinden, was es mit den TC-Zellen auf sich hatte.

Wie Gladys und ich schon bald herausfanden, produzieren die TC-Zellen im entstehenden Rattendarm und auch die entsprechenden Zellen im embryonalen Darm der Maus eine Reihe von Molekülen, die nur in Nervenzellen vorkommen. Aus dieser Beobachtung konnten wir schließen, dass die TC-Zellen zur Bruderschaft (oder Schwesterschaft) der Nervenzellen gehören. Da alle Nervenzellen im Darm aus der Neuralleiste stammen, mussten auch die TC-Zellen oder ihre Vorläufer von dort in den Darm eingewandert sein. Mir kam sofort der Gedanke, die TC-Zellen könnten in Wirklichkeit sympathische Nervenzellen gewesen sein, die auf ihrer Wanderung aus der Neuralleiste einen falschen Weg eingeschlagen und sich verirrt haben, sodass sie schließlich im Darm landeten. Wenn das stimmte, könnten sie schließlich wieder verschwinden, weil das Umfeld im Darm fremden Zellen ablehnend gegenübersteht und sie tötet. Es gibt im Organismus viele geschlossene Zellgesellschaften, und Zellen, die sich nicht den dort herrschenden Regeln beugen, werden schlicht und einfach umgebracht. Der Zelltod ist ein Teil des Lebens und kommt insbesondere in der Entwicklung häufig vor. Aber wie sich herausstellte, war meine erste Vermutung völlig falsch. Also war ich gezwungen, neu nachzudenken.

Auf die Idee, der vorzeitige Tod sei nicht der Grund für das Verschwinden der TC-Zellen, kamen Gladys und ich durch die Entdeckung, dass sie sich vermehren. Sympathische Nervenzellen teilen sich nicht. Von seltenen Ausnahmen abgesehen (dazu gehören zum Beispiel die Nervenzellen, die für den Gesang der Vögel verantwortlich sind, und die sensorischen Zellen für die Geruchswahrnehmung) vermehren oder teilen Nervenzellen sich überhaupt nicht. Als ihre Geburt gilt die letzte Teilung eines Nerven-zellvorläufers. Eine typische Nervenzelle, die einmal entstanden ist, wird nicht mehr ersetzt und hat keine andere Zukunftsaussicht als den Tod. Gladys ging nun anderen Fragen nach, und an meiner Untersuchung der TC-Zellen beteiligte sich Greg Baetge, ein besonders begabter Doktorand. Gemeinsam bestätigten wir nicht nur den Befund von Gladys, dass die TC-Zellen sich vermehren, sondern wir ertappten einige von ihnen sogar *in flagranti*, wie sie ganz unverfroren die *Mitose* (Zellteilung) durchmachten. Dass die TC-Zellen sich teilen, ist ein Indiz, dass sie keine Nervenzellen sind. Da sie aber aus der Neuralleiste stammen und typische Moleküle der Nervenzellen produzieren, nahmen wir an, dass es sich bei den TC-Zellen um Vorläufer von Nervenzellen handelt. Auch dass Zellen sich fortpflanzen, wenn ihnen der Tod bestimmt ist, war unwahrscheinlich. Allmählich wuchs bei uns der Verdacht, dass die TC-Zellen Vorläufer des enteralen Nervensystems sind und dass sie später verschwinden, weil sie oder ihre Nachkommen die Eigenschaften sympathischer Nervenzellen verlieren, an denen man sie anfangs erkennen konnte. Nach unserer Vermutung gingen aus den TC-Zellen also die enteralen Nervenzellen hervor, die denen des sympathischen Nervensystems nicht im Geringsten ähneln. Um diese Hypothese zu überprüfen, brauchten wir ein neues Kennzeichen, das auch dann erhalten blieb, wenn die sympathischen Merkmale der TC-Zellen verschwanden.

Die Beständigkeit der Moleküle

An dieser Stelle schwenkten wir mit unseren Untersuchungen um. Mit molekularbiologischen Methoden studierten wir jetzt nicht nur die Enzyme, mit denen die TC-Zellen ihren Neurotransmitter produzieren, sondern auch die RNA-Moleküle, die für die Produktion dieser Enzyme sorgen. Wie sich dabei herausstellte, ist die fragliche RNA nur sehr kurze Zeit in den Zellen vorhanden. Die TC-Zellen sind also »Blitzer« wie die Leute, die ich manchmal sehe, wenn ich in der U-Bahn-Station an der 168. Straße aus der Linie A steige: Sie entblößen sich kurz und bedecken sich dann wieder. Das Protein jedoch, das die TC-Zellen anhand der flüchtigen RNA-Moleküle herstellen, bleibt nach deren Verschwinden lange erhalten. Auf Grund der Beständigkeit dieses Proteins kann man die Nachkommen der TC-Zellen selbst dann noch erkennen, wenn sie sozusagen den Beruf gewechselt haben. Es ist, als wären die TC-Zellen durch ihre Tätigkeit ein für alle Mal gebrandmarkt, sodass man sie auch später immer erkennen kann. Genauso erkennt man Maler an der Farbe auf den Händen, auch wenn sie nicht mehr malen, und Medizinstudenten tragen den Leichengeruch an sich, auch wenn sie sich nicht mehr im Seziersaal befinden. Entsprechend konnten wir den weiteren Weg der ehemaligen TC-Zellen verfolgen, obwohl sie die Enzyme, mit denen sie die sympathischen Nervenzellen nachahmten, schon längst nicht mehr produzierten.

Insbesondere ein Enzym namens *DBH* (die Abkürzung steht für Dopamin-Beta-Hydroxylase)* ist in TC-Zellen immer vorhanden und geht auch bei ihren Nachkommen nicht ganz verloren. DBH ist das letzte Enzym in der Reaktionsfolge zu Bildung von Noradrenalin, und es kommt auch bei völlig ausgewachsenen Tieren in bestimmten Nervenzellen des enteralen Nervensystems vor. Wir fanden DBH beispielsweise in ausgereiften serotoninhaltigen Nervenzellen. Da die ausgewachsenen Nervenzellen, die DBH enthalten, kein Noradrenalin produzieren, hat das Enzym bei ihnen nichts zu tun. Solche Zellen stellen nicht einmal die Moleküle her,

---

* Noradrenalin wird im Organismus aus der Aminosäure Tyrosin gebildet, einem Baustein der Proteine, die wir mit der Nahrung aufnehmen. Das Tyrosin wird von dem Enzym *Tyrosinhydroxylase* zu der Verbindung L-DOPA umgesetzt (DOPA ist die Abkürzung für *Dihydroxyphenylanin*). L-DOPA brachte eine Umwälzung für die Behandlung der Parkinson-Krankheit, denn es verschaffte den Betroffenen eine bessere Bewegungsfähigkeit. Ein weiteres Enzym, die *L-Aminosäure-Decarboxylase*, verwandelt das L-DOPA in *Dopamin*, das in den Nervenzellen des Gehirns als Neurotransmitter dient und in den sympathischen Nervenzellen den unmittelbaren Vorläufer des Noradrenalins darstellt. Diese letzte Umwandlung vollzieht das Enzym DBH.

die von DBH weiterverarbeitet werden. Daraus schlossen wir, dass das Enzym in den ausgereiften Zellen ein nutzloses Überbleibsel ihrer Vergangenheit ist, eine Erinnerung an ihr früheres Dasein. Wir hatten also gezeigt, dass die TC-Zellen nicht absterben, aber verschwinden, weil sie Vorläufer sind, die sich zu enteralen Nervenzellen differenzieren und dann weder Noradrenalin noch irgendein anderes Katecholamin enthalten. Aber warum die Entwicklung der enteralen Nervenzellen ein derart komplizierter Vorgang ist, in dem die Zellen zunächst ein Gesicht und dann ein anderes zeigen, war nicht ohne weiteres zu erkennen.

Im weiteren Verlauf wies Greg Baetge nach, dass die TC-Zellen im Darm zu einer größeren Zellpopulation gehören, die aus dem Vagusbereich der Neuralleiste auswandert. Der gesamte Weg von den Neuralleiste bis zum Darm ist mit TC-Zellen besetzt und wird von ihnen geradezu markiert. Die ersten Pioniere unter den TC-Zellen kommen schon früh im Darm an und wandern auf seiner Länge ein ganzes Stück, bevor sie ihre sympathischen Merkmale verlieren; andere dagegen bewegen sich gemächlicher vorwärts und werden von den einwachsenden Fasern der Vagusnerven überholt. Schließlich aber wird der Weg wieder frei, und alle TC-Zellen dringen in den Darm ein.

Als Greg seine Promotion bei mir abgeschlossen hatte, ging er als Pathologe nach Südkalifornien, in seine Heimat; er hatte immer davon geträumt, dorthin zurückzukehren. Nachdem er uns verlassen hatte, führte Eran Blaugrund, ein neuer Postdoc aus Israel, das Projekt weiter. Er war uns durch die Entwicklungsbiologin Chaya Kalcheim vermittelt worden, einer weiteren Emigrantin aus Argentinien, die aber eigentlich aus Israel stammte. Ich hatte Chaya durch Nicole Le Douarin kennen gelernt. Sie ist eine großartige Wissenschaftlerin und behandelt auch ihre Freunde so, wie Politiker es mit ihren großen Sponsoren tun. Offensichtlich hatte ich ihr unwissentlich einmal einen Gefallen getan. Sie war so freundlich zu mir, dass ich annehmen musste, sie wolle eine eingebildete Schuld zurückzahlen. Jedenfalls war Eran ein Geschenk von Chaya.

Angeblich kam Eran zur Ausbildung zu mir, aber das war eigentlich ein Witz, denn seine Ausbildung war abgeschlossen. Er arbeitete noch keine Woche bei uns, da brachte er schon anderen bei, wie man es besser machen kann. Der Darm und die TC-Zellen waren für ihn etwas Neues, aber was mich betraf, hatte ich keinen Schüler hinzugewonnen, sondern einen erfahrenen Mitarbeiter. Eran wollte herausfinden, warum zumindest manche Zellen, die zur Entstehung des enteralen Nervensystems beitragen, so viel Energie auf die Nachahmung sympathischer Nervenzellen verwenden, nur um des Maskenspiels nach ein paar Tagen müde zu werden und es aufzugeben. Man stelle sich einen Transvestiten vor, der sich große Mühe gibt, um Kleidung, Make-up und Verhalten des anderen Geschlechts zu vervollkommnen, und dann nach kurzer Zeit alles wieder verwirft.

Als Eran und ich darangingen, das seltsame Verhalten der TC-Zellen genauer zu analysieren, wussten wir bereits, dass aus ihnen enterale Nervenzellen hervorgehen, aber wir hatten keine Ahnung, wie viele. Wir vermuteten, dass sich nur ein Teil der enteralen Nervenzellen aus TC-Vorläufern entwickelt, aber nach unserem damaligen Kenntnisstand hätte auch das gesamte enterale Nervensystem aus ihnen hervorgehen können. Zwar trägt nur ein Teil der ausgereiften enteralen Nervenzellen die DBH-Markierung, die aus der TC-Phase ihrer Vorläufer übrig bleibt, und deshalb konnte man annehmen, dass auch nur dieser Teil derartige Vorläufer hat. Aber wir hatten keine Ahnung, wie dauerhaft das Brandzeichen der DBH-Produktion war, und deshalb konnte man sich auch vorstellen, dass die reifen Zellen, die das Enzym nicht mehr besaßen, es einfach nur ausgemerzt hatten. Deshalb wollten wir als Nächstes herausfinden, ob die Molekülemaskerade eine Laune einiger ungewöhnlicher Vorläuferzellen war oder ob es sich um eine besondere Eigenschaft aller aus der Neuralleiste in den Darm wandernden Zellen handelte.

Ein Vorläufer für alles?

Während wir noch untersuchten, ob alle enteralen Nervenzellen von TC-Zellen abstammen, erschien ein Artikel von Carnahan, Anderson und Patterson. Darin äußerten die drei die Vermutung, das gesamte enterale und sympathische Nervensystem sowie der innere Teil der Nebennieren (das *Nebennierenmark*) könnten in der Embryonalentwicklung aus einem einzigen Vorläufer hervorgehen. Diesen mutmaßlichen Zell-Abraham, dessen Nachkommen so zahlreich sein sollten wie die Sterne am Himmel und die Sandkörner am Meer, nannten sie *sympathoadrenal-enteralen* Vorläufer. David Anderson und Paul Patterson sind für die Neurobiologie der Entwicklung, was E. F. Hutton in den alten Fernseh-Werbespots für die Finanzwelt war. Wenn sie sprechen, hören alle zu. Sofort beherrschte der hypothetische sympathoadrenal-enterale Vorläufer unser Denken, und wir wollten feststellen, ob er tatsächlich existiert.

Das Postulat, enterale und sympathische Nervenzellen hätten einen gemeinsamen Vorläufer, stützte sich auf die Beobachtung, dass TC-Zellen neben dem Apparat zur Herstellung und Nutzung von Noradrenalin noch andere Gemeinsamkeiten mit sympathischen Nervenzellen haben. TC-Zellen und sympathische Nervenzellen tragen auch die gleiche Uniform. Während ihrer Entwicklung bildet sich auf ihrer Plasmamembran eine charakteristische Ausstattung mit Proteinen, die man *Differenzierungsantigene* nennt, weil ein Tier einer anderen Spezies, dem man sie injiziert, Antikörper dagegen bildet. Die Ausstattung mit Differenzierungsantigenen, die eine Zelle ihrer Umwelt präsentiert, stellt im wahrsten Sinne des Wortes eine Uniform dar: An ihr sind Angehörige desselben Zelltyps zu erkennen. Carnahan, Anderson und Patterson hatten verfolgt, wie eine ganze Reihe von Differenzierungsantigenen auf den sympathischen Nervenzellen auftauchten und wieder verschwanden. Zunächst hatte es so ausgesehen, als wären diese Proteine spezifisch für die Vorläuferzellen von sympathischem Nervensystem und Nebenniere, aber in ihrem neuen Artikel berichteten die drei, sie hätten die gleichen Differenzierungs-antigene auch auf den TC-Zellen im embryonalen Darm gefunden. Außerdem seien die Proteine nicht nur ein gemeinsames Merkmal von TC-Zellen und sympathischen Nervenzellen, sondern auch ihr Auftauchen und Verschwinden sei auf Zellen beider Typen zu den gleichen Zeiten in der Entwicklung zu beobachten. Demnach tragen enterale und sympathische Zellen nicht nur die gleiche Uniform, sondern sie ziehen sie auch gleichzeitig an und aus. Die gemeinsame Uniform und das gleichzeitige An- und Ablegen waren für Carnahan, Anderson und Patterson ein starkes Indiz, dass TC-Zellen und sympathische Nervenzellen zur gleichen Zellarmee gehören.

Eran konnte TC-Zellen dazu bringen, in den Gewebekulturen ihre Entwicklung durchzumachen. Er entnahm Rattenfeten den Darm, löste mit geeigneten Enzymen den »Leim« (die extrazelluläre Matrix) auf, der die Zellen zusammenhält, und züchtete die so entstandene Suspension »dissoziierter« Zellen weiter.

Tatsächlich nahmen manche Zellen in der Kultur die Merkmale sympathischer Nervenzellen an und verloren sie dann wieder, obwohl sie ganz vereinzelt in einer Nährlösung wuchsen. Schon das war interessant, denn damit war nachgewiesen, dass die TC-Zellen auf Grund eigener, innerer Eigenschaften so kurzlebig sind. Um ihr »sympathisches« Aussehen zu verlieren, brauchen sie keine Signale aus anderen Teilen des Fetus oder auch nur aus dem Darm. Sie sind so programmiert, dass sie für eine begrenzte Zeit sympathische Nervenzellen nachahmen, und sie hören von selbst damit auf, wenn diese Zeit vorüber ist.

Anschließend setzte Eran Antikörper, welche die Differenzierungsantigene sympathischer Zellen erkennen, als gezielte Todbringer ein. Eine Gruppe von Blutproteinen, *Komplement* genannt, stanzt tödliche Löcher in die Plasmamembran von Zellen, an denen sich Antikörper festgeheftet haben. Zellen, an die keine Antikörper gebunden sind, lässt das Komplement unbehelligt. Eran setzte seinen Kulturen sowohl Antikörper als auch Komplement zu und wartete dann, bis die TC-Zellen abstarben. Mit diesem Verfahren hatte er Erfolg. Alle Zellen in seinen Kulturen, die auch nur ansatzweise die typischen Differenzierungsantigene der TC-Zellen produzierten, gingen sofort zugrunde. Wenn alle Zellen des enteralen Nervensystems aus TC-Zellen hervorgingen, hätten sich in den Kulturen, die mit Antikörpern und Komplement behandelt wurden, keine Nervenzellen mehr entwickeln dürfen. In Wirklichkeit entstanden aber noch Nervenzellen, wenn auch in geringerer Zahl. Dieser Befund ließ vermuten, dass es mindestens zwei Abstammungslinien von Vorläuferzellen des enteralen Nervensystems gibt. Eine davon mag es mit dem sympathischen Nervensystem gemeinsam haben, aber die andere eindeutig nicht.

Unsere Untersuchungen zur Entwicklung der TC-Zellen veranlassten mich, David Anderson anzurufen und das Thema mit ihm zu diskutieren. Er untersuchte damals gerade gentechnisch veränderte Mäuse, bei denen ein Gen namens *mash-1**, das für die Entwicklung des sympathischen Nervensystems unentbehrlich ist, ausgeschaltet war. Diese so genannten Knockout-Tiere kamen also fast ohne sympathisches Nervensystem auf die Welt und starben ausnahmslos bei der Geburt. Nach Davids Feststellungen gibt es aber im Darm der *mash-1*-Knockout-Tiere durchaus Nervenzellen; sie entwickeln sich in der Embryonalphase, tauchen allerdings mit einer Verspätung von zwei Tagen auf. Wenn enterale Nervenzellen vorhanden sind, obwohl die Entwicklung des sympathischen Nervensystems unterbunden wurde, spricht das natürlich nicht gerade für die Idee, dass die Nervenzellen beider Typen aus einem gemeinsamen Vorläufer entstehen. Allerdings war es denkbar, dass die Mutation nicht für die angenommenen sympathoadrenal-enteralen Vorläuferzellen tödlich ist, sondern nur für die sympathischen Nervenzellen, die daraus in einem späteren Entwicklungsstadium hervorgehen. Man konnte also die unbequemen Tatsachen mit einer Erklärung umschiffen. Aber nach einigem Nachdenken stimmte David mir zu: Er war daran interessiert, dass

---

* *mash-1* weist darauf hin, dass dieses Säugetiergen einem Gen namens *achaete-shute* bei der Tauffliege ähnelt. Bezeichnungen für Gene werden üblicherweise kursiv geschrieben.

die enteralen Nervenzellen, die sich im Darm von *mash-1*-Knockout-Mäusen entwickeln, weiter untersucht wurden.

Nachdem wir über Erans Befunde gesprochen hatten, wollte David zusammen mit uns die Hypothese prüfen, dass die Vorläufer der enteralen Nervenzellen zu mehreren Abstammungslinien gehören. Aus den Untersuchungen mit Taube Rothman und unserem Mitarbeiter Tuan Pham wusste ich bereits, dass die verschiedenen Typen enteraler Nervenzellen immer in der gleichen Reihenfolge entstehen. Serotoninhaltige Zellen gehören zu den ersten, und als letzte folgen solche, die ein Peptid namens CGRP* enthalten. Die Hypothese, die wir nun bestätigen wollten, lautete: Die verzögerte Entwicklung der enteralen Nervenzellen, die David in seinen Knockout-Mäusen beobachtet hatte, war nicht auf eine allgemein langsamere Entwicklung der anormalen Mäuse zurückzuführen, sondern auf das Fehlen der enteralen Nervenzellen, die normalerweise als erste entstehen. Die gezielte Vernichtung der frühgeborenen Zellen konnte dazu führen, dass Nervenzellen im Darm des Fetus erst verspätet auftauchen. Die »frühen« Nervenzellen gab es also nicht mehr, aber die »späteren« entstanden zur üblichen Zeit, sodass sich insgesamt das Bild einer verzögerten Entwicklung ergab.

Nun wollten wir herausfinden, woher die früh entstehenden Zellen stammen, die im Darm der *mash-1*-Knockout-Mäuse fehlen. Unsere Hauptkandidaten waren die TC-Zellen, denn sie ahmen die Eigenschaften sympathischer Zellen nach. Da serotoninhaltige Zellen sich frühzeitig entwickeln und während ihres Wachstums DBH enthalten, gingen wir von der Annahme aus, dass die serotoninhaltigen Nervenzellen sich aus TC-Vorläuferzellen entwickeln. Die CGRP-haltigen Zellen dagegen bilden sich ausnahmslos erst spät, und deshalb vermuteten wir, dass sie nicht

---

* CGRP ist die Abkürzung für *calcitonin gene related peptide* (Calcitoningen-ähnliches Peptid). Calcitonin ist ein Schilddrüsenhormon. Es wird von dem gleichen Gen codiert wie CGRP. Aus der dort abgelesenen RNA entstehen durch das so genannte *alternative Spleißen* zwei unterschiedliche Produkte.

aus TC-Zellen hervorgehen. Diese Hypothesen waren leicht zu überprüfen. Sie sagten voraus, dass *mash-1*-Knockout-Mäuse keine serotoninhaltigen enteralen Nervenzellen haben, dass aber eine normale Ausstattung mit CGRP-haltigen Zellen vorhanden ist. Von allen meinen Hypothesen wurde kaum eine andere durch die Experimente so präzise bestätigt wie diese.

Der Darm der *mash-1*-Knockout-Mäuse enthielt erwartungsgemäß weder TC-Zellen noch serotoninhaltige Nervenzellen; die CGRP-haltigen Zellen waren dagegen vorhanden. Außerdem stellten wir fest, dass das Gen *mash-1* im Darm normaler Feten selektiv in den TC-Zellen exprimiert wurde. Eran wandte sich nun wieder seinen Zellkulturen zu und fand heraus, dass die Antikörper und Komplementproteine, mit denen er die TC-Zellen zerstört hatte, auch die Entwicklung der serotoninhaltigen Nervenzellen verhinderten, nicht aber die Entwicklung jener Zellen, die CGRP enthielten. Damit war klar, dass es mehrere (nämlich mindestens zwei) Vorläufer-Abstammungslinien gibt, die zur Entwicklung des enteralen Nervensystems beitragen. Dieses erhält seine Gestalt also sowohl durch die Abstammung der Zellen als auch durch die unmittelbare Umgebung im Darm.

Faktoren der Umgebung können nur auf Zellen wirken, die auch in der Lage sind, darauf anzusprechen. Bevor eine Zelle beispielsweise durch ein äußeres Signal beeinflusst werden kann, muss sie auf ihrer Oberfläche Rezeptoren anbringen, und diese Rezeptoren müssen an einen Signalübertragungsmechanismus im Zellinneren gekoppelt sein. Die Abstammungslinie einer Zelle bestimmt darüber, welche Rezeptoren sie produziert und mit welchen Übertragungswegen diese Rezeptoren verknüpft sind; von welchen Signalen die Vorläufer der Nervenzellen beeinflusst werden, hängt also von ihrer Abstammung ab.

Angeln

Um die Signale aus dem unmittelbaren Umfeld im Darm des Fetus mit ihren Wirkungen zu untersuchen, muss man die Neuralleistenzellen aus dem Darm gewinnen, nachdem sie ihn besiedelt haben, und sie von ihren nicht aus der Neuralleiste stammenden Nachbarn trennen. Anschließend kann man die isolierten Neuralleistenzellen in einem definierten Nährmedium* (das keine Substanzen enthält, die möglicherweise Verwirrung stiften könnten) züchten und mit Signalsubstanzen in Kontakt bringen. Mit allen diesen Kunstgriffen verfolgt man das Ziel, die Vorläufer des enteralen Nervensystems von unbekannten äußeren Einflüssen abzuschirmen. Treten Zellen verschiedener Typen untereinander in Wechselbeziehung, lässt sich nicht mehr feststellen, welche Informationen sie austauschen. Eine Zelle könnte ohne weiteres einer anderen heimlich Entwicklungsanweisungen übermitteln, ohne dass man es bemerkt. Überraschende Ergebnisse sind in der Wissenschaft etwas Schönes, aber wenn man die Versuchsobjekte in unbekannte Wechselbeziehungen treten lässt, kommt es zu Fehlern. Forschungsobjekte – Zellen eingeschlossen – muss man behandeln wie die Bürger eines totalitären Staates. Um die Bevölkerung unter Kontrolle zu halten, müssen die Bewohner von allen äußeren Einflüssen abgeschottet werden, mit Ausnahme jener, die von den Machthabern kommen. Unbekannte Signale sind die Feinde der Wissenschaftler, wie Faxgeräte und Internet die Feinde der Diktatoren sind.

Neuralleistenzellen zu isolieren, ist einfach, solange man sich damit zufrieden gibt, es vor ihrer Wanderung zu den Organen zu tun. Dann braucht man nur das zusammenwachsende Neuralrohr

---

* Als *Medien* bezeichnet man die Lösungen, in denen Zellen in der Gewebekultur gezüchtet werden. Damit die Zellen darin wachsen können, müssen sie häufig eine komplizierte Zusammensetzung haben; unter anderem enthalten sie vielfach Blutserum und Hühnerembryonen-Extrakt (hergestellt aus Hühnerembryonen, die man in einem Mixer homogenisiert). Blutserum und Hühnerembryonen-Extrakt enthalten viele unbekannte Substanzen.

zu entnehmen und in einer Gewebekultur weiterzuzüchten. Die Neuralleistenzellen lösen sich von selbst und wandern auf der Oberfläche der Kulturschale vom Neuralrohr weg. Anschließend kann man das Neuralrohr mit einer dünnen Wolframnadel aus der Kultur entfernen, und dann enthält die Schale fast nur noch Neuralleistenzellen. Aber diese Zellen gleichen nicht denen, die den Darm besiedeln. Zellen, die ihre Wanderung durch den Embryo abgeschlossen haben und in den Darm eindringen, sind älter und erfahrener als ihre Vorgänger zu Beginn der Wanderung. Nach der Wanderung sollte man sie eigentlich nicht als Neuralleistenzellen, sondern als »aus der Neuralleiste stammende Zellen« bezeichnen, denn sie haben dann bereits Veränderungen durchgemacht, die entweder in ihren genetischen Anweisungen einprogrammiert sind und sich von selbst abspielen oder sich als Reaktion auf Signale ereignen, welche die Zelle auf ihrem Weg erhält. Um die Auswirkungen solcher Umweltsignale auf die Entwicklung der enteralen Nervenzellen zu untersuchen, muss man also die aus der Neuralleiste stammenden Zellen aus dem Darm selbst herausangeln.

Die Suche nach einem relativ einfachen Verfahren, mit dem dieses Ziel zu erreichen wäre, erwies sich als schwierig und behinderte mehrere Jahre lang den weiteren Fortschritt. Auf ihrer Wanderung in den Darm mischen sich die Zellen aus der Neuralleiste mit anderen; gäbe es keine molekulare Kennzeichnung, könnte man sie unmöglich von ihren nicht aus der Neuralleiste stammenden Nachbarn unterscheiden. Aber solche Markierungsmoleküle sind tatsächlich vorhanden. Anhand der Differenzierungsantigene, die als charakteristische Uniform der Zellen dienen, kann man die aus der Neuralleiste stammenden Zellen in der fetalen Darmwand erkennen. Eran Blaugrund hatte mit ihrer Hilfe die TC-Zellen ausgewählt, die sterben sollten. Jetzt entschloss ich mich, mit ganz ähnlichen Antikörpern die gesamte Population der aus der Neuralleiste stammenden Darmzellen zu selektionieren und in der Gewebekultur weiterleben zu lassen.

Meine Experimente, mit denen ich aus der Neuralleiste stammende Zellen aus dem fetalen Darm isolieren wollte, machte ich anfangs zusammen mit Howard Pomeranz und Taube Rothman, und am Ende stand mir dabei Alcmène Chalazonitis zur Seite. Alcmène hatte zunächst als selbstständige Wissenschaftlerin an der Albert Einstein Medical School gearbeitet und war dann in mein Institut gekommen. Anders als die Doktoranden und Postdocs, mit denen ich gewöhnlich arbeite, war sie bereits eine anerkannte Forscherin. Sie kam nicht zur Ausbildung, sondern um gleichberechtigt mit mir zusammenzuarbeiten. Wir suchten ein Differenzierungsantigen aus, das im Darm nur von den aus der Neuralleiste stammenden Zellen produziert wird, lösten dann den Darm aus dem Fetus mit Enzymen auf, sodass eine Suspension einzelner Zellen entstand, und brachten diese mit Antikörpern in Kontakt, die gezielt das fragliche Antigen erkannten. Das führte dazu, dass die Oberfläche der aus der Neuralleiste stammenden Zellen mit Antikörpern besetzt war. Als nächstes setzten wir Antikörper eines zweiten Typs zu, die nicht mit den Zellen reagierten, sondern mit den ersten Antikörpern, die bereits an die Differenzierungsantigene gebunden waren. Diese zweiten Antikörper waren mit winzigen magnetischen Kügelchen gekoppelt, und nun brauchten wir nur noch einen Magneten in die Zellsuspension zu halten, um die Zellen aus der Neuralleiste mit ihren angehefteten Magnetkügelchen anzuziehen. Das Verblüffende an dieser Methode der magnetischen *Inmmunselektion* ist die Tatsache, dass sie tatsächlich funktioniert. Am Ende hatten wir zwei Gefäße mit Zellen. Das eine, »immunselektierte«, enthielt eine fast reine Population von Zellen, die aus der Neuralleiste stammten. In dem anderen mit den »Resten« befand sich ein Gemisch aller Zellen, die nach dem Herausangeln der aus der Neuralleiste stammenden Zellen noch übrig blieben.

Auf diese Weise trennten wir Darmzellen aus den Feten von Maus, Ratte, Huhn und Wachtel. Wenn wir sie in der Gewebekultur weiterzüchteten, brachte nur die immunselektierte Population Nerven- und Gliazellen hervor. Die Restbestände wurden zu glatten Muskelzellen. Jun Wu, ein Doktorand, der noch heute bei mir arbeitet, fand einige Jahre später heraus, dass sich auch die interstiellen Cajal-Zellen ausschließlich in den Kulturen mit den Restbeständen entwickelten. Damit war bestätigt, dass diese Zellen, deren Echtheit man erst kurz zuvor nachgewiesen hatte, nicht aus der Neuralleiste hervorgehen. Die interstitiellen Zellen tauchen in den Kulturen mit den Restbeständen auf, weil sie aus derselben Familie von Vorläufern entstehen, die auch die glatte Muskulatur hervorbringt. Wir waren nicht die Ersten, die diesen Schluss zogen; das Gleiche hatten Kent Sanders und Nicole Le Douarin schon früher vermutet. Kents Annahme stützte sich auf seine Beobachtung, dass man eine ganze Reihe von Molekülen, die als spezifische Produkte der glatten Muskelzellen gelten, auch in den interstitiellen Cajal-Zellen findet. Nicole gründete ihre Aussage auf Experimente mit Huhn/Wachtel-Chimären. Wenn sie den Vagusbereich in der Neuralleiste eines Hühnerembryos durch das entsprechende Gewebe aus der Wachtel ersetzte, handelte es sich bei allen Nervenzellen, die sich oberhalb des Nabels entwickelten, um Wachtelzellen, die interstitiellen Cajal-Zellen dagegen stammten aus dem Huhn.

Mit der Immunselektion hatte Alcmène das entscheidende Hilfsmittel in der Hand, um die molekularbiologische Bedeutung des Begriffs »unmittelbares Umfeld im Darm« zu erforschen. Sie brachte die aus der Neuralleiste stammenden Zellen, die sie aus dem Darm herausgeangelt hatte, mit mutmaßlichen Wachstumsfaktoren für enterale Nervenzellen zusammen und konnte dann eindeutig feststellen, wie die Zellen darauf reagierten. Und da ihr die Zellen in reiner Form zur Verfügung standen, konnte sie auch die Rezeptoren ihres Wachstumsfaktors unmittelbar untersuchen. Außerdem konnte sie Faktoren, welche die aus der Neuralleiste stammenden Zellen zum gegenseitigen Kommunikation produzieren, von solchen Substanzen unterscheiden, die von den übrigen Zellen der Darmwand abgegeben werden. Zum ersten Mal war es möglich, den molekularen Nachrichtenaustausch zwischen den Zellen »abzuhören«, der die Entwicklung des zweiten Gehirns beeinflusst.

Signale und Knockout-Tiere

Zunächst untersuchte Alcmène Wachstumsfaktoren aus der Familie der *Neurotropine*. Zu ihnen gehört der erste Wachstumsfaktor, der überhaupt entdeckt wurde und heute als *Nervenwachstumsfaktor (nerve growth factor*, NGF) bezeichnet wird. Für seine Entdeckung erhielten Rita Levi-Montalcini und Stanley Cohen den Nobelpreis. Heute weiß man, dass mindestens fünf Wachstumsfaktoren zur Familie der Neurotropine gehören: NGF, der Gehirnneurotrope Faktor (*brain derived neurotrophic factor*, BDNF) und die Neurotropine 3, 4/5 und 6 (NT-3, NT-4/5 und NT-6). NT-6 wurde erst kürzlich entdeckt und war zur Zeit von Alcmènes Untersuchungen noch nicht bekannt. Alle Neurotropine binden an zwei Rezeptortypen. Einer davon, in der Branche $p75^{NTR}$ genannt, unterscheidet nicht zwischen den einzelnen Neurotropinen, sondern bindet alle gleichermaßen gut. Der zweite ist wählerischer: Er bindet Neurotropine mit stärkerer Affinität und zeigt eine Vorliebe für bestimmte Neurotropine. Die selektiven Moleküle nennt man Trk-Rezeptoren.* Hier gibt es wiederum drei Typen: TrkA bindet vor allem NGF, TrkB bevorzugt entweder BDNF oder NT-4/5, und TrkC hat eine Vorliebe für NT-3.

Dass Alcmène sich so für die Neurotropine interessierte, lag an einem Befund von Greg Baetge: Wie er zuvor entdeckt hatte, produzieren alle aus der Neuralleiste stammenden Zellen, die den Darm des Fetus besiedeln, den Rezeptor $p75^{NTR}$. Und Alcmène stellte fest, dass Antikörper gegen $p75^{NTR}$ sich hervorragend als Reagenz für die Immunselektion der aus der Neuralleiste stammenden fetalen Darmzellen eignen. Da die aus der Neuralleiste stammenden Darmzellen $p75^{NTR}$ produzierten, konnte man annehmen, dass zumindest ein Teil dieser Zellen auch auf Neurotropine anspricht; da $p75^{NTR}$ aber nicht selektiv wirkt, weiß man da-

---

* Alle Trk-Rezeptoren sind Enzyme, die in den Proteinen Phosphatgruppen an die Aminosäure Tyrosin anfügen. Solche Enzyme bezeichnet man als *Kinasen*. Die Abkürzung Trk bedeutet »Tyrosinkinase«.

mit noch nichts darüber, welches Neurotropin für die Entwicklung der enteralen Nerven- und Gliazellen von Bedeutung ist.

Alcmène probierte alle Neurotropine mit Ausnahme des (damals noch nicht entdeckten) NT-6 aus, aber nur NT-3 hatte einen Effekt auf die aus der Neuralleiste stammenden Zellen, die sie durch Immunselektion aus dem fetalen Darm gewonnen hatte. Dieser Wachstumsfaktor setzte in den Nervenzellen die Entwicklung von Nerven- und Gliazellen in Gang, während NGF, BDNF und NT-4/5 keine erkennbare Wirkung hatten. NT-3 ließ eine größere Zahl enteraler Nervenzellen entstehen, veranlasste die Vorläuferzellen aber nicht zur Vermehrung; demnach musste dieses Neurotropin den Anteil der Vorläuferzellen steigern, die sich für die Differenzierung zu Nerven- oder Gliazellen entschieden. Wie Alcmène außerdem feststellte, werden Nervenzellen, deren Entwicklung durch NT-3 in Gang gesetzt wird, süchtig nach dieser Substanz: Nachdem sie einmal darauf angesprochen haben, werden sie derart abhängig von NT-3, dass sie sofort absterben, wenn der Faktor nicht mehr zur Verfügung steht. NT-3 fördert also nicht nur die Entwicklung von Nerven- und Gliazellen, sondern es ist auch lebensnotwendig.

In weiteren Versuchen wies Alcmène auch die Wirksamkeit mehrerer anderer Wachstumsfaktoren nach. Die wirksamste dieser Substanzen trägt den Namen Glialinien-neurotroper Faktor (*glial cell line derived neurotrophic factor*, GDNF). Entdeckt wurde er ursprünglich als Produkt einer Gewebekulturlinie von Gliazellen, die man aus einem bösartigen Tumor gewonnen hatte. Zum ersten Mal wurde man auf GDNF aufmerksam, weil er in Gewebekulturen die Entwicklung und das Überleben von Zwischenhirnzellen fördert, die den Neurotransmitter *Dopamin* enthalten. Die Degeneration dieser Zellen ist die Ursache der Parkinson-Krankheit, und deshalb gilt alles, was ihre Überlebensfähigkeit verbessert, als große Errungenschaft. Wie ich bereits erwähnt habe, kann die Parkinson-Krankheit nicht nur das Gehirn, sondern auch das enterale Nervensystem in Mitleidenschaft ziehen. Die als *Lewy-Körper* bezeichneten charakteristischen Gewebeschäden, an denen ein Neuropathologe die Krankheit definitiv erkennen kann, findet man nicht nur im Gehirn, sondern auch im Darm. Da bei der Parkinson-Krankheit die dopaminhaltigen Zellen sowohl im Zwischenhirn als auch im enteralen System degenerieren, hatten wir Grund zu der Annahme, dass es auch im Darm zumindest einige Zellen gibt, die mit den dopaminhaltigen Nervenzellen des Zwischenhirns verwandt sind. Wenn das stimmte, hatte GDNF vielleicht nicht nur auf die Nervenzellen im Gehirn, sondern auch auf die des Darms nützliche Wirkungen.

Alcmène und ich brauchten einige Zeit, bis wir die Wirkungen von GDNF im Darm erforscht hatten. Während wir daran arbeiteten, wussten wir bereits, dass der Faktor sich als wichtiges Element in der Entwicklung des enteralen Nervensystems erweisen würde. Vassilis Pachnis hatte gegenüber von unserem Institut an der Columbia University im Labor von Frank Constantini gentechnisch veränderte Mäuse erzeugt, die in einem Gen namens *c-ret* eine gezielte Mutation trugen. Als Vassilis und Frank diese Knockout-Tiere herstellten, wussten sie, dass *c-ret* den Zelloberflächenrezeptor Ret entstehen lässt (Ret ist wie die Trk-Rezeptoren eine Tyrosinkinase). Aber welches Molekül als Ligand an Ret bindet, war nicht bekannt. Dennoch interessierten sich Vassilis und Frank für Ret, denn Mutationen in dem menschlichen Gen RET* verursachen entsetzliche Gesundheitsstörungen. Durch solche Mutationen wird der Rezeptor spontan (das heißt ohne die Bindung eines Liganden) aktiv; man findet derartige Veränderungen bei Menschen, die an mehrfachen Krebserkrankungen der Hormondrüsen leiden und daran häufig auch sterben. Vassilis und Frank wollten untersuchen, was bei fehlendem Ret schief geht, um so Aufschlüsse über die Funktion des Rezeptors in der normalen Entwicklung zu gewinnen. Die Knockout-Mäuse, denen Ret fehlte, starben bei der Geburt und besaßen unterhalb der Speiseröhre sowie der unmittelbar angrenzenden Region des Magens keinerlei Nervenzellen. (Auch Nieren fehlen bei Mäusen, die kein Ret bilden.) Die *c-ret*-Knockout-Mäuse lieferten also den Beweis, dass die Stimulation von Ret für die Ent-

---

* Bei Tieren wird das Gen als *c-ret* bezeichnet, bei Menschen schreibt man es in Großbuchstaben: RET

wicklung fast aller enteralen Nervenzellen unentbehrlich ist. Eine Ausnahme bildet nur die winzige Population, die aus der verbliebenen Neuralleiste stammt und die Speiseröhre sowie den unmittelbar angrenzenden Abschnitt des Magens besiedelt.

Später entdeckten mehrere Arbeitsgruppen, dass es sich bei dem normalen Liganden von Ret um GDNF handelt.* Eine gezielte Mutation, welche die Produktion dieses Wachstumsfaktors verhindert, hat also genau die gleiche tödliche Wirkung wie die Ausschaltung von Ret. Ganz gleich, ob man den Liganden oder seinen Rezeptor ausschaltet, immer ist das enterale Nervensystem zum Untergang verdammt. Die Befunde zeigen eindeutig, dass die Entwicklung des enteralen Nervensystems von GDNF abhängt, aber sie besagen nichts über den Grund. Die Ret produzierenden Zellen im entstehenden Darm stammen ausnahmslos aus der Neuralleiste und sind demnach vermutlich selbst der Angriffspunkt für GDNF. David Anderson konnte mit Antikörpern gegen Ret sogar Zellen, die aus der Neuralleiste stammten, aus dem Darm von Mäuseembryonen immunselektieren. Viele der so gewonnenen Zellen waren multipotent, das heißt, ihre Differenzierung war noch nicht sonderlich weit fortgeschritten.

Alcmène und ich mussten nun die Hypothese prüfen, dass GDNF notwendig ist, damit die Entwicklung der ersten, einfachsten, aus Vagus- und Sakralbereich der Neuralleiste stammenden Zellen des enteralen Nervensystems in Gang gesetzt wird. Wenn ein gemeinsamer Vorläufer aller dieser Zellen durch GDNF stimuliert werden muss, um zu überleben oder sich zu differenzieren, dürfte ohne GDNF oder Ret nichts entstehen, was auch nur entfernt einem enteralen Nervensystem ähnelt. Unsere Hypothese würde also erklären, was sich im Darm der GDNF- oder Ret-Knockout-Mäuse abspielte.

---

* Eigentlich bindet GDNF nicht unmittelbar an Ret, sondern es braucht dazu einen Helfer, auch Corezeptor genannt. Einen solchen Corezeptor, der kein integraler Bestandteil des Zellmembran ist, bezeichnet man auch als *Alpha-Bestandteil*. Es gibt mehrere Corezeptoren, welche die Liganden bei der Stimulation von Ret unterstützen. Für GDNF ist offenbar ein derartiges Molekül mit der Bezeichnung GFR-*alpha-1* am wichtigsten.

Alcmène isolierte mit der Immunselektion die aus der Neuralleiste stammenden Zellen aus unterschiedlich alten Mäuseembryonen, züchtete sie in Gewebekulturen weiter und behandelte sie mit GDNF. Die Ergebnisse waren spektakulär. Als Alcmène sich zum ersten Mal eine Schale mit den stimulierten Zellen ansah, musste sie tief Luft holen. So etwas hatten wir alle noch nie gesehen. Auch NT-3 hatte die Entwicklung der Nervenzellen gefördert, aber seine Wirkung verblasste im Vergleich zu der von GDNF. In der Kulturschale wuchs praktisch ein Rasen aus Nervenzellen.

Wie sich herausstellte, hatte dieser auffällige Befund seine Ursache in einem Effekt, den nur GDNF ausübt, nicht aber NT-3 oder die anderen Wachstumsfaktoren, die wir zuvor untersucht hatten. GDNF fördert ebenfalls das Überleben und die Entwicklung der enteralen Nervenzellen, aber anders als NT-3 regt es sie außerdem auch zur Vermehrung an. Deshalb wird die GDNF-behandelte Population insgesamt größer, und sie enthält mehr Vorläufer von Nervenzellen. Dieser Effekt stellt die Wirkungen der anderen Wachstumsfaktoren, die auf Kosten der Vermehrung von Vorläufern die Differenzierung der enteralen Nerven- und Gliazellen fordern, weit in den Schatten.

Weiterhin stellte Alcmène fest, dass der Effekt von GDNF stark altersabhängig ist. Im Frühstadium der Entwicklung hat der Faktor eine äußerst starke Wirkung, die aber bei Zellen aus älteren Feten erheblich nachlässt. Ganz am Anfang, wenn GDNF am stärksten wirkt, sprechen die aus der Neuralleiste stammenden Darmzellen auf NT-3 überhaupt nicht an. Die ersten Vorläufer des enteralen Nervensystems reagieren also bereits auf GDNF, bevor NT-3 bei ihnen überhaupt eine Wirkung zeigt. Und wenn die Vorläufer nicht zunächst mit GDNF in Kontakt kommen, lernen sie nie, auf NT-3 zu reagieren. Später, wenn die Zellen für NT-3 ansprechbar sind, addieren sich die Wirkungen der beiden Faktoren: Jetzt sprechen die Zellen auf eine Kombination aus beiden stärker an als auf jeden der beiden allein. Alle diese Befunde passten hervorragend zu unserer Ausgangshypothese.

Es ist verblüffend, wie unterschiedlich die Auswirkungen auf den Darm sind, wenn man einerseits GDNF oder Ret und anderseits *mash-1* ausschaltet. Der Verlust von GDNF oder Ret ist eine Katastrophe: Im Darm entwickelt sich unterhalb der Speiseröhre und des angrenzenden Magenabschnitts keine einzige Nerven- oder Gliazelle mehr. Ohne *mash-1* dagegen bleibt nur die Entwicklung einer Abstammungslinie enteraler Nervenzellen aus, während die Gliazellen weiterhin normal heranreifen. Noch enger begrenzte Wirkungen hat die Ausschaltung einiger anderer Gene, die ebenfalls am Aufbau des enteralen Nervensystems mitwirken.

Einen solchen begrenzten Effekt beobachtet man zum Beispiel, wenn man durch gezielte Mutationen die Gene für Rezeptoren inaktiviert, die auf Wachstumsfaktoren aus der Gruppe der *neuropoietischen Cytokine* ansprechen. Funktioniert ein solcher Rezeptor nicht mehr, fehlen nur die motorischen Nervenzellen, welche die glatte Muskulator anregen oder hemmen.* (Die Bezeichnung »neuropoietische Cytokine« mag ich nicht, denn man kann sie nur schwer aussprechen oder sich daran erinnern, ja selbst das Buchstabieren fällt schwer. Der Name hat zwar eine gewisse Logik, aber da er hergeholt, fachspezifisch und nicht sonderlich interessant ist, beachte ich ihn nicht weiter.) Was neugeborene Mäuse betrifft, sind die Unterschiede in den Wirkungen der verschiedenen lahm gelegten Gene sehr theoretischer Natur. Mit der Maus geschieht immer das Gleiche: Ihr Darm bläht sich kurz nach der Geburt auf,

---

* Welcher Ligand tatsächlich den Rezeptor für neuropoietische Cytokine stimuliert, der die Entwicklung der motorischen Darmnervenzellen in Gang setzt, ist nicht bekannt. Der Rezeptor hat drei Bestandteile: Einer namens Alpha hält den Liganden fest; die beiden anderen, die gleichartig sind und Beta genannt werden, sind integrale Membranproteine und übertragen das Signal. Der Alpha-Bestandteil ist unentbehrlich. Fehlt er, entwickeln sich die motorischen Darmnervenzellen nicht. An den Alpha-Bestandteilen bindet der Cilienneurotrope Faktor (CNTF); daraufhin wird der Rezeptor für neuropoietische Cytokine aktiv und setzt die Entwicklung der enteralen Nerven- und Gliazellen in Gang. Bei Mäusen kann man CNTF jedoch ausschalten, ohne die Entwicklung des enteralen Nervensystems zu beeinträchtigen, und auch bei etwa 2 Prozent aller gesunden Japaner ist der Faktor nicht vorhanden. In der Entwicklung des enteralen Nervensystems wird der Rezeptor also offenbar von einer anderen Substanz stimuliert.

und das Tier stirbt. Entweder funktioniert das enterale Nervensystem vom Tag der Geburt an, oder das Tier überlebt nicht mehr als ein paar Stunden. Was aber die wissenschaftlichen Erkenntnisse angeht, sind die unterschiedlichen Effekte der ausgeschalteten Gene und die Wirkungen der Wachstumsfaktoren höchst aufschlussreich.

Das Ballett

Die Untersuchungen zur Wirkung der verschiedenen Wachstumsfaktoren lassen den Schluss zu, dass die Entwicklung des enteralen Nervensystems einer Ballettchoreografie ähnelt. (Das Ballett und die Folgen von Fehlern sind in der Abbildung S. 406 dargestellt.) Ebenso wichtig wie die einzelnen Schritte selbst ist ihre Reihenfolge. Die ersten Zellen, aus denen das enterale Nervensystem hervorgeht, produzieren Ret, während sie in den Darm einwandern, und müssen mit GDNF gehätschelt werden, den die nicht aus der Neuralleiste stammenden Zellen der Darmwand bilden. Fehlt den Gründerzellen der Faktor, gehen sie zu Grunde, und es entsteht überhaupt kein enterales Nervensystem. Bleibt also der erste Schritt (die Stimulation durch GDNF) aus, spielt alles Weitere keine Rolle mehr.

Werden die ersten aus der Neuralleiste stammenden Zellen hinreichend durch GDNF stimuliert, entwickeln sie sich zu zwei getrennten Abstammungslinien weiter. Eine davon muss das Gen *mash-1* exprimieren, bei der anderen ist das nicht erforderlich. Das ist der nächste Schritt der Choreografie. Wird *mash-1* ausgeschaltet, entstehen keine TC-Zellen und damit auch nicht die Nervenzellen, die relativ früh aus ihnen hervorgehen. Dagegen differenzieren sich die später entstehenden Nervenzellen nach dem üblichen Zeitplan. Fehlt *mash-1*, gibt es also keine serotoninhaltigen Nervenzellen (und vermutlich auch keine motorischen Nerven zur glatten Muskulatur), aber CGRP-haltige Zellen und Gliazellen sind vorhanden. Anschließend teilt sich die *mash-1*-Abstammungslinie offenbar in mehrere Unterlinien auf. Eine davon

Besiedlung des Darms nach Ausschalten von GDNF oder Ret

Vorläuferzellen wandern weiterhin aus
der Neuralleiste in den Darm.

Zellen aus Vagus- und Sakralbereich der Neuralleiste sterben,
weil sie nicht durch GDNF stimuliert werden. Der Darm enthält unterhalb
von Speiseröhre und angrenzendem Magenabschnitt keine Ganglien.

Besiedlung des Mäusedarms nach Ausschalten von mash-1

Vorläuferzellen wandern aus der Neuralleiste in den Darm;
die Population ist multipotent.

Zellen aus Vagus- und Sakralbereich vermehren sich und bevölkern
den Darm unterhalb der Speiseröhre.

Sie erhalten ihren »GDNF-Stoß«
Im Darm produzieren die Zellen Ret. und überleben.

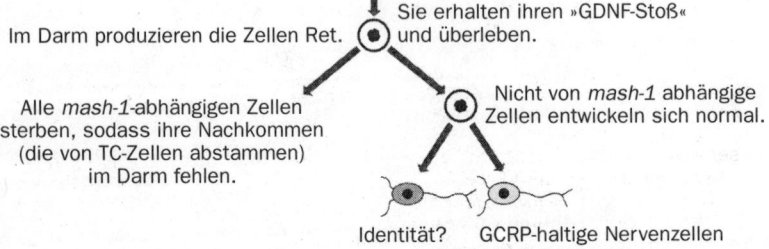

Alle *mash-1*-abhängigen Zellen
sterben, sodass ihre Nachkommen
(die von TC-Zellen abstammen)
im Darm fehlen.

Nicht von *mash-1* abhängige
Zellen entwickeln sich normal.

Identität?   GCRP-haltige Nervenzellen

Besiedlung des Mäusedarms nach Ausschalten des Rezeptors für neuropoietische Cytokine

Vorläuferzellen wandern aus der Neuralleiste in den Darm;
die Population ist multipotent.

Zellen aus Vagus- und Sakralbereich vermehren sich und
bevölkern den Darm unterhalb der Speiseröhre.

Sie erhalten ihren »GDNF-Stoß«
Im Darm produzieren die Zellen Ret. und überleben.

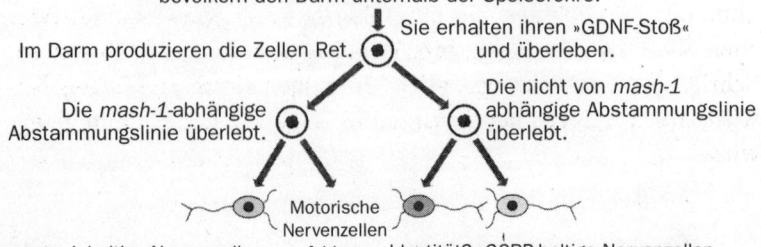

Die *mash-1*-abhängige
Abstammungslinie überlebt.

Die nicht von *mash-1*
abhängige Abstammungslinie
überlebt.

Motorische
Nervenzellen
serotoninhaltige Nervenzellen   fehlen.   Identität? GCRP-haltige Nervenzellen

Besiedlung des normalen Mäusedarms

Vorläuferzellen wandern aus der Neuralleiste in den Darm;
die Population ist multipotent.

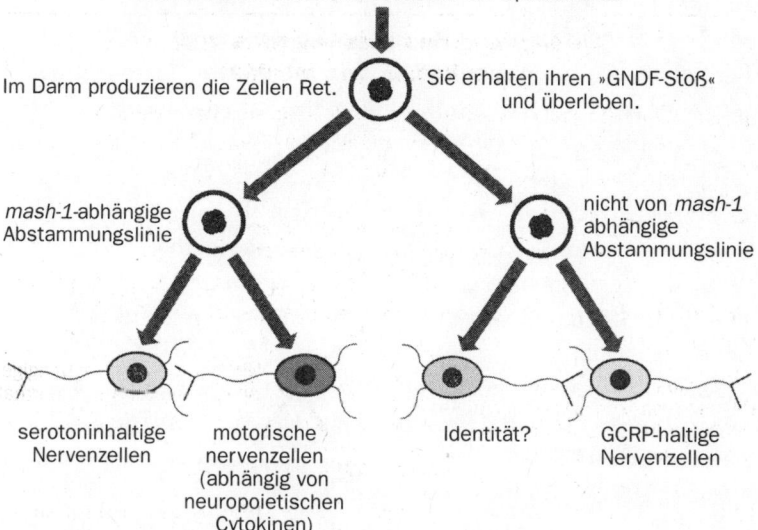

Zellen aus Vagus- und Sakralbereich vermehren sich
und bevölkern den Darm unterhalb der Speiseröhre.

Im Darm produzieren die Zellen Ret. Sie erhalten ihren »GNDF-Stoß«
und überleben.

mash-1-abhängige
Abstammungslinie

nicht von *mash-1*
abhängige
Abstammungslinie

serotoninhaltige
Nervenzellen

motorische
nervenzellen
(abhängig von
neuropoietischen
Cytokinen)

Identität?

GCRP-haltige
Nervenzellen

ist später von der Stimulation durch den Rezeptor für neuropoietische Cytokine abhängig und bringt die motorischen Nervenzellen hervor, die Signale an die glatte Muskulatur übermitteln. Das ist der dritte Schritt der Choreografie. NT-3 und TrkC beeinflussen wahrscheinlich noch kleinere Gruppen von Nervenzellen, denn sie kann man im Gegensatz zu den anderen Faktoren ausschalten, ohne der Entwicklung des enteralen Nervensystems einen tödlichen Schaden zuzufügen. Ihre Wirkung betrifft also noch spätere Schritte im Entwicklungsballett. Je früher ein Signal abgegeben wird, desto weit reichender sind die Folgen, wenn es lahm gelegt wird.

Serotonin als Entwicklungssignal

Dass das Überleben von einem enteralen Nervensystem abhängt, das bereits bei der Geburt genügend entwickelt ist, um zu funktionieren, liegt auf der Hand; aber voll ausgereift ist es bei neugeborenen Menschen oder Tieren noch nicht. Die Entwicklung setzt sich auch noch nach der Geburt fort. Bei Mäusen entstehen während des ersten Lebensmonats weitere enterale Nervenzellen. Wie lang dieser Zeitraum beim Menschen ist, wurde nie genau ermittelt, aber wenn man die unterschiedliche Lebensdauer zu Grunde legt, entspricht ein Monat bei der Maus etwas mehr als drei Jahren beim Menschen. Wenn sich auch nach der Geburt neue enterale Nervenzellen bilden, ist das Nervensystem eines Säuglings noch formbar und im Entstehen begriffen. Deshalb kann man sich durchaus vorstellen, dass die ersten Erfahrungen eines jungen Darms die »Persönlichkeit« des darin heranreifenden zweiten Gehirns beeinflussen.

Ich habe zwar nie eine Untersuchung gesehen, die es wirklich beweist, aber oft wird behauptet, aus Kindern mit Darmkoliken würden Erwachsene mit einem Reizdarm. Über den Zusammenhang zwischen den frühen Erfahrungen des Darms und dem Verhalten der ausgewachsenen Verdauungsorgane kann man nur schwer verlässliche Aufschlüsse gewinnen, aber in jüngster Zeit haben mir die Beobachtungen über das Serotonin und seine Wirkungen auf die Entwicklung der enteralen Nervenzellen eine molekularbiologische Begründung für die These geliefert, die Kindheitserlebnisse eines Darms beeinflussten sein Befinden im Erwachsenenalter.

Da sich die serotoninhaltigen enteralen Nervenzellen so früh entwickeln, wäre es denkbar, dass Serotonin nicht nur ein normaler Neurotransmitter, sondern auch ein Wachstumsfaktor ist. Für diese Möglichkeit sprechen auch elektronenmikroskopische Aufnahmen des entstehenden enteralen Nervensystems von Meerschweinchen, die Diane Sherman vor einigen Jahren machte. Wie man auf ihren Bildern eindeutig erkennt, bilden die früh entste-

henden enteralen Nervenzellen tatsächlich Synapsen mit den Vorläufern anderer enteraler Nervenzellen. Auch die serotoninhaltigen EC-Zellen der Darmschleimhaut entwickeln sich früher als die
Mehrzahl der enteralen Nervenzellen, die demnach während ihrer
Differenzierung wahrscheinlich mit Serotonin in Kontakt kommen. Damit das Serotonin aber einen Einfluss ausüben kann, müssen die Nervenzellen geeignete Rezeptoren produzieren.

Die Serotonin-Rezeptoren im Darm gehören, wie ich bereits ge-
schildert habe, zu den Dingen, mit denen ich mich schon seit langem befasse. In jüngster Zeit arbeite ich zusammen mit meiner
jungen Kollegin Elena Fiorica-Howells an der Klonierung des
Gens, das den immer noch schwer fassbaren 5-HT_{1P}-Rezeptor codiert. Elena ist alles andere als einfallslos. Zwar ist es ihr bisher
nicht gelungen, 5-HT_{1P} zu klonieren, aber im Verlauf der Versuche
klonierte sie mehrere andere Gene für Serotonin-Rezeptoren aus
den Darmganglien. Einer davon, 5-HT_{2B} genannt, hielt eine interessante Überraschung bereit. Zuvor hatte man geglaubt, dieser
Rezeptor werde im Verdauungskanal nur von der glatten Muskulatur eines bestimmten Bereichs (des Fundus) im Magen von Mäusen und Ratten produziert. Da es im Magen des Menschen keinen
entsprechenden Abschnitt gibt, nahm man den 5-HT_{2B}-Rezeptor
nie sonderlich ernst. Der Fundus des Ratten- und Mäusemagens ist
ein spezialisierter Raum, wo symbiontische Bakterien leben und
die von diesen Tieren aufgenommene Cellulose verdauen. Obwohl
allgemein die Ansicht herrscht, 5-HT_{2B} beschränke sich auf die
Muskulatur, klonierte Elena ihn aus Nervenzellen des Dünn- und
Dickdarms von Meerschweinchen, Mäusen und Ratten.

Von unserem französischen Kollegen Luc Maroteaux (der ebenfalls den 5-HT_{2B}-Rezeptor der Maus kloniert hatte) erhielt Elena
Antikörper, mit denen sie die Lage des 5-HT_{2B}-Rezeptors immuncytochemisch ermitteln konnte, und sie selbst stellte Molekülsonden her, um die Zellen, die den Rezeptor im Darm produzierten,
mit *in-situ-Hybridisierung* zu lokalisieren. Ihre Experimente lieferten unvorhergesehene Ergebnisse. Im Darm der erwachsenen
Nagetiere war der 5-HT_{2B}-Rezeptor tatsächlich in den Ganglien
des Auerbach-Plexus nachzuweisen, allerdings nur in sehr weni-

gen Zellen. Nur in jedem vierten oder fünften Ganglion war er auf einer Zelle zu finden. In Mäuseembryonen dagegen fand Elena den Rezeptor in großen Mengen; er wird in vielen Zellen praktisch aller Ganglien produziert.

In eingehenden Untersuchungen stellte sich heraus, dass der 5-HT_{2B}-Rezeptor »entwicklungsabhängig reguliert« ist. Seine Produktion steigt und fällt im Verlauf der Embryonalentwicklung wie das römische Reich im Verlauf der Geschichte. Zum ersten Mal taucht er im embryonalen Mäusedarm am vierzehnten Schwangerschaftstag auf, am fünfzehnten und sechzehnten Tag erhöht sich die Anzahl, und dann sinkt sie bis zur Geburt (am 18. Tag nach der Befruchtung) allmählich auf den Wert, den man auch bei den ausgewachsenen Tieren findet. Interessant sind diese Zeitpunkte wegen der Entwicklung, die sich gleichzeitig bei der Serotonin-Produktion abspielt. Die Menge des 5-HT_{2B}-Rezeptors erreicht ihren Höhepunkt zur gleichen Zeit, wenn auch (am 15. Schwangerschaftstag) die letzten serotoninhaltigen Nervenzellen entstehen und (am 16. Tag nach der Befruchtung) die ersten serotoninhaltigen EC-Zellen auftauchen. Dieser zeitliche Zusammenhang legt die Vermutung nahe, dass der 5-HT_{2B}-Rezeptor im embryonalen Darm mit der Wirkung des Serotonins auf die Entwicklung zu tun hat.

Elena und ich hielten unsere vorläufigen Befunde für so stichhaltig, dass wir jetzt der Frage nachgehen konnten, ob Serotonin und der 5-HT_{2B}-Rezeptor die Entwicklung enteraler Nervenzellen tatsächlich beeinflussen. Ermutigt wurden wir auch durch die Ergebnisse von Untersuchungen, die Luc Maroteaux mit Zellen aus dem kranialen Abschnitt der Neuralleiste (dem Bereich vor der Vagusregion) und dem Herz-Kreislaufsystem durchgeführt hatte; sie ließen ebenfalls darauf schließen, dass die 5-HT_{2B}-Rezeptoren an der Entwicklung mitwirken. Elena isolierte aus der Neuralleiste stammende Zellen des fetalen Mäusedarms zu Zeitpunkten, an denen der 5-HT_{2B}-Rezeptor ihren Befunden zufolge vorhanden war, und züchtete sie mit oder ohne Serotonin in einem Nährmedium mit genau bekannter Zusammensetzung. Tatsächlich verhielt sich das Serotonin wie ein Wachstumsfaktor: Es förderte die Entwicklung enteraler Nervenzellen in ihren Kulturen mindestens ebenso stark wie der altbekannte Faktor NT-3 in den früheren Experimenten von Alcmène Chalazonitis. Außerdem konnte Elena die Wirkung des Serotonins auch mit einem Wirkstoff namens DOI (einem chemischen Verwandten des LSD) nachvollziehen, der bekanntermaßen als Agonist den 5-HT_{2B}-Rezeptor stimuliert. Darüber hinaus ließen sich die Effekte von Serotonin und DOI mit den 5-HT_{2B}-Antagonisten Methysergid und Ritanserin blockieren. Alle diese Beobachtungen stehen im Einklang mit der Theorie, dass Serotonin ein Wachstumsfaktor ist und die Entwicklung des enteralen Nervensystem beeinflusst.

Meine Vermutung, Serotonin könne an der Entwicklung des Gehirns beteiligt sein, hatten schon früher zahlreiche Fachleute geäußert. Für diese Vermutung sprechen stichhaltige, aber recht indirekte Indizien. Deshalb waren Elenas Arbeiten besonders wichtig, denn zum ersten Mal war jetzt belegt, dass Serotonin zumindest die Entwicklung einiger Wirbeltier-Nervenzellen fördert. Damit rückte die These, Serotonin könne nicht nur ein Neurotransmitter, sondern auch ein Wachstumsfaktor sein, aus dem Bereich der Vermutungen in den der nachgewiesenen Tatsachen. Wir wissen jetzt, was Serotonin bei Nervenzellvorläufern *bewirken kann*. Da es im Darm des Fetus vorhanden ist und da auch die 5-HT_{2B}-Rezeptoren in der Entwicklung entsprechend reguliert werden, sieht es ganz danach aus, als förderte das Serotonin *tatsächlich* die Entwicklung der enteralen Nervenzellen. Der endgültige Beweis für diese Schlussfolgerung steht allerdings noch aus.

Neurotransmitter werden von stimulierten Nervenzellen ausgeschüttet. Da ein Neurotransmitter wie Serotonin vermutlich die Entwicklung der enteralen Nervenzellen beeinflusst, dürfte jeder Faktor, der im unausgereiften Darm die serotoninhaltigen Nervenzellen (oder solche mit anderen in der Entwicklung aktiven Neurotransmittern) aktiviert, sich auch positiv oder negativ auf die Entwicklung des enteralen Nervensystems auswirken. Die Erfahrungen des Säuglingsdarms bestimmen darüber, wie stark die Aktivität der verschiedenen enteralen Nervenzellen ist und wann diese Zellen ein- oder ausgeschaltet werden. Wenn Erfahrungen also auf diese Weise die Aktivität der enteralen Nervenzellen und die Ausschüttung entwicklungsrelevanter Neurotransmitter wie Serotonin steuern, bestimmen sie auch mit über den Entwicklungsverlauf des enteralen Nervensystems. Demnach wäre es vermutlich klug, den unausgereiften Darm gut zu behandeln. Aber leider weiß niemand, wie eine gute Behandlung für das junge enterale Nervensystem aussieht. Das Schöne daran ist, dass diese Frage wieder einmal einen Anlass für weitere Forschungsarbeiten bietet.

Abstammung

Die Geschichte der Entwicklung des enteralen Nervensystems hat auffallende Ähnlichkeit mit einer Chronik der Einwanderung in Amerika. Irving Howe hätte eine Fortsetzung zu *The World of Our Fathers* schreiben können. Mit dem Titel hätte er allerdings möglicherweise Schwierigkeiten gehabt: *Die Welt der Bäuche unserer Väter* klingt seltsam, und *Der Darm unserer Väter* bedeutet etwas anderes. Alle Vorläufer der enteralen Nervenzellen sind Auswanderer aus einer weit entfernten Gegend. Ihre alte Heimat ist die Neuralleiste. Was treibt diese unruhigen Zellen an, sich in den gelobten Darm aufzumachen? Das ist nicht geklärt. Versuchen sie vielleicht ansatzweise, der Diktatur des Gehirns und seines Vasalls, des Rückenmarks, zu entkommen? Suchen die Auswanderer aus der Neuralleiste die Freiheit des Darms, wo die enteralen Nerven unabhängig von der Kontrolle des zentralen Zentralnervensystems schalten und walten können? Die Auswanderung von der Neuralleiste in den Darm erfolgt auf festgelegten Wegen, aber diese Wege sind lang und mühsam. Auf der Reise zu dem Bestimmungsort im Darm werden neue Zellen geboren, und alte geraten ins Stolpern. Die Besiedlung des Darms ist also voller Gefahren, und in den Gettos, die von den Neuankömmlingen eingerichtet werden, geht der Zelltod um.

Während die Auswanderer aus der Neuralleiste heranreifen, treten sie mit der Umwelt, die sie in ihrem Viertel des Dickdarms (und seinen übrigen Teilen) vorfinden, in Wechselbeziehung. Durch diese Wechselbeziehungen werden die Nachkommen, die aus den ursprünglichen Einwanderern hervorgehen, unwiderruflich verändert, sodass sie ihren Eltern nicht mehr gleichen. Aber nicht nur die Umwelt, auch die Abstammung gerät ins Blickfeld. Die Herkunft spielt für die Entwicklung der jungen Generation eine nicht weniger große Rolle als die Umwelt im Darm.

Italienische Amerikaner, polnische Amerikaner, Afroamerikaner, asiatische Amerikaner und irische Amerikaner – sie alle sind Amerikaner, und sie unterscheiden sich gewaltig von den Italienern, Polen, Afrikanern, Asiaten und Iren in ihrer früheren Heimat. Die Erfahrungen in Amerika beeinflussen schon die erste Generation, die in der Neuen Welt geboren wird. Und doch unterscheidet sich jede dieser Gruppen von Halbamerikanern auch von allen anderen. Die Abstammung spielt durchaus eine Rolle. Einwanderer lassen ihre Wurzeln erkennen, weil Eltern ein Erbe von einer Generation zur nächsten weitergeben. Das Gleiche gilt für die Auswanderer aus der Neuralleiste im Darm. Auch in ihnen spiegeln sich sowohl die Wirkungen ihrer Umwelt als auch ihr Erbe wider. Dieses Gären sich wechselseitig beeinflussender Kräfte bringt die unglaubliche Vielfalt der Darmnervenzellen hervor, die im reichhaltigen, multikulturellen, vielsprachigen Schmelztiegel des enteralen Nervensystems zusammenwirken.

11

Orte, Orte, Orte

Das Angenehmste an einer langen, anstrengenden Reise ist nicht der erste Schritt, sondern der letzte. Das gilt auch für die Zellen, die aus der Neuralleiste in den Darm wandern. Oft ist der letzte Schritt gleichzeitig auch der schwierigste, und bei manchen Menschen* wird er nie vollzogen. Für die Israeliten, die der ägyptischen Gefangenschaft entkamen, war es sicher ein angenehmes Gefühl, die Pyramiden hinter sich zu lassen. Aber nachdem die Euphorie des Aufbruchs verflogen war, hatten sie eine vierzigjährige Wanderung durch die Sinai-Wüste vor sich. Wer den Sinai noch nie gesehen hat, dem kann ich versichern: Dort vierzig Jahre zu wandern, ist eine echte Prüfung. Die Freude der Eltern über den Auszug aus Ägypten war mit Sicherheit gar nichts im Vergleich zu dem Jubel ihrer Kinder, die Kanaan in Besitz nahmen. Für die Neuralleiste ist der Enddarm Kanaan.

Juden sind verpflichtet, jedes Jahr am Passahfest die Geschichte des Auszugs aus Ägypten zu erzählen. Es gibt auch einen Seder-Tisch, an dem einem die biologische Parallele zu diesem historischen Ereignis einfällt. An meinem Seder-Tisch erinnert man sich an den Auszug der Vorfahren des zweiten Gehirns aus der Neuralleiste. Wichtig ist mir dabei nicht, dass diese Vorläufer der Gefangenschaft der Neuralfalten entfliehen oder durch die Wildnis des Embryos wandern. Ich werde mich vielmehr auf die vorbe-

---

* Nämlich bei denen, die an der Hirschsprung-Krankheit leiden; die Krankheit heißt auch angeborenes Megakolon, und ihr charakteristisches Kennzeichen ist ein Enddarm, in dem sämtliche Ganglienzellen von Geburt an fehlen.

414

stimmten Orte zwischen den Schichten der Darmmuskulatur konzentrieren, die am Ende ihrer Reise liegen und den Nachkommen der ursprünglichen Auswanderer verheißen sind, damit sie dort ihr eigenes Nervensystem begründen.

Der lange Marsch

Die Besiedlung des Darms durch Zellen aus der Neuralleiste verläuft meist ebenso reibungslos wie die Inbesitznahme Kanaans durch die Israeliten. Im Darm geht in der Regel sogar alles noch glatter: Es gibt keine ansässigen Kanaaniter, die verdrängt werden müssten, und kein aus der Neuralleiste stammender Josua muss eine Eroberungsarmee der Zellen anführen. Der Zelltod ist für die Entwicklung mancher Organe von großer Bedeutung, beispielsweise in den Nieren, die jeweils auf zwei Vorläufer folgen (wie eine hoch entwickelte Zivilisation, die zwei ältere Kulturen verdrängt).* Aber bei manchen Menschen und Tieren gelingt die Auswanderung aus der Neuralleiste in den Darm nicht, und wenn das der Fall ist, dann scheitert sie im Enddarm, ganz am Ende der Wanderung. Die unglückseligen Zellen aus der Neuralleiste kommen wie Moses in Nebo bis in die Nähe ihres Bestimmungsortes, können ihn aber nicht ganz erreichen: Sie dringen in den Dickdarm ein, beenden ihre Wanderung aber schon lange vor seinem hinteren Ende. Gleichzeitig endet die Wanderung der aus dem Sakralbereich der Neuralleiste stammenden Zellen an der Grenze des Darms – sie kommen nicht einmal bis in seinen unteren Abschnitt. Findet der Auszug aus der Neuralleiste nicht vollständig statt, enthält der Enddarm später keine Ganglien. Wie wir bereits erfahren haben, ist das eine Katastrophe, die ohne chirurgische Eingriffe unweigerlich zum Tode führt.

---

* Während der Entwicklung bildet sich zunächst der einfache *Pronephros*, der später vom *Mesonephros* und schließlich vom *Metanephros*, der eigentlichen Niere, ersetzt wird. Teile der Vorstufen bleiben erhalten, aber zum größten Teil sterben sie ab wie die Kanaaniter.

Ein intaktes, funktionierendes enterales Nervensystem ist eine unabdingbare Voraussetzung, damit der Darminhalt ordnungsgemäß transportiert wird; hat ein Darmabschnitt keine Ganglien, ist dieser Transport blockiert. Als hätte man einen Damm errichtet, stauen sich die Exkremente oberhalb der ganglienfreien Region, und der überfüllte Darm erweitert sich. Fehlende Ganglien sind gleichbedeutend mit Verschluss, ganz gleich, ob sie – wie bei der Hirschsprung-Krankheit – von Geburt an nicht vorhanden sind, oder ob sie später absterben, wie es bei der Chagas-Krankheit geschieht. Die Hirschsprung-Krankheit – wer solche Personennamen nicht mag, nennt sie angeborenes Megakolon – hat zwar noch keine epidemischen Ausmaße, ist aber, wie ich schon im Zusammenhang mit dem Sakralbereich der Neuralleiste erwähnt habe, ein relativ häufiger Geburtsfehler. Die gleiche Störung kennt man auch bei verschiedenen Tieren, so bei Mäusen, Ratten, Kaninchen und Pferden. Solche »Tiermodelle« werden nach dem Aussehen der betroffenen Tiere (gefleckt), ihrem Schicksal (tödlich) oder der jeweiligen Spezies benannt.

Bei allen diesen Tieren sind mutierte Gene die Ursache der Störung: Das Fehlen der Ganglien wird von den Eltern auf die Nachkommen vererbt. Das Gleiche gilt auch für die Hirschsprung-Krankheit, aber anders als bei den Tieren ist der Erbgang hier nicht in allen Fällen geklärt, und nur in einigen kennt man das fehlerhafte Gen. Die Hirschsprung-Krankheit kommt gehäuft in manchen Familien vor, aber sie hat auch die unangenehme Neigung, sich ohne Vorwarnung einzustellen wie eine Stichprobe der Steuerfahndung. Mose befolgte ohne zu fragen den Befehl des Allmächtigen, sich von Kanaan fern zu halten. Ich dagegen habe einen großen Teil meiner Zeit auf die Beantwortung der Frage verwendet, warum den Zellen aus der Neuralleiste bei Menschen mit der Hirschsprung-Krankheit und Mäusen mit einer entsprechenden Störung der Eingang in den Enddarm verwehrt bleibt.

Die Besiedlung des Dickdarms

Meine ersten Untersuchungen über das angeborene Megakolon nahm ich zusammen mit Taube Rothman in Angriff. Wir verwendeten einen Mäusestamm namens »lethal spotted« [tödlich gefleckt], den wir im Jackson Laboratory in Bar Harbor entdeckt hatten. Dort stehen durch umfangreiche Züchtung und eingehende Beobachtung der Nachkommen zahlreiche Tiermodelle für Erkrankungen des Menschen zur Verfügung. Die tödlich gefleckten Mäuse sind keine Ungeheuer aus dem Weltraum, die Menschen umbringen. Ganz im Gegenteil: Sie sind diejenigen, die sterben. Das Wort »tödlich« in ihrem Namen weist darauf hin, dass man diese Tiere im Gegensatz zu Patienten mit der Hirschsprung-Krankheit in der Regel nicht dadurch rettet, dass man den ganglienfreien Teil des Darms herausschneidet. Die Zellen, die für die Fellfarbe einer Maus sorgen, stammen wie die enteralen Nervenzellen von der Neuralleiste ab; deshalb ist der Zusammenhang zwischen Flecken und fehlenden Ganglien nicht allzu verwunderlich.

Die tödlich gefleckten Mäuse erben sowohl die Flecken als auch den kranken Darm als rezessive Merkmale. Das heißt, nur wenn beide Gene* an dem betreffenden Ort auf den Chromosomen mu-

---

* Das Gen »lethal spotted« *(ls)* erhielt seinen Namen zu einer Zeit, als man das von ihm codierte Protein noch nicht kannte. Gene sind auf den Chromosomen aufgereiht wie Perlen auf einer Kette. Da die Chromosomen paarweise vorliegen, gibt es immer zwei Exemplare *(Allele)* eines Gens, die auf den beiden Chromosomen des Paars an der gleichen Stelle *(Locus)* liegen. Die beiden Allele an einem Locus müssen nicht immer genau gleich sein. Gleichen sie sich völlig, lassen beide das gleiche Produkt entstehen, ansonsten unterscheiden sich ihre Produkte ein wenig, und ihre Mengen sind jeweils nur halb so groß wie in einer Zelle mit zwei gleichen Allelen. Ist ein Allel an einem Locus mutiert, wird das zugehörige Protein unter Umständen überhaupt nicht mehr oder aber in funktionsunfähiger Form produziert. Reicht die halbe Menge dieses Proteins noch aus, damit es seine Aufgabe erfüllen kann, bleibt die Mutation folgenlos: Das normale zweite Genexemplar gleicht den Verlust aus und wird als dominant bezeichnet. Das ist bei tödlich gefleckten Mäusen der Fall. Haben die Tiere ein mutiertes und ein Wildtyp-Allel *(ls/+)*, geht es den Mäusen gut. Flecken und einen gangli-

417

tiert sind, bekommt das Tier die Krankheit. Ist eines der Gene ein *Wildtyp* (nicht mutiert), sind die Mäuse gesund. Kreuzt man zwei tödlich gefleckte Mäuse, kann weder der Vater noch die Mutter ein normales Gen an die Jungen weitergeben, weil die Gene beider Eltern mutiert sind, und alle Nachkommen haben die Krankheit. Tödlich gefleckte Mäuse so lange am Leben zu erhalten, dass sie sich paaren, ist schwierig, aber nicht unmöglich, und wenn es um Sexualität geht, sind diese Tiere bemerkenswert zäh. Selbst wenn ihr Darm so erweitert ist, dass sie kaum noch laufen können, siegt die Libido, und sie paaren sich.

Aus wissenschaftlicher Sicht hat die rezessive Vererbung den Vorteil, dass jeder einzelne Fetus, der durch die Paarung tödlich gefleckter Eltern entsteht, mit Sicherheit ebenfalls zu einer tödlich gefleckten Maus heranwachsen wird. Deshalb kann man an solchen Feten das Frühstadium der Entwicklung genau untersuchen. Man braucht nicht zu warten, bis der ganglienfreie Darm entstanden ist, um zu wissen, dass er diese Eigenschaft hat; außerdem kennt man schon vor dem Auftreten der Anomalie den Darmabschnitt, in dem die Ganglien fehlen werden.

Da wir also die Gewähr hatten, dass alle Nachkommen das Merkmal »lethal spotted« tragen würden, konnten wir zuverlässig untersuchen, was bei diesen Mäusen während der Entwicklung des enteralen Nervensystems nicht funktioniert. Als wir damals mit den Experimenten begannen, brauchten wir eine solche Garantie, denn das Produkt des mutierten Gens kannten wir noch nicht, und wir besaßen keine Molekülsonden, mit denen wir die betroffenen Tiere hätten identifizieren können. Sobald eine Maus Flecken bekommt, ist sie natürlich ohne weiteres zu erkennen,

---

enfreien Darm haben sie nur mit der Kombination *ls/ls*. Ein Elternteil mit der Genkombination +/*ls* gibt rein zufällig entweder das +/ oder das *ls*-Allel an die Nachkommen weiter; demnach rechnet man damit, dass ein Viertel der Jungen in der Lotterie Pech haben und anormal werden, weil sie von beiden Eltern das Allel *ls* erhalten. Gehört dagegen ein Elternteil zum Wildtyp (+/+), sind alle Nachkommen normal, ganz gleich, welche Genkombination der andere Partner besitzt. Kreuzt man dagegen zwei Mäuse mit der Kombination *ls/ls,* erkranken alle Nachkommen.

aber die Fellfarbe entwickelt sich erst nach der Geburt; die Haut eines Mäusefetus hat noch keine Punkte. Auch Molekülmarker zum Nachweis enteraler Nervenzellen oder ihrer Vorläufer kannten wir nicht. Um eine Zelle als Nervenzelle zu erkennen, mussten wir also warten, bis sie heranreifte und ihre charakteristische Form annahm oder einen Neurotransmitter produzierte. Deshalb entwickelten wir ein indirektes Verfahren, mit dem wir die aus der Neuralleiste stammenden Vorläufer der enteralen Nervenzellen im fetalen Darm nachweisen konnten.

Unsere Methode zum Nachweis der Vorläuferzellen sah folgendermaßen aus: Wir ließen den Darm in der Gewebekultur heranwachsen, warteten eine Woche und untersuchten dann, ob sich in der Kulturschale Nervenzellen entwickelten. Das Prinzip war einfach. Auch wenn die Zellen aus der Neuralleiste gern wandern, können sie doch keinen Raum durchqueren und in eine Kulturschale springen; wenn sie sich also in unseren Kulturen entwickelten, mussten ihre Vorläufer sich bereits zu dem Zeitpunkt, als wir dem Tier den Darm entnahmen, darin befunden haben. Wir teilten den fetalen Mäusedarm in viele kleine Abschnitte und züchteten jeden in einer eigenen Kulturschale; auf diese Weise konnten wir die Position der Nervenzellvorläufer in jedem einzelnen Entwicklungsstadium ermitteln.

Unser indirektes Nachweisverfahren zeigte, dass die Nervenzellvorläufer den Mäusedarm viel schneller besiedeln, als wir nach Nicole Le Douarins Versuchen mit den Wachtel/Huhn-Chimären erwartet hatten. Offenbar dauerte es kaum länger als einen Tag, bis die Zellen aus der Neuralleiste den gesamten Darm besiedelt hatten. Und dieser Tag lag auch in einem frühen Stadium der Schwangerschaft, er begann ungefähr in der Mitte des neunten Tages. Nachdem wir uns davon überzeugt hatten, dass unsere Methode funktionierte, verglichen Taube und ich die Besiedlung des fetalen Darmes bei normalen und tödlich gefleckten Mäusen.

Der vordere Teil des Darms wird offenbar bei beiden Mäusestämmen ungefähr zur gleichen Zeit besiedelt. Der wichtigste Unterschied scheint darin zu bestehen, dass die letzten beiden Millimeter des Darms bei den tödlich gefleckten Tieren offenbar nie mit Nervenzellen ausgestattet wurden. In Gewebekulturen aller anderen Darmabschnitte entwickelten sich Nervenzellen, auf den letzten beiden Millimetern dagegen fanden wir sie nie. Allmählich wuchs bei uns der Verdacht, dass die Gesundheitsstörung der tödlich gefleckten Mäuse – und entsprechend auch der Patienten mit Hirschsprung-Krankheit – mit dem Dickdarm mindestens ebenso viel zu tun hatte wie mit der Neuralleiste. Außerdem hielten wir es für wahrscheinlich, dass die Vorläuferzellen einfach außerhalb der von uns so genannten »späteren ganglienfreien Zone« blieben; die Alternative, dass sie in diesen Bereich einwandern und dann absterben, wurde durch unsere Experimente allerdings nicht ausgeschlossen.

Lange nachdem wir unsere Experimente veröffentlicht hatten, schleuste der Kinder-Neuropathologe Raj Kaipur von der University of Washington in Seattle ein Bakterien-Gen für das Enzym Beta-Galactosidase in einen Mäusestamm ein. (Das gleiche Gen hatten Howard Pomeranz, Bob Payette und ich benutzt, um virusinfizierte Zellen nachzuweisen.) Tiere, die ein solches fremdes Gen besitzen, bezeichnet man als *transgen*, und das Gen, das man ihnen mit gentechnischen Methoden eingepflanzt hat, heißt *Transgen*. Das Bakterien-Gen, das Raj in seine transgenen Mäuse gebracht hatte, stand unter der Kontrolle eines Promotors, der die Nervenzellvorläufer während ihrer Wanderung in den Darm zur Produktion des Bakterien-Proteins veranlasste. Es handelte sich um den Promotor des Gens für das bereits erwähnte Enzym DBH, das in den von TC-Zellen abstammenden enteralen Nervenzellen nie abgeschaltet wird. Die transgenen Mäuse mit dem DBH-Beta-Galactosidase-Gen erwiesen sich als ausgezeichnetes Hilfsmittel für die Untersuchung des enteralen Nervensystems. Die Zellen aus dem Vagusbereich der Neuralleiste, die das Bakterien-Protein produzieren, sind im Darm ebenso leicht zu erkennen wie ein McDonald's-Imbiss neben einer Autobahn in der Wüste.

Raj kreuzte seine transgenen Tiere mit tödlich gefleckten Mäusen und erzeugte auf diese Weise tödlich gefleckte Junge mit markierten Zellen aus dem Vagusbereich der Neuralleiste. Nun konnte er die Wanderung dieser Zellen in den Darm verfolgen. Dabei stellte sich heraus, dass die Wanderung bei den tödlich gefleckten Tieren normal verläuft, bis die Zellen den Dickdarm erreichen. Von dort an jedoch wird ihre Bewegung langsamer und zielloser, und schließlich kommt sie kurz vor dem Anus völlig zum Stillstand. Sowohl unsere als auch Rajs Befunde wiesen also darauf hin, dass die Zellen aus der Neuralleiste der tödlich gefleckten Tiere selbst nicht anormal waren. Hätten sie einen Defekt gehabt, wäre wahrscheinlich schon die Wanderung durch den Dünndarm nicht normal verlaufen. Außerdem entwickelt sich das enterale Nervensystem im Dünndarm sowohl bei Patienten mit der Hirschsprung-Krankheit als auch bei den tödlich gefleckten Mäusen normal, auch das wäre unwahrscheinlich, wenn die aus der Neuralleiste stammenden Vorläufer der Nervenzellen einen nennenswerten Schaden trügen. Rajs Beobachtungen legten also wie unsere eigenen eher den Verdacht nahe, dass im Dickdarm der tödlich gefleckten Mäuse etwas nicht stimmt.

Die Matrix

Also befassten wir uns mit dem Dickdarm der tödlich gefleckten Tiere. Bob Payette, der Neurologe, der von der University of Pennsylvania an unser Institut gekommen war, hielt es für das Klügste, die extrazelluläre Matrix zu untersuchen, jene Substanz, welche die Zellen auf ihrer Wanderung durchqueren. Seine Überlegungen erschienen mir plausibel. Wenn Zellen nicht ohne weiteres in eine bestimmte Domäne des Organismus gelangten, läge das wahrscheinlich daran, dass es sich dort um schwieriges Gelände handele. Insbesondere interessierte sich Bob für einige Bestandteile der extrazellulären Matrix, an denen sich Zellen bekanntermaßen festhefteten. Logischerweise bezeichnet man diese Substanzen als *Zelladhäsionsmoleküle*. Schon Bobs erstes Experiment führte zu einem interessanten Ergebnis. Im hinteren Dickdarmabschnitt der tödlich gefleckten Tiere waren sehr große Adhäsionsmoleküle der Verbindung *Laminin* in riesigen Mengen vorhanden. Beim Vergleich der einzelnen Abschnitte mit denen eines normalen Darms zeigte sich nicht nur, dass das Laminin sich bei den mutierten Tieren in dem Darmabschnitt ansammelte, der später auch keine Ganglien enthielt, sondern auch, dass das Laminin innerhalb dieses Abschnitts anormal verteilt war. Es konzentierte sich im äußeren Teil der Darmwand, sodass es den Zellen, die aus der Neuralleiste kamen und den Darm besiedeln wollten, unmittelbar im Weg stand. Außerdem waren die großen Lamininmengen schon nachzuweisen, bevor Nervenzellen normalerweise im Enddarm auftauchten. Jetzt fragten wir uns natürlich, ob das in übergroßer Menge angehäufte Laminin dazu beitrug, die Neuralleistenzellen vom Enddarm fern zu halten.

Bobs Ergebnisse waren faszinierend, aber sie warfen auch Probleme auf. Wir hatten nicht damit gerechnet, dass wir in dem mutmaßlich ganglienfreien Darm besonders viele Adhäsionsmoleküle finden würden. Da das Merkmal »lethal spotted« rezessiv vererbt wurde, sollte nach unseren Erwartungen das – unbekannte – Produkt des mutierten Gens defekt sein. Zwar war uns klar, dass der Ausfall eines Genregulationsfaktors indirekt zur verstärkten Produktion eines anderen Proteins führen konnte, aber bei der Vorstellung, ein Überschuss an Adhäsionsmolekülen könne die Ursache für die ausbleibende Wanderung der Neuralleistenzellen sein, war uns nicht ganz wohl.

Die Zellen, die aus der Neuralleiste auswandern, heften sich unterwegs an die Strukturbestandteile der extrazellulären Matrix, insbesondere an Kollagenfasern, die biologischen »Seile«, die das Gewebe zusammenhalten. Dort werden sie mit Adhäsionsmolekülen festgeklebt. Dass die Wanderung der Neuralleistenzellen ausbleibt, würde man erwarten, wenn bestimmte Zelladhäsionsmoleküle nicht in zu großer, sondern in zu geringer Menge vorhanden sind. Finden Zellen an dem Boden, über den sie kriechen müssen, keinen Widerhalt, gleiten sie wahrscheinlich ab, und dann gelangen sie nirgendwohin. Solche nicht angehefteten Zellen dürften sich ähnlich verhalten wie ein Auto ohne Ketten oder Winterreifen nach einem Schneesturm. Welche Auswirkungen zu viele Adhäsionsmoleküle haben, kann man sich nicht so einfach ausmalen. Wir fragten uns, ob die Zellen bei der Wanderung durch den Darm der tödlich gefleckten Tiere vielleicht zu fest an ihren Stützfasern hängen blieben. Vielleicht machte das angehäufte Laminin die extrazelluläre Matrix zu etwas Ähnlichem wie einem Leimstreifen, der die Zellen wie Fliegen einfing und am Weiterwandern hinderte. Aber diese Vorstellung war nicht sonderlich überzeugend. Nach meiner Erfahrung funktionieren auch solche Fliegenfänger nie. Ein paar Fliegen bleiben zwar hängen, aber die meisten schwirren daran vorbei und setzen ihr lästiges Dasein fort.

Bob fand sehr schnell heraus, dass die Hypothese, die Ganglien fehlten wegen des Laminins, nicht nur theoretische Schwierigkeiten barg. Zunächst einmal – das war seine erste problematische Entdeckung – war Laminin nicht die einzige Substanz, die sich in dem späteren ganglienfreien Darmabschnitt der tödlich gefleckten Mäuse übermäßig anreicherte. Er fand dort auch anormal große Mengen aller anderen Moleküle, die wie das Laminin zur *Basalschicht* gehören. Diese relativ ungegliederte Struktur trennt das Bindegewebe von den Zellen, die Körperhöhlen auskleiden und Muskelzellen einhüllen. Die Darmschleimhaut ruht also auf einer Basalschicht, und auch die glatten Muskelzellen des Darms sind von einem solchen Gebilde umgeben. Basalschichten liegen auch rund um Blutgefäße und dienen dort als Filter: Sie halten Zellen und große Moleküle zurück, erlauben aber Flüssigkeiten und kleinen Molekülen den Durchtritt. Die eigentliche Fehlfunktion bei den tödlich gefleckten Tieren lag also offensichtlich in der Regulation der Basalschicht, und nicht nur in der Lamininproduktion.

Bobs zweiter, nicht weniger problematischer Befund war die Beobachtung, dass Laminin und die anderen Bestandteile der Basalschicht sich nicht nur im Darm tödlich gefleckter Tiere anreichern. In ebenso großer Menge kommen sie auch im Beckenbereich der Mäuse vor. Fast sah es so aus, als wäre der Dickdarm nur ein harmloser Zaungast, der nur deshalb so viele Basalschichtbestandteile enthielt, weil er zufällig einen Körperbereich durchquerte, in dem die Anreicherung dieser Substanzen allgemein üblich war. Da sich das Laminin sowohl innerhalb als auch außerhalb des Darmes anreicherte und die Überfülle außerdem nicht typisch für dieses Molekül war, kamen wir auf den Gedanken, es handele sich bei der Laminin-Abnormität nur um einen von vielen Defekten dieser seltsamen Mäuse, und Bobs Befund sei nicht der unmittelbare Grund, dass die Ganglien fehlten. Ich war aber noch nicht bereit, das Laminin ganz außer Acht zu lassen. Zwar geschehen schlimme Dinge manchmal tatsächlich rein zufällig und nicht auf Grund der Konstruktion. Man konnte sich deshalb durchaus vorstellen, dass die Anomalie im Darm der tödlich gefleckten Mäuse der Nebeneffekt eines räumlich begrenzten Fehlers in der Regulierung der Produktion bestimmter Moleküle war und dass ein Typ solcher Moleküle, das Laminin, dann die Wanderung der Zellen aus der Neuralleiste beeinträchtigte. Durch solche Spekulationen blieb die Theorie gewahrt, aber eines war klar: Wenn wir nicht sehr schnell neue Belege fanden, mussten wir Bobs Theorie, das Laminin könne zur Entstehung des ganglienfreien Bereiches führen, aufgeben.

Während wir noch über die unspezifischen Folgen des Lamininüberschusses nachdachten, brachte Betty Hay, die damals das anatomische Institut der Harvard University leitete, unsere Theorie noch stärker ins Wanken. Sie hatte in einem kürzlich erschienenen Fachartikel nachgewiesen, dass Laminin die Wanderung primärer Zellen aus dem sich schließenden Neuralrohr sogar unterstützt. Betty war während des Medizinstudiums eine meiner Dozentinnen gewesen, und deshalb war es mir äußerst peinlich, als sie mir sagte, meine Vermutungen über die Rolle des Laminins bei der ausbleibenden Besiedlung des Darms durch Neuralleistenzellen seien einfach lächerlich. Wenn überhaupt, würde ein Lamininüberschuss die Wanderung der Zellen nach ihrer Ansicht eher begünstigen. Dass meine Ideen lächerlich sind, höre ich nicht gern (selbst wenn es stimmt). Deshalb machte ich Betty auf die banale Tatsache aufmerksam, dass die von uns untersuchten Zellen nicht mit denen identisch seien, die gerade das Neuralrohr verließen und mit denen sie sich beschäftigt hatte. Vor ihrer Wanderung haben die Neuralleistenzellen noch nicht die Informationen aufgenommen, die ihnen später auf ihrem Weg in den Darm vermittelt werden. Unsere Zellen waren also älter und klüger als ihre. Deshalb konnte das Laminin auf die aus der Neuralleiste stammenden

Zellen im Darm ganz andere Wirkungen ausüben, als Betty sie beobachtet hatte. Betty war nicht überzeugt, und ich selbst war es trotz meines tapferen Vortrags auch nicht. Bevor ich für das Laminin in den Ring stieg, brauchte ich noch einige zusätzliche Daten.

Was ich mir wünschte, waren hieb- und stichfeste Erkenntnisse darüber, wie die aus der Neuralleiste stammenden Zellen, die den Darm besiedelt haben, auf Laminin reagieren und wie sie auf ihrer Wanderung in den Darm mit dem Laminin in Kontakt kommen. Eine Möglichkeit, die Wirkungen des Laminins auf die Zellen aus der Neuralleiste genauer zu untersuchen, bot die Immunselektion. Diese Gelegenheit verstreichen zu lassen, konnte ich mir nicht leisten. Deshalb schlug ich Alcmène Chalazonitis vor, sie solle sich mit Virginia Tennyson zusammentun, die damals mit Taube Rothman und mir die tödlich gefleckten Mäuse analysierte. Virginia arbeitete schon seit vielen Jahren an der Columbia University und hatte mich nach meiner Einstellung freundlich willkommen geheißen. Einige ältere Professoren der anatomischen Abteilung waren von meinem Forschergeist keineswegs begeistert und standen mir geradezu feindselig gegenüber – deshalb hatte sich Virginia mit ihrer Freundlichkeit einen besonderen Platz in meinem Herzen erobert. Sie selbst befasste sich mit der Entwicklung der dopaminhaltigen Nervenzellen im Gehirn, und als ihre Forschungsmittel knapp wurden, ließ ich sie mit Freuden an unseren Untersuchungen des Darms mitarbeiten.

Alcmène und Virginia hatten neue primäre Antikörper benutzt, um per Immunselektion Zellen aus dem Darm von Mäusefeten zu isolieren. Die Antikörper hatten wir von Hynda Kleinman erhalten, einer Wissenschaftlerin an den National Institutes of Health. Die Moleküle hefteten sich an einen Rezeptor für Laminin, den Hynda kurz zuvor auf der Oberfläche von Nervenzellen entdeckt und als *LBP110* bezeichnet hatte. Die Buchstaben LBP bedeuten »Lamininbindendes Protein«, und die Zahl 110 bezeichnet die Molekülmasse (die in der Einheit Kilodalton gemessen wird).

Howard Pomeranz und Bob Payette hatten Hyndas Antikörper gegen den Rezeptor LBP110 zuvor bereits in immuncytochemischen Analysen von Gewebeschnitten eingesetzt und dabei festgestellt, dass sie sich an die Oberfläche der aus der Neuralleiste stammenden Darmzellen hefteten. Interessanterweise erkannten die Antikörper aber keine Zellen in der Neuralleiste, denen die Wanderung noch bevorstand, und selbst wenn sie bereits zum Darm unterwegs waren, reagierten sie nicht. Erst wenn sie im Darm angekommen waren, produzierten sie den Rezeptor LBP110, sodass Hyndas Antikörper an ihnen hängen bleiben konnten.

Jetzt fanden Alcmène und Virginia heraus, dass man Darmzellen mit Hilfe von LBP110 immunselektieren konnte; und bei den Zellen, die von den Antikörpern herausgeangelt wurden, handelte es sich um Vorläufer von Nervenzellen. In der Gewebekultur weitergezüchtet, entwickelten sie sich ausschließlich zu Zellen des enteralen Nervensystems. Insgesamt bestätigten diese Befunde, dass die in den Darm wandernden Neuralleistenzellen sich von jenen, die noch nicht gewandert sind, unterscheiden – genau wie ich es im Gespräch mit Betty Hay vermutet hatte. Die aus der Neuralleiste stammenden Zellen im Darm, für die wir uns interessierten, produzierten den Rezeptor LBP110, solche in der Neuralleiste, die Betty untersucht hatte und die noch nicht gewandert waren, taten das nicht. Und was noch wichtiger war: Da die Zellen aus der Neuralleiste LBP110 erst produzierten, nachdem sie im Darm angelangt waren, konnte man von der Annahme ausgehen, dass Laminin auf die Zellpopulation im Darm ganz anders wirkt als auf ihre Vorläufer.

Der Fliegenfänger
ist tatsächlich ein Wachstumsfaktor

Alcmène und Virginia isolierten die aus der Neuralleiste stammenden Darmzellen des Fetus und setzten ihnen Laminin zu. Die Auswirkungen waren dramatisch: Das Laminin trieb die Entwicklung der Nervenzellen deutlich voran. Als die beiden mit ihren Experimenten begannen, galt Laminin nicht als Wachstumsfaktor, aber wenn es keine solche Substanz war, ahmte es ihre Wirkungen zumindest erstaunlich gut nach. Wir veröffentlichten unsere Befunde, und natürlich hatten die Kritiker daran etwas auszusetzen: Laminin, so meinten sie, sei schließlich ein Zelladhäsionsmolekül und schaffe vielleicht für die Nervenzellvorläufer einfach nur die Möglichkeit, sich an der Kulturschale festzuheften, während sie ohne Laminin weggespült würden. Nach ihrer Auffassung beobachteten wir in den immunselektierten Kulturen nur deshalb in Gegenwart von Laminin mehr Nervenzellen, weil das Laminin sie nicht differenzieren, sondern nur festkleben ließ. Um diesen Einwand zu entkräften, wandelten wir die Experimente ab. Jetzt ließen wir die Zellen an den Kulturgefäßen festwachsen, bevor wir Laminin zusetzten. An den Molekülen einer anderen Substanz, des synthetischen Polymers *Polylysin*, bleiben die Zellen gut haften. Also züchteten wir die immunselektierten Zellen 24 Stunden lang auf Polylysin, wuschen nach dieser »Adhäsionsphase« alle nicht gebundenen Zellen ab und setzten dem Medium dann gelöstes Laminin zu. Es förderte auch in diesem Versuch die Entwicklung der Nervenzellen, und der Effekt war ebenso heftig wie in den früheren Experimenten, als das Laminin schon von Anfang an in der Unterlage der Kulturen vorhanden war.

Das Laminin hatte noch eine andere Wirkung, in der sich nach unserer Überzeugung wahrscheinlich nicht seine Funktion als Adhäsionsmolekül widerspiegelte: Selbst wenn man es immunselektierten Zellkulturen zusetzte, die bereits an die Kulturschale angeheftet waren, sorgte es für die Expression des Gens *c-fos*. Das zugehörige Protein mit der Bezeichnung Fos trägt, wie ich bereits erwähnt habe, bei geeigneter Stimulation zur Aktivierung des zelleigenen genetischen Apparats bei. Wie wir bereits erfahren haben, produzieren Nervenzellen Fos, wenn sie physiologisch aktiv werden, und fast alle Zellen bilden das Protein, wenn sie auf einen Wachstumsfaktor ansprechen. Außerdem waren bei der durch Laminin ausgelösten Produktion von Fos alle Merkmale zu erkennen, die man bei der Reaktion auf einen Wachstumsfaktor erwartet. Das Protein war in den Zellkernen nach der Einwirkung von Laminin nachzuweisen, aber nur für kurze Zeit. Wie gesagt: Laminin war entweder ein Wachstumsfaktor oder ein ausgezeichneter Stellvertreter.

Mittlerweile hatten wir den begründeten Verdacht, dass der Rezeptor LBP110 den Einfluss des Laminins auf die Zellentwicklung vermittelt. Um festzustellen, ob er tatsächlich an der Oberfläche der Zellen aus der Neuralleiste daran mitwirkt, dass Laminin ihre Reifung zu Nervenzellen in Gang setzt, nutzten wir Hynda Kleinmans molekularbiologische Befunde über die Wechselwirkungen zwischen dem Rezeptor und dem Laminin. Eigentlich gibt es nicht nur ein Laminin, sondern viele verschiedene Formen. Die einzelnen Molekültypen (Laminin-1, Laminin-2 usw.) sind unterschiedliche Kombinationen aus drei Bausteinen oder Untereinheiten dreier Gruppen, die man als Alpha, Beta und Gamma bezeichnet. Um die Untereinheiten jeder Gruppe zu unterscheiden, spricht man von Alpha1, Beta1, Beta2, Gamma2 und so weiter. Als Alcmène und Virginia ihre Versuche anstellten, wusste man nicht, welche Laminintypen im fetalen Darm vorliegen, aber bei dem Laminin, das sie den immunselektierten Zellen zusetzten, handelte es sich bekanntermaßen um Laminin-1, das aus einer Alpha1-, einer Beta1- und einer Gamma1-Untereinheit besteht. Besonders bedeutsam war der Baustein Alpha1, denn Lynda Kleinman hatte nachgewiesen, dass er die Bindungsstelle für den LBP-Rezeptor enthält. Diese Stelle besteht aus den fünf Aminosäuren Isoleucin, Lysin, Valin, Alanin und noch einmal Valin. Da die Aminosäureketten der Proteine und Peptide meist sehr lang sind, bedient man sich eines einbuchstabigen Codes, um nicht immer alle Namen aufschreiben zu müssen. Nach diesem Code lautete die Sequenz der LBP11-Bindungsstelle IKVAV.

Zunächst versuchten Alcmène und Virginia, den Effekt des vollständigen Laminins mit einem Peptid nachzuahmen, das die Sequenz IKVAV enthielt. Sie hofften, die Bindungsstelle allein werde ausreichen, um den LBP-Rezeptor zu aktivieren und die Differenzierung der Nervenzellen in Gang zu setzen. Aber es geschah gar nichts. Die Zellen lagen einfach herum und guckten blöd. Es entwickelten sich nur wenige Nervenzellen, und Fos wurde nicht produziert. Das IKVAV-Peptid war also kein Agonist. Als Nächstes setzten die beiden außer dem Peptid auch Laminin-1 zu, aber die Zellen lagen immer noch herum und guckten blöd. Wieder entwickelten sich nur wenige Nervenzellen, und die Fos-Produktion kam nicht in Gang, und das, obwohl Laminin-1 vorhanden war, das eigentlich die Reifung der Nervenzellen und die Bildung von Fos hätte auslösen sollen. Dass diese Wirkung in Gegenwart des IKVAV-Peptids nicht eintrat, zeigte, dass dieses das größere Molekül daran hinderte, sich an den Rezeptor zu heften und ihn zu stimulieren. Außerdem löste sich auch keine Zelle nach der Einwirkung des IKVAV-Peptids von der Kulturschale. Das Peptid störte also nicht die Anheftung der aus der Neuralleiste stammenden Zellen, sondern nur ihre von Laminin-1 ausgelöste Entwicklung. Andere als Kontrolle dienende Peptide dagegen, die eine beliebige Aminosäuresequenz oder die neben IKVAV liegende Sequenz von Laminin-1 enthielten, beeinträchtigten die Wirkung des Laminins nicht. Ein Antikörper gegen Laminin Alpha1, der die IKVAV-Sequenz abschirmte, wirkte dem Effekt von Laminin-1 ebenfalls entgegen. Mit diesen Befunden war nachgewiesen, dass Laminin-1 ein Wachstumsfaktor ist, der die Entwicklung der enteralen Nervenzellen nachhaltig fördert, und dass es seine Wirkung durch die Wechselwirkungen zwischen seiner Alpha1-Untereinheit und dem LBP-Zelloberflächenrezeptor ausübt.

Nachdem das geklärt war, mussten wir als Nächstes in Erfahrung bringen, ob die Nervenzellvorläufer zu der Zeit, wenn sie sich im Darm differenzieren, mit Laminin in Berührung kommen. Um herauszufinden, ob sie während ihrer Wanderung tatsächlich dem Laminin ausgesetzt sind, nahmen Virginia Tennyson und Diane Sherman eine elektronenmikroskopische Studie in Angriff. Die starke Vergrößerung brauchten sie, um das Laminin sichtbar zu machen und echten Kontakt von starker Annäherung zu unterscheiden. Mit zwei Antikörpern und immuncytochemischen Methoden identifizierten sie gleichzeitig die Moleküle der extrazellulären Matrix und die Zellen aus der Neuralleiste. Die Antikörper waren mit unterschiedlich großen Goldpartikeln markiert, sodass man sie im Elektronenmikroskop auseinander halten konnte. Als Markierung, an der die Zellen aus der Neuralleiste zu erkennen waren, dienten die von ihnen selektiv produzierten Differenzierungsantigene. Virginia und Diane wiesen nach, dass die Zellen aus der Neuralleiste tatsächlich mit Lamininbündeln in Berührung kommen, und diese Bündel beschränken sich nach ihren Befunden nicht darauf, im entstehenden Darm die Basalschichten zu bilden. Mit Hynda Kleinmans Antikörpern gegen den Rezeptor LBP110 wiesen die beiden außerdem nach, dass an vielen Stellen, wo die Zellen mit dem Laminin in Verbindung treten, größere Ansammlungen der Rezeptormoleküle vorhanden sind.

Als ich wusste, dass Laminin die Entwicklung enteraler Nervenzellen fördern kann und dass die Vorläufer dieser Zellen auf ihrem Weg in den Darm mit Laminin in Kontakt kommen, war ich endgültig überzeugt, dass die Lamininanreicherung in den tödlich gefleckten Mäusen ernst zu nehmen ist. Eines muss ich allerdings zugeben: Dass Laminin die Differenzierung der Nervenzellen fördert, die Wanderung der Vorläufer aber nicht behindert, stürzte mich lange Zeit in Verwirrung. Das änderte sich erst in einem jener seltenen Augenblicke der Offenbarung, auf Grund derer ich ein religiöser Mensch bin. Mir wurde klar, dass die Differenzierung der Neuralleistenzellen zu Nervenzellen eine großartige Methode ist, um ihre Wanderung aufzuhalten. Die Zellen aus der Neuralleiste wandern sehr gern, Nervenzellen dagegen sind so sesshaft, wie Zellen überhaupt sein können: Sie krallen sich an einer Stelle fest, um dann Axone und Dendriten zur Erkundung der Umgebung auszusenden. Die Zellen selbst müssen an einem Ort bleiben, denn sie dienen den Fortsätzen anderer Zellen als Ziel. Schon wenn die Nervenzellen verharren, ist es erstaunlich genug, dass sich im Gehirn viele Billionen Verknüpfungen bilden können. Wie Axone ihr Ziel finden sollen, wenn es sich bewegen könnte, kann ich mir nicht vorstellen.

Wenn also eine wandernde, aus der Neuralleiste stammende Zelle zur Nervenzelle wird, ist das genauso, als ob sie einen Anker auswirft. Und das, so stellte ich ebenfalls fest, tut sie besser erst dann, wenn sie ihren Bestimmungsort erreicht hat. Differenziert sich eine Zelle zu früh, gelangt sie wahrscheinlich nicht in den Bereich, in dem sie sich eigentlich ansiedeln soll. Die übergroße Lamininmenge im Darm der tödlich gefleckten Mäuse könnte also dazu beitragen, dass sich keine Ganglien bilden, weil sie die Zellen aus der Neuralleiste dazu veranlasst, vorzeitig zu Nervenzellen zu werden. Mit anderen Worten: In diesen Tieren geschah vermutlich zu viel des Guten; die Differenzierung setzte auf Kosten der weiteren Wanderung ein. Deshalb wurde die Besiedlung des Darms nicht abgeschlossen, und in seinem letzten Abschnitt fehlten die Ganglien.

Während ich versuchte, mir den Zusammenhang zwischen dem von Bob Payette entdeckten Lamininüberschuss und dem Fehlen der Ganglien bei den tödlich gefleckten Mäusen vorzustellen, berichteten mehrere Wissenschaftler, sie hätten die gleichen Defekte der extrazellulären Matrix auch bei Patienten mit der Hirschsprung-Krankheit gefunden. Auch in den ganglienfreien Darmabschnitten von Menschen waren Laminin und andere Moleküle der Basalschicht in anormal großer Menge vorhanden. Von allen diesen Molekülen fördert aber nur Laminin nachgewiesenermaßen energisch die Differenzierung von Nervenzellen. Dass es sich nicht als einzige Substanz im erkrankten Darm anreichert, bedeutet aber noch nicht, dass diese Anreicherung bedeutungslos wäre. Es gilt zu bedenken, dass seine Menge auch außerhalb des Darmes größer wird. Zellen aus dem Sakralbereich der Neuralleiste treffen auf dieses Laminin und müssen sich ihren Weg hindurch bahnen, um zum Darm zu gelangen. Durch seine Verteilung in den tödlich gefleckten Mäusen und bei Patienten mit der Hirschsprung-Krankheit kann das Laminin also beide Gruppen von Neuralleistenzellen (aus der Vagus- und Sakralregion) auf ihrem Weg in den Darm behindern. Allmählich gab das Laminin im Hirschsprung-Krimi einen guten Bösewicht ab.

Taube Rothman und Jingxian Chen sorgten dafür, dass das Laminin noch böser aussah. Sie wiesen nach, dass alle drei Untereinheiten des Proteins (Alpha1, Beta1 und Gamma1) im Darm der tödlich gefleckten Mäuse mit großem Eifer synthetisiert werden. Ihre Moleküle sammeln sich also nicht nur an, weil das System der Abfallentsorgung der Darmzellen durcheinander geraten ist, sodass sie zu lange erhalten bleiben, sondern weil das Laminin-1 tatsächlich in zu großer Menge produziert wird. Außerdem wird seine Synthese in Abhängigkeit vom Entwicklungsstadium reguliert: Sie verstärkt sich, wenn die Darmganglien entstehen, schwächt sich aber mit fortschreitendem Alter des Fetus ab. Ein solcher Ablauf steht im Einklang mit der Vorstellung, dass das Laminin-1 für die Nervenzellvorläufer bereit gestellt wird, wenn diese es brauchen. Im Darm der tödlich gefleckten Mäuse dagegen ist die entscheidende Untereinheit Alpha1 in allen Stadien in wesentlich größerer Menge vorhanden als bei normalen Tieren. Darüber hinaus sammelt sich Laminin-1 im Darm nicht an, wenn der Darm aus irgendwelchen Gründen, die nichts mit dem Gen »lethal spotted« zu tun haben, keine Zellen aus der Neuralleiste enthält. Man findet es beispielsweise nicht bei den Ret-Knockout-Mäusen, die überhaupt keine aus der Neuralleiste stammenden Zellen besitzen. Die charakteristische übermäßige Laminin-1-Produktion bei tödlich gefleckten Mäusen und Patienten mit der Hirschsprung-Krankheit ist also die unmittelbare Folge genetischer Defekte und kein indirekter Effekt, der durch das Fehlen der Neuralleistenzellen im letzten Darmabschnitt entsteht.

Die Gene

Meine Begeisterung für die These, dass Laminin dazu beiträgt, dass im Darm der tödlich gefleckten Mäuse und der Patienten mit Hirschsprung-Krankheit die Ganglien fehlen, hatte Berg- und Talfahrten wie auf einer Achterbahn erlebt. Ich hatte mich über ein paar schöne Höhepunkte gefreut, aber auf unsere Arbeiten über die Wirkungen von Laminin Alpha1 folgte ein tiefes Tal. Die Ursache war ein so unerwarteter Befund, dass sogar sein Entdecker entsetzt war. Man identifizierte das Gen, das bei den tödlich gefleckten Mäusen mutiert ist: Sein Produkt ist eine Signalsubstanz, die man noch nie mit der Entwicklung in Verbindung gebracht hatte.

Die Möglichkeit, dass man praktisch jedes beliebige Gen ausschalten kann, bedeutete für die entwicklungsbiologische Forschung eine Revolution. Lange Zeit galten Vögel und Würmer als besonders geeignete Tiere für Untersuchungen der Entwicklungssysteme. Vogelembryonen sind leicht zugänglich, auch für chirurgische Eingriffe; Würmer sind einfach gebaut, haben ein kleines Nervensystem, und man kennt jede einzelne Nervenzelle. Aber dass man die Erbeigenschaften eines Tieres nach Belieben auswählen kann, ist ein mindestens ebenso wichtiger Vorteil wie jede dieser Eigenschaften, und deshalb haben Mäuse unter den Wissenschaftlern eine große Anhängerschaft. Allerdings steckt die Methode zum Ausschalten von Genen voller Überraschungen. Viele Gene, die man für absolut lebensnotwendig hielt oder denen man zumindest eine sehr wichtige Funktion zuschrieb, wurden ausgeschaltet, ohne dass Folgen zu erkennen waren. Gene haben eine gewaltige Fähigkeit, Verluste unter ihren Kollegen auszugleichen. Nimmt man ein Gen heraus, finden die anderen vielfach Wege, um die Leistung des ausgeschalteten Teils zu übernehmen. In anderen Fällen findet keine solche Kompensation statt, aber dafür geht eine Funktion verloren, die man bis dahin nicht auf das ausgeschaltete Gen zurückgeführt hatte. Experimente, in denen man mit Mausgenen herumspielt, eignen sich also nicht für Menschen, die ein vorhersehbares Leben führen wollen.

In den Untersuchungen, die unsere Kenntnisse in Sachen Hirschsprung-Krankheit revolutionierten, wollte man eigentlich die Steuerung des Blutdrucks erforschen: Man schaltete ein Gen aus, und zur allgemeinen Überraschung entstanden Mäuse mit angeborenem Megakolon. Masashi Yanagisawa, der am Southwestern Medical Center der University of Texas in Dallas arbeitete, hatte sich mit den *Endothelinen* beschäftigt, einer Gruppe von Signalsubstanzen. Es gibt drei Typen dieser Peptide, die jeweils aus 21 Aminosäuren bestehen: Endothelin-1 *(ET-1)*, Endothelin-2 *(ET-2)* und Endothelin-3 *(ET-3)*. Auf die Zellen wirken sie über zwei Rezeptoren, die man kurz als ET_A und ET_B bezeichnet. Der ET_A-Rezeptor wird am besten von Endothelin-1 stimuliert, spricht aber auch auf Endothelin-2 an; Endothelin-3 ignoriert er. ET_B dagegen ist weniger wählerisch und zeigt keine besondere Vorliebe für eine der drei Substanzen; er wird von allen Endothelinen stimuliert. Deshalb ist ET-3 nutzlos, es sei denn, es kann auf ET_B-Rezeptoren wirken.

Zu der Zeit, als Masashi Yanagisawa gerade Gene für die Endotheline und ihre Rezeptoren ausschalten wollte, wusste man bereits, dass die Peptide von den Zellen in der Innenwand der Blutgefäße produziert werden* und die glatte Muskulatur in den Gefäßwänden zur Kontraktion anregen. Wegen ihrer Fähigkeit, Blutgefäße zu verengen, waren sie natürlich für die Medizin höchst interessant. Verstärkt wurde das Interesse durch die Entdeckung, dass die Endotheline auch den Herzschlag beschleunigen und verstärken. Masashi wollte die Wirkung der Substanzen auf das Herz-Kreislaufsystem weiter erforschen; die Ausschaltung der Gene für die Peptide und/oder ihre Rezeptoren sollte neue Aufschlüsse darüber liefern, welche physiologische Rolle sie für den Kreislauf und insbesondere für die Blutdruckregulation spielen.

Die von Masashi hergestellten Knockout-Mäuse hatten nie die Gelegenheit, Herz-Kreislauferkrankungen zu bekommen. Ihre Entwicklung war mit so vielen Problemen verbunden, dass sie nicht lange genug überlebten. Einigen Tieren fehlte das Endothelin-3, das auf die ET_B-Rezeptoren wirkt, andere besaßen gerade diese Rezeptoren nicht. Zu Masashis großer Überraschung wurden die Tiere, denen entweder ET-3 oder ET_B fehlte, mit Flecken und einem ganglienfreien Enddarm geboren. Was als Untersuchung des Herz-Kreislaufsystems begonnen hatte, wurde nun schnell zur Erforschung der Neuralleiste und ihrer Zellen, die den Darm besiedeln.

Das Krankheitsbild der Mäuse, das Masashi durch Ausschaltung von Endothelin-3 und ET_B-Rezeptor erzeugt hatte und das so stark der Hirschsprung-Krankheit ähnelte, wäre schon auffällig genug gewesen, wenn er seine Befunde einfach nur veröffentlicht hätte. Aber Masashi blieb an dieser Stelle nicht stehen: Als Nächstes untersuchte er Mäusestämme, bei denen ähnliche Defekte von Natur aus durch ererbte Anomalien entstehen. Einer davon war der tödlich gefleckte Stamm, mit dem ich mich schon seit Jahren beschäftigte.

---

* Die Zellen, die Blutgefäße innen auskleiden, nennt man Endothelzellen. Die Endotheline tragen ihren Namen, weil sie dort entstehen.

In Masashis neuen Untersuchungen stellte sich heraus, dass die tödlich gefleckten Mäuse eine Mutation tragen, durch die kein aktives Endothelin-3 mehr entsteht. Die normale Synthese der Endotheline beginnt mit der Produktion des *Präproendothelins*, eines großen Proteins aus 203 Aminosäuren. Dieses wird in den Zellen geschnitten, sodass als Zwischenstufe das »große Endothelin« entsteht, ein Peptid aus 39 Aminosäuren, das selbst nicht aktiv ist. Damit daraus das aktive Molekül mit seinen 21 Aminosäuren wird, muss das große Endothelin noch weiter gestutzt werden, diesmal von einem membrangebundenen *Endothelin-Konverting-Enzym*. Warum die Evolution die Herstellung der Endotheline zu einem derart komplizierten Vorgang gemacht hat, ist nicht geklärt, aber es leuchtet natürlich sofort ein, dass in einem so komplizierten Ablauf an vielen Stellen Störungen auftreten können.

Durch die Mutation der tödlich gefleckten Mäuse schleicht sich in die Sequenz des Präproendothelins ein winzig kleiner Fehler ein. Das große Endothelin, das aus diesem Protein entsteht, enthält unter seinen 39 Aminosäuren eine einzige falsche: Nahe dem Ende der Molekülkette ist die Aminosäure Arginin, die dort normalerweise steht, gegen Tryptophan ausgetauscht. Wie ich bereits erwähnt habe, werden Proteine und Peptide in einer Sprache zusammengesetzt, deren Buchstaben die Aminosäuren sind. Enthält die Aminosäuresequenz einen Fehler, wird ein Wort (Protein oder Peptid) falsch buchstabiert. Ein solcher Aminosäure-Austausch hat manchmal – aber nicht immer – verheerende Folgen, je nachdem, ob das Wort seinen Sinn verliert oder noch zu erkennen ist. Es ist das Gleiche wie beim Buchstabieren in einer wirklichen Sprache. Auch hier kann der Austausch eines Buchstabens harmlos sein oder tief greifende Folgen haben – man braucht sich nur die Folgen auszumalen, wenn man in dem Wort »Lex« das »L« gegen ein »S« austauscht.

Das große Endothelin-3 der tödlich gefleckten Mäuse, in dem Tryptophan an Stelle von Arginin steht, wird von dem Endothelin-Konverting-Enzym nicht erkannt und deshalb auch nicht in aktives Endothelin-3 umgewandelt. Die Tiere besitzen kein funktionsfähiges Endothelin-3. Das große Molekül ist nutzlos, denn es kann den ET_B-Rezeptor nicht anregen. (Das würde selbst dann gelten, wenn es die richtige Aminosäure-Sequenz hätte. Die physiologische Regel lautet: Ohne Umwandlung läuft gar nichts.) Für den Enddarm der Mäuse spielt es keine Rolle, ob das Endothelin-3 fehlt, weil es nicht aus dem großen Endothelin gebildet wird oder weil das Gen für Präproendothelin ausgeschaltet wurde. Unter dem Strich haben beide genetischen Abweichungen das gleiche Ergebnis: Das Fell der betroffenen Mäuse ist gefleckt, und ihr Enddarm enthält keine Ganglien.

Masashi und seine Arbeitsgruppe untersuchten noch eine weitere natürliche Mutante. Diese Maus, *piebald lethal* genannt, produziert auf Grund einer Mutation keine ET_B-Rezeptoren. Äußerlich sehen die Tiere genauso aus wie ET_B-Knockout-Mäuse, und sie ähneln auch stark den Endothelin-3-Knockout- und den tödlich gefleckten Stämmen. Damit der Dickdarm durch Zellen aus der Neuralleiste besiedelt wird, müssen also irgendwo und zu irgendeinem Zeitpunkt in der Entwicklung auf irgendeiner Zelle die ET_B-Rezeptoren durch Endothelin-3 stimuliert werden. Welche Zellen diese Stimulation brauchen und warum, wurde durch Masashis Experimente nicht geklärt.*

Da die tödlich gefleckten Mäuse und auch der piebald-Stamm Tiermodelle für die Hirschsprung-Krankheit waren, erhob sich logischerweise die Frage, ob auch die Erkrankung der Menschen auf einen Funktionsverlust von Endothelin-3 oder ET_B-Rezeptor zurückzuführen ist. Wie Masashi und seine Kollegen entdeckten, haben manche Patienten mit der Hirschsprung-Krankheit im Wesentlichen den gleichen genetischen Defekt wie die piebald-Mäuse: Ihnen fehlt der ET_B-Rezeptor. In jüngster Zeit fand man auch Pa-

---

* Da die ET_B-Rezeptoren auf alle Endotheline gleichermaßen gut ansprechen, erhebt sich außerdem die Frage, warum die Endotheline 1 und 2 das Fehlen des Endothelin-3 nicht ausgleichen. Die ET_B-Rezeptoren sind in Endothelin-3-Knockout-Mäusen und tödlich gefleckten Tieren intakt; könnten also die Endotheline 1 und 2 mit dem Blut an die Rezeptoren der mutierten Tiere gelangen, wäre Endothelin-3 nicht erforderlich, und die beiden anderen Substanzen könnten den Dickdarm retten. Da sie das nicht tun, enthält das Blut der Mäuseembryonen offenbar kein Endothelin.

tienten, die kein Endothelin-3 bilden. Leider sind Mutationen in den Genen für Endothelin-3 und ET_B-Rezeptor aber noch nicht einmal für die Mehrzahl der Krankheitsfälle verantwortlich. Die Hirschsprung-Krankheit kann offenbar durch Abweichungen in einer ganzen Reihe von Genen entstehen, und das Gen für ET_B ist nur eines von vielen, die man bei Betroffenen gefunden hat. Andere heißen *RET, GDNF, SOX10* und *DLX-2* (Gene werden häufig mit den Anfangsbuchstaben komplizierter biochemischer Namen bezeichnet). Warum Mutationen in allen diesen sehr unterschiedlichen Genen das gleiche Krankheitsbild hervorrufen, ist nicht geklärt. Als Masashi seine umwälzenden Entdeckungen in drei aufeinander folgenden Artikeln in dem Fachblatt *Cell* veröffentlichte (das Titelbild des Heftes zeigte in Farbe sehr eindrucksvoll gefleckte Mäuse), war noch nicht einmal klar, welche Rolle(n) Endothelin-3 und die ET_B-Rezeptoren für die Entstehung des enteralen Nervensystems spielen könnten.

Neuralleiste oder Darm: Wo liegt der Fehler?

Masashi wunderte sich darüber, dass alle Tiere, die ein Modell für die Hirschsprung-Krankheit darstellten, gefleckt waren. Das Pigment, das dem Fell eines Tieres seine Farbe gibt, heißt *Melanin.* Die Zellen, die es herstellen, nennt man *Melanocyten,* und sie stammen wie die enteralen Nervenzellen aus der Neuralleiste. Von dort führt einer der vorbestimmten Wanderungswege in die Haut, und aus den Zellen, die diesen Weg einschlagen, gehen die Melanocyten hervor. Masashi gelangte deshalb zu dem Schluss, Endothelin-3 müsse für die Entwicklung des enteralen Nervensystem und der Melanocyten erforderlich sein. Seine Hypothese war 1994, als er sie äußerte, durchaus stichhaltig. Danach produzieren die aus der Neuralleiste auswandernden Zellen sowohl Endothelin-3 als auch den ET_B-Rezeptor. Masashi war der Ansicht, dass diese Zellen Endothelin-3 ausschütten, das dann ihre eigenen ET_B-Rezeptoren stimuliert. Demnach brauchen die aus der Neuralleiste stammenden Zellen den ET_B-Rezeptor, um zu überleben und sich zu enteralen Nervenzellen oder Melanocyten zu entwickeln. Eine solche Selbststimulation nennt man auch *autokriner Effekt*.

Mir persönlich war bei der Vorstellung von einer autokrinen Wirkung nie besonders wohl. Sie klingt ein wenig wie die Drohung meiner Eltern, wenn ich bestimmte Dinge täte, würden mir Haare auf den Handflächen wachsen. Aber solange es keine Indizien für etwas anderes gab, war die »autokrine Hypothese« höchst reizvoll. Sie erklärte sowohl das Fehlen der Ganglien als auch die Flecken bei den Tieren, die entweder kein Endothelin-3 oder keinen ET_B-Rezeptor besaßen. Andererseits warf Masashis Hypothese aber auch ein echtes Problem auf. Wenn die ET_B-Rezeptoren auf den Zellen aus der Neuralleiste stimuliert werden mussten, damit diese überlebten und sich zu enteralen Nervenzellen differenzierten (oder auch zu Gliazellen, die in dem ganglienfreien Darmabschnitt der tödlich gefleckten Mäuse ebenfalls fehlen), warum war der Defekt dann anatomisch so und nicht anders lokalisiert? Selbst bei piebald-Mäusen und Patienten mit Hirschsprung-Krankheit, die überhaupt keine ET_B-Rezeptoren besitzen, entwickeln sich im Dünndarm und im ersten Abschnitt des Dickdarms ohne weiteres die enteralen Nervenzellen.

Ich kann mich noch gut erinnern, wie ich Masashis Artikel zum ersten Mal las. Mein erstes Gefühl war uneingeschränkte Bewunderung für die Eleganz seiner Arbeit und die Klarheit der Befunde. Wenn es Schwachpunkte oder unbeantwortete Fragen gab, konnte ich sie nicht erkennen. Die zweite Empfindung war Niedergeschlagenheit, hatte ich doch selbst jahrelang mit den tödlich gefleckten Mäusen gearbeitet, ohne der Identifizierung des mutierten Gens auch nur nahe zu kommen. Jeder kennt seine eigenen Grenzen, und als ältere Forscher wissen wir, dass unsere jüngeren Kollegen uns eines Tages überrunden werden. Wir verwenden sogar einen großen Teil unserer Zeit auf die Ausbildung von Menschen und hoffen dabei, dass sie irgendwann besser sein werden als wir. Dennoch trafen mich Masashis drei Aufsätze in *Cell*, wie Mozarts *Don Giovanni* den armen Salieri in Peter Shaffers Schauspiel *Amadeus* getroffen hatte. Und als drittes schließlich setzte sich bei mir die Einstellung durch: Vergiss den persönlichen Unsinn, mach weiter und versuche, die neuen Befunde von Masashi Yanagisawa zu dem in Beziehung zu setzen, was du selbst über die Entwicklung des angeborenen Megakolons bei tödlich gefleckten Mäusen und Patienten mit der Hirschsprung-Krankheit herausgefunden hast.

Vor allem eines beschäftigte mich: Die von Masashi veröffentlichte Hypothese erklärte nicht, warum sich die enteralen Ganglien bei tödlich gefleckten Mäusen und Patienten mit der Hirschsprung-Krankheit in allen Bereichen mit Ausnahme des Enddarmes normal entwickelten. Ich entschloss mich, ihn anzurufen und zu fragen, wie er das erklärte. Ich nahm an, er hatte eingehend über diese Frage nachgedacht und könne vielleicht eine Begründung nennen, die er nicht veröffentlichen wollte, weil er sie für zu spekulativ hielt. Zuvor hatte ich noch nie mit ihm zu tun gehabt, und deshalb wusste ich nicht, was ich zu erwarten hatte. Masashi erwies sich als sehr gesprächig und diskutierte gern gemeinsame Fragestellungen. Aber warum sich auch bei Tieren ohne ET_B-Rezeptoren die enteralen Nervenzellen im Dünn- und oberen Dickdarm entwickeln, wusste er nicht. Er betonte, er habe seine Hypothese einfach als Idee in den Raum gestellt, die zu überprüfen sei. Sie solle nicht das letzte Wort sein, sondern ein nützlicher Rahmen für die Planung weiterer Experimente. In einem Punkt aber stimmten wir überein: Ganz gleich, welche Erklärung für die Wirkung der ET_B-Rezeptoren sich letztlich durchsetzen würde, sie musste in Rechnung stellen, dass der Schaden bei den Tieren ohne Endothelin-3 oder ET_B räumlich eng umgrenzt war.

Nachdem Masashis Artikel erschienen waren, befasste sich Nicole Le Douarin mit den Auswirkungen von Endothelin-3 auf Neuralleistenzellen. Sie arbeitete wie üblich mit Zellen von Vögeln. Als sie solche Zellen in der Gewebekultur Endothelin-3 zusetzte, beobachtete sie etwas Verblüffendes. Die Zellen vermehrten sich heftig, und nach kurzer Zeit war der Boden der Kulturschalen mit einem tiefschwarzen Rasen aus Melanocyten bedeckt. Nicole nahm nun an, Endothelin-3 habe auf Neuralleistenzellen vor allem den Effekt, sie zur Vermehrung anzuregen. Da die isolierten Neuralleistenzellen auf die Substanz ansprachen, zog Nicole den Schluss, sie müssten ET_B-Rezeptoren produzieren. Zwar handelte es sich bei den vielen durch Endothelin-3 entstandenen, aus der Neuralleiste stammenden Zellen nicht um Nervenzellen, aber nach Nicoles Ansicht boten die von ihr beobachteten Effekte eine gute Erklärung, warum der Enddarm bei Mäusen oder Menschen, denen Endothelin-3 oder ET_B fehlt, keine Ganglien enthält.

Nach Nicoles Vorstellung war eine Mindestmenge von Zellen aus dem Vagusbereich der Neuralleiste notwendig, damit die Population bis in den Enddarm gelangt, der ja am Ende ihres Weges liegt. Drangen zu wenige Zellen in den Darm ein – und das war nach ihrer These bei Tieren der Fall, deren aus der Neuralleiste ausgewanderte Zellen nicht durch das Endothelin-3/ET_B-System stimuliert wurden –, würde sich die Zellmasse verlieren, bevor sie im Enddarm angekommen ist. Diese Idee trug sehr gut der Tatsache Rechnung, dass Endothelin-3 die Neuralleistenzellen tatsächlich zur Vermehrung anregt, aber wie Masashi Yanagisawas frühere Hypothese erklärte sie nicht alle Befunde. Zu den Daten, die nach meiner Einschätzung am wenigsten zu Nicoles Theorie passten, gehörten einige ihrer eigenen Beobachtungen.

Dass Neuralleistenzellen nicht den ganzen Weg in den Enddarm schaffen, wenn ihre Zahl nicht groß genug ist, war eine plausible Idee, solange man sie nur auf die Zellen aus dem Vagusbereich anwandte. Nahm man aber auch die Population aus dem Sakralbereich hinzu, war Nicoles Hypothese weit weniger attraktiv. Die Zellen aus der Sakralregion der Neuralleiste wandern vom unteren Ende her in den Darm ein. Wenn sie den Darm erreichten, aber nicht bis ans Ende ihrer Wanderung gelangten, dürften sie nicht bis zum Nabel hochsteigen. Demnach müsste es in der Nervenversorgung des Darms eine Lücke zwischen den Stellen geben, wo die beiden Zellpopulationen erschöpft sind und ihre Wanderung einstellen. Aber wenn das Endothelin-3/ET_B-System fehlt, findet man keine solche Lücke, sondern der ganglienfreie Bereich liegt immer ganz am Ende des Darms. Den Beitrag, den der Sakralbereich der Neuralleiste zur Bildung des enteralen Nervensystems leistet, zog Nicole mit ihrer Hypothese also nicht in Betracht. Da sie diejenige gewesen war, die diesen Beitrag entdeckt hatte, wunderte ich mich, dass sie eine Theorie vertrat, die ihm nicht Rechnung trug.

In weiteren Untersuchungen entdeckte Nicole, dass Vögel einen besonderen Typ des ET_B-Rezeptors besitzen, den man bei Säugetieren bisher nicht gefunden hatte und der in Zellen der Melanocyten-Abstammungslinie besonders gut wirkt. Er war vermutlich der Grund, warum aus den Vogel-Neuralleistenzellen in Nicoles Kulturen nach Zugabe von Endothelin-3 so viele Melanocyten und keine Nervenzellen entstanden waren. In jüngster Zeit hat Nicole auch wieder einmal (in Zusammenarbeit mit Alan Burns) belegt, wie wichtig die Sakralregion der Neuralleiste für die Entstehung des enteralen Nervensystems ist. Aber ihre Hypothese, nach der bei einer zu geringen Zahl ausgewanderter Neuralleistenzellen ein Enddarm ohne Ganglien entsteht, blieb nach wie vor problematisch, weil sie keinen Raum für die Mitwirkung eines anderen Gewebes außer der Neuralleiste ließ. Mittlerweile wurde aber ziemlich klar, dass am Fehlen der Darmganglien in den tödlich gefleckten Mäusen (die kein Endothelin-3 besitzen) und den piebald-Tieren (denen ET_B fehlt) nicht nur die Neuralleiste schuld ist. Auch der Dickdarm spielt dabei eine Rolle.

Mit der Frage, ob die Ganglien im Enddarm der tödlich gefleckten Mäuse nur wegen defekter Neuralleistenzellen fehlen oder ob auch Anomalien im Darm eine Ursache sind, hatten Taube Rothman und ich uns schon einige Jahre vor dem Nachweis des genetischen Schadens durch Masashi Yanagisawa beschäftigt. Zusammen mit unserer Postdoc Janet Jacobs-Cohen züchteten wir Darmsegmente und Neuralleistenzellen in gemeinsamen Gewebekulturen. Die Neuralleistenzellen stammten dabei entweder aus normalen oder aus tödlich gefleckten Tieren. Hinter unseren Experimenten stand eine einfache Frage: Wie würden sich die Neuralleistenzellen verhalten, wenn wir sie mit einem Leckerbissen aus dem Darm, der selbst keine aus der Neuralleiste stammenden Zellen enthielt, in Versuchung führten? Würden normale Neuralleistenzellen oder solche aus tödlich gefleckten Tieren den Darmabschnitt besiedeln? Und konnte einer der beiden Zelltypen in den vermutlich ganglienfreien Darm der tödlich gefleckten Mäuse eindringen?

Wie sich in unseren Untersuchungen herausstellte, wurde ein normales Darmstück von Neuralleistenzellen aus praktisch jeder beliebigen Quelle besiedelt, wenn wir beide in einer gemeinsamen Kultur züchteten. Artgrenzen gab es in den Gewebekulturen nicht. Neuralleistenzellen aus der Wachtel wanderten begeistert in ein Stück Mäusedarm ein, und ebenso fröhlich machten sich Neuralleistenzellen der Maus über einen Wachtel- oder Hühnerdarm her. In den hinteren Darmabschnitt aus tödlich gefleckten Mäusen dagegen konnten keine ausgewanderten Zellen eindringen, ganz gleich, woher sie stammten. Diese Beobachtungen sprachen stark für die Vermutung, dass die Neuralleistenzellen der tödlich gefleckten Mäuse sich normal verhalten, wenn sie auf ein Stück normalen Darm treffen, dass jedoch im Darm der tödlich gefleckten Tiere irgendetwas tief greifend gestört ist.

Als Nächstes untersuchte Taube Rothman den Darm der tödlich gefleckten Mäuse auf eine völlig andere Weise. Wie ich bereits erwähnt habe, hatte sie schon früher in Zusammenarbeit mit Nicole Le Douarin die Methode der Rücktransplantation angewandt, um das Entwicklungspotenzial der Neuralleistenzellen zu beurteilen. Dazu hatte sie Zellen aus der Neuralleiste, die bereits einen Darm besiedelt hatten, in den Wanderungsweg der Neuralleistenzellen eines jüngeren Embryos gebracht; die rücktransplantierten Zellen verließen daraufhin den Darm und wanderten erneut durch das Gewebe ihres Wirtsorganismus. Jetzt trieb Taube diese Methode noch einen Schritt weiter: Sie verpflanzte den Dickdarm aus normalen und tödlich gefleckten Mäusen in jüngere Wachtelembryonen. Die DNA ist in den Zellkernen von Maus und Wachtel so unterschiedlich verteilt, dass man die Zellen der beiden Tiere in den Embryo-Chimären ohne weiteres unterscheiden kann. Insbesondere Wachtelzellen haben keinen Grund, sich von der genetischen Anomalie der Maus beeinflussen zu lassen.

Mit der Rückverpflanzung des Mäusedarms in einen jüngeren Wirt wollten wir unter anderem die Frage beantworten, ob die aus der Neuralleiste stammenden Zellen in den Enddarm der tödlich gefleckten Mäuse eindringen, und wenn ja, ob sie dann absterben. Vielleicht, so unsere Überlegung, konnten sie im Enddarm nicht so leicht überleben wie in den angenehmeren übrigen Teilen des Darms. Wenn das stimmte, konnten wir diese Zellen vielleicht retten, indem wir ihnen die Flucht aus dem Enddarm und den Sprung in das Umfeld im jüngeren Wachtelembryo ermöglichten. Und tatsächlich: Aus dem verpflanzten Darm der normalen Maus lösten sich aus der Neuralleiste stammende Zellen, die dann zu den Nerven und Ganglien des Wachtelembryos wanderten; den Darm aus tödlich gefleckten Mäusen dagegen verließen keine Zellen. Und was noch interessanter war: Auch Neuralleistenzellen der Wachtel wanderten in den rücktransplantierten Darm der normalen Maus und durch ihn hindurch. Der Enddarm der tödlich gefleckten Tiere dagegen ließ die Wachtelzellen wie angewurzelt stehen bleiben. Die Neuralleistenzellen der Wachtel bildeten in unmittelbarer Nachbarschaft des anormalen Mäusedarms riesige Ganglien, aber sie drangen weder in ihn ein, noch durchquerten sie ihn.

Die Ergebnisse unserer Experimente mit gemeinsamen Zellkulturen und Rücktransplantation passten nicht zu Masashi Yanagisawas ursprünglicher Hypothese, nach der Endothelin-3 ein autokriner Wachstumsfaktor ist, den die aus der Neuralleiste stammenden Zellen sowohl produzieren als auch brauchen. Wären diese Zellen die wichtigste Quelle des Endothelin-3, könnten normale Neuralleistenzellen den Darm aus den tödlich gefleckten Mäusen besiedeln (in der gemeinsamen Zellkultur oder nach der Rücktransplantation). Aber unsere Arbeiten hatten gezeigt, dass sie dazu in Wirklichkeit nicht in der Lage waren. Stattdessen liegt die Vermutung nahe, dass der Darm von sich aus anormal wird, wenn ihm das Endothelin-3 fehlt.

Zwei weitere Experimente – das eine machte ich zusammen mit Taube Rothman und Dan Goldowitz, der heute an der University of Tennessee arbeitet, das andere stammte von Raj Kapur – ließen keinen Zweifel daran, dass nicht nur die Neuralleiste betroffen ist, wenn Mäusen das Endothelin-3 oder der ET_B-Rezeptor fehlt. In diesen Untersuchungen benetzten wir Mäuse, die man als *Aggregationschimären* bezeichnet. Es war bereits von Chimären die Rede, die aus Zellen zweier biologischer Arten bestehen. Solche Tiere stellte Nicole Le Douarin her, indem sie Zellen aus Wachtel-

und Hühnerembryonen zusammenbrachte. Aggregationschimären setzen sich aus Embryonen zweier verschiedener Mausstämme zusammen. Um sie herzustellen, verpaart man die Mäuse, und dann lässt man gerade so viel Zeit verstreichen, dass die befruchtete Eizelle sich ein- oder zweimal teilen kann. Anschließend spült man die jungen Embryonen, die jetzt aus zwei oder vier Zellen bestehen, aus dem Eileiter der Mäusemutter. Ihre Schutzhülle löst man mit einem geeigneten Enzym auf, und dann drückt man zwei Embryonen mit einem Mikromanipulator zusammen. Daraufhin verschmelzen die Embryonen, und es entsteht ein einzelner Mischembryo, eine Chimäre aus vier oder acht Zellen. Das ist die »Aggregation«, die mit dem Begriff »Aggregationschimäre« gemeint ist. Pflanzt man den so entstandenen Embryo einer Ersatzmutter ein, entwickelt er sich ganz normal und wird schließlich als Nachkomme von vier Eltern (»tetraparentale Maus«) geboren. Jeder der beiden verschmolzenen Embryonen hatte einen Vater und eine Mutter; da das Junge aus zwei Embryonen hervorgegangen ist, hat es also zwei Mütter und zwei Väter. Das ist durchaus keine Sciencefiction. Die Zellen beider Embryonen bilden gemeinsam die Aggregationschimäre.

Wir selbst kombinierten Embryonen tödlich gefleckter Mäuse mit solchen eines anderen Stammes, der nicht am angeborenen Megakolon leidet. Die Stämme hatten wir so gewählt, dass wir ihre Zellen in den Chimären anhand charakteristischer Merkmale erkennen konnten. Von den »gemischten« Mäusen bekam fast keine das Megakolon; alle hatten Ganglien im Darm. Am verblüffendsten war aber, dass wir in allen Darmganglien der Chimären die Nervenzellen aus den tödlich gefleckten Mäusen fanden (die jeweils zwei mutierte Gene trugen), sogar im hintersten Abschnitt des Darms. Mutierte Zellen aus der Neuralleiste können also den Darm ohne Schwierigkeiten besiedeln, vorausgesetzt, der Darm enthält zumindest einige normale Zellen.

Zu den gleichen Ergebnissen gelangte Raj Kapur mit Aggregationschimären, die eine Kombination aus tödlich gefleckten Mäusen und seinen transgenen DBH-Beta-Galactosidase-Tieren darstellten. Anhand der Beta-Galactosidase identifizierte er die Zellen der normalen Embryonen. Noch interessanter war aber, dass Raj auch Embryonen der piebald-Mäuse mit solchen seiner transgenen Tiere vereinigte. Der Unterschied in seinen beiden Experimenten bestand darin, dass den tödlich gefleckten Mäusen das Endothelin-3 fehlt, während die piebald-Mäuse keinen ET_B-Rezeptor besitzen. Masashi Yanagisawa hatte argumentiert, bei den von uns und Raj Kapur anfangs untersuchten Aggregationschimären aus normalen und tödlich gefleckten Mäusen sei nicht auszuschließen, dass ein auf die Neuralleiste begrenzter Defekt vorlag. Er äußerte die Vermutung, Neuralleistenzellen könnten paarweise durch den Embryo wandern. Da Aggregationschimären ein Zellmosaik darstellen und die aus der Neuralleiste stammenden Zellen eng verbunden bleiben, könnte das von den normalen Zellen abgegebene Endothelin-3 in solchen Chimären auch ihre Nachbarn retten, die von den tödlich gefleckten Tieren kamen und selbst kein Endothelin-3 bildeten.

Zu der Zeit, als diese Untersuchungen liefen, wusste man noch nicht, welche Zellen das Endothelin-3 tatsächlich produzieren; deshalb war nicht auszuschließen, dass die normalen Neuralleistenzellen tatsächlich diejenigen aus den tödlich gefleckten Tieren auf die beschriebene Weise am Leben hielten. Aber auf Raj Kapurs Untersuchung mit den piebald-Mäusen, denen ET_B fehlte, war diese Kritik nicht anzuwenden: Sie zeigte, dass aus der Neuralleiste stammende Zellen auch ohne den Rezeptor ET_B in den gesamten Darm einwandern können. Solche Zellen sprechen nicht auf Endothelin-3 an und können deshalb durch diesen Faktor nicht gerettet werden, selbst wenn die Nachbarzellen ihn abgeben. Die Befunde waren nur dadurch zu erklären, dass im Dickdarm irgendetwas nicht funktioniert, wenn kein Endothelin-3 zur Verfügung steht oder wenn keine ET_B-Rezeptoren stimuliert werden können.

Dass diese Erklärung zutrifft, hat sich natürlich sowohl an der von uns beobachteten Laminin-Überproduktion in den tödlich gefleckten Tieren als auch in ähnlichen Befunden anderer bei Patienten mit der Hirschsprung-Krankheit gezeigt. Der Dickdarm nimmt also nicht nur passiv die Zellen aus der Neuralleiste auf, sondern er wirkt aktiv daran mit und bestimmt selbst darüber, ob er besiedelt wird oder nicht.

Bis hierher waren Raj Kapur und ich uns im Wesentlichen darüber einig, was sich in den Tieren abspielt, denen Endothelin-3 oder ET_B fehlen. Über die grundlegenden Befunde sind wir auch heute noch einer Meinung, aber in ihrer Interpretation gibt es einige wichtige Unterschiede. Wir sind beide überzeugt, dass die Darmganglien nicht nur deshalb fehlen, weil die Neuralleistenzellen nur dann enterale Nervenzellen hervorbringen, wenn ihre ET_B-Rezeptoren durch Endothelin-3 stimuliert werden. Ebenso sind wir übereinstimmend der Ansicht, dass das Fehlen der Ganglien sich nicht allein durch eine Anomalie der Neuralleiste erklären lässt. In der Fachsprache sagt man: Das Fehlen der Ganglien ist nicht *Neuralleisten-autonom*. Aber in der Frage, was außer den Zellen aus der Neuralleiste noch eine Rolle spielt, haben wir sehr unterschiedliche Hypothesen.

Rajs Hypothese besagt, dass die Zellen aus der Neuralleiste vom Endothelin-3 über die ET_B-Rezeptoren normal stimuliert werden und daraufhin ein Signal abgeben, das den Dickdarm auf ihr Eindringen vorbereitet. Ich bezeichne diese Idee gern als »Verkündungshypothese«. Sie macht den Dickdarm zu einem angenehmen Ort, ausgestattet mit Zellen, welche die Nachricht über die Ankunft der Neuralleistendelegation erhalten und ihre Umgebung dann auf einen königlichen Empfang einstimmen. Die Besiedlung des Dickdarms durch die Zellen aus der Neuralleiste ist demnach ein großartiges Ereignis wie die historische Begegnung zwischen Heinrich VIII. und Francis I. auf dem Camp du Drap d'Or im Jahr 1520. Sowohl für den englischen als auch für den französischen König wäre es undenkbar gewesen, ohne angemessenen Empfang am Treffpunkt zu erscheinen. Ausgelöst wurde dieser Empfang demnach durch eine diskrete Vorabnachricht, die beiden königlichen Delegationen zugestellt wurde.

Nach Rajs Vorstellung stoßen die aus der Neuralleiste kommenden Zellen selbst ins Horn und teilen auf diese Weise mit, dass sich der Dickdarm auf ihre Ankunft vorbereiten soll. Dazu müssen auch die ET_B-Rezeptoren auf den Neuralleistenzellen angeregt werden. Um was für ein Signal es sich dabei handelt, ist allerdings ebenso wenig bekannt wie die Art des Empfangs, den der Darm den Zellen bereitet. Aber nach Rajs Hypothese ist es undenkbar, dass Zellen aus der Neuralleiste durch einen Dickdarm wandern, der nicht ausreichend auf ihren Empfang vorbereitet ist. Eines muss ich Raj lassen: Wer sonst könnte sich ein Drama ausdenken, in dem der Dickdarm die Rolle des Camp du Drap d'Or spielt?

Meine eigenen Vorstellungen sind viel prosaischer. Danach braucht der Dickdarm keine Vorboten, die das Herannahen der Neuralleiste verkünden. Nach meiner Hypothese benötigt der Darm das Endothelin-3 als Signal, dass er die Besiedlung durch die Zellen aus der Neuralleiste ermöglichen soll, und dieses Endothelin-3 stellt er selbst her. Es wirkt nach meiner Überzeugung auf die ET_B-Rezeptoren, die im Dickdarm von den Vorläufern der glatten Darmmuskelzellen (und auch von den Zellen aus der Neuralleiste) produziert werden. Diese Zellen fahren daraufhin die Synthese der Bausteine für die Basalschicht zurück, inklusive die Laminin-1-Produktion. Bleibt diese Wirkung des Endothelin-3 aus, wird zu viel Laminin-1 gebildet, und wegen seiner Alpha1-Untereinheit erhalten die Zellen aus der Neuralleiste ein zu starkes Signal, dass sie sich differenzieren sollen. Sie werden zu Nervenzellen, bevor sie den Darm vollständig besiedelt haben. Die Zellen aus dem Vagusbereich der Neuralleiste stellen ihre Wanderung im oberen Teil des Dickdarms ein, solche aus dem Sakralbereich kommen gar nicht erst bis in den Darm. Das Endothelin-3 hat also die entscheidende Aufgabe, den Willkommensgruß des Darms für die Zellen aus der Neuralleiste zu dämpfen.

In meinen Augen ist Endothelin-3 ein Faktor, der nicht für einen königlichen Empfang, sondern für Beschränkung und Mäßigung sorgt. Fehlt es, werden die Zellen aus der Neuralleiste – angeregt wahrscheinlich durch das höchst angenehme Umfeld im Dickdarm – zu übersteigerter Differenzierung angeregt. Als Folge dieser Orgie sind die Vorläuferzellen plötzlich zu Nervenzellen geworden, ohne dass sie ihren prosaischen Marsch bis ans Ende des Darms abgeschlossen haben.

Mittlerweile ist es natürlich zu spät. Dem Enddarm fehlen ein für alle Mal die Ganglien.

Endothelin-3 und seine Wirkungen

Die neuen Möglichkeiten der Molekularbiologie haben zu einer Welle der Begeisterung geführt, die manchmal über die Grenzen der Realität hinausgeht. Viele Menschen – darunter auch manche Wissenschaftler, die es eigentlich besser wissen müssten – glaubten tatsächlich, man brauche nur das Gen aufzuspüren, das für einen angeborenen Defekt verantwortlich ist, und schon seien alle Probleme gelöst. Aber dann stellte sich heraus, dass die Sache nicht so einfach ist. Um die Ursachen eines angeborenen Fehlers zu verstehen, ist die Kenntnis des anormalen Gens zwar notwendig, aber nicht ausreichend. Ebenso wichtig ist der Mechanismus seiner Wirkung, der sich vielfach nur schwer aufspüren lässt und den man aus der Kenntnis des Gens oder auch seines Produktes allein nicht ableiten kann. Sehr deutlich werden diese Einschränkungen anhand der Entdeckung, dass Mutationen in den Genen für Endothelin-3 und ET_B das angeborene Megakolon verursachen. Masashi Yanagisawa hatte mit dieser Entdeckung zwar einen wichtigen Beitrag zum biologisch-medizinischen Wissen geleistet, aber damit war noch nicht geklärt, was das Endothelin-3 bewirken muss, damit der Dickdarm von den Zellen aus der Neuralleiste besiedelt wird. Mit Sicherheit konnte man die Ursachen des angeborenen Megakolons nicht verstehen, solange man nicht wusste, dass Endothelin-3 und ET_B für die Besiedlung des Darms durch Neuralleistenzellen eine wichtige Rolle spielen. Aber allein die Erkenntnis, dass die Gene für diese beiden Proteine an dem Vorgang beteiligt sind, sagte noch nichts über ihre Wirkungen aus.

Masashi Yanagisawa und Raj Kapur versuchten gemeinsam neue Aufschlüsse darüber zu gewinnen, welche Aufgabe Endothelin-3 im Darm eigentlich erfüllt. Für diese Arbeiten verwendeten sie Rajs transgene Mäuse, in deren Darm die Zellen aus dem Vagusbereich der Neuralleiste unter der Steuerung des DBH-Promotors ganz bestimmte Gene exprimieren. In ihrem ersten Experiment sorgten sie dafür, dass Endothelin-3 im Darm tödlich gefleckter Mäuse gebildet wurde. Es klappte. Durch die Wirkung des Endothelins, das von dem Transgen produziert wurde, besiedelten die Zellen aus der Neuralleiste den gesamten Darm. Aber obwohl im Darm der Mäuse nun Endothelin-3 gebildet wurde, verloren sie ihre Flecken nicht. Diese Experimente waren wichtig, weil sie den Nachweis erbrachten, dass der Darm die Wirkungsstelle des Endothelins-3 ist. Der DBH-Promotor wird erst aktiv, wenn die Zellen aus der Neuralleiste in den Darm eindringen; und da die Melanocyten trotz des nun vorhandenen Endothelins-3 anormal blieben, wirkt dieses offenbar räumlich recht begrenzt nur im Verdauungstrakt. Gleichzeitig war damit definitiv die Vermutung von Nicole Le Douarin widerlegt, Endothelin-3 könne die gesamte Population der Neuralleistenzellen vor ihrer Wanderung stimulieren, sodass sie sich genügend vergrößert, um den gesamten Darm besiedeln zu können.

In einem zweiten Experiment benutzten Masashi Yanagisawa und Raj Kapur genetisch veränderte Mäuse, die ET_B nicht produzieren konnten, und sorgten bei ihnen mit Hilfe des DBH-Promotors dafür, dass der Rezeptor gezielt in den Zellen aus der Neuralleiste gebildet wurde. Auch hier bewirkte das Transgen, dass der Darm vollständig mit Ganglien ausgestattet war. In den vorherigen Experimenten hatte sich herausgestellt, dass das Endothelin-3 im Darm wirkt, aber da es sich in dem Organ hin und her bewegen kann, ist damit noch nicht gesagt, welche Darmzellen sein Ziel sind. Dagegen liefert die gezielte Korrektur des ET_B-Mangels bei den Zellen aus der Neuralleiste sicher ein starkes Indiz, dass der Rezeptor auch auf diesen Zellen stimuliert werden muss, damit sie den Darm besiedeln. Seltsamerweise kann man mit einem Transgen, das ET_B in Neuralleistenzellen entstehen lässt, das Fehlen der Ganglien bei Mäusen viel wirksamer verhindern als bei Ratten. In jedem Fall wissen wir aber durch diese neuesten Versuche mit transgenen Tieren, dass Endothelin-3 im Darm wirkt und dass seine Wirkung sich auf die Zellen aus der Neuralleiste richten muss. Um zu erklären, warum das Fehlen der Ganglien bei Endothelin-3/ET$_B$-Mangel nicht ausschließlich durch die Neuralleisten-zellen verursacht wird, muss man also entweder unterstellen, dass diese Zellen ihre Ankunft im Darm vorher mit einem Signal an-kündigen (Rajs Verkündungshypothese), oder man muss anneh-men, dass außer den aus der Neuralleiste stammenden Zellen auch andere durch Endothelin-3 stimuliert werden (meine prosa-ische Hypothese).

Ich selbst wählte eine ganz andere Methode, um die Wirkun-gen von Endothelin-3 auf Neuralleiste und Darm zu bestimmen. Mich interessierte, was Endothelin-3 tatsächlich bewirkt – einer-seits in einer Population von Zellen aus der Neuralleiste, die durch Immunselektion aus dem entstehenden Mäusedarm ge-wonnen wurde, und andererseits an der Restpopulation von Darmzellen, die nach der Immunselektion übrig blieb. Die Expe-rimente machte ich zusammen mit Jun Wu, dem Doktoranden, der zuvor bereits durch Immunselektion bestätigt hatte, dass die interstitiellen Cajal-Zellen ihren Ursprung nicht in der Neural-leiste haben.

Jun stammt aus der Volksrepublik China und ist ein großartiges Beispiel, welchen Nutzen Amerika daraus ziehen kann, wenn wir in Wissenschaft und Ausbildung die Staatsgrenzen außer Acht las-sen. Die Zahl der US-Bürger, die sich für eine Karriere in der bio-logisch-medizinischen Forschung entscheiden, geht zurück. Das hat zu einer Lücke geführt, die aus China und anderen Ländern geschlossen wurde. Jun wird vielleicht eines Tages in seine Heimat zurückkehren, aber ich habe von der Arbeit und dem Umgang mit ihm ungeheuer profitiert, und ebenso hat es unseren amerikani-schen Studenten genützt, dass sie sich mit ihm austauschen konn-ten. Natürlich wurde Jun bei mir zum Wissenschaftler ausgebildet, aber wenn er weiterhin grundlegende, biologisch-medizinische Er-kenntnisse gewinnt, welche Rolle spielt dann seine Staatsangehö-rigkeit? Unsere Regierung beschränkt ihre Ausbildungsförderung nach wie vor auf US-Bürger und Leute mit einer Arbeitserlaubnis. Diese Politik ist ein Schlag ins Gesicht einer international gepräg-ten Wissenschaft, und ihr Nutzen verkehrt sich zunehmend ins Ge-genteil. Die Nicht-US-Bürger, deren Ausbildung wir zu verhindern suchen, werden höchstwahrscheinlich diejenigen sein, auf die Amerika in Zukunft angewiesen ist.

Wie sich herausstellte, übt Endothelin-3 im Darm auf die Zellen aus der Neuralleiste keineswegs die Wirkung aus, mit der alle gerechnet hatten; im Gegenteil widersprachen die Befunde allen Vermutungen. Da sich in dem Darmabschnitt, wo Endothelin-3 fehlt, keine Nervenzellen entwickeln, lautete die nahe liegende Erklärung: Endothelin-3 ist ein wichtiges Signal, das die Differenzierung und/oder das Überleben der enteralen Nervenzellen fördert. Man könnte beispielsweise vermuten, dass es wie GDNF wirkt und die Vermehrung der Nervenzellvorläufer anregt oder dass es einen ähnlichen Effekt wie NT-3 hat und den ausgereiften Nervenzellen die Differenzierung und/oder das Überleben ermöglicht. In Wirklichkeit aber tat Endothelin-3 nicht, womit ein vernünftiger Mensch gerechnet hätte.

Die erste Überraschung bei Juns Experimenten war der Nachweis, dass isolierte enterale Nervenzellen sich auch völlig ohne Endothelin-3 vergnügt weiter entwickeln, und genauso verhalten sie sich auch, wenn ein Antagonist die Wirkung von Endothelin-3 auf ET_B blockiert. Masashi Yanagisawas ursprüngliche Hypothese, Endothelin-3 sei für die Entwicklung der enteralen Nervenzellen notwendig, war also falsch. Es ist zu diesem Zweck ebenso wenig erforderlich wie die Stimulation des Rezeptors ET_B. Ganz im Gegenteil: Wie Jun herausfand, hemmt Endothelin-3 sogar die Entwicklung der Nervenzellen, und dieser Effekt ist fein säuberlich proportional zu seiner Konzentration. Und das war noch nicht alles. Jun wies auch nach, dass Agonisten, die den Effekt von Endothelin-3 am Rezeptor ET_B nachahmen, in Gewebekulturen ebenfalls sehr wirksam die Differenzierung der enteralen Nervenzellen verhindern. ET_B-Antagonisten dagegen, die allein in Kulturen enteraler Nervenzellenvorläufer überhaupt keine Wirkung haben, schalten den Effekt von Endothelin-3 auf die Entwicklung enteraler Nervenzellen völlig aus.

Als ich Juns Befunde sah, war mein erster Gedanke: Endothelin-3 verhindert die Entwicklung der enteralen Nervenzellen sicher deshalb, weil es ihre Vorläufer zur Vermehrung anregt. Wenn die Vorläuferzellen sich weiterhin teilten, konnten wir keine Entwicklung zu Nervenzellen beobachten. Da Nicole Le Douarin festgestellt hatte, dass Endothelin-3 auf die Neuralleiste vor der Wanderung genau diesen Effekt ausübt, lag natürlich die Vermutung nahe, dass es das Gleiche auch nach der Wanderung bei den Zellen aus der Neuralleiste bewirken würde, die Jun aus dem Darm isoliert hatte. Glücklicherweise gaben wir uns mit dieser Theorie nicht zufrieden, sondern prüften, welche Wirkung das Endothelin-3 tatsächlich hat. Und siehe da: Es steigerte die Vermehrungsgeschwindigkeit der Vorläuferzellen aus der Neuralleiste nicht, und auch alle anderen Gewebekulturzellen, die aus dem fetalen Darm gewonnen wurden, regte es nicht zur Vermehrung an. Um die Zellteilung quantitativ genau zu erfassen, maßen wir, wie schnell die Zellen radioaktives *Thymidin* und *Bromdesoxyuridin* aufnehmen, zwei Substanzen, die während der Verdoppelung in die DNA eingebaut werden. An der Aufnahme beider Moleküle änderte sich unter dem Einfluss von Endothelin-3 nicht das Geringste. Das Protein wirkt also offenbar als Differenzierungsbremse und übt wie Laminin-1 auf Neuralleistenzellen nach der Wanderung einen ganz anderen Effekt aus als vorher. Die Zellen aus der Neuralleiste, die letztlich im Darm ankommen, gleichen ihren Vorläufern nicht mehr. Jedenfalls zeigen Juns Befunde, dass Endothelin-3 wahrscheinlich eine Hemmsubstanz ist: Es hält die aus der Neuralleiste stammenden Zellen zurück und verhindert, dass sie sich vorzeitig differenzieren.

Die Wirkung von Endothelin-3 auf die übrig gebliebenen Zellen untersuchte Jun mit Hilfe des *Desmins*, einer charakteristischen Markersubstanz der glatten Muskelzellen. Die Vermehrung dieser Zellen wird, anders als die der enteralen Nervenzellen, durch Endothelin-3 angeregt. Während die Zahl der Nervenzellen, die sich in den Kulturen immunselektierter Zellen entwickeln, unter seinem Einfluss sinkt, entstehen in den Kulturen der übrig gebliebenen Zellen unter den gleichen Bedingungen vermehrt glatte Muskelzellen. Endothelin-3 vermindert auch die Biosynthese der Bausteine von Laminin-1, darunter die Untereinheit Alpha1, die die Entwicklung der Nervenzellen fördert. Das liegt möglicherweise daran, dass Endothelin-3 die Reifung der sekretorischen Muskelzellvorläufer zu glatten Muskelzellen fördert, die ihre Energie hauptsächlich für die Kontraktion aufwenden.

Auch ein weiterer Befund passte zu Juns Beobachtung, dass Endothelin-3 die Entwicklung der glatten Muskelzellen vorantreibt. Der Rezeptor ET_B wird nicht nur von den Zellen aus der Neuralleiste produziert, sondern auch von der übrig gebliebenen Population. Jingxian Chen bestätigte diese Beobachtung Juns und wies außerdem nach, dass ET_B im Darm fetaler und neugeborener Ret-Knockout-Mäuse gebildet wird. Da sich im Darm dieser Tiere keinerlei Zellen aus der Neuralleiste befinden, ist das der Beweis, dass auch andere Zellen ET_B produzieren. Der Rezeptor wird also im Darm sowohl von Zellen aus der Neuralleiste als auch von Zellen anderen Ursprungs gebildet.

Dass Endothelin-3 und ET_B im fetalen Darm nicht ausschließlich von nicht aus der Neuralleiste stammenden Zellen produziert werden, bestätigte vor kurzem auch Cheryl Gariepy, eine Postdoc im Labor von Masashi Yanagisawa. Wie sie durch *in-situ-Hybridisierung* feststellte, findet man RNA, die Präproendothelin codiert, sogar bevorzugt in denjenigen Zellen der Darmwand, die nicht aus der Neuralleiste stammen. RNA-Moleküle für den Rezeptor ET_B entstehen dagegen im fetalen Darm vor allem in den Zellen aus der Neuralleiste, aber kurz nachdem die RNA in diesen ausgewanderten Zellen auftaucht, ist sie auch an anderen Stellen nachzuweisen.

Jun Wus Experimente sowie der Fundort der RNA für Endothelin-3 und ET_B waren ein stichhaltiger Beweis, dass ich mit meinen früheren Vermutungen über die Ursachen für das Fehlen der Ganglien Recht gehabt hatte. Wenn Endothelin-3 und der Rezeptor nicht vorhanden sind, stehen die Zellen aus der Neuralleiste, die den Darm besiedeln »wollen«, vor einem doppelten Hindernis. Einerseits fehlt ihnen eine notwendige Beschränkung (weil Endothelin-3 ihre vorzeitige Differenzierung nicht verhindert), und andererseits begegnet ihnen auf ihrem Weg in den Endothelin-3/ET_B-freien Darm ein wichtiger Förderer der Nervenzellenentwicklung (die Alpha1-Kette des übermäßig stark produzierten Laminins-1).

Angesichts dieser Umstände sind die Nervenzellvorläufer nach meiner Überzeugung nicht mehr in der Lage, sich der Differenzierung zu Nervenzellen zu enthalten.

Die vorzeitige Entstehung der Nervenzellen hat zur Folge, dass der Darm nur unvollständig besiedelt wird. Da die Zellen aus der Neuralleiste während ihrer Differenzierung auch die Vermehrung einstellen, bleibt ihre Gesamtzahl im Endothelin-3/ET_B-freien Darm gering. Laminin-1 wird sowohl innerhalb als auch außerhalb des Darmes in übergroßer Menge produziert. Die Folge sind *ektopische* (am falschen Platz befindliche) Ganglien im Beckenbereich der tödlich gefleckten Mäuse, die es bei ihren normalen Vettern nicht gibt. Einige dieser ektopischen Ganglien verschmelzen sogar unmittelbar oberhalb der ganglienfreien Zone mit Ganglien des Auerbach-Plexus. Nach meiner Deutung sind die ektopischen Ganglien ein Indiz, dass die Zellen aus dem Sakralbereich der Neuralleiste ihre Wanderung einstellen und sich differenzieren, bevor sie ihre Bestimmungsorte im Darm erreicht haben.

Meine Hypothese über die Gründe, warum bei Endothelin-3-Mangel die Ganglien fehlen, muss noch bestätigt werden. Man sollte sie nicht als Evangelium betrachten, aber sie hat mehrere Vorzüge. Unter anderem erklärt sie sämtliche Befunde, und alle ihre Behauptungen werden durch Beobachtungen bestätigt. Endothelin hemmt tatsächlich die Entwicklung der Nervenzellen, fördert aber die Reifung der Muskelzellen. Außerdem vermindert es die Laminin-1-Ausschüttung, vermutlich weil es die Umwandlung der sekretorischen Muskelzellvorläufer zu reifen, kontraktionsfähigen Muskelzellen verstärkt. Und Laminin-1 fördert tatsächlich die Entwicklung der enteralen Nervenzellen.

Dass die Darmganglien bei der Hirschsprung-Krankheit fehlen, hat kompliziertere Ursachen als bei den Tiermodellen der Krankheit. Wenn Mutationen in den Genen für Endothelin-3 oder ET_B Schuld sind, entsteht das angeborene Megakolon beim Menschen wahrscheinlich durch einen ähnlichen oder gleichen Mechanismus wie bei Tieren, welche die gleichen Anomalien zeigen. Aber die anderen genetischen Defekte, die man mit der Hirschsprung-

Krankheit in Verbindung gebracht hat, entziehen sich jeder einfachen Erklärung.

Veränderungen in den Genen für Ret oder GDNF erscheinen auf den ersten Blick erklärlich, denn dieser Rezeptor und sein Ligand sind notwendig, damit die Vorläufer der enteralen Nervenzellen im Darm überleben. Schaltet man aber eines der beiden Gene bei Mäusen gentechnisch aus, entsteht nicht einfach ein Dickdarm ohne Ganglien, sondern die Nervenknoten fehlen im gesamten Verdauungskanal unterhalb der Speiseröhre und des angrenzenden Magenabschnitts. Damit bei Tieren eine genetische Anomalie zu erkennen ist, müssen davon sowohl das mütterliche als auch das väterliche Gen betroffen sein. Bei Menschen ist immer nur ein *RET*-Gen verändert (sind beide betroffen, ist der Defekt wahrscheinlich so schwerwiegend, dass der Fetus schon vor der Geburt stirbt), und der Defekt beschränkt sich auf den Dickdarm. Ganz offensichtlich gibt es im Zusammenhang mit der menschlichen Erkrankung, die anscheinend durch zahlreiche Mechanismen entstehen kann, noch vieles zu erforschen.

Solche komplizierten Zusammenhänge machen eines deutlich: Je mehr wir über die Hirschsprung-Krankheit wissen, desto eindeutiger zeigt sich, dass die Bezeichnung der Krankheit irreführend ist. Als Hirschsprung sie beschrieb, sah er nur das Ergebnis, einen Darm, an dessen hinterem Ende die Ganglien fehlten. Er hatte keine Ahnung von den Ursachen und tat das Einzige, was ihm möglich war: Er beschrieb, was er gesehen hatte. Heute stellt sich aber heraus, dass es nicht eine Hirschsprung-Krankheit gibt, sondern eine ganze Gruppe solcher Leiden. Das Endergebnis ist bei allen ähnlich, denn das Repertoire der wandernden Zellen aus der Neuralleiste ist begrenzt. Der Enddarm ist für sie, was Kalifornien für die Goldgräber war: ein Ziel, das man aus den verschiedensten Gründen möglicherweise nicht erreicht. Aber die Gründe mögen noch so unterschiedlich sein – wenn die Zellen aus der Neuralleiste dort nicht ankommen, fehlen die Ganglien da, wo sie eigentlich sein sollten. Zellen können unterwegs sterben, abgelenkt werden oder bei der Ankunft einem Mord zum Opfer fallen. Ganz gleich, was die Ursache ist, ein Dickdarm ohne enterales Nervensystem ist ein Megakolon.

Die Hirschsprung-Krankheit macht eine banale Erkenntnis deutlich, die für jede Reise gilt. Wenn man unterwegs ist, sollte man wissen, wohin man will, wie man sein Ziel erkennt und wann man seine Reise beenden sollte. Die Zellen aus der Neuralleiste, die den Darm besiedeln, sind da keine Ausnahme. Sie müssen die richtigen Stellen finden, wo sie die Ganglien bilden, und sie müssen wissen, wann sie an diesen Stellen angekommen sind. Beenden sie ihre Wanderung am falschen Ort, ist der Dickdarm ebenso verloren, als würden sie tot umfallen. Wenn es um den Dickdarm und seine Nervensteuerung geht, ist jede Kleinigkeit von Bedeutung. Das heißt: Nichts ist wichtiger für einen Darm als dass seine Ganglien sich an den richtigen Stellen bilden. Oder mit anderen Worten, auf die Lokalisierung kommt es an.

12

Der Darm heute

In den Erkenntnissen über das zweite Gehirn und seine Entwicklung wurden in den letzten Jahren große Fortschritte gemacht. Aber auch wenn ich das behaupte, könnte jemand anderer Meinung sein und durchaus gute Gründe dafür haben. Als ich kürzlich einen Fachartikel zu diesem Thema schrieb, sah ich zur Vorbereitung die gesamte Fachliteratur über die Hirschsprung-Krankheit durch. Nachdem ich mir alle derzeit verfügbaren Informationen über Patienten mit angeborenem Megakolon und die Tiermodelle für dieses Leiden beschafft hatte, war ich immer noch nicht in der Lage, die entscheidende Frage zufrieden stellend zu beantworten: Wie kommt es, dass der Enddarm keine Ganglien besitzt? Oberflächlich betrachtet, ist die Antwort einfach: Gene sind defekt und liefern nicht die Informationen, die sie liefern sollen. Aber das ist eigentlich keine Antwort. Ich kann eine ganze Reihe von Genen aufzählen, deren Mutationen zur Hirschsprung-Krankheit führen, ja, ich habe das zuvor in diesem Buch bereits getan. Das Problem besteht darin, wie man von den Genen zum ganglienfreien Darm gelangt. Das können wir bisher nicht.

Am nächsten kommen wir einer Klärung, wenn es sich bei den mutierten Genen, die mit der Hirschsprung-Krankheit in Zusammenhang stehen, um diejenigen handelt, die normalerweise Endothelin-3 oder den Rezeptor ET_B codieren. Aber selbst bei ihnen gibt es zur Erklärung des Ablaufs keine nachgewiesenen Tatsachen, sondern nur widersprüchliche Theorien. Und wie wir außerdem erfahren haben, entsteht der ganglienfreie Darm bei fehlendem Endothelin-3 oder ET_B wahrscheinlich nicht durch den Mechanismus, der bei einer Mutation in den Genen *RET* oder *GDNF* wirksam

wird. Da ihre Produkte im Gegensatz zu Endothelin-3 und ET_B unentbehrlich sind, damit die aus der Neuralleiste ausgewanderten
Zeilen im Darm überleben, führt der Verlust ihrer Funktion wahrscheinlich dazu, dass die Vorläufer der enteralen Nervenzellen in
irgendeiner Form anormal sind. Dennoch wissen wir über die
Gründe, warum bei Mutationen von *RET* oder *GDNF* die Ganglien
fehlen, viel weniger als bei den Mutationen von *ET-3* oder *ET_B*. Bei
RET und *GDNF* können wir nur darüber spekulieren, was im Darm
schief läuft, warum der Schaden sich beim Menschen auf den Enddarm beschränkt und warum Mutationen derselben Gene sich bei
Menschen und Tieren unterschiedlich auswirken. Und noch viel
weniger wissen wir über die Effekte der anderen Gene, die man mit
Fällen der Hirschsprung-Krankheit in Verbindung gebracht hat.

Es fällt nicht schwer, sich angesichts dieser jammervollen Zu-
sammenfassung unserer beschränkten Kenntnisse zu fragen, was
wir Wissenschaftler eigentlich mit unserer Zeit anfangen. Milliarden an Steuergeldern werden jedes Jahr in die biologisch-medizinische Forschung gepumpt, und doch können wir eine einfache
Frage wie die, warum manche Menschen ohne Nervenzellen am
Darmende geboren werden, nicht richtig beantworten. Aber bei
genauerer Betrachtung der gleichen Fakten zeigt sich, dass es um
die Sache eigentlich recht gut bestellt ist und in Kürze noch Besseres in Aussicht steht.

Das erste geschriebene Wort ritzte vermutlich einer unserer
Vorfahren, ein Sumerer, vor über fünftausend Jahren in der Nähe
des Flusses Euphrat in einen Stein. Diese Tat kann man mit Fug
und Recht als Beginn der abendländischen Geschichte bezeichnen. Aber nach den ersten in Stein geritzten Worten verging noch
eine lange Zeit, bevor unsere Ahnen systematisch die Ereignisse
aufzeichneten, deren Zeugen sie wurden. Der schriftliche Bericht,
auf den sich die christlich-jüdische Geschichte gründet, ist die Bibel. Das geschriebene Hebräisch, die Sprache der Bibel, lässt sich
bis ins zehnte Jahrhundert v. u. Z.* zurückverfolgen. Die fünf Bü-

---

* Um religiöse Anklänge zu vermeiden, verwende ich die Abkürzung
  v.u.Z. (vor unserer Zeitrechnung)

cher Mose gab es in der heute bekannten Form erst nach der Babylonischen Gefangenschaft (538 v. u. Z.). Um von den ersten geschriebenen Worten zur Bibel zu gelangen, brauchten unsere Vorfahren also über zweitausend Jahre. Etwa die gleiche Zeit verging von der Vollendung der Bibel und dem 1954 erschienenen Artikel, in dem Yntema und Hammond nachwiesen, dass das enterale Nervensystem aus ausgewanderten Zellen der Neuralleiste entsteht. Dieses Manuskript war für das zweite Gehirn, was das in Stein gemeißelte sumerische Wort für die jüdisch-christliche Kultur war: der Anfang ihrer Geschichte.

Im Vergleich schneiden wir Naturwissenschaftler gar nicht so schlecht ab. Um von den Anfängen der modernen Erforschung des zweiten Gehirns bis zur Identifizierung der Gene zu gelangen, die seine Entstehung steuern und in mutierter Form Krankheiten hervorrufen, brauchten wir keine zwei Jahrtausende, sondern nur vierzig Jahre. In den kurzen vier Jahren, nachdem man die Bedeutung des Endothelins-3 für die Ausbildung des enteralen Nervensystems entdeckt hatte, haben wir seine Auswirkungen auf die Zellen aus der Neuralleiste kennen gelernt, und wir wissen jetzt, wie seine Wirkung sich ändert, wenn diese Zellen den Darm besiedeln. Und das ist noch nicht alles. Zwar haben wir immer noch kein genaues Bild davon, wie Anomalien des Endothelins-3 oder des Rezeptors ET_B zu einer fehlerhaften Entwicklung der Darmganglien führen, aber wir haben als Erklärung zumindest Hypothesen, die sich überprüfen lassen. Und was noch wichtiger ist: Die scheinbar unergründlich komplizierten Entwicklungsabläufe im zweiten Gehirn wurden so weit aufgeklärt, dass wir in ihnen einen geordneten Mechanismus erkennen können. Wir haben erfahren, dass der Darm sowohl von gezielten als auch von nicht in ihrem Ziel festgelegten Nervenzellvorläufern besiedelt wird, dass diese Siedler von Signalen aus der unmittelbaren Umgebung im Darm aktiviert werden und dass ihre Reaktionen zumindest teilweise von dem Erbe bestimmt werden, das die einzelnen Abstammungslinien der Neuralleistenzellen in den Darm mitbringen.

Um es kurz zu machen, auch wenn noch vieles unbekannt bleibt, kann man die Erweiterung unseres Wissens von der Entwicklung des zweiten Gehirns nicht als langsam bezeichnen. Die Wissenschaftler haben ihre Zeit gut genutzt. Aber wird sich die Investition an Steuergeldern auszahlen? Sicher kann und sollte niemand daran zweifeln, dass die Öffentlichkeit gut beraten ist, wenn sie die biologisch-medizinische Forschung unterstützt. Im Vergleich zu den Kosten, die durch die Abwehr der früheren Sowjetunion während des Kalten Krieges entstanden sind, war der Aufwand für die Abwehr von Krankheiten wirklich gering. Ich gebe zu, dass die Sowjets ein übles Pack waren, aber an Dickdarmkrebs, Infektionskrankheiten, Herzinfarkt und Schlaganfall sterben jedes Jahr mehr Amerikaner als durch die Maßnahmen der Sowjetunion während es gesamten Kalten Krieges. Eine Gesellschaft, die es sich leisten kann, jährlich mehrere hundert Milliarden auszugeben, um sich vor der potenziellen Bedrohung durch die Sowjetunion zu schützen, kann sicherlich auch einen winzigen Bruchteil dieser Summe aufwenden, um mehr Sicherheit vor der viel direkteren Gefährdung durch Krankheiten zu schaffen.

Tatsächlich waren die Dollars, die in den Vereinigten Staaten für die Verhütung verschiedener Krankheiten ausgegeben wurden, eine ganz hervorragende Investition. Auch wenn man von den geretteten Menschenleben und dem gelinderten Leid einmal absieht, hat insbesondere das Geld, das für biologisch-medizinische Forschung ausgegeben wurde, beträchtlichen Gewinn gebracht. Medizinische Versorgung ist nicht billig. Deshalb ist jede Krankheit, die durch einen wissenschaftlichen Fortschritt verhütet wird, bares Geld für die Volkswirtschaft.

Als ich Kind war, lebten meine Eltern in ständiger Angst vor der Kinderlähmung (Poliomyelitis). Jeden Sommer, so schien es, brach eine Epidemie der Krankheit aus. In der Nähe wurde aus diesem Grund ein Ferienlager geschlossen, und Gerüchte über eine Epidemie waren Anlass genug, eine Urlaubsreise abzusagen. Der Präsident, den meine Eltern mehr bewunderten als jeden anderen Menschen, war durch die Krankheit zum Krüppel geworden. Die heimtückischen Polio-Epidemien, einst eine echte Gefahr, gibt es nicht mehr. Man vergleiche einmal den Aufwand für die Verteilung des Impfstoffes mit den Kosten, wenn man alles, was mit der

Krankheit zusammenhängt – eiserne Lungen, Krankenhausaufenthalte, Quarantäne, orthopädische Hilfsmittel, Rehabilitation, Behindertenfürsorge und schließlich Begräbnisse –, heute noch brauchen würde. Man vergleiche die Kosten für eine Magenoperation mit dem Aufwand für Prilosec und Zantac, und man vergleiche auch den Preis der fortgesetzten medizinischen Behandlung von Magengeschwüren, Sodbrennen und Magenkrebs mit denen für eine einmalige Behandlung mit Antibiotika zur Ausrottung von *Helicobacter pylori*. Grundlegende Entdeckungen führen, anders als technische Fortschritte in der Therapie, zu Einsparungen.

Neben den finanziellen Einsparungen (und der besseren Lebensqualität), zu denen der wissenschaftliche Fortschritt in Biologie und Medizin geführt hat, haben die staatlichen Investitionen in wissenschaftliche Arbeit als Nebenprodukt auch die weltweit führende Biotechnologie-Industrie hervorgebracht. Diese Branche erzeugt bereits die ersten nützlichen Produkte, und viele weitere werden mit Sicherheit folgen. Schon jetzt hat sie aber viele Arbeitsplätze und einen beträchtlichen Wohlstand geschaffen. Biologisch-medizinische Forschung im Allgemeinen zu rechtfertigen, ist also nicht sonderlich schwierig, und das Thema ist auch nicht umstritten. Da niemand unsterblich oder unverletzlich ist, profitieren alle von den wissenschaftlichen Fortschritten, und eine Kehrseite gibt es nicht. Verbesserungen in der Gesundheitsversorgung sind kein Nullsummenspiel, in dem der Gewinn des einen den Verlust des anderen bedeutet. Ein einmal erreichter Fortschritt kommt allen zugute. Sogar die Politiker haben für biologisch-medizinische Forschung etwas übrig. Was für eine Lobby haben schon die Krankheitserreger? Für Krankheiten ist niemand.

Anders als bei der biologisch-medizinischen Forschung im Allgemeinen ist bei einzelnen Projekten der Grundlagenforschung oft nur schwer zu erkennen, welchen Nutzen sie bringen sollen. Grundlegende Fortschritte sind die Folge winziger Erweiterungen unserer Kenntnisse. Ein kleiner Schritt kommt zum anderen, aber jeder einzelne ist nicht Aufsehen erregend, und selbst die Personen, die solche kleinen Schritte vollziehen, haben oft keine Ahnung, wohin der Weg geht. Wenn wir Unbekanntes erforschen,

461

wissen wir am Anfang nie, wohin unsere Arbeiten uns führen werden – das liegt im Wesen des Unbekannten. Ganz anders sieht es in der angewandten Forschung aus, wo bestimmte Bedürfnisse die Triebkraft für die Arbeiten bilden und wo man nichts Neues entdecken muss, um sie zu tun. Angewandte Forschung besteht darin, das verfügbare Wissen zu nutzen und damit ein gewünschtes Ziel zu erreichen. Deshalb wird man jemanden, der an der Entwicklung einer verbesserten künstlichen Herzklappe arbeitet, kaum einmal nach dem Nutzen seiner Tätigkeit fragen. Dass Herzklappen häufig durch verschiedene Krankheiten geschädigt werden und dann ersetzt werden müssen, liegt auf der Hand. Und der Ersatz von Herzklappen ist mit einem Risiko verbunden, das man vermindern kann, wenn man den Chirurgen bessere Herzklappen zur Verfügung stellt. Grundlagenforscher werden häufig nach einer Begründung für ihre Arbeit gefragt, wer dagegen in der angewandten Forschung tätig ist, steht nur selten vor diesem Problem.

Bei meinem eigenen Lebenswerk, der Erforschung des zweiten Gehirns, handelt es sich im Wesentlichen um Grundlagenforschung. Meine Fachkollegen hatten nie große Schwierigkeiten zu verstehen, warum ich dieses oder jenes getan habe. Wie bereits erwähnt, waren sie nicht immer mit meinen Befunden einverstanden, und meinen Schlussfolgerungen standen sie manchmal regelrecht ablehnend gegenüber, aber den Nutzen meiner Bemühungen haben sie nie in Frage gestellt. Dagegen hatten viele Menschen, die ich wirklich geliebt habe, darunter mein eigener Vater, ernste Zweifel an ihrem Wert.

Mein Vater hat mir nie ganz verziehen, dass ich Forschung betreibe, anstatt Kranke zu heilen. Häufig – meist nach dem sonntäglichen Brunch – setzte er sich zu mir und fragte mich: »Na, Michael, was hast du jetzt wieder entdeckt?« Ihm das zu erklären, war wirklich schwierig. Ihm zu sagen, er habe ein Gehirn im Bauch, das ich zu verstehen suchte, führte nicht weiter. Mein Erlebnis, wie ich ein skeptisches Auditorium zu überzeugen versuchte, dass es im peripheren Nervensystem nicht nur die anerkannten zwei, sondern drei Neurotransmitter gibt (darunter das

Serotonin), ließen ihn kalt. Und mit ihm über die aufeinander folgende Expression verschiedener Gene in der Entwicklung des enteralen Nervensystems zu reden – daran konnte ich nicht einmal denken. Jedes Mal wenn ich ihm die Ergebnisse dieser oder jener Untersuchung schilderte, hörte mein Vater aufmerksam zu, und dann fragte er: »Na, Michael, und welche Krankheit wird man damit heilen können?« Schließlich war ich so weit, dass ich mich jedes Mal am liebsten irgendwo verkrochen hätte, wenn ein Gespräch mit den Worten »Na, Michael...« begann.

Mein Vater starb vor gut einem Jahr. Er ging in aller Stille von uns, zu Hause in seinem Bett, umgeben von seiner Familie, ganz wie er es sich gewünscht hatte. Er war zum Abschied bereit. Ich glaube, er wartete noch auf die Geburt seines ersten Urenkels, darauf, das Kind in den Armen zu halten, und darauf, dass ein demokratischer Präsident wieder gewählt wurde (zum ersten Mal seit seinem geliebten Roosevelt). Ich weiß genau, wenn er noch bei uns wäre, würde er sorgfältig lesen, was ich geschrieben habe, und mir dann eine Frage stellen. Es wäre eine schwierige Frage, und sie würde mit den Worten beginnen: »Na, Michael...« Mehr brauche ich nicht zu sagen, der Rest ist bekannt. Ich habe das Gefühl, dass ich meinem Vater eine Antwort schuldig bin.

Dieses Buch soll kein Ratgeber sein, in dem ich den Lesern erkläre, wie man am besten mit verschiedenen Magen- und Darmbeschwerden umgeht. So gesehen, gilt für die vorangegangenen Seiten das Gleiche wie für meine Forschung: Keine Krankheit, die ich meinem Vater erklären könnte, wird durch sie geheilt werden. Auf der anderen Seite gibt es aber eine Krankheit, zu deren Bewältigung meine literarischen Bemühungen hoffentlich beitragen werden: die Krankheit der Verzweiflung, an der so viele Opfer eines rebellischen Darms leiden. Ich habe echtes Mitgefühl mit diesen Menschen, deren gequältes Leben gerade bei denen, an die sie sich Hilfe suchend wandten, die schlimmsten Seiten zum Vorschein gebracht haben.

Magen- und Darmbeschwerden haben etwas an sich, das bis vor kurzem bei vielen Ärzten Sympathie und Mitgefühl schwinden ließ. Von einer ähnlichen Haltung ist auch die Geschichte der psychischen Krankheiten gekennzeichnet. Viele Probleme, mit denen das Gehirn im Kopf zu kämpfen hat, wurden einfach abgetan, weil man sie nicht auf anatomische oder biochemische Anomalien zurückführen konnte. Anders als das Herz, das für jeden sichtbar schlägt, können wir das Gehirn nicht denken sehen. Wenn also die Gedanken aus nicht erkennbaren Gründen gestört sind, ist man leicht geneigt, den Denkenden für den Fehler verantwortlich zu machen. Genauso war es oft auch mit dem Darm: War die Ursache seiner Fehlfunktion nicht zu sehen, leugnete man häufig, dass es sich um ein echtes Problem handelte, und wenn das Problem nicht mehr zu leugnen war (weil unübersehbare Beschwerden vorlagen), führte man die Darmprobleme auf schlechte Gedanken zurück, die vom Gehirn ausgingen. Womit man wieder einmal einen Grund hatte, den Denkenden verantwortlich zu machen.

Ich möchte den Lesern dieses Buches deutlich machen, dass die Wiederentdeckung des Gehirns in ihrem Darm ein Grund zur Hoffnung ist. Dass die Wissenschaft dem zweiten Gehirn so große Beachtung schenkt, eröffnet gewaltige Möglichkeiten für eine bessere Behandlung und Vorbeugung von Magen-Darm-Erkrankungen, und manche dieser Möglichkeiten sind auch bereits Wirklichkeit geworden. Die Erkenntnis, dass sich im Bauch ein eigenständiges Zentrum der Nerventätigkeit befindet, ist zu einem Magneten geworden, der gute Forschungsarbeiten anzieht. Diese magnetische Anziehungskraft hat ein vergessenes Fachgebiet an die vorderste Front der Wissenschaft gerückt. Die dadurch angeregten, vielfältigen Arbeiten bergen eine Fülle von Heilungsmöglichkeiten für Krankheiten, die noch gar nicht entdeckt sind, sondern heute ein Dasein als Bestandteile unterschiedlicher Syndrome oder Symptomenkomplexe fristen.

Vielleicht liegt das größte Potenzial in dem Aufsehen, das die neuen Erkenntnisse über die Entwicklung des zweiten Gehirns erregt haben. Nach meiner festen Überzeugung ist die Hirschsprung-Krankheit nur die Spitze eines großen Eisberges. Das angeborene Megakolon ist nicht zu übersehen, denn es lässt einen erkennbaren Bereich ohne Ganglien entstehen. Aber zweifellos gibt es viele weitere Krankheiten, die man nicht so leicht erkennt. So wird zum

Beispiel gerade jetzt erst deutlich, dass zu viele Ganglien oder Ganglien des falschen Typs der Funktionsfähigkeit des Darms ebenso abträglich sein können wie das völlige Fehlen von Ganglien. Diese neu auftauchenden Probleme bezeichnen wir als *neurointestinale Dysplasie*. Über ihre Ursachen wissen wir bisher nur wenig, aber das wird sich bald ändern.

Die funktionelle Darmkrankheit einschließlich des Reizdarms, an dem bis zu 20 Prozent der US-Bürger leiden, könnte ihre Ursachen durchaus in der Entwicklung haben. Wenn Neurotransmitter wie Serotonin die entstehenden enteralen Nervenzellen beeinflussen können, ist es durchaus vorstellbar, dass die Erfahrungen eines formbaren, unausgereiften Darms sich über diesen Mechanismus auf die Persönlichkeit des späteren, ausgereiften Organs auswirken. Die entzündlichen Darmkrankheiten (Morbus Crohn und Colitis ulcerosa) wurden erst in meiner Lebenszeit von seelischen Erkrankungen zu Autoimmunstörungen. Auch ihre Ursache könnte in der Entwicklung zu suchen sein.

Das Nervensystem wirkt bei der Verteidigung des Darms so eng mit dem Immunsystem zusammen, dass man auch in der Embryonalentwicklung mit Wechselbeziehungen zwischen den beiden Systemen rechnen sollte, die sich durch die Ausschüttung chemischer Substanzen gegenseitig beeinflussen. Beispielsweise enthalten manche Darmabschnitte bei entzündlichen Darmerkrankungen anormal viele Nervenzellen. Aber Nervenzellen vermehren sich nicht. Wie kann dieser Zustand also entstehen? Handelt es sich bei den überzähligen Nervenzellen um die Produkte von Vorläufern, die im enteralen Nervensystem des Erwachsenen erhalten geblieben sind, oder waren sie von vornherein vorhanden? Wäre es möglich, dass zu viele Nervenzellen in bestimmten Darmabschnitten die Ursache der entzündlichen Darmerkrankungen sind? Natürlich weiß ich auf diese Fragen keine Antwort, aber schon dass ich sie überhaupt stellen kann, ist ein Grund zur Hoffnung. Die rasch zunehmenden Kenntnisse vom zweiten Gehirn werden den Menschen mit Darmbeschwerden ein viel besseres Leben ermöglichen.

Könnte ich mich heute noch einmal nach dem Sonntagsbrunch

mit meinem Vater zusammensetzen, wäre ich endlich in der Lage, seine Frage zu beantworten. In dem Augenblick, wo er mit »Na, Michael...« anfinge, würde ich ihn unterbrechen und ihn mit dem Namen ansprechen, unter dem er in der Familie bekannt war. »Bomber«, würde ich sagen, »ich habe in meinem Leben niemanden geheilt. Das überlasse ich Anna, deiner Schwiegertochter, der Kinderärztin. Aber was ich getan habe, war genauso gut. Ich habe meinen kleinen Teil dazu beigetragen, viele Menschen zu heilen.« Und ganz tief in meinem Inneren, da wo es wirklich zählt, weiß ich: Er wäre endlich zufrieden.

Schlussbemerkung:
Tiere in der biologischen und medizinischen Forschung

Ich möchte erklären, warum Biologen und Mediziner bereit sind, Tiere zu töten. Keiner von uns weidet sich am Leiden, und wir finden kein Vergnügen daran, für den Tod irgendeines fühlenden Wesens verantwortlich zu sein. Deshalb legen wir an Pflege und Mitgefühl, die wir unseren Versuchstieren angedeihen lassen, strenge Maßstäbe an. Sie leben in geräumigen, klimatisierten Unterkünften und erhalten Nahrung, die sie mögen und die gut für sie ist. In allen staatlich finanzierten Forschungseinrichtungen gibt es Gremien, die für die Einhaltung dieser Vorschriften sorgen.

Krankheiten dagegen kennen, anders als die Forscher in Biologie und Medizin, keine Grenzen für das Leid, das sie bei Menschen und Tieren verursachen. Wenn Krebs sich beispielsweise auf die Knochen ausgebreitet hat, können sie ohne äußere Ursache brechen; eine Heilung gibt es nicht, und jeder Bruch ist eine Qual. Magengeschwüre verursachen Schmerzen, und wenn sie die Wand des Verdauungskanals durchlöchern, kommt es zu einer entsetzlichen Infektion; Schock und weitere Leiden stellen sich ein. Wenn Wissenschaftler mit Tieren experimentieren, dann ganz einfach deshalb, weil sie Mitgefühl mit ihren Mitmenschen empfinden. Außerdem waren und sind Tierversuche sowohl notwendig als auch nützlich. Alle wichtigen Fortschritte der Medizin, die wir heute für selbstverständlich halten, wurden durch Untersuchungen an Tieren erzielt. Fast keine Krankheit kann man behandeln, ohne auf Hilfsmittel oder Methoden zurückzugreifen, die das Ergebnis der Forschung mit Tieren sind.

Wer grundsätzlich etwas gegen Tierversuche hat, ist blind für ihren Nutzen. Solche Leute haben Mitgefühl mit den Tieren, aber nicht mit den Menschen. In ihrem Kreuzzug für den Tierschutz werfen die Aktivisten den Wissenschaftlern häufig »Speziesismus« vor, einen Begriff, den sie in eine Reihe mit Rassismus oder Sexismus stellen. Aber wer sich dieses Begriffes bedient, gibt damit zu erkennen, dass er nicht verstanden hat, dass menschliches Leben heilig ist. Da Tierversuche die Krankheiten und Leiden der Menschen lindern, ist der Aufruf, derartige Forschungsarbeiten einzustellen, ein Aufruf zur Ausweitung von Krankheiten und zur Unterstützung des Leidens. So etwas kann man nicht hinnehmen. Adolf Hitler war gegen Tierversuche, und das passte zu seiner Moral. Seine Alternative hieß Dachau. Seit seine Helfershelfer in Nürnberg vor Gericht standen, hat sich ein Kodex des ethisch Angemessenen durchgesetzt. Sein Artikel drei verbietet ausdrücklich Experimente an Menschen, die sich nicht auf zuvor an Tieren gewonnene Erkenntnisse stützen. Deshalb werden Produkte und Methoden nicht bei Menschen angewandt, wenn es nicht zuvor zumindest eine gewisse Gewähr für ihre Ungefährlichkeit gibt.

Ich habe bei den Tierschutz-Kreuzrittern nie eine einheitliche Moral erlebt. Wer gegen Tierversuche ist, sollte auch auf die Produkte und Verfahren verzichten, die aus ihnen erwachsen. Die Aktivisten wären es ihren Anhängern schuldig, zum persönlichen Boykott aufzurufen – beispielsweise gegen Antibiotika, Krebstherapie, Schmerzmittel, Impfstoffe oder Herzoperationen, alles Dinge, die mit Hilfe von Tierversuchen entwickelt wurden. Dass das jemand getan hätte, habe ich noch nicht gehört. Einen Tierschützer, der die nützlichen Produkte von Tierversuchen ablehnt, würde ich als unglaublich dumm betrachten, und ich würde vorhersagen, dass er frühzeitig und unter großen Schmerzen sterben wird; dennoch würde ich um ihn trauern als um einen Menschen, der ein ehrliches, konsequentes Leben geführt hat.

Die Nutzung von Tieren zur Verbesserung des menschlichen Lebens galt in der gesamten Menschheitsgeschichte als ethisch vertretbar. Dass Menschen sich der Tiere bedienten, ist schon in den ältesten Quellen aufgezeichnet, und es wird auch in der Bibel ausdrücklich erwähnt: »Und Gott sprach: Lasset uns Menschen machen, ein Bild, das uns gleich sei, die da herrschen über die Fische im Meer und über die Vögel unter dem Himmel und über das Vieh und über alle Tiere des Feldes und über alles Gewürm, das auf Erden kriecht.« (1. Mose 1, 26) Diesen Auftrag sollte man nicht durch Grausamkeit missbrauchen, aber man sollte ihn auch nicht vergessen. Tiere arbeiten mit uns und für uns. Pferde ziehen Wagen und tragen Reiter. Ochsen pflügen Äcker. Cowboys fangen Fleischrinder ein, und die meisten Menschen mögen Lammkoteletts. Vegetarier, die kein Fleisch essen mögen, tun damit ihre persönliche Überzeugung kund, und ihre Entscheidung schadet niemandem. Das ist bewundernswert. Wenn Aktivisten aber versuchen, Tierversuche zu verhindern, fügen sie anderen Menschen Schaden zu, und das verdient keine Bewunderung. Fundamentalismus, der anderen die eigenen Überzeugungen aufzwingen will, ist dann, wenn er im Namen der Tiere ausgeübt wird, nicht besser, als wenn iranische Ayatollahs ihn im Namen Gottes ausüben.

Manchmal wird vorgeschlagen, man solle Computer oder Gewebekulturen anstelle der Tiere verwenden. Solche Ideen stammen von Menschen, die nichts von Forschung oder Biologie verstehen. Computer verarbeiten Informationen, die man ihnen eingibt, aber anders als Wissenschaftler erforschen sie nicht das Unbekannte. Computer sind nützlich zur Erstellung von Modellen, die man dann durch reale Experimente überprüfen kann; sie sind ein großartiges Hilfsmittel zum Hervorholen von Tatsachen, die unter gewaltigen Datenmengen begraben liegen, und sie können Zahlen auf erstaunliche Weise handhaben. Aber sie erfinden nicht, und sie entdecken nicht.

Gewebekulturen sind ebenfalls hilfreich, aber auch ihre Zellen stammen letztlich von Menschen oder Tieren. Und was noch schlimmer ist: Sie denken nicht wie ein Gehirn, pumpen nicht wie ein Herz, laufen nicht wie ein Jogger und verdauen nicht wie ein Darm. Zellen sammeln sich zu Geweben, und Gewebe bilden miteinander Organe; deshalb kann man mit Untersuchungen an einzelnen Zellen in Gewebekulturschalen nicht klären, wie Gewebe oder Organe im lebenden Organismus arbeiten. Insbesondere für mich gibt es in einer Gewebekulturzelle kein enterales Nervensystem. Deshalb kann man den Darm und seine Nerven nur da untersuchen, wo sie hingehören: in Tieren und Menschen. Wir lernen aus den Problemen der Menschen und lösen sie mit Tierversuchen. Das Ziel, das in erstaunlich großem Umfang erreicht wurde und immer weiter erreicht wird, lautet: Verbesserung der Lebensbedingungen für die Menschen.

Um herauszufinden, was eine Substanz im Darm bewirkt, muss man den Darm isolieren; nur so ist gewährleistet, dass der untersuchte Wirkstoff seinen Effekt tatsächlich im Darm selbst ausübt. Würde man ihn stattdessen einem vollständigen Tier verabreichen, könnten seine Moleküle sich über den ganzen Körper ausbreiten, und dann kann es zu allen möglichen indirekten Effekten kommen. Hormone, die den Darm beeinflussen, können von weiter entfernten Organen gebildet werden und mit dem Blut an den Ort ihrer Wirkung gelangen. Irgendwo können Nerven stimuliert werden, die dann direkt oder indirekt auf den Darm einwirken. Oder Wirkstoffe können das Verhalten des Darms beeinflussen, indem sie beispielsweise seine Blutversorgung verändern, indem sie die Gefäße verengen oder den Puls beschleunigen oder verlangsamen. Mit einer solchen Art von Komplexität kann man als Wissenschaftler nichts anfangen, denn sie macht eine eindeutige Interpretation des Beobachteten unmöglich. Wir ziehen einfache Experimente vor, denn dann können wir eine Kausalität nachweisen und haben die Wahrscheinlichkeit, dass sie stimmt, auf unserer Seite. Wir verursachen eine Störung und registrieren eine Reaktion. Je weniger Elemente in einem System von unserer Störung betroffen sind, desto eindeutiger werden die Folgen der Störung in der Regel sein.

Deshalb sind Tierversuche ein notwendiger, ethisch vertretbarer Teil des Lebens. Wir sind auf Tiere nicht nur als Lieferanten von Lebensmitteln und Arbeitskraft angewiesen, sondern auch zur Erweiterung unseres Wissens, mit dem wir die Gesundheit der Menschen verbessern können. Bei vielen Leiden, die uns quälen, wissen wir noch nicht so viel, dass wir sie heilen oder verhüten könnten. Bis es so weit ist, müssen wir uns weiterhin der Tiere bedienen, um das Notwendige in Erfahrung zu bringen. Die Wiederentdeckung des zweiten Gehirns fand erst vor relativ kurzer Zeit statt, und welchen Nutzen sie hat, wird jetzt erst allmählich deutlich. Damit wir weitere Entdeckungen machen und ihre Möglichkeiten nutzen können, werden wir weiterhin neue Wirkstoffe, Methoden und experimentelle Hypothesen an Tieren prüfen müssen. Glücklicherweise werden die Haus- und Nutztiere, die eine Beziehung zu uns Menschen haben und darauf angewiesen sind, dass wir uns um ihre Gesundheitsprobleme kümmern, von den Fortschritten der biologisch-medizinischen Forschung ebenso profitieren wie wir selbst. Es besteht kein Grund zu der Annahme, nur der Mensch besitze ein enterales Nervensystem, in dem es Fehlfunktionen geben kann. Die Tierärzte sind mit von der Partie und achten darauf, dass unsere neuen Medikamente und Methoden auch für Haus- und Nutztiere zur Verfügung stehen. Deshalb müssen die Tierversuche weitergehen. Menschen und Tiere sind darauf angewiesen.

Register

Abführmittel 261 ff.
Acetylcholin 49 ff., 59, 63, 66, 75,
92, 104, 118, 169 f., 176, 213 ff.,
218, 250, 257, 301, 330 f., 346,
362, 364
Achlorhydrie 158, 160
Adenylatcyclase 252 ff.
Agonisten 54, 302 ff., 309, 319, 321
Alzheimer 268, 272 f.
Amanita muscaria 48, 50, 56
Aminosäuren 118, 129, 210, 323 ff.,
399, 433, 435
Anämie, perniziöse 154, 159 f.
Anderson, David 375, 390 ff., 402
Antagonisten 55, 67, 104 f., 111,
301, 303 ff., 309, 313, 318 f., 321
– kompetitive 302
– muskarinische 50
– nichtkompetitive 303
– nikotinische 54
– Serotonin- 105 f., 215, 255, 301,
304, 307, 327
Antikörper 93, 113 ff., 120 f., 127 f.,
241, 316 ff., 343 f., 354, 391, 426
– Anti-Idiotyp- 317 ff.
– primäre 121 f.
– sekundäre 121 ff.
Antrum pylori s. Magenpförtner
ATP 156, 361 f., 364
Auerbach, Leopold 25, 26, 68
Auerbach-Plexus 26, 88, 128, 202,
205, 211, 284 f., 294, 310, 323,
326 f., 342, 409, 454

Axel, Richard 315
Axone 125 ff., 202 f., 205 f., 211,
217, 332, 430
Axontransport 126 f.
– anterograder 205 ff.
– retrograder 202, 205 ff., 213, 294

Baetge, Greg 386, 388, 399
Bakterien 140 f., 174, 195, 230 ff.,
260, 265
Bauchspeicheldrüse 129 f., 186 f.,
191 f., 196 f., 204–218, 227
Bennett, Mike 97
Bentsen, Lloyd 248
Berger-Krankheit 62
Bernard, Claude 45 ff., 54
Blakely, Randy 342, 344
Blaugrund, Eran 388, 389, 391, 393,
394, 396
Bockaert, Joel 321
Bornstein, Joel 293 f.
Botenstoffe, sekundäre 118, 250 ff.
Botulinustoxin 57 ff., 81, 111
Branchek, Theresa 131, 133, 295,
299, 302 ff., 308, 310, 312, 317,
320, 327
Bronner-Fraser, Marianne 375, 383
Brookes, Simon 293 f.
Brunner-Drüsen 187, 189
Bülbring, Edith 79 f., 100, 202,
322 ff., 326 ff., 348, 361
Burns, Alan 380, 383, 441
Burnstock, Geoffrey 361 f., 365

476

GOLDMANN